战·略·性
新兴领域
"十四五"高等教育教材

U0877058

功能涂层再制造基础

Fundamentals of
Functional Coatings
Remanufacturing

沈一洲　编

本书配有数字资源与在线增值服务
微信扫描二维码获取

认准正版

首次获取资源时，
需刮开授权码涂层，
扫码认证

化学工业出版社
·北京·

内 容 简 介

《功能涂层再制造基础》是战略性新兴领域“十四五”高等教育教材体系——“先进功能材料与技术”系列教材之一，涵盖了功能涂层再制造技术的基础理论、关键工艺、应用案例等内容，涉及材料科学、表面工程、机械工程、化学工程等多个学科。本书图文并茂，拥有丰富的实际应用案例，具有重要的教育意义和实用价值。

本书从功能涂层再制造基本理念出发，介绍了功能涂层的基本特征与损伤行为；基于现有各类去除与修复技术，分别叙述了不同去除/修复工艺参数对再制造功能涂层的影响，并详细介绍了再制造功能涂层结构、性能完整性的定义及其无损检测方法，最后通过典型案例描述了功能涂层再制造技术的应用场景。

本书可作为各大高校与科研机构的专业教材，也能为再制造领域从业人员提供技术参考。

图书在版编目（CIP）数据

功能涂层再制造基础 / 沈一洲编. --北京 ：化学工业出版社，2024. 8. --（战略性新兴领域“十四五”高等教育教材）. -- ISBN 978-7-122-46488-0

Ⅰ. TB43

中国国家版本馆 CIP 数据核字第 20248AL547 号

责任编辑：王 婧 杨 菁　　加工编辑：王文莉
责任校对：李雨函　　装帧设计：刘丽华

出版发行：化学工业出版社
（北京市东城区青年湖南街 13 号 邮政编码 100011）
印 装：北京科印技术咨询服务有限公司数码印刷分部
787mm×1092mm 1/16 印张 19 字数 438 千字
2026 年 1 月北京第 1 版第 1 次印刷

购书咨询：010-64518888　　售后服务：010-64518899
网 址：http://www.cip.com.cn
凡购买本书，如有缺损质量问题，本社销售中心负责调换。

定 价：59.00 元　

序 FOREWORD

战略性新兴产业是引领未来发展的新支柱、新赛道，是发展新质生产力的核心抓手。功能材料作为新兴领域的重要组成部分，在推动科技进步和产业升级中发挥着至关重要的作用。在新能源、电子信息、航空航天、海洋工程、轨道交通、人工智能和生物医药等前沿领域，功能材料都为新技术的研究开发和应用提供着坚实的基础。随着社会对高性能、多功能、高可靠、智能化和可持续材料的需求不断增加，新材料新兴领域的人才培养显得尤为重要。国家需要既具有扎实理论基础，又具备创新能力和实践技能的高端复合型人才，以满足未来科技和产业发展的需求。

教材体系高质量建设是推进实施科教兴国战略、人才强国战略、创新驱动发展战略的基础性工程，也是支撑教育科技人才一体化发展的关键。华南理工大学、北京化工大学、南京航空航天大学、化学工业出版社共同承担了战略性新兴领域“十四五”高等教育教材体系——“先进功能材料与技术”系列教材的编写和出版工作。该项目针对我国战略性新兴领域先进功能材料人才培养中存在的教学资源不足、学科交叉融合不够等问题，依托材料类一流学科建设平台与优质师资队伍，系统总结国内外学术和产业发展的最新成果，立足我国材料产业的现状，以问题为导向，建设国家级虚拟教研室平台，以知识图谱为基础，打造体现时代精神、融汇产学共识、凸显数字赋能、具有战略性新兴领域特色的系列教材。系列教材涵盖了新型高分子材料、新型无机材料、特种发光材料、生物材料、天然材料、电子信息材料、储能材料、储热材料、涂层材料、磁性材料、薄膜材料、复合材料及现代测试技术、光谱原理、材料物理、材料科学与工程基础等，既可作为材料科学与工程类本科生和研究生的专业基础教材，同时也可作为行业技术人员的参考书。

值得一提的是，系列教材汇集了多所国内知名高校的专家学者，各分册的主编均为材料科学相关领域的领军人才，他们不仅在各自的研究领域中取得了卓越的成就，还具有丰富的教学经验，确保了教材内容的时代性、示范性、引领性和实用性。希望“先进功能材料与技术”系列教材的出版为我国功能材料领域的教育和科研注入新的活力，推动我国材料科技创新和产业发展迈上新的台阶。

蒋士鲜

中国工程院院士

前言 PREFACE

《功能涂层再制造基础》面向高等学校新工科建设和工程教育深化改革，积极探索、创新求变，以培养适应和引领新一轮科技革命和产业变革的卓越工程科技人才为目标，为高端装备制造等新兴领域提供人才储备与技术指导。以“中国制造 2025”为抓手，大力发展再制造产业，实施高端再制造、智能再制造、在役再制造，全面支撑新兴领域的技术进步和产业升级。本教材瞄准先进功能涂层再制造，着重介绍先进功能涂层再制造原理、工艺、完整性等，使读者由浅入深地掌握功能涂层再制造技术的理念与内涵，了解功能涂层再制造技术工艺及性能评价方法，培养功能涂层再制造创新意识与工程实践能力。

本教材共 10 章。第 1 章绪论，概述功能涂层再制造的发展历程、基本内涵、应用情况以及目前面临的挑战；第 2 章功能涂层基础，详细介绍隐身涂层、隔热涂层以及防冰涂层等先进功能涂层的结构组成、功能特性以及应用基础；第 3 章功能涂层环境损伤，分别介绍功能涂层的机械磨损、腐蚀损伤、层间断裂损伤以及多因素耦合损伤的原理与模拟试验方法；第 4 章功能涂层清洗去除，在介绍物理与化学去除技术的基础上，详细介绍激光清洗去除原理与工艺特点，并且概述各类复合清洗去除技术；第 5 章功能涂层修复，全面介绍不同修复工艺技术，包括冷喷涂、热喷涂、气相沉积及其他修复方法；第 6 章至第 8 章包含功能涂层再制造表界面、再制造功能涂层力学性能以及再制造功能涂层的功能完整性，从概念定义、工艺方法以及影响规律等不同方面详细介绍再制造功能涂层的理论基础；第 9 章功能涂层无损检测，介绍多种先进功能涂层无损检测技术的原理与应用；第 10 章功能涂层再制造典型案例，概述部分装备先进功能涂层的再制造实例。此外，每个章节都设有教学要求与思考题等内容，帮助老师和学生更好地了解功能涂层再制造基础知识，更快地迈入功能涂层再制造工艺世界。

本教材涉及各种功能涂层再制造技术原理、工艺分析、性能评价以及典型案例，对人们理解认识再制造基础、把握技术工艺、延长装备寿命以及减少资源消耗都具有重要意义。本教材除了可供高等院校相关专业师生开展课程学习外，还可供企业单位机械工程、材料工程等学科的科研人员参阅。

本教材由南京航空航天大学沈一洲教授主编，统筹教材内容的编写和修订，南京航空航天大学材料科学与技术学院对教材的编写与出版提供了大力支持，博士研究生何兆儒、朱伟鑫和熊卫彪，硕士研究生宋爽爽、沈智聪、周祥皇和周泽星等在资料收集、文字编写和图表绘制等方面付出了辛勤劳动，编者对以上单位和个人表示由衷的感谢。

因编者水平有限，且功能涂层再制造技术与工艺涉及内容广泛，书中不妥或疏漏之处在所难免，恳请读者批评指正。

沈一洲

2024 年 6 月于南京

目录

CONTENTS

1 绪论 -1-

2 功能涂层基础 -8-

3 功能涂层环境损伤 -43-

4 功能涂层清洗去除 -73-

5 功能涂层修复 -108-

6 功能涂层再制造表面与界面 -140-

7 再制造功能涂层力学性能 -174-

8 再制造涂层的功能完整性 -207-

9 功能涂层无损检测 - 246 -

10 功能涂层再制造典型案例 - 272 -

1 绪论

教学要求

功能涂层再制造是一门涉及材料科学、机械工程、化学工程等多个领域的交叉学科。

基本要求

1. 了解功能涂层再制造的基本概念和原理，包括涂层剥离、清洗、涂覆、固化等关键工艺的机理和影响因素。

2. 了解功能涂层再制造所涉及的各类装备技术，包括剥离设备、清洗设备、涂覆设备、固化设备等的原理和应用。

3. 了解功能涂层再制造技术的环境友好性和可持续性，包括绿色制造、资源节约和循环利用等方面的基本要求。

1.1 功能涂层再制造的发展概况

功能涂层再制造是一种在旧涂层表面重新应用新功能性涂层的制造过程，用于提升涂层的二次服役性能和使用寿命。功能涂层再制造可以减少废弃材料的产生，通过在原有功能涂层基础上修复或添加新的涂层，延长使用寿命，减少对新材料的需求，实现资源的循环利用。功能涂层再制造，可以针对材料的特定需求选择性地施加不同的涂层，从而改善材料的应用特性，如增强耐磨性、防腐蚀性、导热性等，提升材料表面性能。随着科技的飞速发展，功能涂层再制造技术也在不断创新，出现了很多高效的涂层再制造方法和工艺。

1.1.1 功能涂层发展历程

功能涂层的发展历程是涂层科学和技术领域的一个重要组成部分，随着社会进步和科技发展，逐步从简单的表面装饰发展到具有复杂功能的涂层。以下将详细介绍功能涂层发展的主要阶段和关键技术革新。

(1) 初期涂层应用（古代至 18 世纪）

人类使用涂层的历史可以追溯到古代文明时期。早期的涂层材料主要由天然材料（如植物树脂、动物脂肪、土壤等）制成，用于装饰和保护物体表面。古埃及、古希腊、古罗马、中国古代的陶器、青铜器等都有涂层材料的应用实例。到了中世纪和文艺复兴时期，人们开始使用石灰、油漆等涂层材料，并将其用于建筑、绘画等领域。

（2）工业化生产时代（19世纪至20世纪初）

随着工业化的快速发展，涂层工业迅速壮大。19世纪中期至20世纪初期，石油工业的发展促进了合成树脂的出现，为涂层材料行业提供了新的原材料。随之出现的油漆、清漆、胶黏剂等产品大大改善了人们的生活质量。这一时期，涂层的应用范围逐渐扩展，主要用于建筑、交通、机械等领域。

（3）功能涂层的出现（20世纪中叶至20世纪末）

20世纪中叶以后，随着科技的进步和材料工程的发展，功能性涂层成为涂层工业的一个重要分支。防腐蚀涂层、耐磨涂层、导电涂层等功能性涂层开始逐渐出现，满足了不同领域对涂层的特殊需求，各种功能涂层广泛应用于航空航天、汽车制造、电子器件等领域。

（4）高新技术涂层的兴起（21世纪至今）

随着21世纪的到来，涂层技术进入全新的发展阶段。高新技术的功能涂层开始崭露头角，如纳米涂层、自修复涂层等，不仅具备传统涂层的功能，还具备更高的性能和更广泛的应用范围。例如，纳米涂层通过控制纳米尺寸颗粒的结构和排列，实现了超强的抗污染性能和耐候性能；自修复涂层具有在涂层受损时自行修复的能力，延长了涂层的使用寿命。

功能涂层的发展历程经历了从简单的装饰性涂层到功能涂层，再到高新技术涂层的演进，不断满足着人们对涂层的不同需求。随着科技不断发展和社会不断进步，功能涂层的未来将继续朝着智能化、环保化、高效化方向发展。

1.1.2 功能涂层环境损伤

功能涂层在使用过程中会受到各种环境因素的影响，导致涂层产生不同程度的环境损伤，这些环境损伤会影响涂层的性能和寿命。因此，必须掌握典型环境损伤类型及内在损伤机理和影响因素。

（1）腐蚀损伤

腐蚀损伤是功能涂层在服役环境中最常见的损伤现象之一，例如金属涂层在酸性或碱性环境中与溶液发生电化学反应或者由表面污染物引起的局部腐蚀。腐蚀会严重破坏功能涂层结构，降低其力学性能和耐久性，最终导致功能涂层的剥落和失效。

（2）氧化损伤

氧化损伤是指功能涂层中的金属或者其他成分与氧气发生反应，导致涂层失去原有的保护性能或功能，出现变色、粉化、龟裂、剥落等现象的过程。自然环境中的氧化损伤通常伴随着多种因素作用，比如热氧化中高温会加速氧化反应的进程，光氧化中紫外光或者其他高能光辐射会引发功能涂层中化学键的断裂，进而导致氧化反应的发生。

（3）磨损损伤

磨损损伤是指功能涂层表面与外部介质发生相对运动过程中，由机械作用（如摩擦、剪切等）导致材料逐渐脱落或表面受损，进而引起力学性能和形貌变化的过程。根据损伤机制，磨损损伤分为黏着磨损、磨粒磨损和疲劳磨损等。

（4）热疲劳损伤

热疲劳损伤是指功能涂层在温度循环或显著变化过程中发生的损伤现象。高低温变化过程中，功能涂层与基体之间会产生交替应力，继而引发功能涂层的疲劳破坏，长期频繁的热膨胀和收缩会导致涂层出现裂纹、剥落等现象。

（5）紫外光老化损伤

紫外光（UV）是一种高能电磁辐射，功能涂层在紫外光辐射的长期暴露下会发生化学键断裂、交联反应、降解等过程。紫外光老化损伤过程中功能涂层颜色发生变化，表面形成粉末状物质，并产生微小裂纹，发生脱落。

1.2 功能涂层再制造的基本内涵

功能涂层再制造是指通过物理、化学或机械手段，对已失效或退化的功能涂层进行修复，使其重新具备原有的功能特性。再制造不仅可以恢复涂层的防护、装饰和功能特性，还能大大延长基材的使用寿命，节省资源和能源，减少废弃物排放，具有显著的经济和环保效益。

1.2.1 基本概念

功能涂层再制造不仅限于简单的修补，还包括功能涂层的损伤评估和失效分析、涂层去除、基材表面预处理、修复涂层再制造以及再制造完整性评价五个方面。涂层再制造完整性的内涵是涂层再制造后表面几何特征和表面物理特征的总称。其中，表面几何特征包括涂层表面的粗糙度、波纹度、纹理、擦痕、几何形状和尺寸偏差等；表面物理特征包括涂层的微观组织变化、残余应力、微观裂纹、塑性变形、再结晶、显微硬度、热损伤区、合金元素贫化和材质不均匀等。涂层再制造完整性是影响修复涂层二次服役性能、寿命和可靠性的重要因素，涵盖了功能涂层再制造过程中每个环节的质量和效果，强调整个过程的科学性和系统性，确保再制造后的功能涂层满足甚至超越原有涂层的服役性能要求。

1.2.2 技术内涵

功能涂层再制造技术方法多样化，涵盖热喷涂、电镀、化学气相沉积（CVD）、物理气相沉积（PVD）等多种方法，适用于不同类型的涂层和基材。再制造技术通过机械磨削、喷砂、化学蚀刻等预处理手段，从而确保新涂层的附着力和均匀性，再制造后的涂层可以恢复或超越原有性能，通过严格的质量检测和评估，进而确保再制造涂层的可靠性和稳定性。

1.2.2.1 工程基础

再制造技术的工程基础涉及多个关键领域，包括材料科学、机械工程、化学工程和环境工程等。其中，材料科学是功能涂层再制造的核心。选择合适的涂层材料不仅需要考虑其物理化学性质，如硬度、耐磨性、耐腐蚀性和热稳定性，还需确保其与基体材料的兼容性，常用的涂层材料有金属、陶瓷、聚合物及其复合材料。同时，涂层再制造还包括表面处理技术，如热喷涂、等离子喷涂和电镀技术等。在喷涂过程中需要精确控制工艺参数，如温度、速度和喷涂距离，以保证涂层的均匀性和致密性。此外，机械加工技术在再制造过程中同样重要，零部件在涂层再制造后需要通过精密加工来达到所需的尺寸和形状。功能涂层再制造技术不仅在航空航天、轨道交通、机械制造等传统工业领域具有重要应用，还在现代高科技产业中展现出广阔的应用前景。

1.2.2.2 技术原理

（1）功能涂层去除原理

损伤功能涂层的去除可以通过物理清洗去除、化学清洗去除或激光清洗去除等方法实现。物理清洗去除是通过高速喷射介质、超声波、电磁感应等方式，以冲击、剪切、摩擦等作用去除损伤的功能涂层。化学清洗去除是采用酸碱溶液、表面活性剂、氧化剂等清洗损伤涂层，通过涂层与酸碱等溶液发生化学反应实现去除。激光清洗去除则是指通过高能束激光辐照功能涂层表面，涂层材料会在激光诱导的高温和冲击作用下实现有效去除，是目前较为先进的功能涂层去除方法。

（2）功能涂层修复原理

功能涂层的修复方法包括冷喷涂、热喷涂、气相沉积等方法。冷喷涂是以压缩气体为加速介质，带动金属颗粒在固态下以极高的速度碰撞基板，使颗粒发生强烈的塑性变形而沉积形成涂层。热喷涂是将修复材料以粉末或线材形式加热到熔融状态，然后通过喷嘴喷射到受损表面上进而形成修复涂层。气相沉积技术是利用气相中发生的物理、化学变化，改变工件表面成分，在表面形成具有特殊性能的修复涂层。气相沉积技术包括物理气相沉积和化学气相沉积。

1.3 功能涂层再制造的应用

功能涂层再制造的应用前景广阔，可以应用于各种行业和领域，包括航空航天、轨道交通、民生能源等。在航空航天领域，功能涂层再制造技术可以用于修复先进战机表面的隐身涂层，解决战机在外场条件下所需隐身性能可靠性修复的技术难题；在轨道交通领域，可以用于修复汽车和钢轨表面防护涂层，提升表面耐久性；在民生能源领域，再制造技术可以用于修复热电站的高温涂层，提高装备的耐高温性能。

1.3.1 航空航天领域

在航空航天领域，功能涂层再制造技术被广泛应用于航空发动机、航天器热控系统等关键部件的维修和保养工作。航空发动机的涡轮叶片、涡轮盘等部件表面有热障涂层，用于提高其耐热和耐磨性能。然而，这些涂层在长时间的运行中会受到高温、高压和化学腐蚀等因素的影响而受损。功能涂层再制造技术可以对受损的涂层进行修复或更新，以延长发动机的使用寿命并保证其性能。航天器热控涂层是一种对太阳热具有低吸收、高发射率的光散射涂层，用于调节航天器在大气层外的热量辐射和吸收，保证航天器在极端温度环境下的正常运行。功能涂层再制造技术可以针对受损的部分进行修复或重新涂覆，以确保航天器在太空中的温度控制性能。

1.3.2 车辆及轨道交通领域

功能涂层再制造技术在车辆及轨道交通领域的应用十分广泛。在汽车行业，该技术可用于修复发动机零部件表面涂层，如汽缸套、气门和活塞等，提升其耐磨性和耐腐蚀性，延长使用寿命。同时，通过在车身和底盘等部位应用特定功能的涂层，如防腐蚀涂层和抗刮擦涂层，可提高车辆整体的耐久性和抗损耗能力，增强安全性和舒适性。在轨道交通领域，功能涂层再制造技术可用于修复铁路道岔和铁轨等关键设备的表面涂层，提高其耐磨性和抗腐蚀性，提高运输效率和安全性。

1.3.3 核电及石化领域

功能涂层再制造技术在核电及石化领域发挥着重要作用。在核电领域，再制造技术可用于修复核反应堆压力容器、管道和核燃料装配件等关键设备的功能涂层，以提高其抗辐射性能、耐高温和耐腐蚀性能，确保核电站的安全运行。通过耐磨、耐腐蚀和热障涂层等功能涂层的再制造，可以延长设备的使用寿命，提高核电站的运行效率和安全性。在石化领域，功能涂层再制造技术可应用于石油化工装置的关键设备表面修复，如反应器、换热器和管道等，在恶劣的化学环境下可以提供优异的保护性能，减少设备的腐蚀和磨损，延长设备的使用寿命，提高工艺稳定性和生产效率。此外，功能涂层再制造还可用于修复石油储罐和输油管道的表面涂层，提高其耐腐蚀性和抗磨损性，降低油品泄漏和污染风险，保障能源安全和环境保护。

1.3.4 高端装备制造领域

高端装备制造领域对设备性能和寿命的要求极为苛刻，功能涂层再制造技术通过对设备表面涂层的修复和优化，能够显著提高其耐磨、耐腐蚀、耐高温等性能，延长设备的使用寿命，减少维护成本和停机时间。燃气轮机、蒸汽轮机、核电设备等，在运行过程中会受到高温、高压和腐蚀性介质的影响，通常采用热障涂层和抗氧化涂层来保护基材。功能涂层再制造技术可以对失效的涂层进行修复，使其重新具备耐高温和抗腐蚀能力。在核电设备中，反应堆压力容器和管道系统需要具备极高的耐腐蚀性和抗辐射性，通过再制造耐腐蚀涂层，可以有效防止设备受到腐蚀介质的侵蚀，保障核电设备的安全运行；半导体制造设备、光学仪器、医疗设备等，对涂层性能要求极高，功能涂层再制造技术可以对这些设备的表面涂层进行精密修复和优化。

1.3.5 其他领域

功能涂层再制造技术在许多其他领域都有广泛的应用。在医疗器械领域，该技术可用于修复手术器械、人工关节和植入式医疗器械等表面的功能涂层，提高其生物相容性和耐腐蚀性，减少感染和排异反应的风险。在电子产品领域，功能涂层再制造技术可用于修复半导体器件、电路板和显示屏等关键部件，提高其耐磨性和导电性，增强设备的稳定性和可靠性。在建筑材料领域，功能涂层再制造可用于修复混凝土结构、钢结构和防水涂层等，提高其耐候性和耐久性，减少修复成本和能源消耗。在海洋工程领域，功能涂层再制造技术可用于修复船体、海洋平台和海底管道等设备的涂层，提高其耐海水腐蚀性和抗海洋生物附着性。在军事装备领域，功能涂层再制造可应用于修复军舰、战机和坦克等装备的表面涂层，提高其抗弹、防腐和隐身性能，增强作战能力和战场生存力。

1.4 功能涂层再制造技术面临的挑战

1.4.1 基础理论挑战

涂层再制造涉及多种材料和工艺参数的选择与优化，需要深入理解各种功能涂层材料的物理和化学性质，以及不同工艺对涂层性能的影响机制。再制造涂层与基底之间的界面结合问题是关键挑战之一，需要解决涂层与基底之间的附着力、相容性和应力分布等问题，以确保涂层与基底之间的良好结合，提高涂层的稳定性和耐久性。此外，功能涂层再制造涉及多尺度的表征和分析，需要发展多尺度的表征技术和数值模拟方法，以研究涂层的微观结构、组织性能和失效机制，为涂层再制造工艺的优化和控制提供理论支持。

1.4.2 技术工艺挑战

良好的涂层附着力是保证再制造零部件性能和稳定性的基础，但不同材料的相容性以及表面处理质量的不一致性会对附着力产生负面影响。因此，需要寻找并优化合适的表面处理方法，以提高再制造涂层与基材的结合强度。

涂层再制造涉及多种涂层材料和工艺方法的选择也是一个复杂的挑战。不同的应用场景和要求需要使用不同类型的涂层材料，并且需要根据具体情况调整工艺参数，以确保涂层的质量和性能符合预期。此外，涂层再制造过程中还存在工艺参数控制不精确、涂层成分不均匀等方面的挑战。由于涂层再制造涉及多个工艺环节，需要确保每个环节的参数控制精准，以保证再制造涂层的质量和性能稳定。

1.4.3 装备研制挑战

涂层再制造需要适用于不同材料和结构的涂层制造设备，而现有的涂层再制造设备在处理复杂形状和大尺寸零部件时存在局限性，亟须开发高精度、高效率的装备系统，以满足不同尺寸和形状零部件的再制造需求。涂层再制造过程中需要控制涂层厚度、组织结构和成分均匀性等关键参数，而传统的涂层再制造设备在工艺控制方面存在不足，因此需要研发智能化、自动化的装备系统，实现对涂层再制造过程的精准控制和优化。此外，涂层再制造设备的长期稳定性和可靠性也是一个重要考量因素，需要优化设备结构和材料，提高设备的耐用性和工作效率。

思考题

1. 功能涂层再制造技术的优势在于延长了装备零部件涂层的使用寿命，你认为在哪些领域或应用中功能涂层再制造的效益最为显著？为什么？

2. 在功能涂层再制造过程中，功能涂层去除是其中的关键技术。你认为采用哪些方法可以有效去除损伤涂层，并确保基材不受损？

3. 功能涂层再制造技术可以应用于不同类型的涂层和基材，但不同材料组合可能会带来挑战。你认为如何解决功能涂层与基材之间的相容性问题？

4. 涂层再制造技术在航空航天、轨道交通等领域有着广泛的应用，那么在实际应用中可能会面临哪些挑战？你认为如何克服这些挑战？

参考文献

[1] 郭伟玲，邢志国，李鹏，等. 冷喷涂铜基复合涂层及后处理技术的研究现状［J］. 材料导报，2024：1-22.

[2] 李俊辉，任维彬，任玉中，等. 钛合金部件激光再制造材料与工艺研究进展［J］. 激光技术，2023，47（03）：353-359.

[3] 王征，杜文川，程兴远. 浅析表面完整性再制造技术在航空发动机的应用［J］. 中国金属通报，2020（08）：171-172.

[4] 彭智伟. 冷喷涂技术及其在航空结构修复中的应用与研究现状［J］. 中国设备工程，2022（04）：84-86.

[5] 陈举，苏倩，耿永祥，等. 热障涂层失效行为及其修复再制造研究进展［J］. 航空工程进展，2021，12（04）：25-35.

[6] 张洪潮，李明政，刘伟嵬，等. 机械装备再制造的重点基础科学问题研究综述［J］. 中国机械工程，2018，29（21）：2581-2589.

[7] 时运，杜晓东，庄鹏程，等. 等离子熔覆技术的研究现状及展望［J］. 表面技术，2019，48（12）：23-33.

2 功能涂层基础

教学要求

功能涂层是一项通过在材料表面施加特殊的涂层，赋予其新的功能特性，提升材料性能，改善其在特定环境下的应用表现的技术。功能涂层在各种工业领域得到了广泛应用。本章主要介绍功能涂层的基本概念及分类，包括隐身涂层、隔热涂层、防冰涂层等常见类型，以及其他具有特定功能的涂层。通过本章学习，学生可深入了解功能涂层的结构组成、功能特征以及其在各个领域中的应用。

基本要求

1. 理解功能涂层的基本概念和分类。
2. 掌握功能涂层在不同领域的应用和重要性。
3. 熟悉各种功能涂层的结构组成、功能特征及其应用基础。
4. 了解功能涂层的性能评价标准和测试方法。

2.1 功能涂层的概述与分类

功能涂层是采用化学、物理方法改变基材表面的化学成分或组织结构，并采用先进加工技术赋予基材适合的导电、导热、绝缘、隐身、防冰、隔热、耐磨损、耐腐蚀等各种功能特性，被广泛应用于各种工业体系。

（1）隐身涂层

隐身涂层是一种用于减少物体被探测设备识别的功能涂层。其设计原理是通过调控吸收、散射或折射电磁波，使物体在雷达、红外线、激光等探测系统中难以被发现。按照隐身波段的不同，隐身涂层分为雷达隐身涂层、红外隐身涂层、可见光隐身涂层以及声呐隐身涂层。

（2）隔热涂层

隔热涂层是一种用于减少热传导和热辐射的功能涂层，保护物体表面免受高温环境的影响。隔热涂层由具有优异隔热性能的材料组成，例如陶瓷、金属氧化物或高分子聚合物。其主要原理是减少热量的传导和辐射，从而降低物体表面的温度。在航空航天领域，隔热涂层被用于航天器、火箭和发动机等部件上，以减少高温环境对设备的影响。在汽车工业中，隔热涂层可降低发动机和排气系统的温度，提高燃油效率和排放性能。此外，在建筑领域，隔热涂层可用于建筑物外墙和屋顶，降低室内温度，减少空调能耗，提高舒适度。

(3) 防冰涂层

防冰涂层是一种用于预防冰雪在物体表面结冰的功能涂层，减少冰雪对设备结构造成的损坏。通常，防冰涂层由特殊的化学物质组成，具有防水和抗冻性能，能够在低温环境下有效阻止冰雪的形成和附着。在航空航天领域，防冰涂层被用于飞机表面，以防止结冰对飞行安全造成威胁。它可以减少飞机表面的结冰量，降低起飞和着陆过程中的风险，并减少对除冰液的需求。在汽车工业中，防冰涂层应用于车窗、车身和车轮等部位，提高行车安全性，减少在冰雪天气行驶时的危险。此外，在建筑和能源领域，防冰涂层也可用于屋顶、输电线路和太阳能板等设施，减少冰雪对设备和结构的损坏，延长使用寿命。

(4) 耐腐蚀涂层

耐腐蚀涂层通常包括阻隔层和防腐蚀活性成分，用于防止湿气、化学物质和其他腐蚀性介质对基材的侵蚀。耐腐蚀涂层在船舶、桥梁、油田设备和工业管道等领域中应用广泛，能够延长设备的使用寿命，减少维护成本。

(5) 耐磨涂层

耐磨涂层可以提高基材表面的硬度和耐磨性。这些涂层通常包括硬质颗粒或聚合物，在受到摩擦、磨损或冲击时保护基材表面。耐磨涂层在汽车、机械设备、工具等领域中应用广泛。

2.2 隐身涂层

隐身涂层作为现代军事技术的关键组成部分，其结构设计、功能特性及在各种环境条件下的表现至关重要，可确保其在复杂战术环境中的可靠性和持久性。本节主要介绍隐身涂层的结构组成、功能特性和应用基础。

2.2.1 结构组成

隐身涂层通常由多层复合材料构成，包括吸波层、导电层、介电层和基体层等。这些层次的精确堆叠、材料选择和特性设计，旨在实现对红外、雷达、激光等探测手段的有效隐身，从而降低被侦测的风险。

2.2.1.1 基本结构

根据吸波涂层对电磁波吸收机理不同，吸波涂层可分为吸收型涂层（单层结构和多层结构）、干涉型涂层、谐振型涂层等。

(1) 吸收型涂层

吸收型涂层的基本原理是：介电物质在电磁场作用下产生传导电流或位移电流，使进入涂层中的电磁能转换为热能损耗，或是借助磁化物内部偶极子在电磁场作用下运动，把电磁能转变成热能损耗。吸收型涂层的结构必须保证表面和自由空间匹配，使入射的电磁波不产生反射而全部进入涂层，并被完全衰减和吸收。吸收型涂层可以是单层、双层或多层。单层吸波涂层对米级与分米级的电磁波的吸收是有效的；对于厘米波，一般采用双层或多层结构。

① 单层结构。如图 2-1 所示，其中颗粒状的物质为吸收剂，其复介电常数和复磁导率分别为 ε_1 和 μ_1，胶黏剂填充于吸收剂之间，其复介电常数和复磁导率分别为 ε_2 和 μ_2。

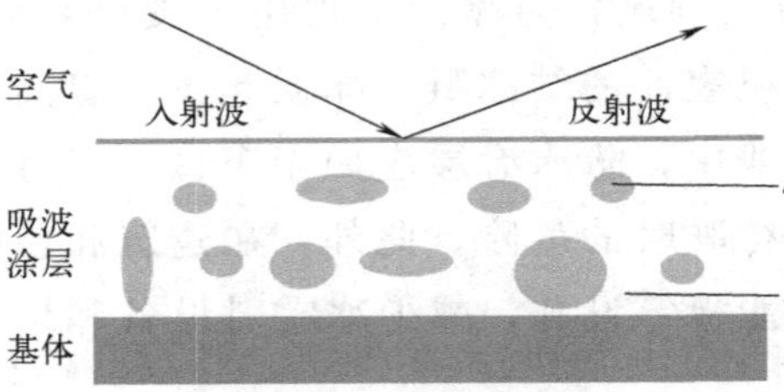

图 2-1 单层吸波涂层结构

随着隐身技术的不断发展，传统的铁氧体吸波涂层难以满足要求，而吸波性能更为优异的磁纤维吸波涂层、纳米吸波涂层、手征吸波涂层成为研究的热点。虽然单层结构制备工艺简单，成本较低，满足吸波涂层“薄、轻”的要求，但很难满足“宽、强”的发展趋势。

隐身涂层属于复合材料，涂层的电磁参数根据介质等效原理确定。涂层等效电磁参数的计算有 Bruggeman 公式（2-1）和 Maxwell-Garnett 公式（2-2）两种理论，单层结构设计主要是通过调整吸收剂的种类、含量、形状来调节涂层的电磁参数，使涂层既有较好的阻抗匹配性又具有最大的吸收能力。为达到此目的，实际中往往选用多种吸收剂组成复合涂层。

$$\frac{\varepsilon_{eff}-\varepsilon_m}{\varepsilon_f-\varepsilon_m}=\frac{f}{1-f}\left(\frac{\varepsilon_2-\varepsilon_1}{\varepsilon_f-\varepsilon_1}\right)^N \tag{2-1}$$

式中，ε_{eff} 为复合材料的有效介电常数；ε_f 为填充物（如纤维）的介电常数；ε_m 为基体（如树脂）的介电常数；f 为填充物的体积分数；ε_1、ε_2 为两种不同的相的介电常数；N 为 Bruggeman 系数，通常在理论推导中取 2。

$$\frac{\varepsilon_{eff}-\varepsilon_m}{\varepsilon_D-\varepsilon_m}=\frac{3f'}{f'+2}\left(\frac{\varepsilon_D-\varepsilon_m}{\varepsilon_D+2\varepsilon_m}\right) \tag{2-2}$$

式中，ε_{eff} 为复合材料的有效介电常数；ε_D 为分散相（如颗粒）的介电常数；ε_m 为基体的介电常数；f' 为分散相的体积分数。

② 多层结构。为了使隐身涂层能够达到最佳的阻抗匹配，在实际中常采用多层结构设计，如图 2-2 所示，其阻抗变化是一个渐进的过程，使入射的电磁波产生较少的反射，逐渐衰减或被涂层完全吸收。

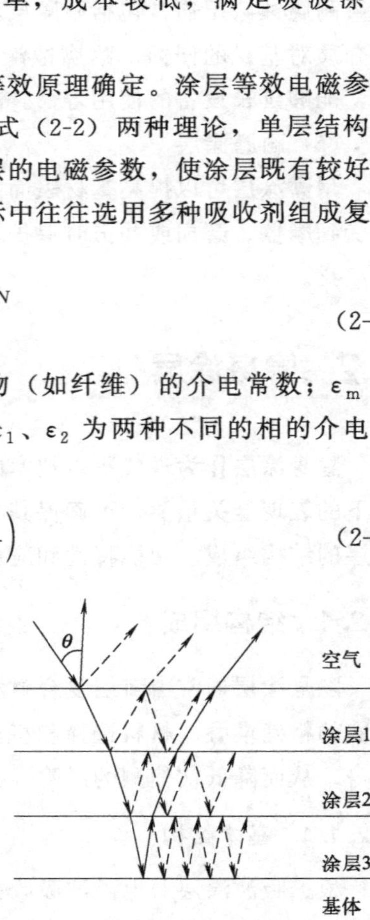

图 2-2 多层吸波涂层结构

根据传输线理论，得出各层的输入阻抗如下：

$$Z_n=\eta_n\frac{Z_{n-1}+\eta_n\tanh(\gamma_n d_n)}{\eta_n+Z_{n-1}\tanh(\gamma_n d_n)} \tag{2-3}$$

式中，Z_n 为电磁波从第 $n+1$ 层射入第 n 层的输入阻抗，其中 $0\leqslant n<N$（N 为涂层总层数），第 0 层为金属板，所以 $Z_0=0$；$\eta_n=\sqrt{\frac{\mu_n}{\varepsilon_n}}=\sqrt{\frac{\mu_n^*-i\mu_n''}{\varepsilon_n'-j\varepsilon_n''}}$，为第 n 层的归一化特性阻抗；$\gamma_n=j\frac{2\pi f}{c}\sqrt{\mu_n\varepsilon_n}$，为第 n 层的电磁波传输常数；d_n 为第 n 层区域的宽度。

在选择各层材料的电磁参数和厚度时，应遵循一定的准则：根据要求的工作频带、反射率以及给定的总厚度选择层数，一般不超过 5 层，厚度一般是外层小，内层大；选择各层的电磁参数时应使各层的归一化波阻抗的幅值呈阶梯变化，相邻两层间的变化不能太大。

为进一步提高涂层的吸波性能，多层吸波涂层设计成几何渐变式结构，采用角锥、方锥或圆锥结构，使斜向投向锥面涂层表面反射的电磁波经锥面多次反射被全部吸收。或者设计成蜂窝夹芯结构、角锥夹层、波纹板夹层等，通过多次反射、折射来扩大吸收效果。

多层结构选材较为灵活，根据应用需求对每层的选材进行设计，主要考虑在满足吸波涂层“宽、强”的同时兼顾“轻、薄”的需要。但多层结构往往采用复杂的结构和工艺以及昂贵的吸波涂层，显著增加成本。

（2）干涉型涂层

干涉型涂层的原理是利用进入涂层的电磁波经由基体表面反射回来的反射波和直接由涂层表面反射的反射波相互干涉而抵消（即反相 180°而相互抵消），使总的回波为 0。因此涂层厚度 L 应为 $\lambda/4$ 的奇数倍（λ 为涂层内电磁波波长）。其原理如图 2-3 所示，采用多层结构的干涉型涂层实现宽频带吸波。

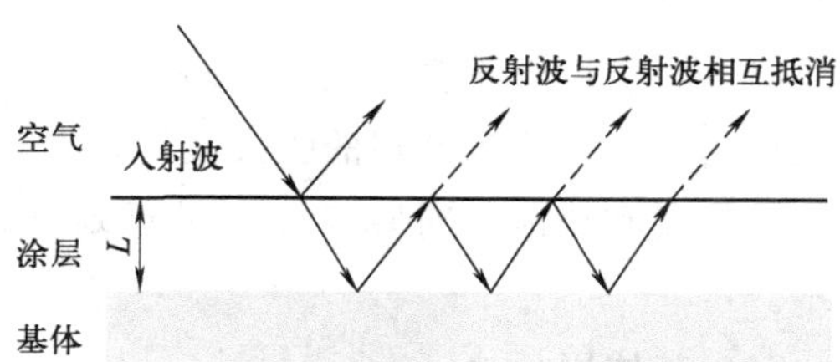

图 2-3 多层结构的干涉型涂层

另外还有一种衍射型涂层，由许多衍射单元组成，有图钉状或三维网状结构，衍射单元之间充以低介电常数的合成树脂。衍射型涂层在原理上属于干涉型涂层。

干涉型结构吸波涂层往往选用导电高聚物吸波涂层。导电高聚物分为电子型、离子型和氧化还原型。用于雷达吸波材料的主要是电子型导电高聚物，该类材料具有如下特点：①性能多样化，电子型导电高聚物分子具有大的共轭 Π 电子体系，其电导率在绝缘体、半导体和导体范围内变化，在可见光、红外波段具有独特的特性，如电致变色、红外吸收等，上述性能取决于高聚物的主链结构、掺杂剂性质等因素；②可控性，电、光、压力等因素可影响其导电、颜色、红外等特性；③质量小，体密度在 1.2～1.5g/cm^3 之间；④具有很好的加工性、成膜性、成纤性；⑤结构多样性，可与超微粒子复合，形成金属络合物；⑥掺杂/脱掺杂过程完全可逆。

（3）谐振型涂层

谐振型吸波涂层包括多个吸波单元，通过调整各单元的电磁参数及其尺寸对入射电磁

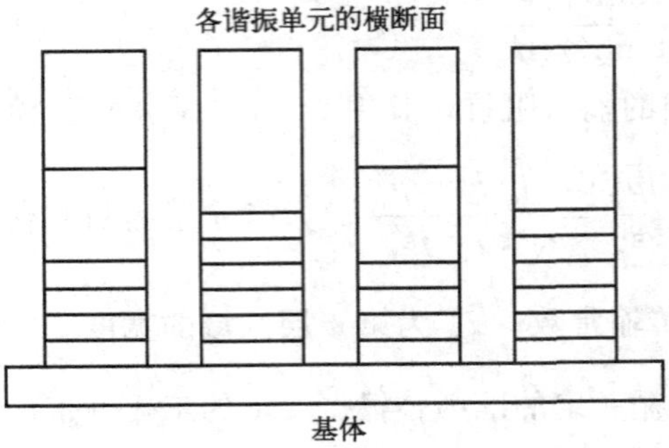

图 2-4 谐振单元为矩形的谐振型吸波涂层

波发生谐振，进而使入射的电磁波得到最大衰减。如果把每个谐振单元的谐振频率设置在不同的频段上，可以很方便地实现宽频带吸收，谐振单元为矩形的谐振型吸波涂层较为常见，如图 2-4 所示，各谐振单元的宽度、长度、间隔都相同，厚度不同。

谐振单元的厚度 h 应满足：

$$h=\frac{(2n+1)\lambda_0}{\sqrt[4]{\mu_r\varepsilon_r}} \tag{2-4}$$

式中，λ_0 为空气中的波长；ε_r 和 μ_r 分别为相对磁导率及相对介电常数；n 为正整数。如果谐振单元取相同厚度，则谐振单元 B_{I} 和 B_{II} 可采用不同材料。矩形结构的吸波涂层对圆极化波的吸收不利。对于圆极化波，可设计为各谐振单元呈圆形的结构。

谐振型涂层结构各单元的高低不平，为了使涂层牢固和使用方便，可将其高低不同的部位用介电常数低（$\varepsilon_r \approx 1$，接近于空气）、损耗角正切值小的树脂进行填充。

结构手征材料是一种典型的谐振型结构吸波涂料，用金属或非金属制造，或者利用纤维铺设或泡沫微孔结构形成。结构手征材料通过 ε、μ 以及手征参数 ξ 三个变量来调节电磁波传输特性，当手征参数达到 0.1 以上时，手征材料有望进入实用阶段。其关键是手征材料微观和宏观吸波机理研究以及改进微型螺旋制作技术，以提高手征参数 ξ。

2.2.1.2 组分分布

隐身涂层通常是多层复合结构，每一层都有不同的成分，隐身涂层需通过各层之间的相互作用，才能达到理想的吸波效果，根据各层在涂层中的位置和功能，对隐身涂层进行划分，如图 2-5 所示。

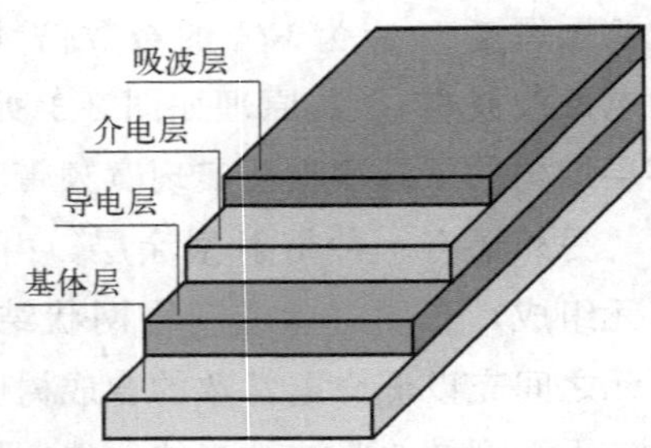

图 2-5 常见隐身涂层的各层分布

（1）基体层

隐身涂层通常应用于航空航天器、军事装备等领域，根据不同的功能需求，所采用的基体材料也各有特点。常见的基体材料包括金属、聚合物、复合材料和陶瓷等。金属基体常用于制备高性能的隐身涂层，尤其适用于航空航天器和军事装备。常见的金属基体有铝、钛、镁等，其具备良好的机械强度和导热性能，为涂层提供稳固的支撑。聚合物基体则是一种轻质、耐腐蚀的材料，广泛应用于大型装备的隐身涂层制备。常见的聚合物基体有环氧树脂、聚酰亚胺、聚酰胺等，其具备优异的化学稳定性和成形性，适用于制备复杂形状的涂层。复合材料基体由多种材料复合而成，碳纤维复合材料、玻璃纤维复合材料等常见的复合材料基体具有优异的力学性能、耐久性和化学稳定性，适用于隐身涂层的制备。而陶瓷基体则因其优异的耐高温性能和耐腐蚀性能，在制备高温环境下的隐身涂层中广泛应用。氧化铝、氮化硅、碳化硅等常见的陶瓷基体材料具有良好的力学性能和化学稳定性，在极端环境条件下可确保涂层的稳定性和可靠性。

(2) 导电层

金属纳米颗粒因其优异的导电性能和微小的尺寸，广泛应用于隐身涂层中。银、铜、金等金属纳米颗粒能够有效吸收电磁波并将其转化为热能，碳纳米材料也被用于隐身涂层，如碳纳米管、石墨烯等，其具备良好的导电性能、较大的比表面积和良好的电磁波吸收能力。此外，一些金属氧化物如氧化铁、氧化铜等也具有良好的导电性能和吸波性能，在涂层中可作为导电层的材料。这些材料的应用使得隐身涂层具备更优异的性能，提高了飞机、舰船等军事目标的隐身能力。

(3) 介电层

在隐身涂层中，氧化物材料为介电层的主要成分之一。这些常见的氧化物材料包括氧化铁（Fe_3O_4）、氧化铝（Al_2O_3）、氧化硅（SiO_2）等，具备出色的化学稳定性和耐热性能，能够有效地吸收电磁波。氮化物材料也是用于隐身涂层的介电层成分之一，包括氮化硅（Si_3N_4）、氮化铝（AlN）等，这些材料具备优异的力学性能和耐高温性能，能够有效地吸收电磁波。除了氧化物和氮化物材料外，一些特殊的聚合物材料也可作为隐身涂层的介电层成分。这些聚合物材料具备良好的加工性能和化学稳定性，能够形成均匀的介电层结构。常见的聚合物材料包括聚对苯二甲酸乙二醇酯（PET）、聚四氟乙烯（PTFE）等。此外，涂层中还可以采用复合材料作为介电层，以兼具多种材料的优点。例如，将氧化物颗粒和聚合物基体复合，既能确保介电层的性能，又能提高涂层的机械强度和耐久性。

(4) 吸波层

铁氧体具有较高的磁导率和磁滞损耗，能有效地吸收电磁波并将其转化为热能，是一种吸波性能良好的材料，常用于制备隐身涂层的吸波层。铁氧化物也是常用的隐身涂层吸波层材料，具备良好的磁性和磁导率，同样能有效吸收电磁波。常见的铁氧化物有四氧化三铁（Fe_3O_4）、氧化铁（Fe_2O_3）等。碳基材料因其良好的吸波性能和导电性能也常被用作隐身涂层的吸波层。常见的碳基材料包括活性炭、碳纳米管和石墨烯等。金属纳米颗粒也可以作为隐身涂层吸波层的材料，其具备优秀的导电性能和导热性能，有助于吸收电磁波并将其转化为热能。常见的金属纳米颗粒有银、铜和金等。吸波层还可以采用复合材料，例如将铁氧体颗粒或碳基材料与聚合物基体复合，在保证吸波性能的同时提高涂层的机械强度和耐久性。

2.2.1.3 组分特性及作用

隐身涂层的组分特征和作用主要在于控制光学性质，使物体对特定波长的光线“透明”，以实现隐身效果。这种涂层通常包含多层复合材料，每一层都有特定的组分，这些组分的功能包括光学吸收和散射控制、抗雷达探测、红外辐射控制等。其主要作用包括调节物体对光线的吸收、反射和散射，使其在特定条件下难以被识别，从而实现隐身的效果。

(1) 基体层

隐身涂层的基体通常是一种具有良好的力学性能、耐久性和化学稳定性的材料。这些材料作为隐身涂层的基体，支撑整个涂层结构，并确保其在各种环境条件下的稳定性和可靠性。

（2）导电层

隐身涂层的导电层通常采用具有良好导电性能的材料，能够有效吸收电磁波并将其转化为热能，如图 2-6 所示，从而减小目标物体对雷达波段的散射截面积，提高隐身性能，屏蔽外部电磁场的影响，减少外部电磁场对目标物体的干扰。此外，导电层还能提高涂层表面的导电性，减少静电积聚和放电现象；增强涂层的力学性能，提高耐久性和稳定性；为隐身涂层提供了基础支撑，确保整个涂层结构的稳定性和可靠性。

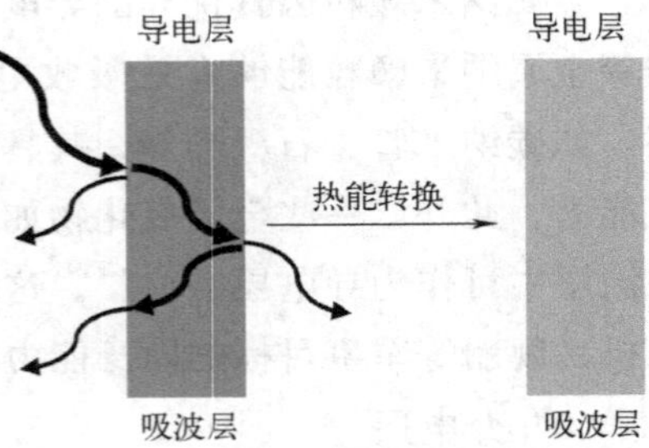

图 2-6　导电层/吸波层吸收电磁波将其转换为热能

（3）介电层

隐身涂层的介电层是隐身效果的关键组成部分。介电层通常由具有较高介电常数和较低电导率的材料构成，能够有效地降低电磁波在涂层表面的反射，减小目标物体在雷达波段的截面积，从而增强隐身性能。通过改变电磁波在涂层内部的传播速度和路径，使其更容易被吸收，进一步提高了隐身效果。同时作为绝缘层，阻止电流的流动，减少电磁辐射和静电干扰，提高涂层的稳定性和可靠性。

（4）吸波层

隐身涂层的吸波层是其关键组成部分，主要负责吸收电磁波并将其转化为热能，以达到隐身效果，如图 2-6 所示。吸波层的材料需要具有良好的吸波性能和热稳定性。吸波层还能够减少目标物体对其他电磁波频段的反射，包括红外和光学波段，进一步增强隐身效果。

2.2.2　功能特征

隐身涂层具有多种功能特征，包括雷达波隐身、红外隐身和电磁波隐身等。隐身涂层可有效减少目标对雷达信号的反射和散射，降低雷达探测目标的能力；同时通过特殊材料减少目标在红外和电磁频谱中的特征辐射，进一步提高隐身效果。此外，隐身涂层还能通过声学和视觉隐身技术，降低目标在声波和光学传感器中的探测可能性，综合提升目标的战术优势和生存能力。

2.2.2.1　雷达波隐身

发射机将雷达波束朝某个方向定向发射，目标就会把雷达波反射到雷达接收器上，如图 2-7 所示。目标的性质不同，产生的反射信号强弱不同，雷达靠接收目标反射的电磁波信号来发现目标。根据波的反射定律，反射角等于入射角，若入射角等于零，则反射角也等于零。因此，只有当雷达电磁波的方向垂直于目标表面时，被反射的电磁波才能按原方向返回，这时雷达接收到较强的回波；而以其他角度射向目标表面的雷达电磁波被反射到别处，即发生散射效应。故如果目标的表面能使雷达发射来的电磁波被散射或被吸收，就可大大减小被对方雷达发现的概率，从而达到“隐身”的目的。

雷达探测目标的能力，是由目标在雷达波照射下，在雷达接收天线方向上产生的电磁

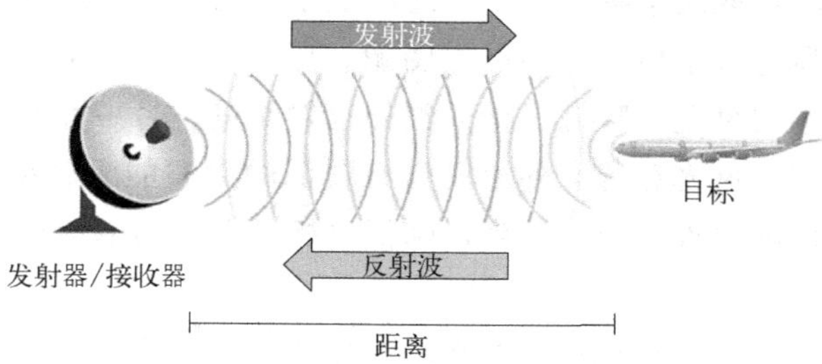

图 2-7 雷达探测

散射信号强度由雷达散射截面积决定，雷达散射截面积越小，雷达就越不易探测到目标。雷达的最大探测距离 R_t 可表示为：

$$R_t=\sqrt[4]{\frac{P_t G_t^2 \lambda^2 \sigma}{(4\pi)^3 P_r}} \tag{2-5}$$

式中，P_t 为雷达的发射功率；P_r 为雷达的接收功率；G_t 为雷达天线增益；λ 为雷达波长；σ 代表目标的雷达散射截面积。

因此，减缩目标雷达散射截面积的直接目的就是缩短雷达或雷达制导武器的作用距离，或在一定的作用距离上降低被发现、跟踪、击中的概率。

2.2.2.2 红外隐身

红外探测器的工作波段主要针对近红外（<3μm）、中红外（3～5μm）、远红外（8～14μm）3 个大气窗口，战争中主要军事目标辐射的红外线大都在窗口内：导弹辐射的红外波段约 3μm；喷气飞机辐射的红外波段为 3～4μm；坦克发动机辐射的红外波段约 5μm；装备、工厂、人员等辐射 8～14μm 的红外波段。故第一窗口的红外装置可用于侦察导弹；第二窗口可用于制导及侦察和跟踪；第三窗口可用于观察地面和水上的一般军事目标。红外隐身涂层的开发也正是针对这 3 个大气窗口进行，红外探测如图 2-8 所示。

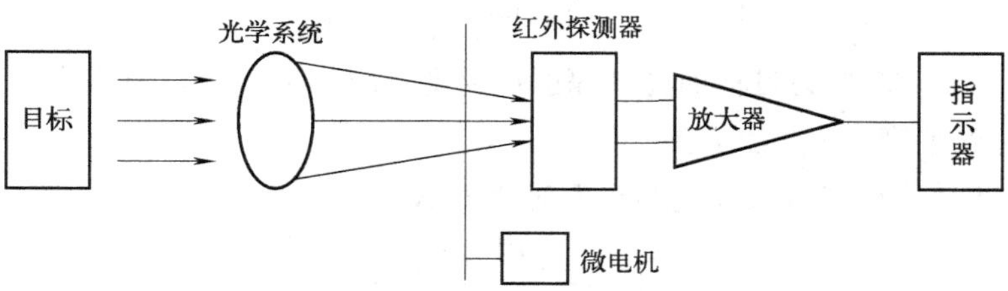

图 2-8 红外探测

任何温度高于绝对零度的物体都会随时随地向外发出红外辐射，且温度愈高，红外辐射就愈强。根据斯特藩-玻尔兹曼定律，有

$$W=\varepsilon\delta T^4 \tag{2-6}$$

式中，W 为物体的总辐射发射度；δ 为玻尔兹曼常数；ε 为物体的发射率；T 为物体的热力学温度。

物体红外辐射量不仅取决于物体温度，还取决于发射率。温度相同的物体，由于发射率不同而在红外探测器上显示出不同的红外图像。鉴于一般军事目标的辐射都强于背景，所以采用低发射率的涂层可显著降低目标的红外辐射能量。另一方面，为降低目标表面的温度，红外隐身涂层在可见光和近红外波段具有较低的太阳能吸收率和一定的隔热能力，以使目标表面温度尽可能接近背景的温度，降低目标和背景的辐射对比度，减小目标的被探测概率。

工作状态的目标红外隐身包括近、中和远红外波段，而非工作状态的常温目标主要是近红外隐身。红外隐身就是对目标进行处理，设法减少或消除目标与背景之间的亮度差或温度差，使隐身目标与背景的红外特征相适应，通过改变结构设计和应用红外物理原理来衰减、吸收目标的红外辐射能量，使红外探测设备难以探测到目标。

利用热成像仪可探测目标与背景以及目标各部分的热辐射温度差异，并将目标的“热像”显示出来。目标是指红外探测系统所针对的对象，背景是除目标以外的一切空间物质。目标与背景是相对的，同一物体在不同情况下可能是目标也可能是背景，目标与背景的红外辐射特性是可探测和可识别的光学（红外波段）参量的科学描述，它反映了光辐射同目标与背景相互作用而产生的物理现象，揭示了目标与背景的固有属性。目标与背景的红外辐射特性可归结为目标与背景的空间特性、光谱特性与时间特性。空间特性是目标与背景的空间分布；光谱特性是目标与背景光辐射随波长的分布；时间特性是目标与背景光辐射随时间变化的规律。为了讨论目标与背景在辐射特性上的差别，引入辐射对比度 K，目标和背景有各自的辐射出射度，故辐射对比度 K 可用式（2-7）表示：

$$K=\frac{M_{ta}-M_{bg}}{M_{ta}+M_{bg}} \tag{2-7}$$

式中，M_{ta} 为目标的全辐射出射度；M_{bg} 为背景的全辐射出射度。若讨论只局限于某一波段 $\lambda_1 \sim \lambda_2$ 范围内，则引入光谱段辐射对比度 $K_{\Delta\lambda}$，见式（2-8）。

$$K_{\Delta\lambda}=\frac{\int_{\lambda_2}^{\lambda_1} M_{ta}(\lambda,T_f)\mathrm{d}\lambda-\int_{\lambda_2}^{\lambda_1} M_{bg}(\lambda,T_b)\mathrm{d}\lambda}{\int_{\lambda_2}^{\lambda_1} M_{ta}(\lambda,T_f)\mathrm{d}\lambda+\int_{\lambda_2}^{\lambda_1} M_{bg}(\lambda,T_b)\mathrm{d}\lambda} \tag{2-8}$$

式中，$M_{ta}(\lambda, T_f)$ 为目标的光谱辐射出射度；$M_{bg}(\lambda, T_f)$ 为背景的光谱辐射出射度；T_f 为目标的温度；T_b 为背景的温度。

若将目标和背景都视为灰体，则辐射对比度 K 可表示为

$$K=\frac{\varepsilon_{ta}T_f^4-\varepsilon_{bg}T_b^4}{\varepsilon_{ta}T_f^4+\varepsilon_{bg}T_b^4} \tag{2-9}$$

式中，ε_{ta} 为目标发射率；ε_{bg} 为背景发射率。即目标和背景的辐射差别不仅与它们的温度差 $\Delta T=T_f-T_b$ 有关，还与它们各自的发射率有关，若目标与背景温度相等（$\Delta T=0$，$T_f=T_b$），则辐射对比度 K 为

$$K=\frac{\varepsilon_{ta}-\varepsilon_{bg}}{\varepsilon_{ta}+\varepsilon_{bg}} \tag{2-10}$$

研究目标与背景的红外辐射特性有重要意义，如：为实现目标与背景的红外融合或红外隐身提供可靠的实际数据分析，找到有效的红外隐身途径；为红外系统实现探测、定

位、分类、识别、跟踪的精度提供基础数据；为目标识别提供目标分类、识别和辨认所必需的图像和光谱特征；为红外系统仿真提供目标和背景生成的物理特征技术模型等。

2.2.2.3 电磁波隐身

现代战场的侦测告警系统是个集成系统，它融合了不同侦测手段。因此，面对不断发展的侦测告警系统，军事目标的隐身能力必须往多波段和宽频率等更好的隐身效果发展。雷达、红外探测是目前两种最主要的探测手段，雷达波、红外波是处于不同波段的电磁波，如图 2-9（书后另见彩图）所示。如何使涂层在这些波段彼此兼容，是电磁波隐身今后研究的主要方向之一。

在雷达波吸收涂层上涂覆红外涂层，二者能否很好地兼容是一个很重要的问题。从原理上分析，实现红外和微波兼容的隐身涂层有两条技术途径：一是研制一种微波高吸收、热红外低辐射和可见光与近红外隐身的涂层；二是分别研制高性能微波吸收和热红外低辐射涂层，然后将其复合起来，复合后其微波吸收性能和热红外低辐射性能仍能保持基本不变或变化不大。这两条技术途径，虽然从原理上是可行的，但实现起来有相当大的难度，因为对未知材料，存在 $\varepsilon+R=1$ 的关系式，ε 大 R 就小，反之亦然。ε 和 R 又是波长的函数，由于微波和热红外的波长相差很大，因此，需找到微波区 R 小而热红外区 R 大即 ε 小的材料。

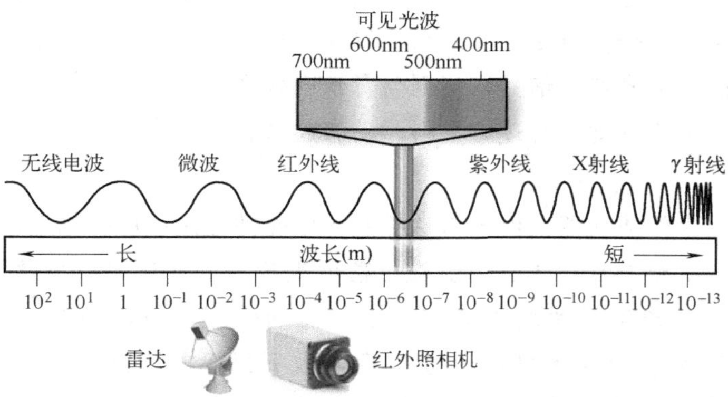

图 2-9 电磁波的不同波段

保证表层材料具有良好的频率选择特性，使之具有红外隐身的高反射与雷达波段的高透射，就能在满足红外隐身涂层目标低发射率要求的同时，让雷达波顺利穿透该层，使雷达波进入雷达隐身涂层而被有效耗散。此外，红外低发射率涂层厚度达 20μm，便能覆盖整个高辐射表面，使法向总比辐射率值趋于一个稳定值，而且红外隐身涂层厚度在 80～100μm 时，法向总比辐射率基本没有什么变化。

2.2.2.4 其他隐身技术

（1）光学隐身技术

随着军事技术的发展，可见光成像制导系统发现、跟踪、拦截目标的能力越来越强，战场上飞机、坦克等武器系统所面临的威胁日趋严重，以美国为首的军事强国重新意识到可见光隐身技术的重要性，开始了对可见光隐身技术的系统性研究。20 世纪末期，美国在可见光隐身技术方面取得重大进展，并将其运用于实战。美国空军战机上表面采用丛林绿、中间绿色和棕褐色 3 种色调（图 2-10，书后另见彩图），下表面采用浅灰色，较好地隐藏在热带雨林的环境下，实现了与当地环境的有效融合，降低了被发现的概率。

图 2-10 美国空军战机上表面的颜色

在可见光范围内，探测系统的探测效果取决于目标与背景之间的亮度、色度、运动这 3 个视觉信息参数的对比特征，其中目标与背景之间的亮度对比是最重要的因素。目标结构体表面的光反射特别是镜面反射光、发动机尾喷管的喷焰和烟迹、照明光和信号光等，因为与背景亮度的对比度相差较大，导致目标很容易被发现。如果目标与背景的亮度相当，则它们之间的色度对比度便成为目标的重要可视特征。如果目标与背景之间亮度和色度的对比度较大，就很容易在运动时被探测系统发现。

可见光隐身，即通过降低目标与背景之间的亮度、色度和运动的对比特征，达到对目标视觉信号的控制，以降低可见光探测系统发现目标的概率。可见光隐身材料是用于减弱或改变武器系统的可见光特征信号，实现与背景有效融合，达到隐身技术要求的材料，包括保护色隐身材料和静（动）态迷彩材料。动态迷彩材料特指光电致变色材料。

（2）声呐隐身

对于潜艇等水中作战武器，由于雷达探测的电磁波在水中的传播衰减很大，只有当潜艇在上浮换气和开机充电时，才有可能被电磁波发现。而声波是水中唯一能够远距离传播的能量辐射形式，声呐是使用声波在水中传播的探测设备，如图 2-11 所示。随着水声探测设备作用距离和定向精度的迅速提高，水下目标的隐蔽性面临着前所未有的挑战。作为提高水下武器系统的生存力和战斗力的重要保障，声呐隐身技术越来越受到各国的关注。

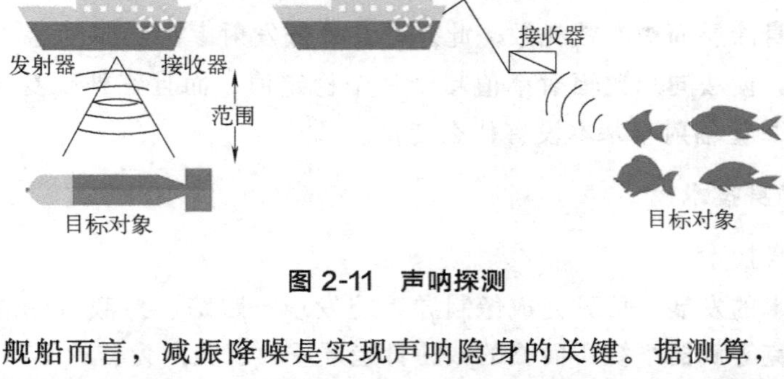

图 2-11 声呐探测

对于潜艇、舰船而言，减振降噪是实现声呐隐身的关键。据测算，水下噪声每降低 20 dB，可使己方被动声呐探测距离增加一倍，敌方被动声呐探测距离降低 50%，并能缩小敌方水中武器的作战半径，降低其命中精度，同时可使自身的声模拟干扰装置作战效果提高 15 倍左右；如果声呐台区自噪声降低 5 dB，本艇探测距离可增加 60%，探测目标的海区面积增大为原面积的 3 倍。降低噪声源的噪声强度、控制噪声的传递过程是实现声呐隐身的两大手段。噪声源主要包括机械噪声、螺旋桨噪声和水动力噪声等。

2.2.3 应用基础

隐身涂层在应用上的基础要素包括有效吸收带宽、表面曲率对隐身性能的影响以及界面匹配的重要性。有效吸收带宽指涂层在特定频段内有效吸收电磁波，减少目标的反射和散射，实现隐身效果。表面曲率的微小变化可能导致电磁波的反射或折射，因此需要精心设计以保持表面的平整度。界面匹配层位于吸波层和基底材料之间，用于降低反射并增强吸收效果，确保隐身涂层在不同频率下的一致性和性能稳定性。这些要素共同作用，使隐身涂层能在复杂环境中可靠地实现有效的隐身效果。

2.2.3.1 有效吸收带宽

隐身涂层的有效吸收带宽需要通过各种因素的综合影响来确定，因此没有一个单一的公式精确描述。使用以下公式能够近似计算隐身涂层的有效吸收带宽：

$$\Delta f=\frac{1}{2\pi\tau} \tag{2-11}$$

式中，Δf 为有效吸收带宽；τ 为隐身涂层的时间常数。

时间常数表示了电磁波在隐身涂层中传播的时间，通过涂层的电导率和磁导率计算得到。通常情况下，时间常数越大，有效吸收带宽越宽。

有效吸收带宽是评估隐身涂层性能的重要指标之一，其宽度直接影响着隐身效果的稳定性和可靠性。为了深入了解有效吸收带宽的概念和优化方法，需要了解涂层的吸波机制以及涂层结构设计的影响因素。

（1）涂层的吸波机制

隐身涂层通常利用材料的吸波特性将电磁波转化为热能或其他形式的能量，从而降低波的反射和传播。在设计涂层时，需要考虑材料的介电损耗、磁性损耗以及多次反射和透射等因素，以确保在广泛的频率范围内实现有效吸收。

（2）涂层结构设计的影响

涂层的结构设计对于有效吸收带宽的扩展至关重要。采用多层结构是一种常见的策略，每一层都具有不同的吸波特性和厚度，以实现在不同频率范围内的吸收。此外，表面形貌的设计也可以通过增加表面的多孔性或引入纳米结构等方式来增强吸波性能，从而扩展有效吸收带宽，具体见本章 2.3.1.1。

（3）材料的影响

选择合适的材料也是影响有效吸收带宽的关键因素之一。某些材料具有广泛的吸波频段，如铁粉、碳纳米管等，适合用于实现宽带吸收。因此，在设计隐身涂层时，需要仔细选择材料，并对其吸波性能进行评估和优化，表 2-1 是一些材料的有效吸收带宽。

表 2-1 不同材料的有效吸收带宽

序号	材料	有效吸收带宽	序号	材料	有效吸收带宽
1	铁氧体吸波剂	1～12GHz	4	陶瓷粉末	38～39.5GHz
2	超细金属微粉	8～12GHz	5	手性吸收剂	12～18GHz
3	聚-3-辛噻吩	0～20GHz	6	轻质聚氨酯泡沫	4.6～30GHz

2.2.3.2 表面曲率影响

表面曲率（如图 2-12 所示）是一个影响隐身涂层效果的复杂而重要的因素，在隐身技术的研究和实际应用中必须加以充分考虑，表面曲率通过以下公式计算。

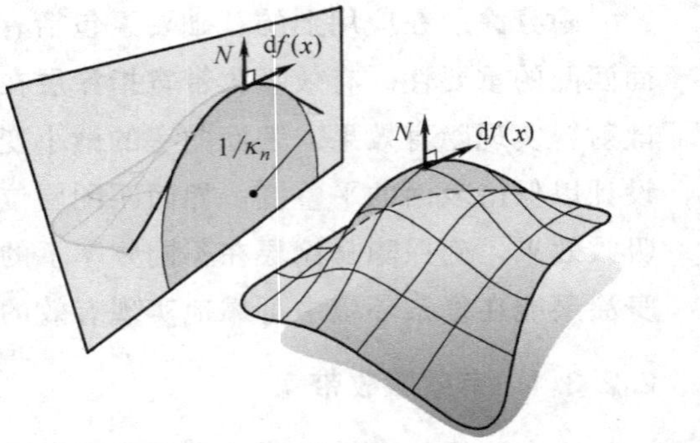

图 2-12 表面曲率

设曲面方程为 $z=f(x,y)$，则在某一点 (x_0, y_0, z_0) 处，曲率方程为：

$$\kappa(u,v)=\frac{f_{uu}f_v^2-2f_{uv}f_uf_v+f_{vv}f_u^2}{(f_u^2+f_v^2)^{\frac{3}{2}}} \tag{2-12}$$

式中，f_u、f_v、f_{uu}、f_{vv}、f_{uv} 分别表示曲面在 (x_0, y_0) 处的一阶和二阶偏导数。

主曲率是曲率方程 $\kappa(u, v)$ 的两个特征值，表示曲面在该点处沿着两个特定方向的曲率，通常记作 κ_1 和 κ_2，其中 κ_1 是曲率方程的最大特征值，κ_2 是曲率方程的最小特征值。这两个值即为主曲率，它们描述了曲面在该点处的最大和最小曲率，以及相应的曲率方向。图 2-13 为机翼表面曲率对雷达截面积（RCS）均值的影响，由图可见，雷达截面积均值随最大厚度增加而减小，与最大厚度呈弱非线性变化关系，减小量逐渐减小，而 RCS 越小代表其隐身性能越好。

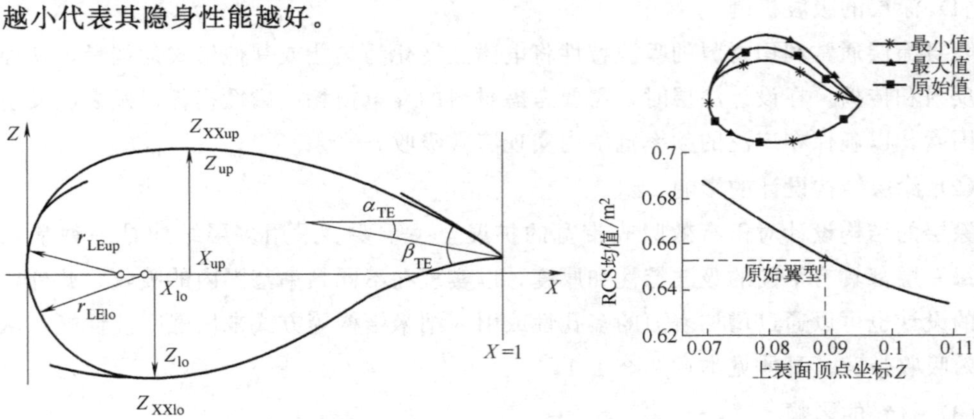

(a) 翼型参数化示意图　　(b) 曲率对RCS均值的影响

图 2-13 机翼表面曲率对雷达截面积均值的影响

r_{LEup} 是上表面前缘半径；Z_{XXup} 为上表面顶点二阶导数；r_{LElo} 为下表面前缘半径；Z_{XXlo} 为下表面顶点二阶导数；α_{TE} 为尾缘方向角；β_{TE} 为尾缘角

（1）影响涂层表面电磁波散射行为

当涂层表面光滑平坦时，电磁波在表面上产生较少的散射，大部分能量被吸收或传播到涂层内部。然而，当涂层表面存在较大的曲率或粗糙度时，电磁波在表面上发生较强的散射，使得涂层更容易被探测。

（2）影响电磁波在涂层表面的反射和传播路径

在涂层表面存在曲率或凸凹结构时，电磁波会在表面上进行多次反射，并且在涂层内部形成反射的反馈回路。这样一来，涂层内的电磁波传播路径会变长，增加了被探测到的可能性，降低了隐身效果。

（3）产生焦点效应

当涂层表面具有特定的凸凹结构或镜面形状时，会产生焦点效应。这种效应会导致电磁波在表面上聚焦，使得表面的局部区域成为高反射或高吸收区域。因此，焦点效应会削弱涂层的隐身性能，使其更易被侦测。

（4）影响电磁波传播的路径和方式

表面曲率会改变电磁波在涂层表面传播的路径和方式，导致类似波导效应的发生。这种波导效应会增加电磁波与涂层材料之间的相互作用，影响涂层的吸收性能和隐身效果。

2.2.3.3 界面匹配

隐身涂层界面匹配是指设计隐身涂层时考虑其与周围环境的界面匹配问题。隐身涂层的目标是减少雷达、红外、光学等波段的反射，从而使目标物体对于探测系统更难以被探测或识别。为了实现这一目标，界面匹配成为重要的考虑因素之一。

在隐身涂层设计中，隐身涂层的材料特性需要与探测系统所使用的频率范围相匹配。例如，对于雷达波段的隐身设计，涂层材料的电磁特性需要在该频段表现出吸收或散射的特性。在光学波段需要考虑其对可见光和红外辐射的反射和吸收。设计涂层时，需要选择材料和设计涂层结构以减少光学反射并提高红外辐射的吸收。隐身涂层需要与被涂覆的基底材料相匹配，以确保涂层与基底之间的界面具有良好的附着力和兼容性，同时避免产生不良的界面反射。

2.3 隔热涂层

隔热涂层在现代科技中具有重要作用，其由多层复合材料组成，包括高效的热隔离材料和耐高温的基底材料。这些涂层通过精确的设计和堆叠，能有效阻止热量的传导和辐射，减少目标表面的热损失和温度波动。涂层优异的热隔离性能，能够提高航空航天、汽车工业及工业加工中设备的耐高温性和操作效率。在应用基础方面，涵盖了材料选择优化、涂层厚度控制和涂覆过程的精确管理，确保了涂层在极端环境和复杂工艺中的可靠性和稳定性。本节主要介绍隐身涂层的结构组成、功能特征和应用基础。

2.3.1 结构组成

隔热涂层通常由多层复合材料构成，包括热隔离层和基底材料层。热隔离层是其核心部分，采用高效的热隔离材料，该热隔离材料具备优异的热反射和热阻特性，能有效防止热量的传导和辐射。隔热层经过精确控制的分布设计，每一层的组分分布和组分特征都确保涂层热隔离效果的最大化。此外，涂层底部通常设有黏附层，以确保与基底材料的兼容性和稳定附着力，从而保证整体涂层在复杂工艺条件下的可靠性和性能表现。

2.3.1.1 基本结构

隔热层是隔热涂层的核心组成部分，通常由高温隔热材料构成，例如氧化铝、硅酸盐、氮化硅和陶瓷纤维。在涂层中含有大量的空心微球，当涂层成形后，空心微球会紧密排列起来，形成完整的多孔隔热涂层，如图 2-14 所示。孔洞呈现各种形状，并包含微米到纳米级别的尺寸。多孔结构的存在显著降低了热量的传递，具有极强的隔热保温作用。这种结构的隔热效果取决于涂层的厚度和材料的热导率。制备这些孔洞的方法包括化学气相沉积、溶胶-凝胶、喷涂，方法取决于所需的孔洞形态以及涂层的应用环境。

多孔结构在涂层中有效地减少了热传导和对流，气体在孔洞中的流动受到了限制，减少了热量的传输。热阻隔效应提升了涂层的隔热性能，有助于维持表面温度的稳定性，减少能源消耗。多孔结构还能捕获和反射热辐射，减少了热量的辐射传播，通过合理控制孔洞的形态和分布，有效减少了热辐射损失，提高了涂层的热绝缘性能。此外，孔洞的存在增加了涂层的表面积，增强了涂层与周围环境的热交换能力，提高了涂层的吸热和散热效率。最后，多孔结构还能降低涂层的密度，减轻材料的重量，增强涂层的耐久性和性能稳定性，对于一些需要轻量化设计的特定应用场景尤为重要。

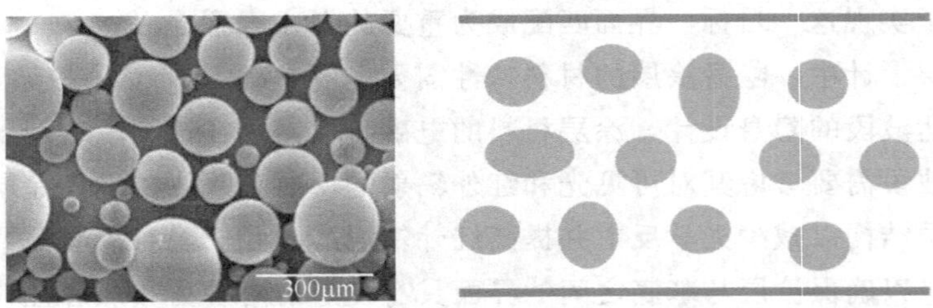

(a) (b)

图 2-14 涂层中的空心微球

2.3.1.2 组分分布

隔热涂层通常也是多层复合结构，其组分分布主要包括基体层、隔热层、反射层、保护层，如图 2-15 所示。

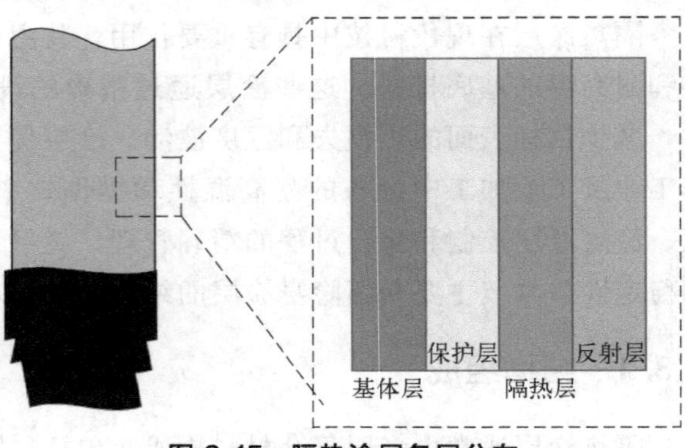

图 2-15 隔热涂层各层分布

(1) 基体层

基体层常见的材料包括金属基体，如铝合金、钢铁、镍合金等，具有良好的导热性和机械强度，能够提供良好的支撑和保护隔热涂层。陶瓷基体也常用作隔热涂层的基体材料，如陶瓷基板、陶瓷复合材料等，具有良好的耐高温性、耐腐蚀性和机械强度，适用于高温环境下的隔热。聚合物基体通常用于低温和中温环境下的隔热涂层，如塑料基板、聚酰亚胺基板等，具有良好的耐化学性和耐腐蚀性，适用于一些特殊环境下的隔热需求。玻璃基体也可以作为隔热涂层的基体材料，尤其适用于低温环境下的隔热应用，具有良好的透明性和耐腐蚀性，可用于一些需要透明隔热涂层的场合。

（2）隔热层

常见的隔热层材料成分为氧化物，如氧化铝、氧化硅、氧化锆等，这些材料具有良好的隔热性能、耐高温性、力学性能和化学稳定性。在高温环境下，具有较高的熔点、热稳定性、低热导率和高反射率，能够有效降低热量传导和辐射。钛酸盐是一种常见的白色颜料，具有高反射率和耐高温性，常用于隔热层中以提高反射性能和隔热效果。氟聚合物具有优异的耐高温性和化学稳定性，常用于制备高温隔热涂层，其低表面能和耐腐蚀性使其在特殊环境中具有良好的隔热效果。

（3）反射层

常见的反射层材料主要是铝、银、金和钛等金属材料。铝是最常用的反射层材料，具有较高的反射率和良好的耐腐蚀性，在各种隔热层中作为反射层的选择。银具有极高的反射率，但成本较高且易氧化，因此在一些特殊应用中使用。金也具有良好的反射性能，但同样成本较高，一般用于特殊领域或高端产品中。钛常用于一些需要耐腐蚀性能较高的隔热层和反射层。

（4）保护层

常见的保护层材料成分包括陶瓷材料、金属材料和聚合物材料。陶瓷材料具有优异的耐高温性和耐腐蚀性，例如，氧化铝、氧化硅等陶瓷材料能够有效抵御高温和化学腐蚀，保护涂层不受损坏。常用的金属材料包括不锈钢、镍合金等，它们能够提供良好的耐腐蚀性和耐磨损性，保护涂层表面不受外部环境侵蚀。聚氨酯、环氧树脂等聚合物材料能够形成坚固的保护膜，防止涂层受到化学腐蚀和机械损伤。

2.3.1.3 组分特征及作用

隔热涂层的基体层提供了涂层的基础支撑和附着力，确保其稳固性；隔热层采用低热导率的材料，有效减少热量的传导，降低物体表面温度；反射层使用高反射率的成分，反射太阳辐射，进一步降低热量吸收；保护层保护涂层不受环境因素的影响。

（1）基体层

通常，基体层需要具备出色的耐高温性、机械强度和耐腐蚀性，以充分支撑隔热涂层的功能。耐高温性能确保在高温环境下基体层不会失效，机械强度保证其能够承受外部压力和应力，而耐腐蚀性则保障其长期稳定性，尤其是在恶劣环境中，基体层直接影响涂层的性能和使用寿命。

（2）隔热层

隔热层的核心是隔热材料，通常选择具有低热导率和高反射率的材料，能够反射太阳辐射和其他热源的辐射，从而减少能量吸收，如图 2-16 所示。主要的隔热材料有氧化铝、氧化硅、氮化硅、陶瓷纤维等。同时隔热层中含有巨量的空心微球，漆膜干燥后微球紧紧排列起来，形成完整的多孔隔热涂层，可降低热传导，减少热量在涂层内部的传输，这些材料和结构能够有效阻止热量的传导和辐射，实现隔热效果。

（3）反射层

隔热层中的反射层能够有效地反射入射的光线或热辐射，减少其被吸收的量；同时为了提高涂层的适用范围，反射层通常设计成能够在多个波长范围内进行反射辐射，包括可见光、红外线和紫外线等。在某些情况下，反射层需要具有一定的光学透明性，以允许部分光线透过涂层而不被反射，实现特定的光学效果。

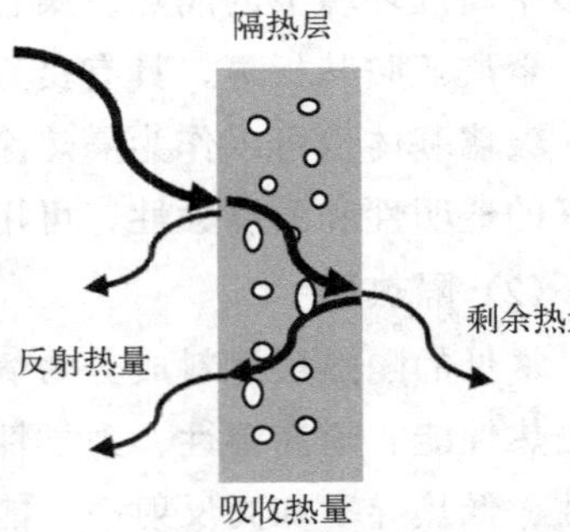

图 2-16 隔热层对热量的吸收和反射

（4）保护层

保护层是隔热涂层的最外层，通常选择耐高温、耐腐蚀和耐磨损的材料，如陶瓷涂料、硅橡胶或高温涂料等。这些材料能够保护隔热层和反射层免受机械损伤、化学侵蚀和环境腐蚀的影响。

2.3.2 功能特征

隔热涂层具备多种功能特征，包括隔绝传导型隔热、反射型隔热和辐射型隔热。隔绝传导型涂层通过高效的热隔离材料阻止热量的传导，减少表面温度的变化，有效保护设备免受热损伤。反射型涂层则利用其高反射性质，将外部热辐射反射回环境，降低热量的吸收，维持表面的凉爽状态。辐射型涂层利用特定的红外辐射吸收材料，将热辐射能转化为非热辐射形式，减少热辐射损失，提高能源利用效率。不同类型的隔热机制为各种高温环境下的应用提供了灵活的选择，以保护和优化设备性能。

2.3.2.1 隔绝传导型隔热

隔绝传导型隔热涂层中含有低热导率材料或空气泡，涂层整体的热导率低，能够有效阻隔传热过程，达到隔热的目的。密度较大的材料，导热性能较好，隔热保温性能较差；而密度较小（疏松、轻质、多孔）的材料，导热性能较差（热导率小），隔热保温性能较好。

热导率大小会严重影响隔绝传导型隔热涂层的隔热性能，材料不同热导率亦不同，表 2-2 是几种不同材料的热导率。

表 2-2 几种不同材料的热导率

序号	材料	热导率 /[W/(m·K)]	序号	材料	热导率 /[W/(m·K)]
1	铝	238.26	6	耐火黏土	0.27
2	紫铜	401.28	7	聚乙烯	188.10
3	钢(1020)	100.32	8	聚苯乙烯板	<0.041
4	空心砖	0.30～0.68	9	钙钠玻璃	0.96
5	硅	0.01	10	空气	0.0147

根据热导率的定义，有：

$$k = Q\delta / [At(T_1 - T_2)] \tag{2-13}$$

式中，k 为热导率；Q 为通过材料的热量；δ 为材料的厚度；T_1、T_2 分别为材料两侧的表面温度；A 为材料的表面积；t 为热量通过材料的时间。

涂层或材料中存在的气孔状况（气孔率）、气孔形状及封闭情况、气孔尺寸及均匀性等，严重影响到热导率甚至其他性能。

① 气孔率：静止空气（0℃）的热导率最小，可认为材料或涂层中气孔率越大，隔热性能也越好，如图 2-17 所示。气孔率越大，密度越小，强度会越低。因此气孔率应与强度相适应。

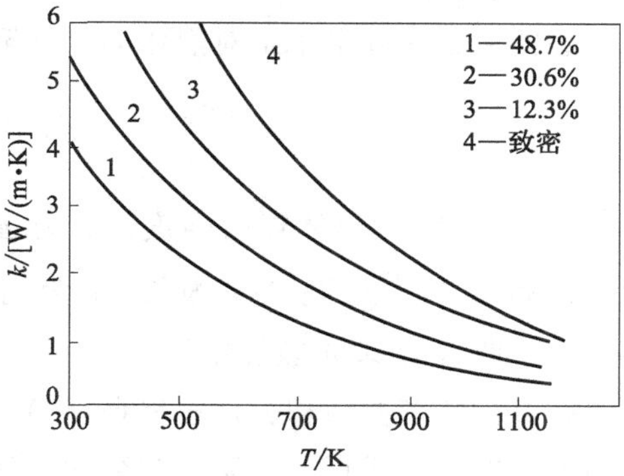

图 2-17 气孔率对 Al_2O_3 热导率的影响

② 气孔尺寸及均匀性：作为隔热涂层或隔热材料，气孔孔径一般应在 0.1～1mm 之间，超过 1mm 会影响材料的强度。例如，对泡沫混凝土，孔径每增大 1mm，强度就下降 15%～20%。通常有人认为材料或涂层中气孔越大，密度越小，这种观点是错误的。密度与气孔大小无关，因为孔虽小但量大，同样可实现低密度。而且，若孔径过大，在高温还要考虑辐射对流传热。如 0～500℃，直径为 1mm 和 3mm 的空气泡，其导热性分别为原来的 5.3 倍和 11.7 倍。

③ 气孔形状及封闭情况、热流方向：一般情况下气孔的封闭程度对导热性影响不大。其原因在于：封闭气孔虽空气不流通，热量不会以空气为载体流失，有利于隔热，但在高温下会提高辐射传热；通孔因空气流动带走热量，不利于隔热。所以气孔的封闭程度应根据使用条件实验确定。

2.3.2.2 反射型隔热

户外阳光下目标主要接收两方面的辐射热能：一是太阳光通过大气窗口的直射热能 Q_1；二是大气层透射的太阳光热能 Q_2，如图 2-18 所示。这里忽略了周围物体与目标的热能交换。此外，目标放出的热量也主要包括两个方面：一是目标反射热 Q_ρ（主要在 $\lambda = 0.3 \sim 1.35\mu m$，即可见光及近红外波段）；二是目标辐射热 Q_ε（主要是通过大气第二窗口，即 $\lambda = 8 \sim 13.5\mu m$，远红外波段）。目标吸收热量：$Q_吸 = Q_1 + Q_2$；目标放出热量：$Q_放 = Q_\rho + Q_\varepsilon$。

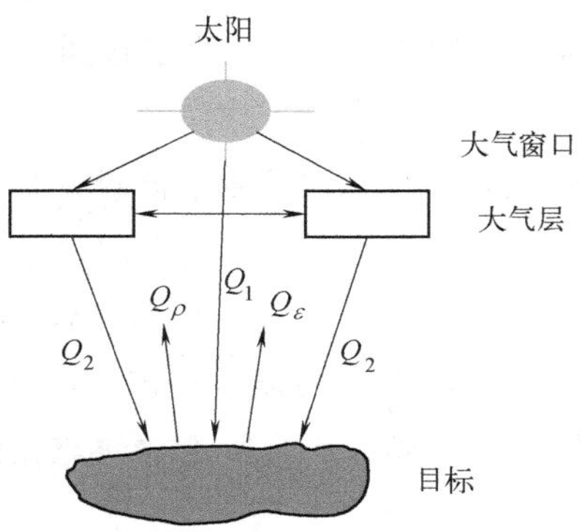

图 2-18 阳光下涂层与环境的热能交换

目标的降温条件：目标与环境热能交换出现净亏损，即 $Q_吸 \leqslant Q_放$。而小于是不可能的，理想情况是 $Q_吸 = Q_放$。

据上述分析，确定热反射型涂料（涂层）原则如下：

可见光及近红外波段（$\lambda=0.3\sim1.35\mu m$），反射率越大越好，以便尽可能多地反射太阳光中热能；在大气窗口，尤其是在$\lambda=8\sim13.5\mu m$范围内，发射率越大越好，以便尽可能多地吸收涂层及基体中的可见光、红外光及紫外光能。以红外辐射方式，通过大气窗口发射到大气外层的绝对零度区，更有效地散发热量。

2.3.2.3 辐射型隔热

热辐射基本定律如下。

(1) 普朗克定律

普朗克定律确定了绝对黑体的光谱辐射强度与波长、温度的关系，即：

$$M_{\lambda}=\frac{2\pi hc^{2}}{\lambda^{5}}\times\frac{\Delta\lambda}{e^{\frac{hc}{k\lambda T}}-1} \tag{2-14}$$

式中，M_{λ}为黑体辐射强度；h为普朗克常数，6.62×10^{-34}J·s；k为玻尔兹曼常数，1.38×10^{-23}J/K；λ为波长；c为光速；T为热力学温度。

(2) 斯特藩-玻尔兹曼定律

在全波长范围内积分，可得斯特藩-玻尔兹曼定律。这个定律确定了辐射能量与热力学温度的四次方成正比关系，其数学表达式为

$$W=\alpha\varepsilon T^{4} \tag{2-15}$$

式中，α为斯特藩-玻尔兹曼常数，5.67×10^{-8}W/m^{2}；ε为物体表面发射率；T为热力学温度；W为黑体单位面积发射的总能量。

由式（2-15）可见，随物体表面温度增加，发射的能量显著增加。

(3) 基尔霍夫定律

基尔霍夫定律确定了物体辐射能量W和吸收率a之间的关系，其数学表达为：

$$\frac{W_1}{a_1}=\frac{W_2}{a_2}=\frac{W_3}{a_3}=\cdots=\frac{W_0}{a_0}=W=f(T) \tag{2-16}$$

由式（2-16）可对基尔霍夫定律表达如下：任何物体的辐射能量和吸收率之比相同，并恒等于同温发射下黑体的辐射能量，且只与温度有关。故：

$$\varepsilon=a \tag{2-17}$$

式（2-17）表明，若物体对某种波长有很强的吸收能力，则它的发射能力也很强。

(4) 朗伯定律

确定了黑体沿个别方向的辐射变化，即一方向上单位面积立体角内的辐射能量，与该方向上同表面法向夹角的余弦成正比。其数学表达式为

$$d^{2}Q_{\rho}=W_{n}d\Omega\cos\varphi dF_{1} \tag{2-18}$$

式中，$d^{2}Q_{\rho}$为元面积dF_1在围绕ρ方向的立体角$d\Omega$内所发射的能量；W_n为元面积dF_1在法线方向上的辐射能量；$d\Omega$为以φ方向为轴线的立体角；φ为所论方向与元面积的法线之间的夹角；dF_1为发射能量的元面积。

由基尔霍夫定律可知，好的吸收体是好的发射体。当某一涂层在波长$8\sim14\mu m$大气窗口有很高的发射率时，就有可能尽量多地把涂层和基体（如金属或水泥层）中吸收到的

太阳热能发射到大气外层的绝对零度区。如果所发射的热量（$Q_{放}$）大于或等于吸收的太阳光热量（$Q_{吸}$），则可达到降温效果。

选择性热红外辐射功能（$\lambda=8\sim14\mu m$ 区间有高发射率）必须与选择性反射功能（$\lambda=0.3\sim1.35\mu m$ 区间有高反射率）结合起来，才能起到隔热降温的目的。这两种功能必须同时具备，否则难以达到预期效果。例如对于一般水泥砂浆、砖石和混凝土盖的房子，这些建材在太阳光全波段下平均吸收率为 0.85～0.95，是接近于黑体的灰体，尽管其红外发射率很高，但在可见光及近红外区反射率很低，最终吸收的太阳光热能（$Q_{吸}$）仍大于放出的红外辐射能（$Q_{放}$）。因此，随时间累积，室内温度还是升高。

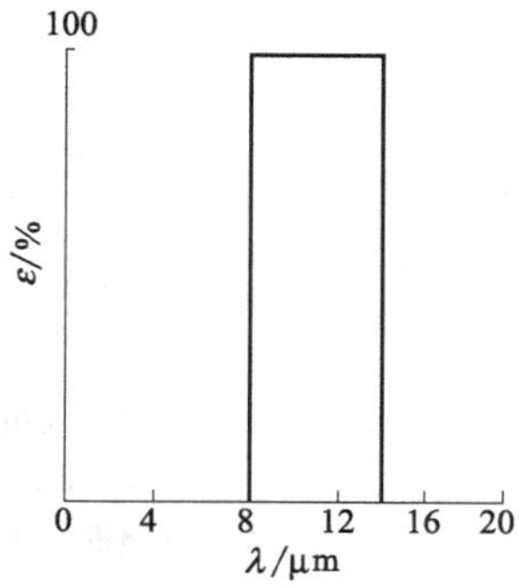

图 2-19 理想的光谱选择性热辐射涂层

热辐射型隔热涂层，其特性为在 $\lambda=8\sim14\mu m$ 区间有高发射率，等同于黑体，而在此区间外，是理想的反射体，即它不发射（实质上也不吸收）太阳光辐射能。这种理想的光谱选择性热辐射涂层如图 2-19 所示。但实际上是不存在的，只有一些材料的光谱特性接近此种理想辐射涂层。

2.3.3 应用基础

隔热涂层在应用上考虑了两个关键特性：隔热温度阈值和热稳定性。隔热温度阈值指涂层能够有效隔离的最高温度，需根据具体应用场景选择和设计涂层材料。同时，涂层的热稳定性要求它在高温环境下能长期保持隔热效果和物理性质，不受温度变化或材料退化影响。这些特性的考虑和优化能确保涂层在复杂工艺条件下稳定可靠地工作，提供有效的隔热保护，以支持设备和结构的安全运行。

2.3.3.1 隔热温度阈值

涂层的隔热温度阈值是指涂层能够承受的最高温度，超过这个温度涂层会发生结构变化、性能下降或损坏。这个温度阈值是根据涂层材料的性质、组成以及应用环境等因素来确定的。

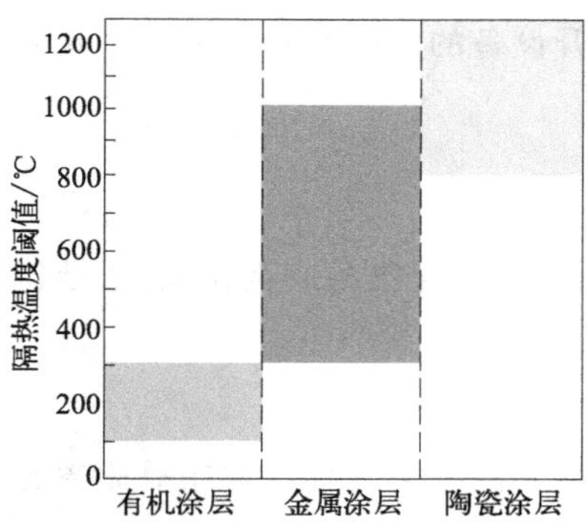

图 2-20 不同涂层的隔热温度阈值

不同类型的隔热涂层所能承受的温度阈值有所不同，但一般来说，隔热涂层的温度阈值通常在几百摄氏度到 1000℃之间，不同涂层的隔热温度阈值，如图 2-20 所示。

有机涂层（如聚合物基涂层）的温度阈值在 100～300℃之间，这种类型的涂层在较低温度下具有良好的隔热性能，但在高温环境下会出现材料软化或热分解的情况。陶瓷涂层通常具有更高的温度阈值，达到数百摄氏度甚至更高，通常用于需要在高温环境下提供隔热保护的场合，如航空航天、工业炉窑等领域。金属涂层通常具有较高的导热性能，因此其温度阈值也相对较高，通常用于对高温辐射和热对流具有较高要求的场合，如火箭发动机喷口、航空发动机部件等。

2.3.3.2 热稳定性

隔热涂层的热稳定性指的是在高温环境下，涂层能够保持其结构和性能不发生明显变化的能力。这种稳定性对于涂层在高温工作条件下的长期可靠性至关重要。涂层的热稳定性受到多种因素的影响，包括材料的选择、涂层结构、制备工艺以及工作环境等，例如，环氧改性有机硅树脂在不同温度下的失重率如图 2-21 所示。由图可见，300℃时涂层的失重率为 7.7%，这是由于漆膜中残存的有机溶剂挥发及小分子有机物的分解，350℃时涂层的失重率约为 9.4%，失重率变化并不显著，由此可以看出，改性的有机硅树脂在一定温度下能够起到很好的耐热作用。

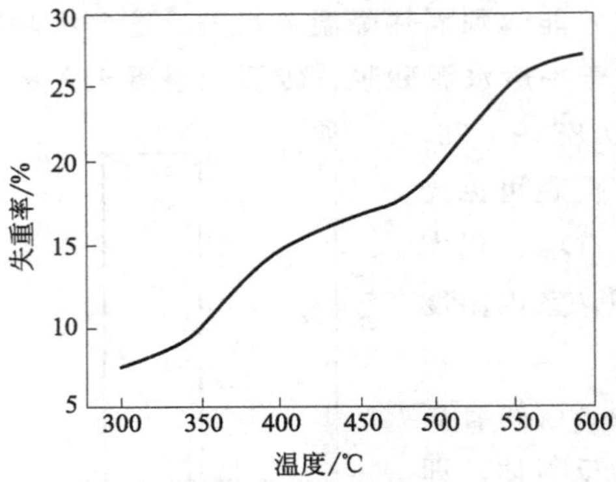

图 2-21 环氧改性有机硅树脂在不同温度下的失重率

2.4 防冰涂层

防冰涂层是一种关键的功能性涂层，特别设计用于预防和减少飞行器、风力发电机叶片等设备表面的冰的形成。涂层表面的微观结构、功能特性和应用基础对涂层的防冰性能有着显著的影响。本章主要介绍防冰涂层的结构组成、功能特性和应用基础。

2.4.1 结构组成

防冰涂层的基本结构包括防冰层、导电层和保护性表面层。防冰层通过特殊化学成分如聚合物，有效阻止冰的形成或减少附着。导电层则利用导电材料如金属，通过通电加热快速融化冰并防止进一步积聚。保护性表面层位于最外层，提升涂层的耐久性和稳定性，抵御环境侵蚀和机械损伤。有效应对恶劣天气条件，提升设备的安全性和可靠性，在航空航天、能源及交通运输等领域具有重要应用价值。

2.4.1.1 基本结构

目前发展的防冰涂层结构主要为带有类似荷叶特殊非润湿现象的表面微-纳米结构乳突或蜡状物质协同作用，以及类似于猪笼草的超润滑结构。

(1) 超疏水防冰涂层

防冰的本质就是防水。自然界中荷叶表面具有非常显著的拒水特性，水很难附着在荷叶表面上。而荷叶特殊的非润湿现象是表面微-纳米结构乳突和蜡状物质协同作用产生，见图 2-22。受此启发，近年来，有大量研究人员试图利用仿生“荷叶”“箭竹”表面完全斥水的超疏水特性，防止或延缓表面水的结冰行为，来实现被动防冰的目的。

目前大部分超疏水被动防冰解决方案都是以喷涂涂层的形式存在，主要采用微纳米颗粒在涂层表面构筑类似荷叶表面的微纳米结构，从而达到超疏水防冰的目的。其中

(a) 荷叶表面　　(b) 荷叶表面的微米阵列

图 2-22 自然中的超疏水现象

采用的微纳米颗粒为氧化硅、氧化钛、氧化锌、氧化铜、碳纳米管、炭黑和石墨烯等。除此之外，通过接枝低表面能的长碳链分子等形式进一步提升此类超疏水表面的防冰性能。

超疏水被动防冰表面具有：①弹离表面过冷液滴；②抑制表面异质形核，延长结冰形核时间等防冰特性，并且部分超疏水材料还展现出表面结冰后，冰层黏附力低的特点，对于无人飞行器服役条件中的强风环境更有先天性的应用优势。

（2）超润滑防冰涂层

基于浸液润滑材料的被动防冰技术源自仿生猪笼草材料。浸润在表面中的润滑液使材料表面具有低水黏附和低冰黏附的特性，从而实现防冰的目的，如图 2-23 所示。将浸液润滑材料理解为自身携带防冻液的材料。这样的表面具有 3 个特征：①基体材料具有容纳润滑液的多孔结构；②防冰功能主要由填充在基体里的润滑液决定；③所用润滑液与水互不相溶。构建浸液润滑的防冰材料可用的润滑剂包括各类含氟润滑油、硅油、石蜡油和水凝胶等。

通常冰黏附强度在 10kPa 以下的材料称为超低冰黏附材料，具有此特性的材料表面产生少量结冰后，无需人工干预，仅靠自然风力作用就可实现脱冰的效果。由于润滑液冰点低及摩擦力小的特性，浸液润滑的防冰表面往往很容易实现 100kPa 以下的低冰黏附强度，部分表面达到 10kPa 以下超低冰黏附的状态。

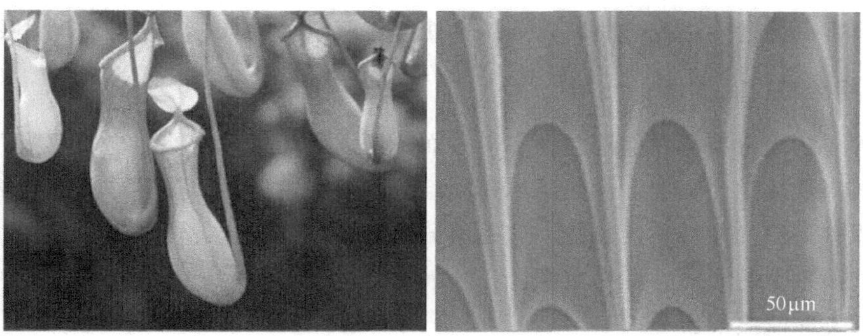

(a)　　(b)

图 2-23 猪笼草表面微观形貌

2.4.1.2 组分分布

防冰涂层的表面组分主要有：低表面能涂层组分、涂层润滑组分、电热防冰组分、光热防冰组分，无功能特性的防冰涂层具有其相应的表面组分。

(1) 低表面能涂层组分

① 含氟聚合物涂层。聚四氟乙烯（PTFE）是一种常用的低表面能材料，应用于金属或其他金属氧化物表面，如铝、铁、钛及其氧化物、玻璃等。表面光滑的含氟聚合物材料在较低温度和较高湿度下显著降低冰的附着力，包括原始PTFE板、喷砂PTFE板、PTFE涂层、氟化室温硫化硅橡胶涂层（F-RTV）和氟化聚氨酯涂层（F-PU）等。

② 含硅聚合物涂层组分。多晶硅是另一种可用作防冰材料的高分子涂料。比如通过射频（RF）磁控溅射在玻璃上制备了带有纳米棒的超疏水ZnO薄膜，该表面在釉冰中表现出优异的防冰性能。其优异的性能归因于所制备的十六烷基三甲氧基硅烷涂层的纳米级粗糙度和低表面能。同时，通过喷涂工艺制备的基于十八烷基三氯硅烷改性二氧化硅纳米颗粒的表面，也具有优异的防冰性能。

(2) 涂层润滑组分

① 油性润滑光滑表面。基于PDMS的简单交联反应制备的自润滑有机凝胶（SLUG），聚合物主链与乙烯基和Si—H基团连接，以获得交联能力，同时保证非极性化学结构。由于有机胶的脱缩作用，在适当的条件下，在最顶层的SLUG表面上连续形成液态层，使表面具有优异的防冰性能。

② 水性润滑光滑表面。包括交联聚丙烯酸、透明质酸和亲水性聚氨酯颗粒等。通过在无机材料表面的微孔内接枝交联吸湿性聚合物，形成一种坚固的防冰涂层，带有自润滑液水层（SLWL），涂层表面积聚的冰在强风的作用下被吹走。

(3) 电热防冰组分

电热薄膜防冰技术是一种新兴的电热防冰技术，随着碳材料的飞速发展，如零维富勒烯、一维碳纳米管和碳纳米线、二维石墨烯等被广泛地应用于电热防冰薄膜。碳材料往往拥有着极好的导热性能、电学性能、电热性能以及超轻的质量。

(4) 光热防冰组分

基于光热材料的防冰技术是指在飞行器或其他需要防冰的表面构筑光热响应的功能。需要在材料表面黏附一层光热材料，如磁性四氧化三铁（Fe_3O_4）微粒或其他吸光层。

2.4.1.3 组分特征及作用

防冰涂层的组分特征及作用包括多个方面。低表面能组分能够减少表面张力；涂层润滑组分能够降低冰黏附强度；电热防冰薄膜组分能够在需要时加热并除冰；光热防冰涂层组分能够吸收太阳光并转化为热能。这些组分为设备提供了全方位的防冰保护，提高了其在恶劣天气条件下的可靠性和稳定性。

(1) 低表面能涂层组分

低表面能物质在超疏水防冰涂层中发挥着关键作用。它使得涂层表面形成类似于纳米级凸起或孔隙的微观结构，使水滴接触涂层表面时，迅速形成球形滴并滑落，减少水滴与表面的接触面积，提高疏水性能，减少液体在表面的黏附力，即使有冰形成，也能轻易在风力或重力作用下脱落。同时，这种物质还能形成保护性的涂层，降低表面磨损和腐蚀，延长涂层的使用寿命。此外，它使得涂层表面更加光滑，减少污垢和杂质的附着，增强自清洁性，保持涂层的清洁度和疏水性能。

（2）涂层润滑组分

超润滑涂层表面设计使得液体或冰在其上具有极低的摩擦系数，使得冰或水滴能够轻易滑动并迅速从表面移除，降低了结冰的概率；润滑性能极强的涂层表面能够防止冰的附着，即使有冰形成，也很容易被风力或重力移除，减少冰的积累和堆积；超润滑涂层通常具有优秀的耐磨性，即使在长期使用过程中，也能保持其润滑性能，不易被磨损或破坏。

（3）电热防冰薄膜组分

电热防冰涂层表面的物质通常是一种导电材料，具有良好的导电性，以便电流能够在涂层表面有效传导。常见的导电材料包括导电聚合物、导电碳纳米管等，一旦施加电流，涂层表面的导电材料会产生热量，导致表面温度升高。这种加热作用迅速融化附着在表面的冰雪或者防止冰的形成，从而达到防冰的效果。并通过控制施加在涂层表面的电流大小，实现对表面温度的精确控制。这种温度控制能够使涂层表面保持在适当的温度范围内，以达到最佳的防冰效果。

（4）光热防冰涂层组分

光热防冰涂层表面物质通常具有良好的光吸收性能，能有效地吸收太阳辐射中的光能，将光能转化为热能。吸收到的光能转化为热能后，表面物质需要具有良好的热传导性能，使产生的热量能够快速传导到涂层表面，达到快速融化冰雪的效果。同时需要具有良好的热稳定性，在长时间暴露于太阳辐射下保持稳定的性能，确保其能持续地产生热能进行防冰。

2.4.2 功能特性

防冰涂层具备多种功能特性，适用于不同的环境和需求，超润滑防冰涂层通过表面超润滑性质，有效减少冰的附着和积聚，使冰雪难以黏附；超疏水防冰涂层利用极端疏水性质，快速排除表面水分，防止冰的形成和积聚，保持表面干燥；低界面韧性涂层防冰凭借其特殊的化学成分和结构设计，降低冰的附着力和摩擦力，有效减少结冰风险；电热涂层防冰通过通电加热迅速融化或防止冰的形成，适用于需要快速响应和大面积覆盖的设备；光热涂层防冰利用光吸收材料转化为热能，快速解决结冰问题，提供可持续的冰雪防护方案。

2.4.2.1 超润滑防冰

将高质量的润滑液注入材料表面的微纳结构能够在表面产生液态润滑层，从而实现表面超润滑的目的。超润滑表面利用基体材料微纳结构所产生的毛细作用力，能够将润滑液等低表面能物质“锁”在结构间隙中，使润滑油层代替超疏水表面的空气层的作用，如图2-24所示。制备稳定的超润滑表面需遵循以下3个基本原则：

① 基底需要具有足够的粗糙度和化学性质，以确保润滑剂能够稳定地黏附在基底上；

② 注入的润滑液与基质的亲和力比其他液体的亲和力强，超润滑层不会被其他液体所取代；

③ 所选润滑剂不能与待排斥的液体混溶。超润滑表面由于润滑剂较低的冰点，可有效地延长结冰形核过程，从而延长结冰时间。此外，由于其润滑液层的作用，冰层不会与基底直接接触，从而达到降低冰层黏附的目的。

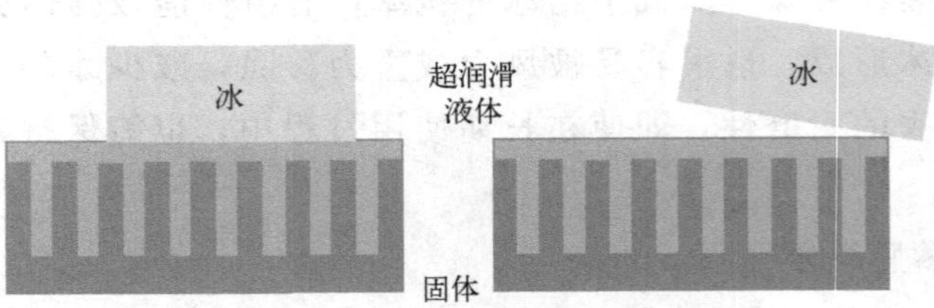

图 2-24 超润滑表面防冰机理

超润滑表面由于其独特的润滑液作用，克服了超疏水表面机械稳定性差及易发生机械互锁效应的弊端。同时该润滑层具有良好的自愈性，通过液体的流动性快速恢复其性能。然而，该液体润滑层在经多次使用或磨损后易流失，难以稳固地“锁”住润滑液。一旦润滑液流失便会造成冰黏附力的急剧上升，从而使得其防冰能力消失。

2.4.2.2 超疏水防冰

基于荷叶表面的自清洁现象及表面润湿理论，科学界开始从仿生的角度对超疏水防冰材料进行研究。研究工作者们发现，通过自身表面结构和材料本质属性的超疏水防冰表面可以实现低能耗、低成本、高效率除冰的目的。

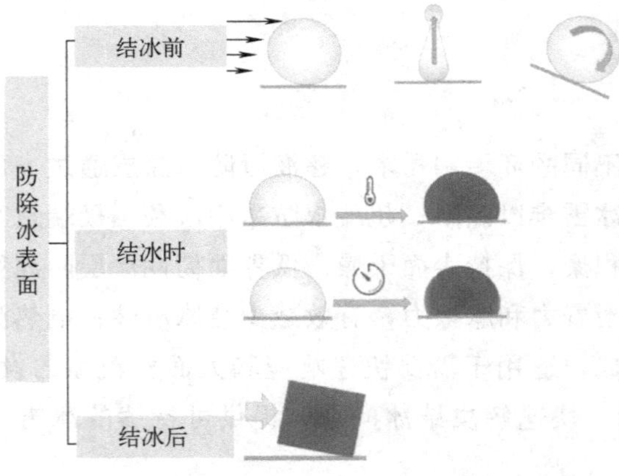

图 2-25 超疏水表面防冰过程

结冰过程由三个阶段组成，分别是液滴的过冷阶段、冰成核阶段和冰晶生长阶段。根据以上结冰过程，目前针对超疏水材料已发展出以下三种主要的防冰技术途径，如图 2-25 所示。

在液滴冻结发生前，通过改变液滴在其表面的润湿状态，从而减少液滴在固体表面的积聚，以达到防冰的目的。飞机飞行穿过过冷云层时，过冷液滴以一定的速度撞击飞机表面，在撞击过程中，液滴会在表面完成铺展、回缩等过程。研究发现，对于具有特殊微纳结构的超疏水材料而言，表面具有高的水接触角（WCA）和低的滚动角。当过冷液滴撞击其表面时，由于微纳结构对液滴进一步扩展的阻碍作用，液滴在铺展过程中的能量耗散得以降低，从而能够有效地将部分表面能转化为动能，使得液滴即使在较小的撞击速度下（如速度为0.11m/s，韦伯数为0.07），也能迅速在表面完成能量交换并发生弹离现象。

在液滴的冻结过程中，通过延长液滴的冻结时间，在液滴完全发生冻结前使其在风等自然因素的作用下脱离表面。对于撞击在飞机表面的液滴，由于液滴与表面存在温差，液滴在撞击过程中会与表面发生传热作用，一旦液滴的温度达到其成核所需的温度条件，液滴便会发生结冰现象。虽然在过冷状态下，纯水一般需要在－40℃时才会发生冰的均匀形核作用，但是，在大气条件下，当温度低于0℃时，在液滴的撞击位点便会发生冻结现象。对于超疏水表面，由于其特定的微观形貌结构及低的表面自由能物质的修饰作用，液滴完全发生冻结所需能量增加，并且由于微观结构所捕获的空气层的作用，液滴的持续过冷过程受阻，从而延长了液滴冻结过程所需要的时间。

在液滴完全冻结后，冰层已完全形成并且变厚，降低冰层对固体材料表面的黏附作用，从而降低除冰过程中所需的外力以降低除冰能耗。由于液滴在超疏水结构表面特殊的Cassie-Baxter润湿状态，液滴并不能够完全浸润整个微结构表面，而是通过微结构截留的空气层的作用以“点对点”的方式实现微结构表面与冰层之间的小面积的固-冰界面接触，减少了固体材料表面和冰层的接触面积，从而降低了冰层对基体的黏附作用。同时，在除冰过程中，空气层作为裂纹源，有效地提升了固体材料和冰层之间的裂纹扩展能力，继而有效地降低了除冰所需的外力。

超疏水表面由于其特殊的复合结构，能够捕获一定的空气层，从而使其具有良好的超疏水能力和延迟结冰的能力，在防冰方面具有良好的应用前景。然而，超疏水表面的微纳复合结构具有较低的机械稳定性能，表面的超疏水特性和延迟结冰能力易在表面经过多次磨损后消失。同时，由于冰晶生长过程中，液滴体积发生变化，冰晶生长至微结构中，还会造成严重的机械“锚固”作用，影响超疏水表面的除冰性能。

2.4.2.3 低界面韧性涂层防冰

以冰层剪切强度定义的防冰材料，其除冰外力仍受限于结冰面积。当结冰面积较小的时候，冰层受到力的作用，会以整体直接断裂的方式完成除冰过程。然而对于大面积的结冰条件，基体表面冰层的脱离不仅取决于冰层的黏附强度，还受到固-冰界面断裂韧性的影响。固-冰界面断裂韧性为除冰过程中能量耗散的能量释放率，即固-冰界面微裂纹的扩展能力，低的固-冰界面断裂韧性意味着强的固-冰界面微裂纹扩展能力，因而，对于具有低固-冰界面断裂韧性的材料，在大面积冰层附着时，不再是冰层整体直接断裂的形式，而是以裂纹扩展断裂的形式完成整个除冰过程，图2-26为裂纹扩展过程。

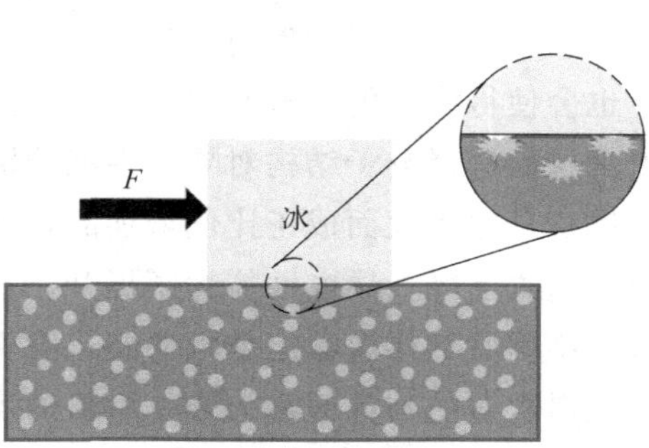

图2-26 低界面韧性表面冰层裂纹扩展

对于具有低的固-冰界面断裂韧性的材料，当固-冰界面足够大且冰层与涂层间的界面应力不再沿界面均匀分布，而是集中在裂纹尖端附近时，就会发生这种破坏形式。此时系统的势能减少的量大于创建新表面所增加的能量，且由于涂层具有强的微裂纹扩展能力，在外力作用下裂纹扩展断裂就会优先于整体断裂。界面断裂韧性可以简单概括为分离冰层所需要的能量。具有低固-冰界面断裂韧性的材料在面对积冰时，存在一个临界结冰面积尺寸。一旦结冰面积超过此临界尺寸，除冰所需外力则与结冰面积不再呈线性增加的趋势，而是保持稳定的趋势，此时，不再需要额外附加作用力，便可以达到除冰的目的。因此，具有低固-冰界面断裂韧性的涂层，在防冰方向上具有显著的优势。涂层的作用，既可以克服传统超疏水涂层易发生机械锚固作用的缺点，也可以避免超润滑涂层润滑油流失所导致的防冰性能减弱的问题，同时，该低固-冰界面断裂韧性涂层在针对大面积积冰方面，具有优秀的应用潜力。

2.4.2.4　电热涂层防冰

电热涂层防冰的原理是电流通过电阻时，由于定向移动的电子与电热材料内部的分子或原子发生碰撞，其做功消耗的电能转化成了热能，因此产生了电热效应。进而通过热传导的方式将热量从电热除冰模块传导到飞机机身蒙皮表面，以达到电热除冰的目的，如图2-27所示。

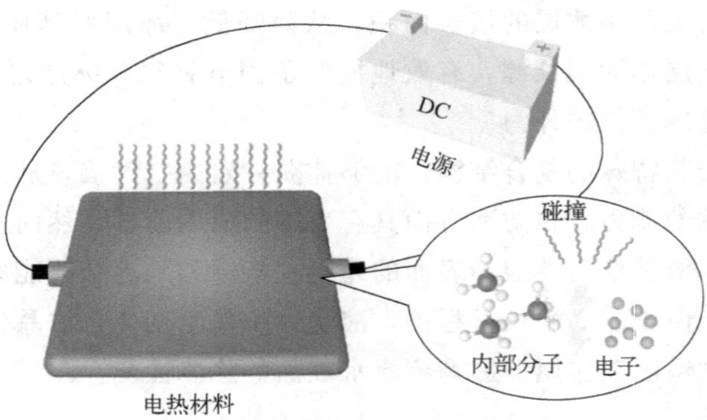

图 2-27　电热模块电加热原理

电热涂层在制备过程中，要满足导电发热的需求，首先要在涂层中形成完整的导电通路。通过电热填料形成导电通路时，需要填料处在一个合适的质量分数区间，在这个质量分数区间中，导电填料分散在黏结剂之间，合适的浓度使得导电填料之间形成搭接，形成导电通路。

当填料浓度过低时，填料之间的接触概率变小，使得电热涂层导电性能整体降低，稳定性下降。而当填料浓度过高时，导电填料之间的连接稳定性降低，难以形成紧密的连接，也会使得涂层的导电性能下降。逾渗理论将电阻率的变化与涂层的填料浓度相关联，从宏观层面解释分子结构对导电性能的影响。导电复合材料的电导率不是完全随着导电粒子的体积分数增大而成正比例增加的，当导电填料的含量超过某一临界值时，涂层的电阻率呈断崖式下降，导电性能大幅提升，变化可达数个数量级。此时导电填料在涂层中开始形成三维网状结构的稳定导电通路，发生逾渗现象，从而实现了涂层的导电性能。相应的导电填料含量的临界值称为导电材料的逾渗阈值，它主要与不导电基体的自身性质，导电填料的性质、粒径、形状以及导电填料在不导电基体之中的分散程度相关。当导电填料的含量超过逾渗阈值后，电导率随导电粒子体积分数的增加而缓慢增加。导电聚合物基复合材料的电导率与填料体积分数之间的关系有一个经验公式，即：

$$\sigma=\sigma_0(\varphi-\varphi_c)^t \tag{2-19}$$

式中，σ 为聚合物基复合材料的电导率；σ_0 为固定值，取决于导电填料的自身导电性能；φ 为导电填料的体积分数；φ_c 为导电逾渗阈值；t 为与填料在复合材料中构建的导电网络维度有关的常数，三维和二维导电网络分别对应 $t\approx2$ 和 $t\approx1.3$。但实际情况往往存在差异，不能完全依据此经验公式判定。

电热涂层的电热性能实质上是指电热涂层基于焦耳定律将外加电压传输的电能转化为热能的能力。当对电热涂层外加电压时，电热涂层由于电子在涂层内部运动时产生了电流，经过电子运动的摩擦和撞击现象发热，再通过对流、辐射、热传导三种方式将热量传递出去。焦耳-楞次定律如下式所示：

$$Q=I^2Rt \tag{2-20}$$

式中，Q 为电热涂层发热量；I 为电热涂层在外加电压下流经涂层的电流；R 为涂层表面电阻；t 为总发热时间。

2.4.2.5 光热涂层防冰

热传输是光热涂层的防冰/除冰性能发挥协同作用的必要需求，光热防冰材料及其表面的热量传递如图 2-28 所示。光热涂层的光热转换是一个复杂而连续的相互作用过程，包括光吸收、光子能到热能的转换、热传导和冰融化等。光热材料具有广泛的光热吸收范围。当光在光热涂层表面发射时，材料中的电子吸收光子能量，完成能级跃迁或等离子体共振，激发态的高能电子增加。这些高能电子倾向于通过振动弛豫或二次辐射恢复到热平衡状态，这是热能产生和扩散的物理起源。

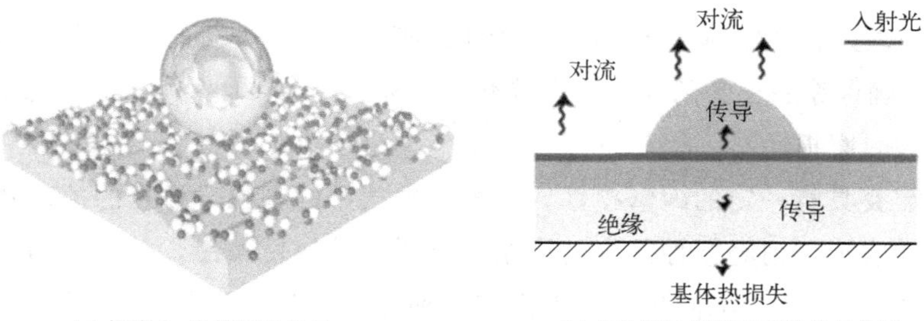

(a) 超疏水-光热防冰涂层　　(b) 光热防冰材料表面的热量传递

图 2-28 光热防冰材料及其表面的热量传递

光热转换的机理有三类：等离子体加热、电子空穴的产生和弛豫以及分子的热振动。一些光热材料具有多种将光转化为热的光热机制。当光学频率与金属表面电子的固有频率匹配时，就会发生等离子体局部加热［图 2-28（b）］。当金属表面电子的固有频率与光频率匹配时，就会发生等离子体共振，然后产生热电子以产生热量。当半导体材料吸收光时，它会产生电子空穴对，这些电子空穴对松弛到能带的边缘，并通过热解过程将额外的能量转化为热量。材料通过晶格振动将吸收的光转化为热量，具有高密度和松散的 π 电子云，具有非常接近的能级和广泛的可见光吸收范围。可见光中的大部分光子被电子吸收，电子被刺激到激发态。当激发的电子回落到基态时，会散发热量。局部温度升高并扩散到周围的材料和环境中。在相同的振动模式下，热能通过晶体传递到对面的表面（冷表面），然后通过辐射和传导发射到外部环境。

等离子体加热是通过金属团簇表面的局域表面等离子体共振（LSPR）效应实现的。在很短的时间内，通常以飞秒（fs）为量级，生成的热载流子经过电子-电子弛豫、电子-声子弛豫、声子-声子弛豫，然后将光能转化为热量。对于电子-空穴生成和弛豫策略，电子从价带（VB）向上移动到导带（CB）。当被激发的电子和空穴弛豫到相应的CB和VB边缘时，足够的能量将转化为热量。然而，分子的热振动机制进一步依赖于材料固有的共轭π键，这些键吸收光子能量并诱导电子激发。当激发的π^*轨道上的激发电子弛豫回其基态时，产生热量。太阳能资源分布在地球上，在光热、光伏、光电等领域得到了很好的应用。导热材料在过去得到了广泛的研究，使光热转换能在现实生活中应用。

2.4.3 应用基础

服役过程中，机械和化学损伤会影响防冰表面的性能，甚至造成损坏，导致表面能量或涂层结构的变化，最终使其失去防冰的效果。

2.4.3.1 机械稳定性

在微米到纳米级粗糙度上构建的防冰表面的异质结构非常复杂，使其易在机械磨损下发生损伤。当暴露在外部环境中时，防冰表面容易受到各种机械磨损，轻微的物理接触会对脆弱的纳米特征表面造成损坏。如果表面粗糙度结构不能再保持稳定，则表面结构高度逐渐降低，导致表面强度下降。同时，粗糙度的丧失也增加了水与表面的接触面积，最终导致表面防冰性能的完全丧失。

(1) 良好的结合力

防冰涂层必须具有良好的结合力，能够牢固地附着在基材表面上，不易剥落或脱落。良好的黏附力能够确保涂层在受到外力作用时不会轻易剥离，从而保持涂层的完整性。

(2) 一定的耐磨损性

防冰涂层需要具有一定的耐磨损性，可抵抗大气中的颗粒、机场的掉落物等机械作用所带来的摩擦和磨损。耐磨损性能高的涂层可以延长其使用寿命，并减少因磨损而导致的涂层损坏，图2-29（a）为不同超疏水表面在磨损破坏测试中非润湿性能的变化，由图可

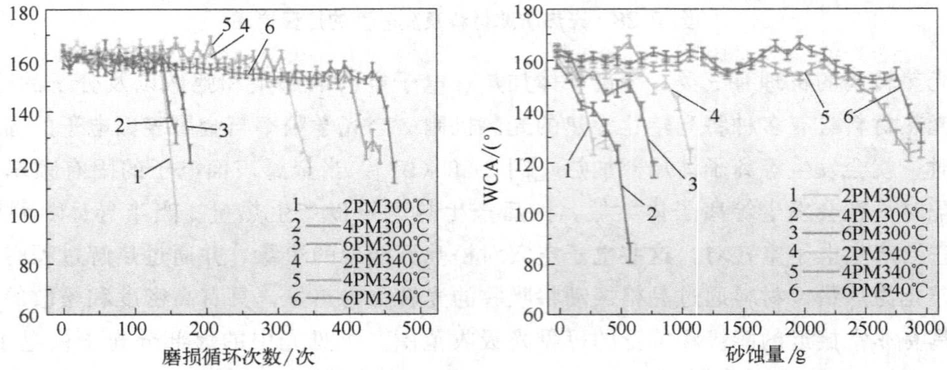

(a) 砂纸磨损测试　(b) 砂砾冲蚀测试

图2-29 不同超疏水表面在磨损破坏测试中非润湿性性能的变化

（WCA指水接触角）

以看出随着磨损循环的进行，超疏水样品疏水性开始逐渐下降，直至失去超疏水性能（防冰性能）。

（3）抗冲击性能

防冰涂层应具有一定的抗冲击性，能够抵御外部冲击力，如固体颗粒的冲击、物体的撞击等，从而保持涂层的完整性和稳定性。图 2-29（b）为不同超疏水表面在砂砾冲蚀测试中非润湿性的变化，由图可以看出随着砂砾冲蚀循环的进行，超疏水样品疏水性开始逐渐下降，直至失去超疏水性能（防冰性能）。

2.4.3.2 环境稳定性

防冰涂层的环境稳定性是指其在不同环境条件下（如高温、低温、紫外光、湿度等）保持稳定的能力。良好的环境稳定性是防冰涂层抵御气候变化、化学腐蚀等外界因素的影响，保持长期使用寿命和良好的防冰性能的必然要求。

（1）一定的耐紫外光性

紫外光是导致涂层老化和防冰性能丧失的主要因素之一。因此，防冰涂层需要具有良好的耐紫外光性，能够抵御紫外光辐射并保持其外观和性能长期稳定，图 2-30 为超疏水防冰涂层在人工紫外暴露测试过程中的表面非润湿性变化，紫外光照射 50h 后，超疏水涂层的疏水性保持稳定，一直保持在 160°～163°之间，几乎没有受到紫外光照射影响，展现出良好的超疏水性能（防冰性能）。

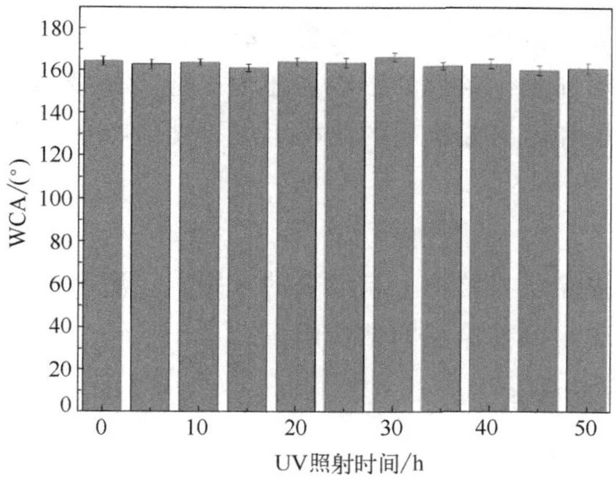

图 2-30 超疏水防冰涂层在人工紫外暴露测试过程中的表面非润湿性变化

（2）良好的化学稳定性

防冰涂层需要具有良好的化学稳定性，能够抵御化学物质和腐蚀性介质的侵蚀。例如，涂层需要能够抵御酸、碱、盐水等化学物质的侵蚀，以保持表面性能和结构的稳定。图 2-31 为不同超疏水表面在腐蚀溶液浸泡测试中表面液滴接触角变化行为，随着酸碱腐蚀时间的增加，超疏水样品疏水性开始逐渐下降，直至失去超疏水性能（防冰性能）。

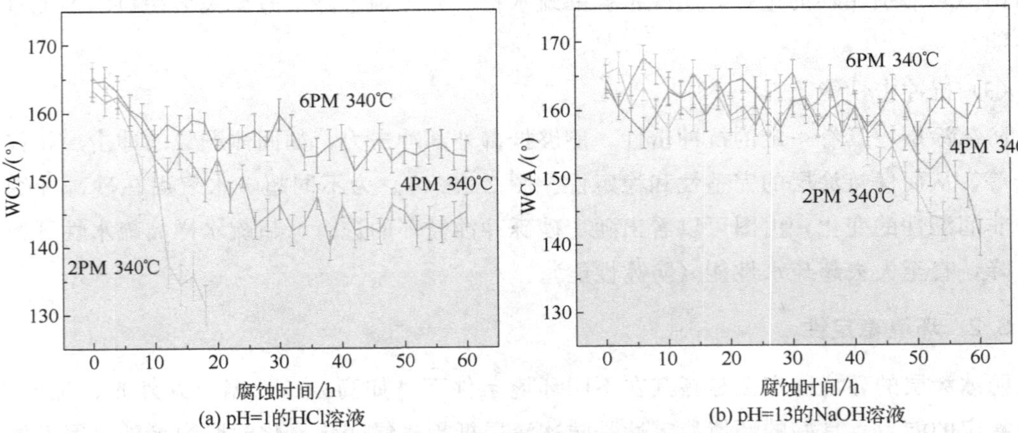

图 2-31 不同超疏水表面在腐蚀溶液浸泡测试中表面液滴接触角变化行为

2.5 其他功能涂层

除了上述几种功能涂层外，耐腐蚀涂层和耐磨损涂层也是两类关键的功能涂层，广泛应用于工业和工程领域。耐腐蚀涂层通过特殊的化学成分和结构设计，有效防止水、氧气和化学物质对金属和其他基材表面的腐蚀，从而延长设备和结构的使用寿命，并降低维护成本。耐磨损涂层则采用硬质材料或复合材料涂层，显著增强基材表面的耐磨性能，减少摩擦损耗，特别适用于高负荷和频繁运转的机械部件，提高设备的可靠性和效率。这些涂层不仅保护设备免受环境和操作条件的影响，还为工业设施提供了持久可靠的保护屏障。本节主要介绍耐腐蚀涂层和耐磨损涂层的结构组成、功能特性和应用基础。

2.5.1 结构组成

耐腐蚀涂层和耐磨损涂层在结构上有显著的区别，以满足不同的工程和工业需求。下面分别介绍耐腐蚀涂层和耐磨损涂层的结构组成。

2.5.1.1 耐腐蚀涂层材料体系

(1) 环氧耐腐蚀涂层

环氧树脂对基体的附着力特别强，耐水性能及耐化学腐蚀性能（耐酸、耐碱）优良。因此，以环氧树脂为成膜剂制成的防腐涂层是目前应用较广泛的品种。但是环氧树脂固化后内应力大，发脆，韧性差，耐高温性差，长期工作温度一般在 80℃以下，高温下易降解，耐水、耐油、耐候性差。

(2) 鳞片类耐腐蚀涂层

在鳞片类耐腐蚀涂层中，鳞片平行交错叠放，形成多层屏蔽结构，腐蚀介质必须通过多层曲折漫长的路线才可渗透到基体表面，此种状况亦被称为鳞片的“迷宫效应”，鳞片的作用显著延缓了腐蚀介质对基体的渗透性破坏，提高了涂层的耐腐蚀性能。鳞片有以下两种：①玻璃鳞片价格较高，一般在桥梁等建筑防护涂层中常用，如片状云母、云母氧化铁；②石墨、锌粉、铝粉、不锈钢价格较便宜，多用于船舶类涂料、大型钢结构等。

（3）氯化橡胶耐腐蚀涂层

含氯树脂类防腐涂层成膜剂中含有氯原子，所用树脂为过氯乙烯、氯磺化聚乙烯、氯酯共聚和氯醚树脂、氯化橡胶、高氯化聚乙烯等。氯化橡胶耐腐蚀涂层多用于恶劣环境防腐蚀场合，主要以底、中、面三层复合涂层或厚涂层工艺达到防腐目的。

（4）氟碳类耐腐蚀涂层

氟碳类耐腐蚀涂层是以有机氟聚合物或有机氟改性聚合物为主要成膜物质的涂层。其主要特点是耐候性、耐化学介质性、耐腐蚀性、耐磨性、耐沾污性等，因此在防腐涂层中得到广泛应用。

2.5.1.2 耐磨损涂层材料体系

（1）氧化物陶瓷涂层

氧化物陶瓷与金属和聚合物相比，具有较高的熔点、良好的抗氧化性和耐热性，同时具有高硬度、高强度、高韧性以及优异的化学稳定性和耐磨性等特点。例如，高耐磨性的氧化铝陶瓷不仅具备高的密度、抗弯强度和抗压强度，还具备高的断裂韧性和硬度。

由于在摩擦过程中，小的磨屑颗粒会压入陶瓷表面，导致表面产生裂纹。这些裂纹与制造过程中的其他缺陷一起形成应力集中区域，最终形成网状裂纹，导致表面颗粒脱落，从而引起脆性陶瓷的磨损。因此，在实际生产过程中，需要控制保温时间和冷却速度，以避免生成过多的晶界玻璃相，提高氧化物陶瓷的耐磨性。

（2）非氧化物陶瓷

非氧化物陶瓷材料是以难熔化合物为基础制成的，而这些化合物又是由Ⅲ～ⅤA族轻元素（B、C、N、Al、Si）形成的。与氧化物陶瓷相比，原子间主要以共价键结合，因此具有高硬度、高蠕变抗力等特性，并在极宽的温度范围和其他外作用条件下具有很高的稳定性。在B-C-N-Al-Si系统中，形成了一系列二元化合物。从性能和实际价值角度而言，其中最有意义的是氮化硅及多种非氧化物复合陶瓷。

（3）金属陶瓷复合涂层

金属陶瓷是一种由金属（或合金）与一种或几种陶瓷相组成的非均质的复合材料。在金属陶瓷中，金属相形成连续的薄膜，包裹在分散且均匀分布的陶瓷颗粒表面而获得强化；而陶瓷相承受的热应力和机械应力则靠金属相来分散。这种结构使金属陶瓷既有陶瓷的高强度、高硬度、耐磨性、耐高温、抗氧化和化学稳定性等，又有较好的金属韧性和可塑性。

2.5.2 功能特性

耐腐蚀涂层和耐磨损涂层在工业应用中具备显著的特性。耐腐蚀涂层采用特殊的化学成分和设计，抵御水、氧气和化学物质的侵蚀，保护金属和基材免受腐蚀损害，延长设备的使用寿命，降低维护成本。它们在工业设备保护和性能优化方面发挥着关键作用，为各类应用环境提供了可靠的解决方案。耐磨损涂层通过使用硬质金属合金、陶瓷或特殊聚合物等材料形成的结构，有效减少摩擦和磨损，延长设备和机械部件的寿命，提高其运行效率和可靠性。

2.5.2.1 腐蚀防护特性

腐蚀防护特性是指涂层所具有的抵抗腐蚀和保护基体免受腐蚀侵害的能力，包括隔离机制、缺陷修复机制、金属化学反应等，这些机制或单一或共同作用于涂层与基体之间，可延长基体的使用寿命并提升其性能。

(1) 隔离机制

隔离机制是最常见的防腐机制之一，如图 2-32 所示，涂层表面形成一个物理屏障，将金属表面与腐蚀介质隔离开来，阻止了腐蚀介质与金属表面的直接接触，从而减缓或阻止了金属的腐蚀过程。常见的隔离涂层包括环氧树脂、聚氨酯等。

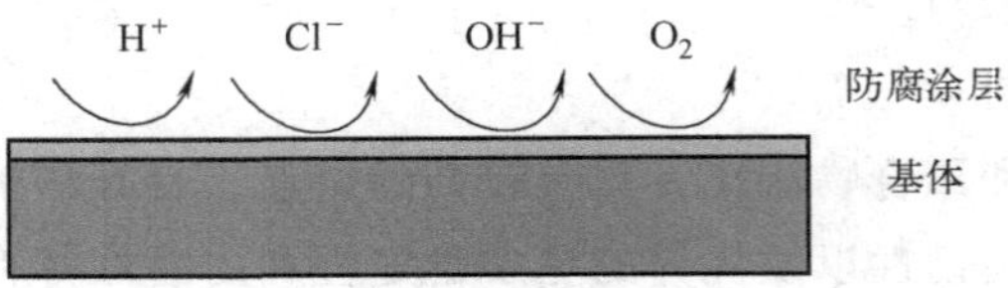

图 2-32 隔离机制

(2) 缺陷修复机制

一部分防腐涂层具有自修复能力，即当涂层表面出现破损或划伤时，涂层中的活性成分会自行反应，填补缺陷，修复涂层表面，防止腐蚀介质渗透到金属表面，从而延长涂层的使用寿命并提高其防腐性能。

(3) 金属化学反应

防腐涂层中的成分与腐蚀介质发生化学反应，形成一种保护性的化合物或氧化膜，进而起到防止腐蚀的作用，如图 2-33 所示。铝和锌等金属在与氧气或水发生反应后会形成氧化物或氢氧化物膜，阻止了进一步的腐蚀过程。

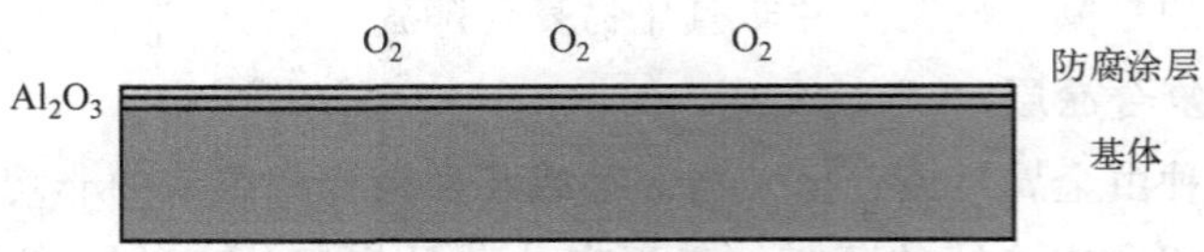

图 2-33 涂层表面的氧化膜

2.5.2.2 磨损防护特性

耐磨涂层通过多种机制实现对基材的保护，提高其耐磨性能。这些机制包括硬质颗粒填充机制、涂层强化机制、润滑减摩机制、界面耐磨机制、自修复机制、多层复合涂层机制等，这些机制或单一或共同作用于涂层与基体之间，延长基体的使用寿命并提升其性能。

(1) 硬质颗粒填充机制

耐磨涂层通常含有硬质颗粒，如碳化硅、氧化铝等，这些颗粒具有很高的硬度和耐磨性，能够在表面形成一种硬质保护层，抵抗外部磨损和划伤，如图 2-34 所示。

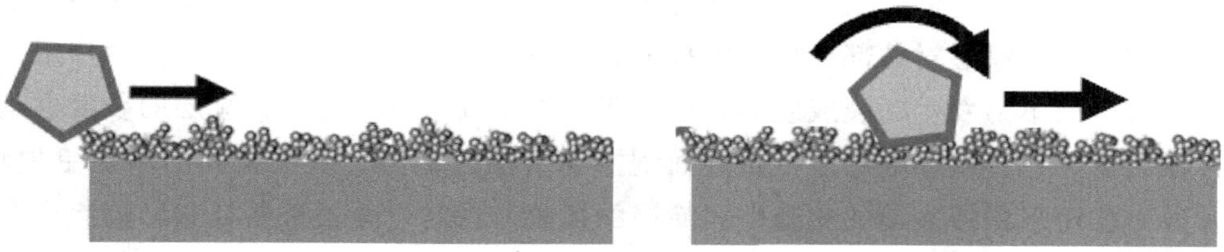

图 2-34 表面硬质颗粒填充作用机制

(2) 涂层强化机制

耐磨涂层中的材料成分和组织结构设计能够增强涂层的整体强度和耐磨性能，如采用高分子材料、陶瓷材料等，通过合适的制备工艺使其形成致密的结构，提高耐磨性。

(3) 润滑减摩机制

含有润滑添加剂的耐磨涂层，如固体润滑剂（石墨、氮化硼等）、润滑油等，这些添加剂能够在磨损过程中起到润滑减摩的作用，降低表面摩擦系数，减缓磨损的发生，如图 2-35 所示。

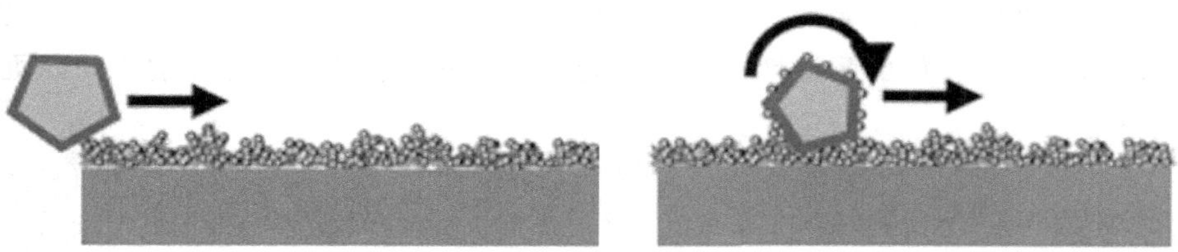

图 2-35 表面产生的固体润滑剂作用

2.5.3 应用基础

耐腐蚀涂层和耐磨损涂层在工业领域的应用基础广泛而重要。耐磨损涂层通过其硬质材料的涂覆，显著增强了涂层表面的耐磨性，常见于需要抗高负荷和频繁摩擦的机械部件，如轴承和齿轮，可有效延长其使用寿命。而耐腐蚀涂层则依赖于特殊的化学成分和结构设计，有效抵御水、氧气及化学物质的侵蚀，主要用于海洋、化工及能源行业的设备，确保其在恶劣环境中稳定运行。这些涂层不仅提升了设备的性能和可靠性，还显著降低了维护成本和更换频率，因此在工业制造和工程应用中具有不可替代的重要地位。

2.5.3.1 机械稳定性

耐腐蚀涂层和耐磨损涂层的机械稳定性是指涂层在服役过程中保持其结构完整性和性能稳定性的能力。由于耐腐蚀和耐磨损涂层通常应用于恶劣环境下，如高湿、高温、化学腐蚀等条件下，其机械稳定性对于保护基体免受腐蚀损害至关重要。

确保涂层紧密黏附在基材表面至关重要，良好的附着力是提升涂层机械稳定性的关键因素之一，牢固的结合使涂层在受到外力时不易剥落或脱落；此外，涂层的弹性模量也是重要的，它反映了涂层对外部变形的抵抗能力，适当的弹性模量使涂层在外力作用下产生适度的变形，而不易发生断裂或脱落，进一步增强了其机械稳定性；涂层的硬度也是一个重要考量因素，它直接影响涂层抵抗表面刮擦和磨损的能力，硬度较高的涂层更加耐磨，能够在外力作用下保持表面的完整性；涂层的抗疲劳性能也至关重要，它影响涂层在频繁受力或振动作用下的稳定性。具有良好抗疲劳性能的涂层能够在长期使用过程中保持结构完整性，延长其使用寿命。

2.5.3.2 环境稳定性

耐磨损涂层和耐腐蚀涂层的环境稳定性是指其在不同环境条件下的持久性和可靠性，以及其在环境变化下的性能表现。耐磨损涂层和耐腐蚀涂层通常需要具备一定的耐化学性能，以抵抗化学品、溶剂、酸碱等腐蚀性介质的侵蚀，优秀的耐化学性能有助于保持涂层的完整性和稳定性，减少腐蚀引起的涂层破损；此外，这类涂层还需要具备一定的耐高温性能，在高温环境下能够保持稳定，由于高温会影响涂层的性能，因此良好的耐高温性能对于保持涂层的环境稳定性至关重要；同样，涂层还需具有一定的耐低温性能，在低温环境下也能维持稳定，因为在低温下，涂层的性能会受到影响，故良好的耐低温性能也是确保涂层环境稳定性的重要因素；此外，这类涂层还应具备一定的耐湿性能，以保持其在潮湿环境下的稳定性，良好的耐湿性能有助于防止涂层受潮膨胀、剥落或腐蚀，从而提升涂层的环境稳定性。

思考题

1. 不同类型的功能涂层具有哪些不同的特点和应用领域？请比较隐身涂层、隔热涂层、防冰涂层、耐磨损涂层和耐腐蚀涂层的特点和应用。
2. 隐身涂层是如何实现对电磁波的隐身效果的？在设计和制备隐身涂层时需要考虑哪些因素？
3. 隔热涂层的工作原理是什么？它在航空航天领域的应用有哪些实际意义？
4. 防冰涂层的主要作用是什么？它的工作原理是什么？
5. 耐磨损涂层和耐腐蚀涂层分别是如何提高材料表面性能的？它们的制备方法有何不同？

参考文献

[1] 胡传炘．特种功能涂层［M］．北京：北京工业大学出版社，2009.

[2] 陶杰．金属表面功能涂层基础［M］．北京：航空工业出版社，1999.

[3] 胡传炘，宋幼慧．涂层技术原理及应用［M］．北京：化学工业出版社，2000.

[4] 肖立华，苏玉长．窗用透明太阳辐射屏蔽材料理论与实验研究［M］．北京：北京航空航天大学出版社，2018.

[5] 刘小勇，王明福，魏玺．超燃冲压发动机高温结构与热防护技术［M］．北京：科学出版社，2023.

[6] Zhang S，Huang J，Cheng Y，et al. Bioinspired surfaces with superwettability for anti-icing and ice-phobic application：Concept，mechanism and design［J］. Small，2017：1701867.

[7] Zeng Q，Zhou H，Huang J，et al. Review on the recent development of durable superhydrophobic materials for practical applications［J］. Nanoscale，2021（27）：13.

3 功能涂层环境损伤

教学要求

功能涂层作为表面保护材料，在实际应用中会受到多种环境因素的影响而发生损伤。本章将介绍功能涂层在环境中常见的损伤形式，包括机械磨损、腐蚀损伤、层间断裂损伤，以及环境多因素耦合导致的涂层损伤，旨在帮助学生全面了解功能涂层的环境损伤机理和预防措施。

基本要求

1. 理解功能涂层在不同环境条件下的损伤机理。
2. 熟悉评估功能涂层环境损伤的试验方法和标准。
3. 掌握预防和减轻功能涂层环境损伤的策略和技术。

3.1 功能涂层机械磨损

功能涂层机械磨损是指涂覆在材料表面的功能性涂层随着使用时间增加逐渐失效的过程，其主要是由外界环境条件和机械作用引起的物理磨损、化学侵蚀及其组合效应造成的。涂层机械磨损的分析不仅涉及对磨损机理的深入理解，还需要结合各种环境因素和有效的试验手段，以确保涂层在复杂工作条件下的持久保护效果和性能稳定性。本节主要介绍功能涂层机械磨损的概念、环境条件对磨损的影响规律和摩擦损伤模拟与加速试验方法。

3.1.1 涂层磨损的概念

磨损是指互相接触的两个固体表面在发生相对运动时所引起的表面损伤或者脱落。与摩擦一样，它也是摩擦副的一种系统响应而非材料的固有属性。材料的磨损主要有以下六种形式：黏着磨损、磨粒磨损、冲蚀磨损、腐蚀磨损、微动磨损和疲劳磨损。除疲劳磨损以外，其他磨损机理中的材料剥离都是逐渐发生的。

3.1.1.1 功能涂层黏着磨损

功能涂层黏着磨损是指滑动摩擦时两个固体表面局部发生黏着，在发生相对滑动时，

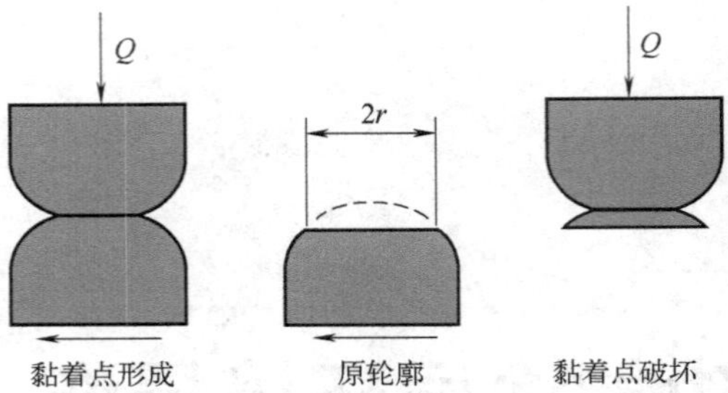

图 3-1 黏着磨损

黏着处发生破坏，磨屑从材料表面被拖拽下来或材料表面被破坏的磨损形式，如图 3-1 所示。材料表面的粗糙度会由于黏着磨损的发生而迅速增加，同时材料表面出现断裂，产生大量的磨屑，会导致磨损量迅速增加。

干摩擦条件下，功能涂层表面的磨损量（或磨损体积 V）与所受法向载荷 P 和摩擦滑动距离 L 成正比，与摩擦副中较软材料的硬度 H 成反比，如黏着磨损定律所示：

$$V=\frac{KPL}{H} \tag{3-1}$$

式中，K 为磨损系数，通常被认为是一定形状微凸体产生磨粒的概率或者材料碎片转移的概率，对于大多数的材料，轻度磨损的 K 值一般为 $10^{-8}\sim10^{-4}$，严重磨损的 K 值一般为 $10^{-4}\sim10^{-2}$。该公式通常被称为黏着磨损的 Archard 方程。由式（3-1）得出材料的磨损体积与其硬度成反比，即硬度越高的材料磨损体积越小。需要说明的是，由于该公式过于简化，对于特定的磨损条件，除了硬度以外，还必须考虑材料其他方面的性能，比如，磨损系数 K 与材料的组织结构（如夹杂物、第二相、晶界等）密切相关。

3.1.1.2 功能涂层磨粒磨损

功能涂层磨粒磨损是指硬质颗粒或硬质粗糙表面在涂层表面上滑动时产生的表面损伤，如图 3-2 所示。主要分为两体磨粒磨损和三体磨粒磨损。大多数情况下，滑动初始阶段的磨损形式为黏着磨损，随着摩擦的进行，磨粒会在表面发生累积，并慢慢转变为三体磨粒磨损，如图 3-2 所示。磨粒磨损中，材料表面的塑性变形通常表现为犁削、堆积以及切削等形式，而且不同塑性变形方式的发生受穿透深度和界面剪切强度（抗剪强度）等因素控制。

1961 年，Rabinowicz 基于简化模型，根据磨粒磨损的塑性变形机理提出了关于磨损体积的定量计算公式：

$$V=\frac{K_{cbr}PL}{H} \tag{3-2}$$

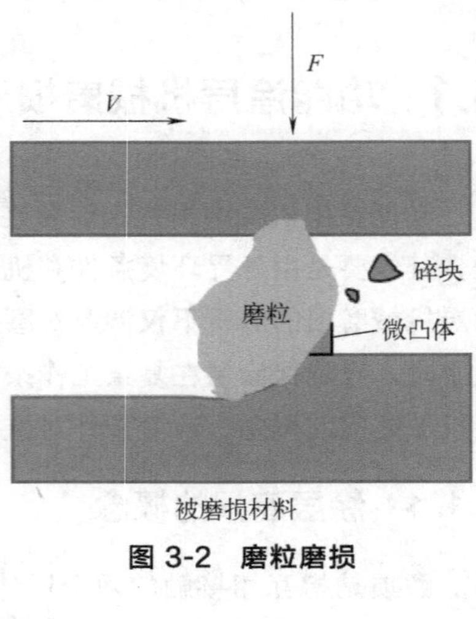

图 3-2 磨粒磨损

式中，K_{cbr} 为磨损系数，数值一般在 $10^{-6}\sim10^{-1}$ 之间。

该公式形式上与黏着磨损的 Archard 方程类似，对较大范围的磨粒磨损情况都比较适用。此外，磨粒磨损的磨损率一般都比较大，比黏着磨损的磨损率大 2～3 个数量级。

3.1.1.3 功能涂层冲蚀磨损

功能涂层冲蚀磨损是一种常见的物质磨损现象，它源于流体中的颗粒或液体对物体表面施加的高速冲击作用，如图 3-3 所示。这种磨损形式在各种环境中发生，如河床、海底、管道内壁、水轮机叶片等的表面涂层。冲蚀磨损的主要机制包括颗粒冲击、颗粒冲蚀、局部流动剥蚀等过程，这些过程会导致物体表面材料的逐渐剥落、磨损或破坏。冲蚀磨损对工程设备和结构的影响是显著的。在水利工程中，水泵、水轮机等设备的叶片表面常常受到水流中颗粒的冲击，导致表面磨损，甚至降低其性能和效率。在油气输送管道中，颗粒悬浮在流体中，会对管道内壁产生冲蚀，从而缩短管道的使用寿命并引发安全隐患。为了减轻冲蚀磨损的影响，工程师们采取了各种措施。一种常见的方法是使用抗冲蚀材料，如耐磨钢、陶瓷涂层等，以增强物体表面的耐磨性。此外，调整流体的流速和流向，以减少颗粒对物体表面的冲击，也是一种有效的方式。在润滑方面，适当的润滑措施可减缓冲蚀磨损的速度，延长设备和结构的使用寿命。

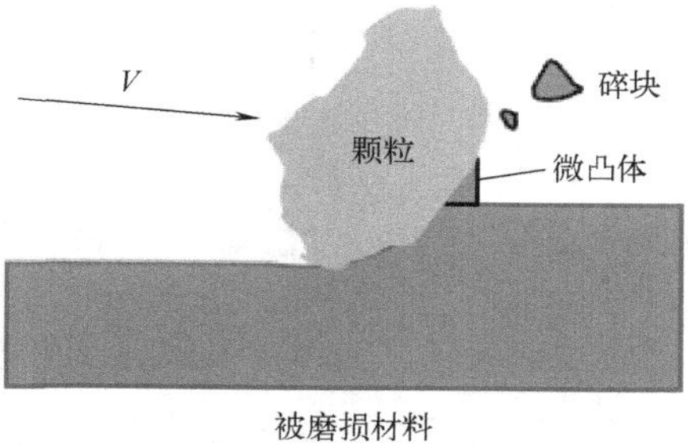

图 3-3 冲蚀磨损

3.1.1.4 功能涂层腐蚀磨损

功能涂层氧化磨损是一种典型的腐蚀磨损，是空气中无润滑条件下功能涂层表面发生的主要磨损形式。即使是纯净的金属表面，除金、铂等少数惰性金属外，也都会形成氧化膜，因而氧化磨损很容易发生。由于接触应力的作用，氧化后的磨屑被压实并重新附着于基体表面。氧化磨损的速度取决于氧化膜与基体的结合强度以及氧化膜的生成速度。当两者结合强度较低（比如脆性氧化膜）或氧化膜的生成速度低于磨损率时，金属材料的磨损量较大。

3.1.1.5 功能涂层微动磨损

功能涂层微动磨损指的是功能涂层两接触表面上因出现周期性小振幅振动而造成损伤的一种特有的磨损方式。相比于普通滑动磨损，微动磨损最大的特点就是振幅小。根据接触面之间不同的相对运动方向，微动磨损的形式主要分为切向微动、径向微动、滚动微动以及扭动微动。其中，切向微动磨损最为常见。从微动磨损对零部件产生的危害来看，主要分为两个方面。一个是直接的，即零部件的表面磨损，会导致设计为紧固的连接处发生松动，带来潜在的安全隐患，同时也会导致功率损失和噪声增加。另外一个是间接的，即在交变应力的作用下，在表面或者亚表面产生疲劳裂纹，缩短零部件的疲劳寿命，其失效原理如图 3-4 所示。

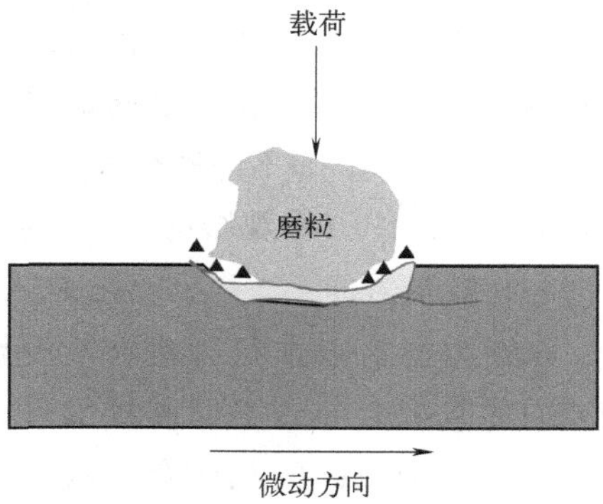

图 3-4 微动磨损损伤演化

3.1.1.6 功能涂层疲劳磨损

功能涂层疲劳磨损是指两个接触体相对滚动或滑动时，在接触区形成的循环应力超过材料疲劳强度的情况下，在表面层将引发裂纹并逐步扩展，最

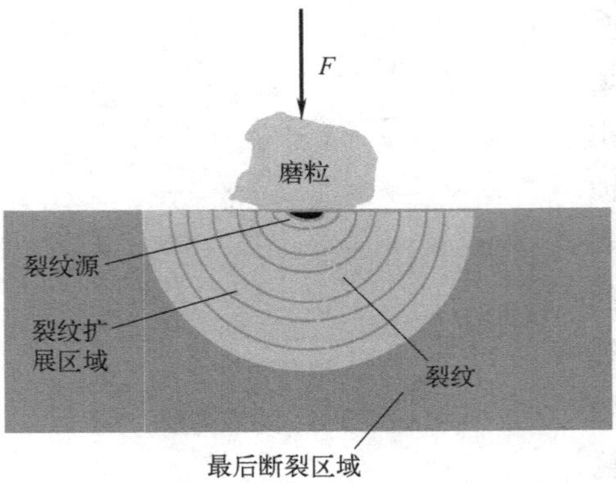

图 3-5 疲劳磨损

后使裂纹以上的材料剥落下来的磨损过程，如图 3-5 所示。任何摩擦副的磨损中都有疲劳机制，只是因工况不同疲劳所占的分量不同。在滑动磨损、磨粒磨损、微动磨损、气蚀与冲蚀磨损等不同的磨损模式下，都会因接触应力引起疲劳裂纹的萌生和扩展，或者因塑性应变累积产生应变疲劳，从而导致磨屑产生。疲劳磨损是一种十分常见的磨损机制，不仅存在于滑动中，而且普遍存在于滚动接触、微动等运动形式中。

3.1.2 环境条件对磨损的影响规律

环境条件对磨损的影响是复杂而多变的，涵盖了多个关键因素：载荷、摩擦速度、温度和湿度。这些因素不仅单独影响涂层的磨损行为，而且相互作用可能导致更复杂的结果。下面分别介绍了不同环境条件对功能涂层磨损的影响规律。

3.1.2.1 载荷影响

载荷实际上直接影响的是两接触面的接触情况，当考虑载荷对磨损的影响时，需要深入探讨载荷的大小、方向、周期性以及其他因素。

(1) 载荷大小与接触压力

载荷大小与表面接触压力之间存在直接关系。接触表面之间的接触压力是由载荷大小决定的，即载荷除以接触表面的有效面积。较大的载荷会导致更高的接触压力，因为相同的载荷作用在更小的接触面积上。这种增加的接触压力会导致表面之间的摩擦力增加，从而增加磨损倾向。在极端情况下，如果载荷过大，超过了材料的承载能力，会导致表面的塑性变形和磨损，甚至引发材料的破坏。图 3-6 为不同载荷大小条件下，不同表面金相组织球阀磨损量，随着载荷量的增加，球阀表面的磨损量增加。

(2) 表面形貌

载荷的作用会影响表面的形貌和表面粗糙度。较大的载荷导致表面微观结构的破坏和塑性变形，增加了表面之间的接触面积和磨损倾向。图 3-6 为不同载荷大小条件下，不同表面金相组织（微观结构）球阀磨损量。

(3) 载荷方向

载荷方向对磨损行为也有重要影响。不同方向的载荷会导致不同的接触形式和摩擦行为。垂直于表面的载荷会导致更大的接触应力，增加磨损的倾向，而水平方向的载荷则会引起滑动摩擦和表面磨损。

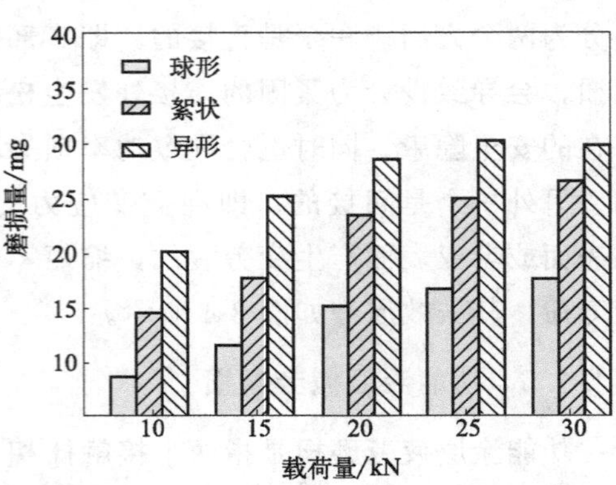

图 3-6 不同载荷大小条件下，不同表面金相组织球阀磨损量

(4) 载荷周期性

如果载荷是周期性的，即交替加载和卸载，则会加剧材料表面的疲劳磨损。在重复载荷的作用下，材料表面会发生微小的裂纹，最终导致磨损加剧和材料疲劳破坏。

(5) 润滑性能

载荷的变化会影响润滑剂在接触表面上的分布和压力，进而改变摩擦和磨损行为。在高载荷下，润滑剂被挤出或流动，导致接触表面之间的直接接触，增加摩擦系数，从而增加磨损。

3.1.2.2 摩擦速度影响

在磨损过程中，速度的变化对摩擦表面的温度、表面动态变形、润滑剂行为、颗粒运动和磨损产物排除等方面产生重要影响，图 3-7 为 TC4 钛合金细丝在不同摩擦速度下的摩擦参数，图中反映出摩擦系数反比于摩擦速度，而磨损率正比于摩擦速度。摩擦系数随摩擦速度的增大有显著的递减现象，磨损率随摩擦速度的增大有显著的增加现象，即速度越快磨损过程越剧烈。

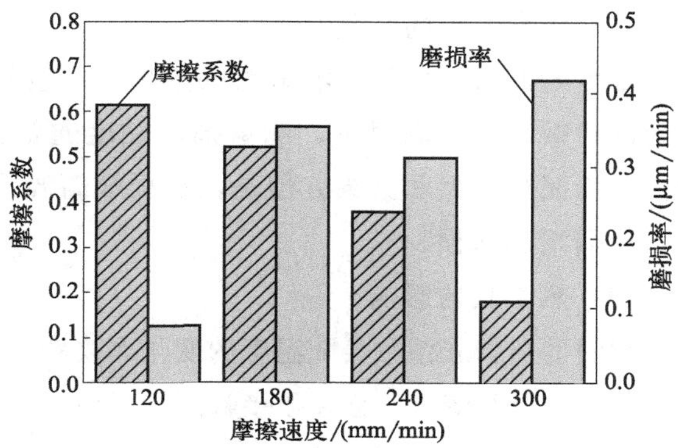

图 3-7 TC4 钛合金细丝在不同摩擦速度下的摩擦参数

(1) 摩擦热效应

速度的增加导致了更高的摩擦力和更快的能量释放，从而增加了摩擦表面的温度。这种摩擦热效应会引起表面材料的热膨胀和软化，导致更多的磨损。在极端情况下，高速摩擦会引发表面的热熔变，进一步加剧磨损。

(2) 表面动态变形

随着速度的增加，表面动态变形也会增加，包括表面的微观凹凸、形变和塑性变形。更高的速度意味着更大的动能和冲击力，在更大的动能和冲击力作用下，会引起表面材料的塑性变形，从而增加磨损。

(3) 润滑剂的分布和效果

速度的变化影响润滑剂在接触表面上的分布和润滑效果。较高的速度导致润滑剂被挤出或被快速冲走，从而减弱其润滑效果，增加摩擦和磨损。

(4) 颗粒运动和磨粒生成

颗粒的运动速度（包括在接触表面上的磨粒）增大，会加速磨损过程，因为更快的运动速度会导致更多的磨粒生成和更剧烈的表面磨损。

3.1.2.3 温度影响

温度影响化学反应（如氧化）、力学性能（强度），也为材料的断裂和相变提供能量。除此之外，温度的变化还能改变接触面之间的状态，温度升高，接触面之间的黏着现象更明显。图 3-8 为不同温度下 TiAl 合金磨损率变化，随着温度的增加，材料的磨损速率逐渐减小。

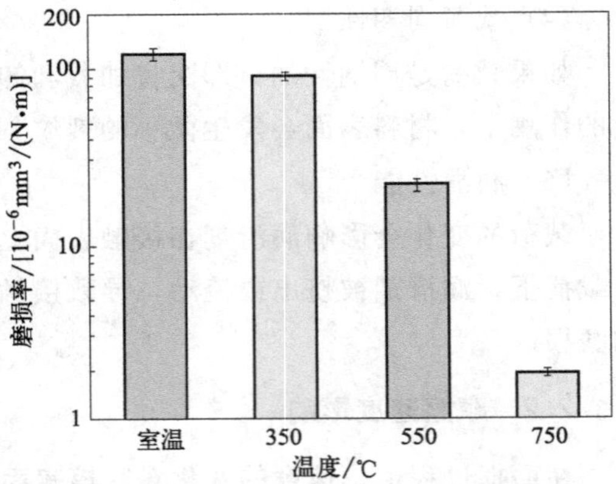

图 3-8 不同温度下 TiAl 合金磨损率变化

（1）材料性质的变化

随着温度的变化，材料的性质也会相应发生变化。通常情况下，温度升高会使材料的硬度降低，而韧性增加。这意味着在高温环境下，材料更容易发生塑性变形，从而在摩擦和磨损过程中表现出不同的行为。

（2）润滑效果的变化

温度对润滑剂的性能有显著的影响。一般而言，润滑剂在适当的温度范围内会发挥最佳的润滑效果。在高温下，润滑剂的黏度通常会降低，使其更易于在摩擦表面形成润滑膜，从而减少摩擦和磨损。但是，在极端高温下，润滑剂会分解或挥发，导致润滑效果下降，反而增加磨损。

（3）热膨胀的影响

材料的热膨胀系数会随温度的变化而改变，进而影响到接触表面之间的应力分布。在高温环境下，材料膨胀，会导致接触面积减小，从而增加单位面积上的应力，加剧表面磨损。

（4）表面氧化和硬度变化

高温环境下，一些材料表面发生氧化反应，形成氧化物膜。氧化物膜在一定程度上减少表面磨损，但在某些情况下，也会增加摩擦。同时，材料的硬度也会因表面氧化而增大，进一步影响摩擦和磨损的行为。

3.1.2.4 湿度影响

湿度是磨损行为中不可忽视的环境因素之一，图 3-9 为不同湿度下磨损量随滑动速度和法向力的变化，在高湿度的试验条件下涂层的磨损量更低。湿度对磨损过程的影响涵盖了多个方面，包括以下几个方面。

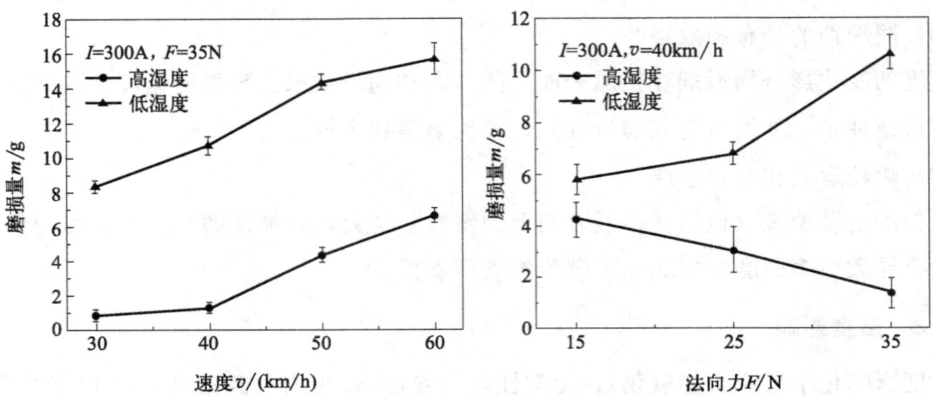

图 3-9 不同湿度下磨损量随滑动速度和法向力的变化

（1）湿度对润滑性能的影响

湿度会影响润滑剂的性能和行为。在高湿度环境下，润滑剂会与水分子形成混合物，从而改变润滑剂的黏度、黏附性和润滑效果。适当的湿度有助于维持润滑剂的润滑性能，减少摩擦和磨损。

（2）湿度对表面腐蚀的影响

在高湿度环境下，金属表面容易发生氧化和腐蚀，形成氧化膜或水膜，进而增加涂层表面的摩擦和磨损。特别是对于一些易受潮的金属材料，如铁、钢等，高湿度环境下容易引发表面的腐蚀和磨损。

（3）湿度对材料性能的影响

湿度影响材料本身的性能，如吸湿性、硬度、韧性等。例如，某些材料在高湿度环境下吸水膨胀，导致表面形貌和摩擦特性发生变化，从而影响磨损行为。

（4）湿度对磨损颗粒的生成和输运的影响

湿度影响磨损表面上的颗粒生成和输运。在高湿度环境下，会形成黏附在表面上的水膜或水滴，进而影响颗粒的生成和输运，增加磨损。

（5）湿度对润滑剂的稳定性的影响

在某些情况下，高湿度环境影响润滑剂的稳定性和降解速率，从而降低其润滑效果，增加摩擦和磨损。

3.1.3 摩擦损伤模拟与加速试验方法

摩擦损伤模拟与加速试验方法是用于评估功能涂层耐磨性能的关键手段。摩擦损伤模拟通过模拟实际使用中的机械作用，如摩擦和磨损，来评估涂层的耐久性。加速试验则利用特定的试验条件（如增加负荷、提高速度等），在较短的时间内模拟出长期使用中的磨损情况，用以更快地评估涂层的性能和寿命。

3.1.3.1 磨损损伤模拟

磨损损伤模拟是指通过试验或数值仿真方法模拟在使用过程中材料或零部件表面受到摩擦或磨损作用而引起的损伤情况。通过损伤模拟帮助工程师和研究人员理解材料的耐磨性能，预测零部件的使用寿命以及优化设计和材料选择。

摩擦学试验的目的是考察各种环境和工况条件下摩擦副的特征与变化，揭示各种因素对摩擦磨损性能的影响，从而确定符合使用条件的最优设计参数，摩擦试验类型和方法根据试验条件和目的分为三大类。

（1）实验室试件试验

根据给定的工况条件，在通用的摩擦磨损试验机上对试件进行试验。由于实验室试验的环境条件和工况参数容易控制，同时可修改样件的各种参数来分别测定其对摩擦磨损的影响，而且测试数据具有重现性和规律性，便于进行对比分析，缩短试验周期，减少试验费用，可用来重复地对大量的样件进行试验。但这类试验方法所得到的结果不能完全反映实际复杂的摩擦磨损状况，往往不能直接应用。实验室试件试验主要用于各种类型的摩擦磨损机理和影响因素的研究，以及摩擦副材料、工艺和润滑剂性能的评定。

（2）模拟台架试验

在实验室试件试验的基础上，根据所选定的参数设计实际零件，并在模拟使用条件下进行台架试验。由于台架试验的条件接近实际工况，增强了试验结果的可靠性。台架试验的主要目的在于校验实验室数据的可靠性和零件磨损性能设计的合理性。

（3）实际工况试验

在上述两种试验的基础上，对实际零件进行实际工况试验。这种试验的真实性和可靠性最好。但是试验周期长、费用大，试验结果是各种影响因素的综合表现，难以对试验结果进行深入分析。需要指出的是，材料的摩擦学特性不是材料的本质性能，它随着测试条件和测试环境的变化而变化，是摩擦学系统在给定条件下的性能表现。因此，试验结果的普适性较低。所以，在实际试验时，应当模拟实际工况条件，其中主要有速度和载荷的大小和变化、环境和温度的变化、表面状态和接触形式等。

3.1.3.2 磨损加速试验评估方法

磨损加速试验评估方法是一种在实验室条件下模拟产品在较短时间内经历的长期使用情况，以评估材料或产品在摩擦磨损条件下的性能和耐久性的方法。以下是几种常见的磨损加速试验评估方法。

① 磨损体积损失试验（ASTM G99）。如图 3-10 所示，磨损体积损失试验是一种常用的磨损加速试验方法，适用于评估金属涂层、陶瓷涂层等在干摩擦条件下的耐磨性能。试验中，使用磨损测试机进行试验，通过测量试样的体积损失来评估其耐磨损性能。

② 滑动磨损试验（ASTM G133）。如图 3-10 所示，滑动磨损试验是一种用于评估润滑材料、润滑剂或涂层在滑动摩擦条件下的性能的试验方法。试验中，试样通常与滑动表面接触，施加一定载荷和摩擦力，通过测量试样的磨损量来评估其耐磨性能。

③ 球-盘磨损试验。如图 3-11 所示，球-盘磨损试验是一种常用的磨损加速试验方法，适用于评估润滑剂、涂层或材料在球-盘摩擦条件下的性能。试验中，球体与平板相互接触，并施加一定的载荷和旋转速度，通过测量试样的磨损量来评估其耐磨性能。

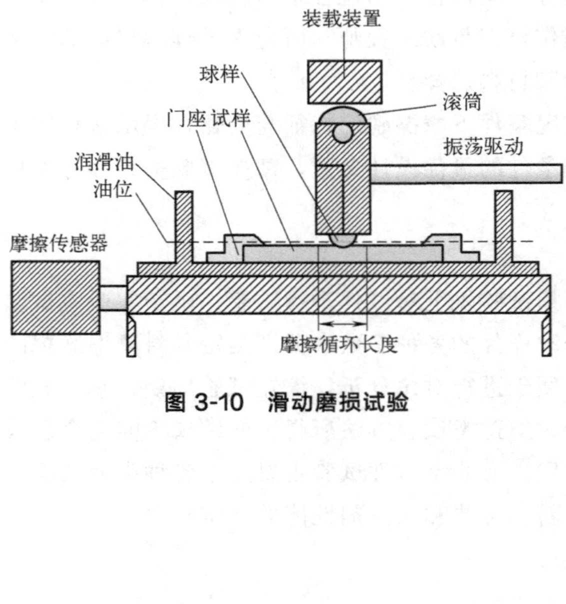

图 3-10 滑动磨损试验

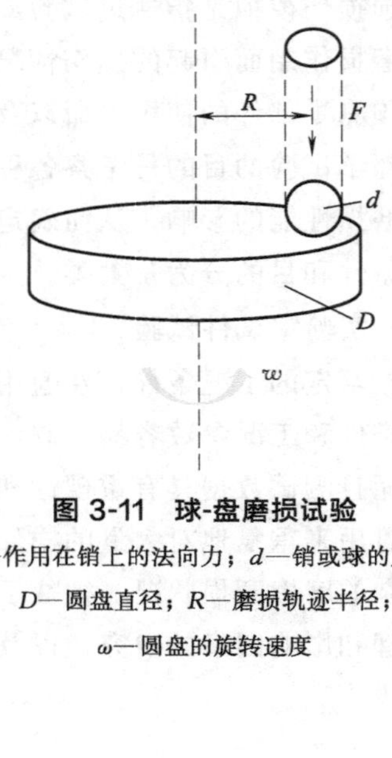

图 3-11 球-盘磨损试验

F—作用在销上的法向力；d—销或球的直径；

D—圆盘直径；R—磨损轨迹半径；

ω—圆盘的旋转速度

④ 扭转摩擦试验。扭转摩擦试验用于评估金属材料或涂层在扭转摩擦条件下的性能。试验过程中，通常使用扭转试验机施加一定的扭转力，并测量试样的磨损量和扭转摩擦系数来评估其性能。

⑤ 销-盘磨损试验。如图 3-12 所示，销-盘磨损试验具有结构简单、试验参数容易控制以及磨损表面容易测量等特点，广泛应用于磨损机理研究、高分子材料磨损特性研究和层状固体润滑剂特性研究等。其示意图如图 3-12。具体方法为：电机带动盘试样与销试样对磨，通过改变砝码质量实现对摩擦副的加载，传感器测量试验过程中盘试样的下移。磨损可根据试验前后销钉质量及形貌变化或盘试样磨痕宽度来测定，同时还可测量摩擦系数。

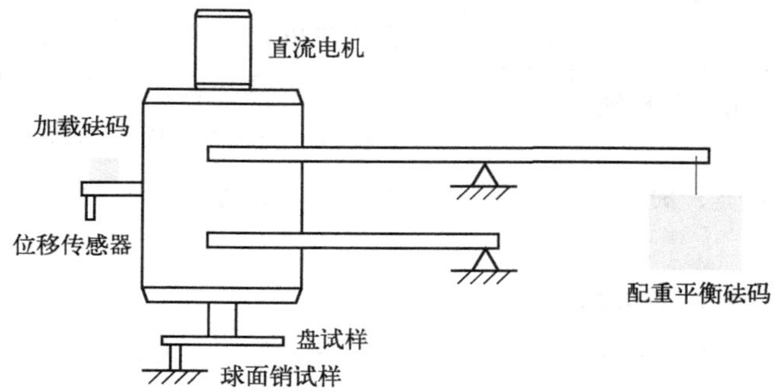

图 3-12 销-盘磨损试验

综合利用上述方法，全面评估功能涂层在摩擦磨损条件下的性能，为产品设计和材料选择提供重要参考。

3.2 功能涂层腐蚀损伤

功能涂层在工业应用中常受到腐蚀损伤的影响，包括化学侵蚀、电化学腐蚀、渗透性腐蚀等多种形式。腐蚀的发生与涂层和环境介质的化学亲和性（热力学）及环境条件下的动态影响（动力学）密切相关。为评估和改进涂层的耐腐蚀性能，常采用盐雾测试、循环湿热试验、电化学阻抗谱分析等加速试验方法，通过这些手段可以更全面地了解功能涂层在复杂环境下的腐蚀行为和损伤机理，从而提升其在实际应用中的可靠性和寿命。本节主要介绍功能涂层腐蚀损伤的概念与分类、腐蚀的热力学与动力学基础和腐蚀损伤模拟与加速试验方法。

3.2.1 功能涂层腐蚀损伤的概念与分类

功能涂层在实际应用中面临多种腐蚀损伤类型，主要包括电化学腐蚀损伤、化学腐蚀损伤、应力腐蚀损伤以及其他腐蚀形式。电化学腐蚀损伤是在涂层表面或涂层与基材界面上发生电化学反应引起的。化学腐蚀损伤则主要由环境中化学物质（如酸、碱等）对涂层的侵蚀作用引起，导致涂层表面的化学变化和腐蚀。应力腐蚀损伤则是涂层在受到机械应力和环境腐蚀共同作用下引起的，这种腐蚀形式常见于高应力环境中。除此之外，还存在其他类型的腐蚀，如微生物腐蚀和物理腐蚀，它们也可能对功能涂层造成不同程度的影响和破坏。

3.2.1.1 功能涂层电化学腐蚀损伤

功能涂层电化学腐蚀损伤是指功能涂层与电解质溶液（大多数为水溶液）发生了电化学反应而发生的腐蚀，如图 3-13 所示。其特点是：在腐蚀过程中同时存在两个相对独立的反应过程——阳极反应和阴极反应，在反应过程中伴有电流产生。功能涂层在酸、碱、盐中的腐蚀就是电化学腐蚀，电化学腐蚀机理与化学腐蚀机理有着本质差别，但是进一步研究表明，有些腐蚀常常由化学腐蚀逐渐过渡为电化学腐蚀。电化学腐蚀是最常见的腐蚀形式，自然条件下，如潮湿大气、海水、土壤、地下水中绝大多数介质中功能涂层的腐蚀通常具有电化学性质。

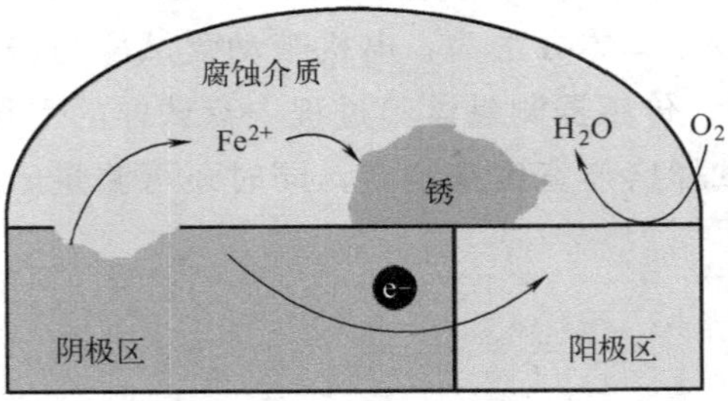

图 3-13 电化学腐蚀

电化学腐蚀的主要机制包括以下几种。

① 阳极溶解。在功能涂层表面的阳极区域，一些原子失去电子被氧化成阳离子，然后溶解到腐蚀介质中形成阳离子。这一过程称为氧化反应。例如，在氯化钠溶液中，铁的氧化反应表示为：$Fe(s) \longrightarrow Fe^{2+}(aq) + 2e^-$。

② 阴极还原。在功能涂层表面的阴极区域，腐蚀介质中的氧气或水分子接受电子，发生还原反应，维持电化学反应的进行，并减缓了金属的腐蚀速率。例如，在氯化钠溶液中，水的还原反应表示为：$2H_2O(l) + 2e^- \longrightarrow H_2(g) + 2OH^-(aq)$。

③ 电解质传输。电解质中的离子（如阳离子和阴离子）在阳极和阴极之间传输，维持了电化学反应所需的电荷平衡，有助于保持电化学反应的进行，并加速腐蚀的进行。

④ 局部腐蚀。由于功能涂层表面的局部差异，存在一些区域比其他区域更容易成为阳极或阴极，导致局部腐蚀现象的发生。局部腐蚀在功能涂层表面形成凹坑、孔洞或裂纹，加速了腐蚀的进行。

功能涂层电化学腐蚀的速率受到多种因素的影响，包括功能涂层材料的种类，腐蚀介质的性质、温度、湿度、氧气浓度、pH 值以及外部电场等。对于金属结构和设备来说，电化学腐蚀是一种常见而严重的腐蚀形式，因此需要采取相应的腐蚀控制和防护措施，以延长其使用寿命并确保其安全可靠性。

3.2.1.2 功能涂层化学腐蚀损伤

功能涂层化学腐蚀损伤是指金属与腐蚀介质直接发生反应，在反应过程中没有电流产生，如图 3-14 所示。这类腐蚀过程是一种氧化还原的纯化学反应，带有价电子的金属原子直接与反应物（如氧）的分子相互作用。因此，金属转变为离子状态和介质中氧化剂组分的还原是同时、同一位置发生的。最重要的化学腐蚀形式是气体腐蚀，如金属的氧化过程或金属在高温下与 SO_2、水蒸气等的化学作用。

化学腐蚀的主要机制包括以下几种。

① 氧化反应。在氧气的存在下，功能涂层表面发生氧化反应，金属原子失去电子形成金属阳离子，同时氧气被还原成氧离子或氢氧根离子。这些反应导致涂层表面的氧化和溶解，从而造成腐蚀。例如，铁的氧化反应表示为：$Fe(s)+\frac{1}{2}O_2(g) \longrightarrow FeO(s)$。

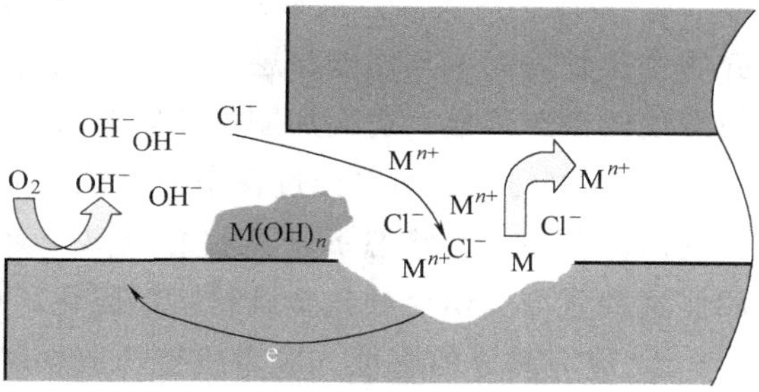

图 3-14 化学腐蚀

② 酸碱反应。在酸性或碱性环境中，功能涂层表面与腐蚀介质中的酸或碱发生化学反应，导致金属溶解。在酸性溶液中，功能涂层通常会被酸性物质（如硫酸或盐酸）溶解；在碱性溶液中，功能涂层被碱性物质（如氢氧化钠）溶解。例如，铝在盐酸中的腐蚀反应表示为：$2Al(s)+6HCl(aq) \longrightarrow 2AlCl_3(aq)+3H_2(g)$。

③ 盐类沉积反应。在一些含有盐类的腐蚀介质中，功能涂层表面与盐类发生化学反应，产生一些不溶性的盐类沉淀物，这些沉淀物阻碍金属表面与溶液的接触，并形成一种保护膜，减缓或停止了腐蚀过程。但有时这些沉淀物也会加速腐蚀的进行。

④ 金属间化合物的形成。在某些情况下，功能涂层表面与腐蚀介质中的其他物质发生反应，形成不稳定的金属间化合物，导致金属表面的腐蚀。例如，铁与硫化氢反应会生成铁硫化物，加速铁的腐蚀。

化学腐蚀的腐蚀产物在功能涂层表面形成表面膜，表面膜的性质决定了化学腐蚀速度。如果膜的完整性、强度、塑性都较好，膜的膨胀系数与金属接近，膜与金属的亲和力较强，则有利于保护金属，降低腐蚀速度。

3.2.1.3 功能涂层应力腐蚀损伤

功能涂层通常在应力（内应力、负荷）与环境介质的共同作用下使用，导致功能涂层受严重的破坏，如图 3-15 所示。由于受力状态不同（如拉伸应力、交变应力、振动力及摩擦力等），在介质作用下造成的腐蚀破坏形态是多种多样的。应力腐蚀是指功能涂层在拉应力和腐蚀环境的共同作用下产生的破坏现象。应力与环境两者缺一不可，相互促进，但它们并不是简单的叠加。应力腐蚀是危害最大的腐蚀形态之一，往往导致低应力脆断。

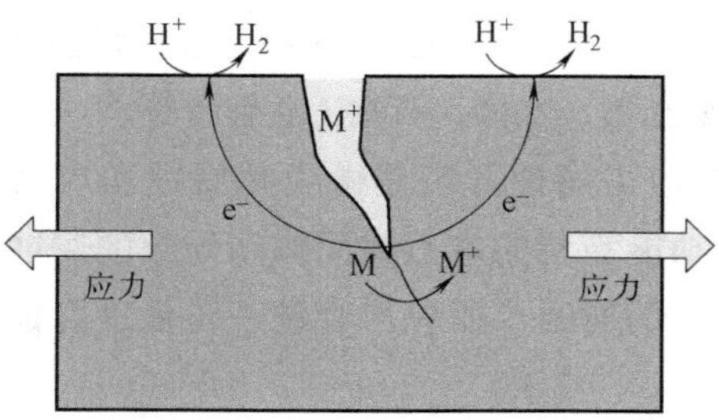

图 3-15 应力腐蚀

应力腐蚀的主要机制包括以下几种。

① 裂纹萌生。应力腐蚀通常发生在功能涂层表面存在微小缺陷或局部应力集中的区域。在腐蚀介质的作用下，这些区域更容易发生化学侵蚀或氢离子损伤，从而导致裂纹的萌生。这些裂纹在功能涂层表面上的腐蚀孔洞周围形成，或者是在应力集中区域内部形成。

② 裂纹扩展。一旦裂纹形成，应力和腐蚀介质的作用将导致裂纹的迅速扩展。腐蚀介质在裂纹表面引起功能涂层的溶解，同时应力场也会加速裂纹的扩展。这种相互作用导致裂纹的快速传播，进而加剧了功能涂层的损伤。

③ 氢损伤。应力腐蚀过程中，腐蚀介质中的氢离子被功能涂层吸收并扩散到功能涂层内部。在高应力状态下，吸收的氢离子聚集在功能涂层晶界或位错周围，形成氢原子团。这些氢原子团会导致金属材料的脆化，使其更容易发生裂纹扩展和脱落。

④ 应力诱导的腐蚀。应力改变功能涂层的电化学特性，增加其对腐蚀介质的敏感性。因此，应力腐蚀过程中，金属表面的腐蚀速率显著增加，导致腐蚀损伤更为严重。

3.2.1.4 其他腐蚀

(1) 涂层生物腐蚀损伤

涂层生物腐蚀损伤是由微生物活动引起的功能涂层表面的腐蚀现象，如图 3-16 所示。这种腐蚀形式常见于水体、土壤、大气以及一些特殊的工业环境中，如海洋、地下管道、船舶等。生物腐蚀通常是由微生物代谢产生的酸、碱、盐等物质对功能涂层表面的腐蚀作用引起的，其主要类型包括微生物腐蚀和微生物引起的应力腐蚀开裂。

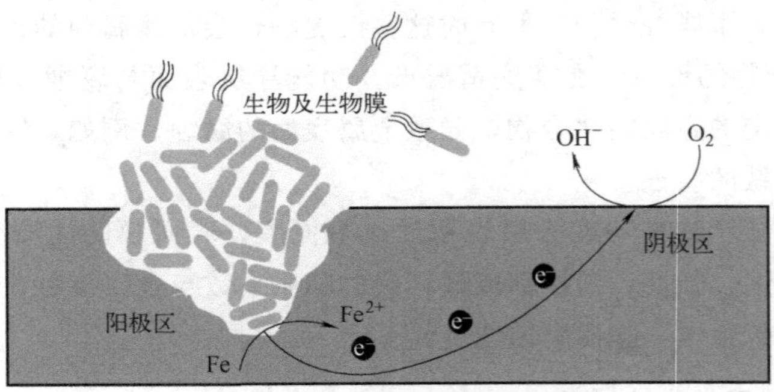

图 3-16 生物腐蚀

① 微生物腐蚀。微生物腐蚀是由细菌、真菌、藻类等微生物代谢产物对功能涂层表面的腐蚀作用引起的一种腐蚀形式。微生物通过代谢活动产生酸性、碱性、硫化物等物质，加速功能涂层的腐蚀过程。微生物腐蚀发生在许多环境中，如土壤、水体、石油工业管道等。

② 微生物引起的应力腐蚀开裂。微生物引起的应力腐蚀开裂是微生物腐蚀和应力腐蚀相互作用的结果，是由微生物产生的代谢产物与功能涂层的应力共同作用导致的腐蚀开裂。微生物产生的酸性物质和硫化物会加速功能涂层的腐蚀，而应力会进一步促进腐蚀开裂的发生。

生物腐蚀的发生通常受到多种因素的影响，包括微生物种类、腐蚀介质的化学成分、温度、压力等。为了减少生物腐蚀的影响，常采取一些预防措施，如添加抗生素、改变介质的 pH 值、使用抗腐蚀材料、定期清洁和维护设备等。生物腐蚀的研究对于工程材料的选择、设计和使用具有重要的指导意义，显著延长材料的使用寿命和减少损失。

(2) 涂层物理腐蚀损伤

涂层物理腐蚀损伤是指功能涂层由单纯的物理作用引起的破坏。腐蚀过程通常不涉及化学反应，而是由功能涂层与其他物质接触引起的溶解、侵蚀或开裂。熔融金属中的腐蚀是物理腐蚀的一种形式，主要是指固态金属与熔融液态金属（如铅、锑、钠、汞等）相接触引起的金属溶解或开裂现象。

熔融金属中的腐蚀通过两种主要机制发生。

① 金属溶解作用。当固态金属与熔融金属接触时，固态金属表面的原子被熔融金属中的离子或原子溶解，形成合金或溶解物。这种溶解作用导致固态金属的表面逐渐损失，最终导致腐蚀破坏。

② 液态金属渗透作用。在一些情况下，熔融金属通过固态金属的晶界或孔隙渗透到金属内部，从而导致固态金属的结构破坏和损失。这种渗透作用会加剧金属的腐蚀程度，并导致金属的开裂或变形。

例如，热浸镀锌用的铁锅在熔融锌中的腐蚀就是一个典型的例子。熔融锌中的离子会与铁锅表面的铁原子发生反应，溶解形成铁锌合金，导致铁锅表面的金属溶解和腐蚀。这种腐蚀过程往往非常快速，熔融金属中的离子能够迅速与固态金属表面发生化学作用，加速金属的溶解和损坏。

物理腐蚀的发生通常受到温度、压力、介质成分等因素的影响，需要在实际应用中采取相应的防护措施来延缓或避免金属的腐蚀损害。

3.2.2 腐蚀的热力学与动力学基础

腐蚀的热力学与动力学基础对于深入理解和有效控制腐蚀过程至关重要。热力学研究帮助我们了解腐蚀反应是否在特定条件下发生，预测其类型和可能的速率，为开发腐蚀防护策略提供理论依据。动力学研究则关注腐蚀反应的速率及其受温度、溶液成分、电位等因素影响的机理，这些知识有助于优化材料选择和制定有效的腐蚀控制措施。综合研究热力学和动力学，能够系统评估材料在不同环境中的耐腐蚀性。

3.2.2.1 热力学基础

腐蚀的热力学涉及腐蚀过程中化学反应的热力学特性。涂层表面会与腐蚀介质发生化学反应。图 3-17 为 Fe 在不同 pH 值介质中的腐蚀产物。在反应的过程中热力学起着关键作用，决定了反应的方向、速率和平衡状态。图 3-18 为不同 $(\Delta G)_{T,p}$ 下的反应情况。

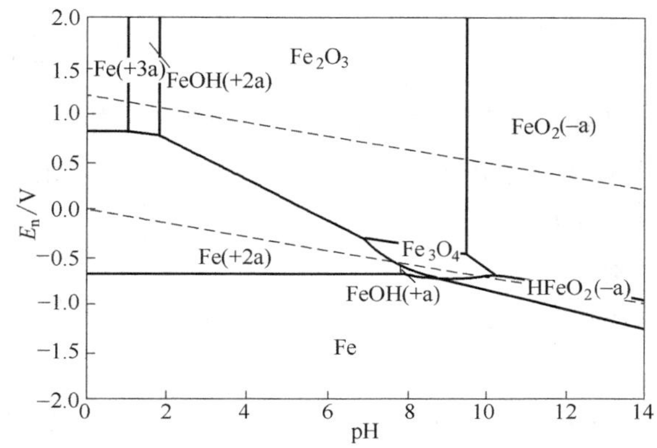

图 3-17 Fe 在不同 pH 值介质中的腐蚀产物

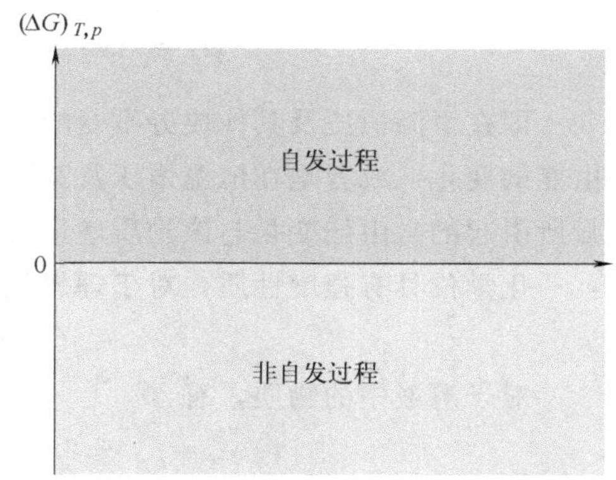

图 3-18 不同 $(\Delta G)_{T,p}$ 下的反应情况

自然界的物质变化大体上可分为两类：一类是能够自发进行的过程；另一类是非自发进行的过程。对于任何化学反应，如果反应能够自发进行，则必须伴随着能量的降低，否则不能自发进行，金属腐蚀就是这样一种自发过程。金属腐蚀和大多数化学反应一般是在恒温恒压的开放体系条件下进行的。这种情况下，通常用吉布斯（Gibbs）自由能判据来判断反应的方向。即在等温等压条件下

$$(\Delta G)_{T,p}<0 \qquad \text{自发过程}$$

$$(\Delta G)_{T,p}=0 \qquad \text{平衡过程}$$

$$(\Delta G)_{T,p}>0 \qquad \text{非自发过程}$$

式中，G 为吉布斯自由能，简称自由能，亦称为自由焓、吉布斯函数等。焓是体系的另一种状态函数，以 H 表示：

$$H\equiv U+pV \tag{3-3}$$

式中，U 为体系的内能；p 为压力；V 为体积。即体系的焓等于体系的内能加上体系所做的体积功（pV）。

自由能 G 是经过体系内熵值校正后的体系状态函数

$$G\equiv H-TS \tag{3-4}$$

式中，T 为热力学温度；S 为体系的熵。

$(\Delta G)_{T,p}$ 表示等温等压条件下过程或反应的自由能变化。

因 ΔG 为状态函数，故 ΔG 只取决于始态和终态，与过程或反应的途径无关。根据热力学含义可计算 ΔG

$$\Delta G=\Delta H-T\Delta S \tag{3-5}$$

腐蚀体系的 $(\Delta G)_{T,p}$ 是由金属与周围介质组成的多组分开放体系。在恒温恒压下，腐蚀反应自由能的变化可由反应中各物质的化学位计算

$$(\Delta G)_{T,p}=\sum \nu_i\mu_i \tag{3-6}$$

式中，ν_i 为化学反应式中第 i 种物质的化学计量系数（规定反应物的系数取负值，生成物的系数取正值）；μ_i 为第 i 种物质的化学位。

化学位是指在恒温恒压及 i 外的其他物质量不变的情况下，第 i 种物质的偏摩尔自由能，即

$$\mu_i=(\Delta G_{\mathrm{m}}^{\ominus})_{T,p,n_j\neq n_t}=\left(\frac{\partial G}{\partial n_i}\right)_{T,p,n_j\neq n_t} \tag{3-7}$$

即在恒温恒压及其他成分不变的无限大的体系中加入 1mol 第 i 种物质所引起的体自由能的变化；或者是在恒温恒压及其他成分不变的情况下，体系中第 i 种物质增加无限小量所引起的自由能变化与该物质增量的比值。单位通常取为 kJ/mol。

化学位具有强度性质，对于理想气体，有

$$\mu_i=\mu_i^{\ominus}+2.3RT\lg p_i \tag{3-8}$$

对于溶液中的物质，有

$$\mu_i=\mu_i^{\ominus}+2.3RT\lg a_i=\mu_i^{\ominus}+2.3RT\lg\gamma_i c_i \tag{3-9}$$

式中，p_i、a_i、γ_i、c_i 分别为第 i 种物质的分压、活度、活度系数和浓度；R 为摩

尔气体常数；$\mu_i^{\ominus}$ 为第 i 种物质的标准化学位。

$\mu_i^{\ominus}$ 是 10^5Pa、298.15K 标准状态下第 i 种物质的偏摩尔自由能 $\Delta G_{\mathrm{m}}^{\ominus}$，在数值上等于该物质的标准摩尔生成自由能 $\Delta G_{\mathrm{m,f}}^{\ominus}$，即

$$\mu_i^{\ominus}=(\Delta G_{\mathrm{m}}^{\ominus})_i=(\Delta G_{\mathrm{m,f}}^{\ominus})_i \tag{3-10}$$

物质的标准摩尔生成自由能就是在标准状态下，由处于稳定状态的单质生成 1 mol 纯物质时反应的自由能变化。

化学位在判断化学变化的方向和限度上有重要意义。可得下列判据：

$$(\Delta G)_{T,p}=\sum_i \nu_i\mu_i<0 \qquad \text{自发过程}$$

$$(\Delta G)_{T,p}=\sum_i \nu_i\mu_i=0 \qquad \text{平衡过程}$$

$$(\Delta G)_{T,p}=\sum_i \nu_i\mu_i>0 \qquad \text{非自发过程}$$

据此判据可判断腐蚀反应能否自发进行以及预测腐蚀倾向的大小。

3.2.2.2 动力学基础

腐蚀的动力学方程描述了腐蚀过程中金属表面的腐蚀速率与时间、温度、溶液成分等因素之间的关系。腐蚀动力学方程通常采用电化学理论来描述，其中最常见的是腐蚀速率与电极电位之间的关系。腐蚀动力学方程表示为：

$$v=kf(E) \tag{3-11}$$

式中，腐蚀速率 v 为单位时间内金属被腐蚀的量；k 为腐蚀速率常数，表示腐蚀反应的速率；$f(E)$ 为电极电位 E 的函数，描述了电位对腐蚀速率的影响。

根据电化学理论，$f(E)$ 可采用不同的函数形式来描述，例如：

巴特勒-福尔默方程（Butler-Volmer equation）：

$$f(E)=\exp\left[\frac{\alpha\beta(E-E_0)}{RT}\right] \tag{3-12}$$

塔费尔（Tafel）方程：

$$f(E)=\exp\left(\frac{\alpha\beta E}{RT}\right) \tag{3-13}$$

式中，α 为涉及腐蚀反应表面积的因子；β 为电子转移的传递系数；E_0 为标准电极电位；R 为摩尔气体常数；T 为热力学温度。

腐蚀动力学方程的具体形式取决于腐蚀过程的性质和实际情况。通常需要通过试验来确定方程中的参数，以预测腐蚀速率随时间、温度、溶液成分等因素的变化。

3.2.3 腐蚀损伤模拟与加速试验方法

腐蚀模拟是一种通过试验或计算方法来模拟实际环境中腐蚀过程的方法。这种模拟旨在评估材料或产品在特定环境条件下的耐蚀性能，或者研究腐蚀机理、预测腐蚀损伤。腐蚀模拟的方法主要包括试验模拟和计算模拟两种。腐蚀加速试验是一种常用的试验方法，旨在相对较短的时间内模拟材料或产品在长期使用过程中遭遇的环境条件，加快其性

能变化的过程。这种试验方法能够通过提高环境因素的影响程度，如温度、湿度、压力等，来加速材料或产品的老化、腐蚀、疲劳或其他性能衰退过程，从而在较短的时间内评估其在实际使用中的可靠性和耐久性。

3.2.3.1 腐蚀损伤模拟

（1）实验室条件下模拟

试验模拟是通过在实验室中创建特定的腐蚀环境，并暴露试样于其中，来模拟实际腐蚀过程。常用的试验模拟方法包括盐雾试验、湿热试验、电化学腐蚀试验等。这些试验加速腐蚀过程，评估材料的耐蚀性能，并获取有关腐蚀行为和损伤的数据。

（2）腐蚀数值模拟

计算模拟是通过数学建模和计算方法，对腐蚀过程进行模拟和预测。模拟方法基于腐蚀的物理化学原理，通过建立数学模型和计算腐蚀速率、腐蚀损伤深度等参数来分析材料的腐蚀行为。计算模拟可以预测材料在不同环境条件下的腐蚀损伤，指导材料选择和设计。

腐蚀模拟的目的是更好地理解材料在不同环境下的腐蚀行为，评估其耐蚀性能，预测腐蚀损伤，从而指导材料设计、工程应用和防护措施的制定，在材料科学、工程技术和环境保护等领域具有重要的应用价值。

3.2.3.2 加速试验方法

（1）盐雾试验

盐雾试验是一种常用的加速腐蚀试验方法，如图 3-19 所示。用于评估材料或涂层在盐雾环境中的抗腐蚀性能。在盐雾试验中，将试样置于密闭的试验箱内，喷雾装置产生含有一定浓度的盐水溶液雾气，使试样表面暴露在含盐水雾中，模拟海洋环境或盐雾腐蚀环境。盐雾试验可以快速、有效地评估材料或涂层在盐雾腐蚀环境中的耐久性能，为材料选择、工程设计和产品改进提供重要参考。

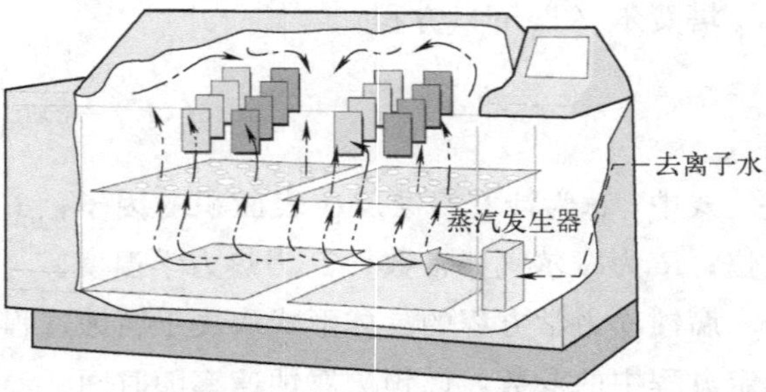

图 3-19 盐雾试验

（2）电化学腐蚀试验

电化学腐蚀试验是一种常用的试验方法，用于评估材料在特定电化学环境中的腐蚀行为和抗腐蚀性能，如图 3-20 所示。试验过程中通常通过在电解质溶液中置放试样，并施加电压或电流，模拟材料在腐蚀介质中的电化学反应过程。电化学腐蚀试验可以模拟各种不同的腐蚀环境，评估材料在实际应用中的腐蚀性能和耐久性，为材料设计和工程应用提供重要参考。

（3）湿热试验

湿热试验是一种常用的加速老化试验方法，用于评估材料或产品在高温高湿环境中的耐久性和性能稳定性。湿热试验可以模拟热带地区或高湿度环境下的使用条件，加速材料

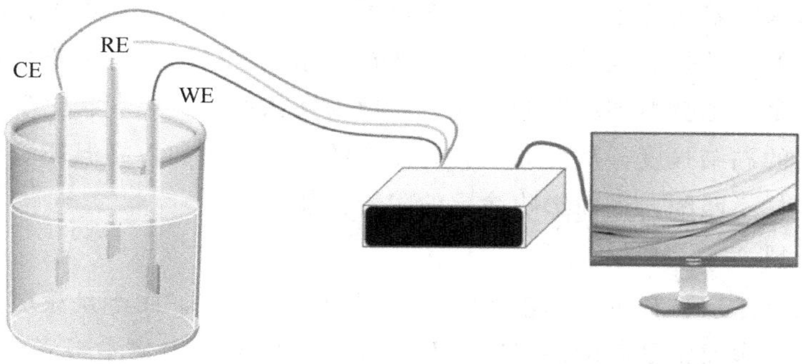

图 3-20 电化学腐蚀工作站试验装置

或产品的老化和劣化过程，以预测其在实际使用中遭遇的情况。湿热试验可以帮助研发人员更快地评估材料或产品在高湿度腐蚀环境下的性能稳定性和耐久性，预测其在实际使用中遭遇的情况，指导产品设计和改进。

3.3 功能涂层层间断裂损伤

在工程应用中功能涂层的层间断裂损伤是指涂层与基体或相邻涂层之间的失效现象，包括剥离断裂、内聚断裂、交界断裂和疏松断裂等形式。这些断裂现象的发生与界面的力学行为和应力传递密切相关，通常通过力学试验和数值模拟来评估和模拟。为预防层间断裂，需优化材料选择、改进工艺控制和界面设计，以提高涂层与基体之间的结合强度和相容性，确保涂层系统在复杂环境中的可靠性和长期稳定性。本节主要介绍功能涂层层间断裂的概念与分类、层间断裂力学基础、涂层层间断裂损伤模拟与试验方法和层间断裂损伤的预防对策。

3.3.1 涂层层间断裂的概念与分类

涂层层间断裂是指在涂层系统中，涂层与涂层之间发生的裂纹或剥离现象。这种现象会降低涂层的性能并导致涂层失效。涂层层间断裂通常是由于涂层之间的附着力不足或涂层之间的内部应力超过了材料的承受能力。

根据涂层层间断裂的性质和形成机制，将其分为以下几种主要类型。

（1）剥离断裂

剥离断裂是涂层系统中常见的一种断裂形式，指涂层与基材之间的黏结强度不足，导致涂层在涂层与基材之间发生分离，如图 3-21 所示，还会导致涂层失效，严重影响涂层系统的性能和使用寿命。

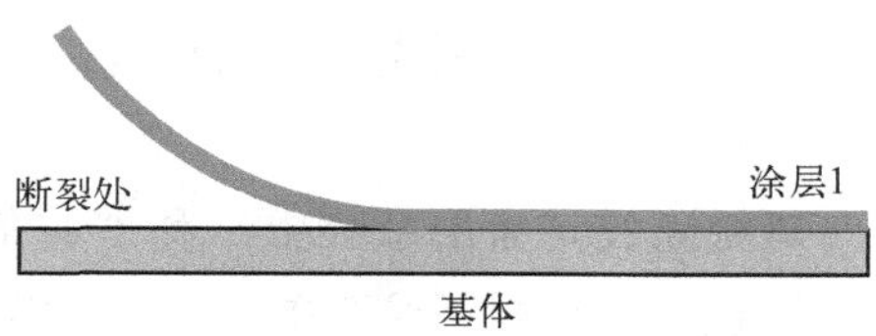

图 3-21 剥离断裂

剥离断裂通常由多种因素引起，如果在涂覆涂层之前未对基材表面进行适当的处理和清洁，则会导致涂层无法充分黏结到基材表面，从而增加剥离的风险。在一些涂层系统中，通常会添加一个附着层（或称底漆）来增强涂层与基材之间的黏结强度。如果附着层的厚度不足或者质量不佳，也会导致涂层剥离。此外，涂层材料的选择对于涂层的黏结强度至关重要。如果选择的涂层材料与基材不兼容，或者涂层材料本身的附着力不足，也会增加剥离的风险。环境因素如温度、湿度、化学介质等也会影响涂层与基材之间的黏结强度，从而导致剥离断裂的发生。例如，高温环境导致涂层材料的热膨胀系数与基材不匹配，进而影响涂层的附着性能。

（2）内聚断裂

内聚断裂是指涂层材料本身的内部结构出现裂纹或剥离，而不是涂层与基材之间的分离。这种类型的断裂通常是由涂层材料本身的缺陷、内部应力集中或者外部加载引起的，如图 3-22 所示。

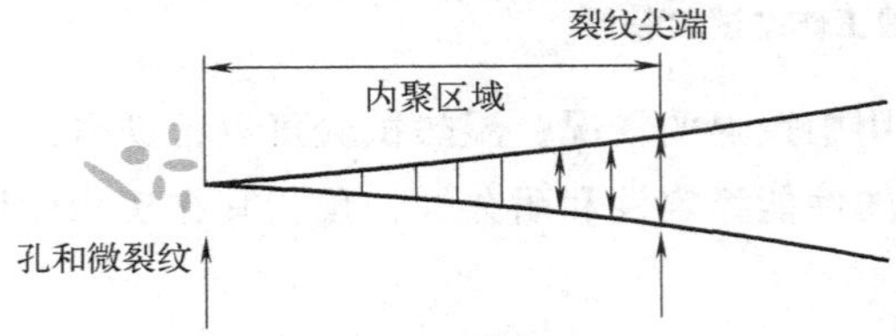

图 3-22　内聚断裂

内聚断裂的发生与涂层材料的物理和化学性质密切相关，涂层材料内部存在的缺陷，比如气孔、夹杂物和晶界，成为裂纹的起始点，导致内聚断裂的发生。在涂层施工过程中，内部应力的产生也是一个重要因素，内部应力由固化过程中的温度变化或溶剂挥发引起的收缩应力等引发。内部应力会导致涂层材料内部产生裂纹，最终导致内聚断裂。此外，外部加载，如拉伸、压缩或剪切等力的作用，会加剧涂层材料内部应力，促使裂纹的扩展，进而引发内聚断裂。另外，涂层材料的化学性质也对内聚断裂的发生产生影响。例如，某些化学品的侵蚀导致涂层材料的降解和裂纹形成，进而引发内聚断裂。

内聚断裂的发生会降低涂层的性能并影响其使用寿命，因此在涂层设计和制备过程中，需要采取一系列措施来降低内部应力、减少材料缺陷、选择合适的材料等，以预防内聚断裂的发生。此外，定期检查涂层的质量和完整性，并及时修复或更换存在问题的涂层，也是预防内聚断裂的有效手段。

（3）交界断裂

交界断裂是指涂层系统中不同涂层之间的分离或裂纹现象，如图 3-23 所示。这种类型的断裂通常发生在多层涂层系统中，涂层之间的黏结强度不足或涂层之间的内部应力不均匀都会导致涂层之间的交界断裂。

为了预防交界断裂的发生，需要在涂层系统设计和施工过程中注意涂层之间的兼容性，选择合适的涂层材料和施工工艺，以确保涂层之间的黏结强度和稳定性。同时，定期检查涂层系统的质量和完整性，并及时修复或更换存在问题的涂层，也是预防交界断裂的重要措施。

图 3-23　涂层系统交界断裂

（4）疏松断裂

疏松断裂是涂层系统中一种严重的断裂形式，指涂层中出现大面积的剥离或分离现象，导致整个涂层系统失效。这种类型的断裂通常是由涂层中的气孔、孔隙或裂纹扩展引起的。

在涂层施工过程中，若涂料的稀释、喷涂厚度、干燥时间等控制不当，会导致涂层中出现气孔或孔隙，从而增加疏松断裂的风险。若涂料质量不佳，会使涂层中存在裂纹或杂质，进而影响涂层的密实性和稳定性，增加疏松断裂的风险。此外，温度、湿度等环境因素也会影响涂层的稳定性，例如，高温和高湿度环境导致涂层中水分蒸发不及时，增加气孔和孔隙的形成。此外，外部应力如拉伸、压缩或剪切等力的作用，也会导致涂层中裂纹扩展，进而加剧疏松断裂的发生。

3.3.2 层间断裂力学基础

对于脆性涂层/韧性基体材料体系，涂层典型失效过程的第一步是脆性涂层在拉应力的作用下导致的预先开裂（图 3-24）。

对于断开的小块涂层，界面上切应力的累积量可传递到涂层横截面上的正应力，即涂层内的正应力 σ 与界面切应力 $\tau(x)$（图 3-25）有如下关系：

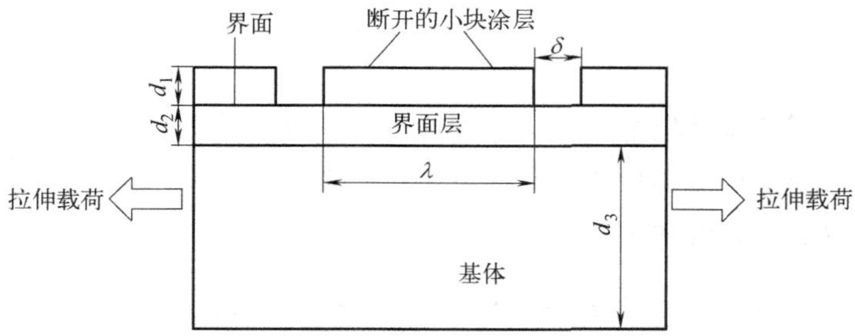

图 3-24 拉伸载荷作用下脆性涂层/韧性基体材料的断裂特征

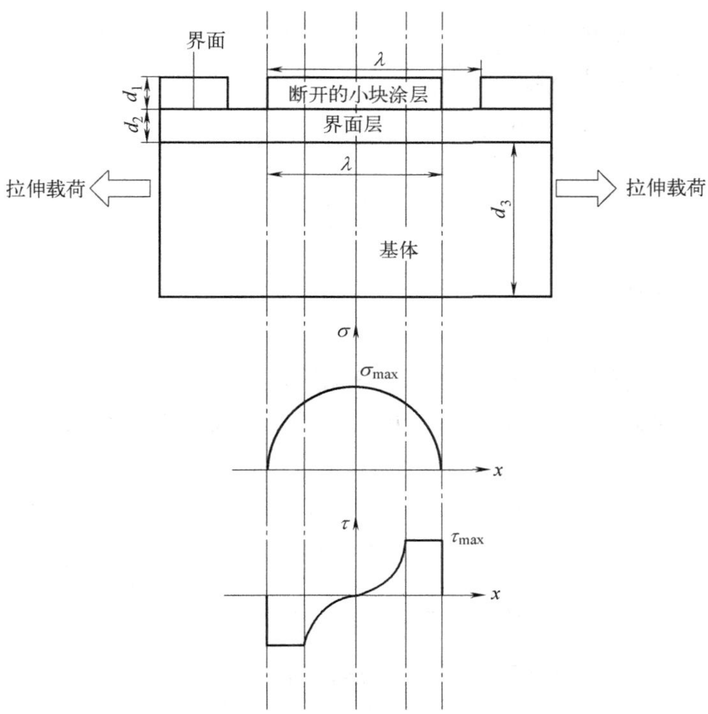

图 3-25 断开的小块涂层内的正应力与界面上的切应力分布

$$\sigma=\frac{1}{d_1}\int\tau(x)\mathrm{d}x \tag{3-14}$$

由于涂层较薄，假定涂层内的正应力在涂层的横截面上均匀分布。小块涂层中间位置的横截面上受到的最大正应力 $\sigma_{\max}$ 与界面的切应力 $\tau(x)$ 满足平衡关系，即

$$\sigma_{\max}=\frac{1}{d_1}\int_0^a\tau(x)\mathrm{d}x \tag{3-15}$$

在拉伸载荷的作用下，断开的小块涂层发生的位移为 $w(x)$，根据位移 $\tau(x)$ 在 x 方向的微分即在 x 方向的应变，其关系式为：

$$\varepsilon(x)=\frac{\mathrm{d}w(x)}{\mathrm{d}x} \tag{3-16}$$

根据应力与应变的关系

$$\sigma(x)=E\varepsilon(x) \tag{3-17}$$

由式（3-16）和式（3-17）可得

$$\sigma(x)=E\,\frac{\mathrm{d}w(x)}{\mathrm{d}x} \tag{3-18}$$

式中，E 为涂层的弹性模量。对于小块涂层，拉伸载荷引起的伸长应变为 ε，则基体与涂层在变形过程中由于力学性能的不同将会产生变形不协调，因此也必然在界面层内产生剪切应力，该剪切应力的大小为

$$\tau(x)=G\times\frac{\varepsilon x-w(x)}{d_2},x<a_{\mathrm{c}} \tag{3-19}$$

$$\tau(x)=G\gamma_{\mathrm{b}}=\tau_{\mathrm{b}},x\geqslant a_{\mathrm{c}} \tag{3-20}$$

式中，G 为界面层的切变模量；τ_{b} 为界面层的剪切屈服塑性流动应力。将式（3-18）、式（3-19）代入式（3-14）得

$$\frac{\mathrm{d}^2w(x)}{\mathrm{d}x^2}-k^2w(x)=-k^2\varepsilon x \tag{3-21}$$

其中：
$$k=\sqrt{\frac{G}{d_1d_2E}}$$

式（3-21）的解为

$$w(x)=C_1\exp(kx)+C_2\exp(-kx)+\varepsilon x \tag{3-22}$$

式中，C_1、C_2 为常数。根据小块涂层内正应力和界面切应力的分布特点，在自由边界面上，涂层的正应力 σ 为 0，在小块涂层的中心位置上，界面上的切应力 τ 为 0，即有已知条件：

$$\sigma(a)=\sigma(-a)=0;\ \tau(0)=0 \tag{3-23}$$

将这两个已知条件分别与式（3-18）、式（3-19）相结合，可得 $w(x)$ 表达式为

$$w(x)=-\frac{\varepsilon}{k\cosh ak}\sinh kx+\varepsilon x \tag{3-24}$$

于是可求得小块涂层内正应力分布的表达式为

$$\sigma(x)=-\frac{E\varepsilon}{\cosh ak}\cosh kx+E\varepsilon \tag{3-25}$$

界面层发生理想弹塑性变形时的界面切应力分布的表达式为

$$\tau(x)=\frac{G\varepsilon}{d_2 k\cosh\alpha k}\sinh kx, x<a_c \tag{3-26}$$

当 $x \geqslant a_c$ 时，界面切应力分布规律为式（3-20）。表达式（3-26）也可代表界面层只发生弹性变形的情形，此时的约束条件为 $x<a_c$。

可令 σ_{max} 为涂层断裂的临界应力，即涂层的断裂强度 σ_b，于是对于界面层，只发生弹性变形的情形，由式（3-15）、式（3-26）可求得涂层裂纹密度的表达式为

$$\rho_1=\frac{1}{2a}=\frac{k}{2}\operatorname{arccosh}\left(\frac{G\varepsilon}{\sigma_b d_1 d_2 k^2-G\varepsilon}\right)^{-1} \tag{3-27}$$

对于界面层发生理想弹塑性变形的情形，根据式（3-15）、式（3-20）、式（3-26）可求得裂纹密度的表达式

$$\rho_1=\frac{1}{2a}=\frac{\tau_b k^2 d_2}{2G}(A+B)^{-1} \tag{3-28}$$

其中：

$$A=\frac{\sigma_b d_1 d_2 k^2-G\varepsilon}{G}\cosh\left[\operatorname{arcsinh}\left(\frac{\tau_b k d_2}{G\varepsilon-\sigma_b d_1 d_2 k^2}\right)\right] \tag{3-29}$$

对于塑性基体发生很大的应变的情形，利用双曲函数极值特征，由式（3.13）导出一个饱和裂纹密度的表达式为

$$\rho'=\frac{\tau_b}{2d_1\sigma_b} \tag{3-30}$$

从式（3-30）可看出，在基体发生塑性大应变的情形下，饱和裂纹密度与界面层的剪切屈服塑性流动应力、涂层断裂强度和涂层厚度有特定的关系。通过分析式（3-28）～式（3-30），可得到以下几点结论。

对于给定的拉伸应变，弱的界面层或低的界面层的剪切屈服塑性流动应力 τ_b 会导致低的裂纹密度。对于给定的 τ_b，涂层裂纹密度与涂层厚度有递减的关系，即随着涂层厚度的增加，裂纹密度会相应地减少。

在其他条件都给定的情形下，高的涂层断裂强度 σ_b 会导致低的裂纹密度。

式（3-30）也可以变换为

$$\tau_b=2d_1\sigma_b\rho' \tag{3-31}$$

因此，式（3-31）也给出了界面层的剪切屈服塑性流动应力（强度）与涂层厚度、涂层断裂强度和涂层饱和裂纹密度的关系，该式可以用来研究涂层/界面/基体复合体系的界面剪切性能。

基体大塑性应变下由平衡方程得到了饱和裂纹密度的表达式。

在拉伸大应变的条件下，如果此时的塑性基体发生了极大的塑性变形，则认为在小块涂层界面上的每一点的切应力均达到了理想弹塑性界面层的剪切屈服塑性流动应力，此时假定涂层与基体材料的厚度（垂直于纸面方向）为一个单位长度，根据小块涂层的应力分布特征，其在水平方向的合外力为 0，即水平方向有平衡方程

$$\tau_b\times a\times 1=\sigma_b\times d_1\times 1 \tag{3-32}$$

由于裂纹密度表达式为

$$\rho'=\frac{1}{2a} \tag{3-33}$$

式（3-33）即为式（3-32），也即在基体发生大的理想弹塑性应变的情形下，由断开的小块涂层在水平方向的平衡方程也同样可以得到式（3-31）。

$$\tau_b=2d_1\sigma_b\rho' \tag{3-34}$$

从式（3-34）可看出，饱和裂纹密度越大的涂层断裂强度越高，界面层内的切应力就越大。因此，式（3-34）可以用来研究界面结合的剪切性能。当涂层的裂纹密度趋近于饱和时，如果发生界面开裂的情形，式（3-34）可以用来评估该种涂层/基体材料的界面剪切强度（抗剪强度）。如果涂层的裂纹密度已经饱和了，同时韧性基体已经发生了很大的塑性变形，而此时的界面开裂并未发生，式（3-34）也可以用来评估该种涂层/基体材料的界面剪切强度，只不过真正的界面剪切强度值要大于由式（3-34）计算得到的界面切应力值。

3.3.3 涂层层间断裂损伤模拟与试验方法

涂层层间断裂损伤模拟与加速试验方法是用于评估功能涂层层间性能的关键手段，也是工程领域中对涂层材料的性能进行评估和预测的重要工具之一。

3.3.3.1 涂层层间断裂损伤模拟

有限元分析是模拟涂层在不同载荷和环境条件下的行为，并预测其断裂和损伤的重要方法。涂层层间断裂损伤模拟过程中确定施加在涂层上的载荷和边界条件至关重要，载荷包括机械载荷、热载荷、湿气等环境载荷。机械载荷来自外部压力、拉伸力或扭曲力；热载荷则源自温度变化引起的热应力；而湿气等环境载荷来自氧化剂、湿润剂等。这些载荷和条件会直接影响涂层的应力分布和断裂行为。因此，通过仔细考虑和确定这些载荷和边界条件，可有效预测和控制涂层在各种工作条件下的性能表现，从而确保其在使用过程中的稳定性和可靠性。

在描述涂层的断裂行为时，选择适当的断裂准则至关重要。常用的断裂准则包括线弹性断裂力学、J 积分法以及应变能释放率法等。线弹性断裂力学适用于在小应变范围内具有线弹性行为的材料，通过计算应力强度因子来预测裂纹扩展情况。而 J 积分法则基于能量释放率，适用于非线性和非弹性材料的断裂分析，能够更准确地描述裂纹扩展行为。另外，应变能释放率法也是一种常用的断裂准则，它将断裂过程看作能量释放的结果，通过计算裂纹尖端处的应变能释放率来评估材料的断裂韧性。选择合适的断裂准则能够更精确地预测涂层的断裂行为，有助于设计和优化涂层的性能及使用寿命。

3.3.3.2 试验评估方法

涂层断裂试验方法可以评估涂层在不同应力下的断裂性能。常见的涂层断裂试验方法如下所示：

① 拉伸试验。其示意图如图 3-26 所示，在拉伸试验中，将涂层样品置于拉伸机上，施加逐渐增加的拉伸力。通过测量加载和卸载过程中的应力-应变曲线，确定涂层的断裂

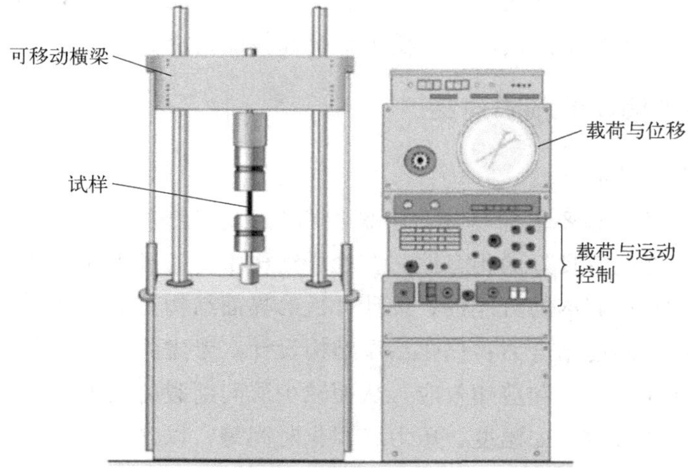

图 3-26 拉伸试验

强度和断裂模式。

② 压剪试验。其示意图如图 3-27 所示，压剪试验通过在涂层表面施加垂直压力和横向剪切力来模拟涂层在受到剪切应力作用下的断裂行为。通过测量剪切加载过程中的载荷-位移曲线，评估涂层的剪切强度和剪切模式。

③ 冲击试验。其示意图如图 3-28 所示，冲击试验用于评估涂层在冲击载荷作用下的断裂行为。常见的冲击试验包括冲击摆锤试验和冲击落球试验。通过测量冲击载荷下涂层的破坏形态和损伤程度，评估其冲击性能。

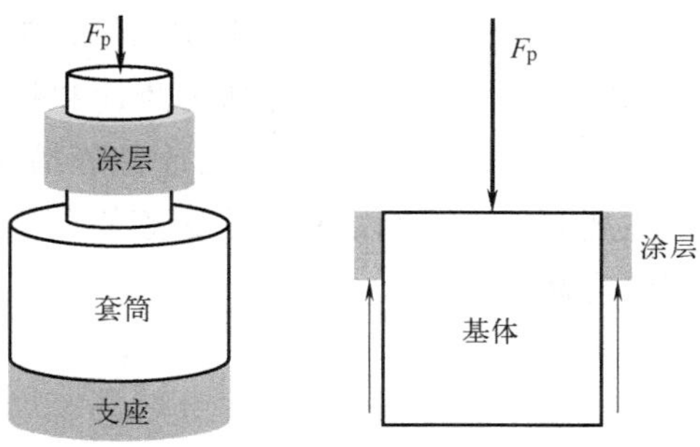

图 3-27 压剪试验

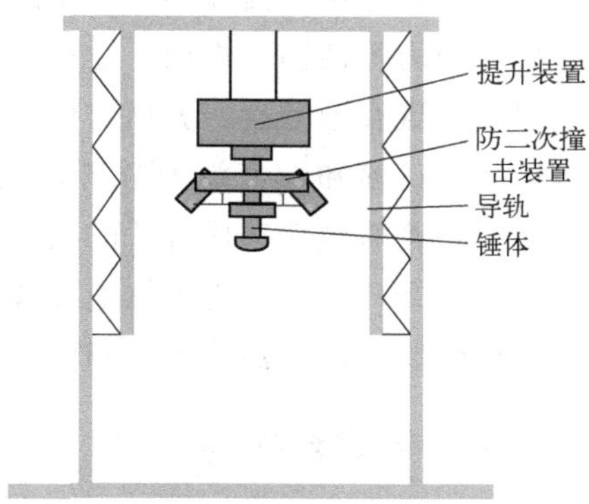

图 3-28 冲击试验

④ 微压痕试验。微压痕试验通过在涂层表面施加微小的压痕载荷来评估其抗压痕性能。通过测量压痕直径、深度和形貌等参数，确定涂层的硬度和耐压痕性能。

⑤ 疲劳试验。疲劳试验用于评估涂层在循环载荷作用下的断裂行为。通过施加交变载荷并记录载荷-位移曲线，评估涂层的疲劳寿命和疲劳裂纹扩展行为。

⑥ 环切试验。环切试验用于评估涂层在周向应力作用下的断裂行为。将涂层样品置于环切试验机上，施加逐渐增加的周向载荷，通过测量加载和卸载过程中的应力-位移曲线，评估涂层的环切强度和断裂模式。

这些试验方法可以单独使用，也可以组合使用，以全面评估涂层的断裂性能。选择合适的试验方法应考虑涂层的应用场景、受力情况和性能需求。

3.3.4 层间断裂损伤的预防对策

(1) 制备及服役前的处理

选择适合应用环境和要求的材料，考虑材料的力学性能、热性能、化学稳定性等因素，并确保不同层之间有良好的相容性；在涂层结构中，通过表面处理或粗糙化提高不同层之间的附着力，减少剥离的可能性；设计合适的界面结构，如添加界面层、界面黏合剂等，以增强不同层之间的结合力；优化涂层结构设计，考虑到不同层之间的应力分布和转移情况，避免出现应力集中和剪切效应，从而减少层间断裂的发生；在制备涂层或复合材料结构时，控制工艺参数，如温度、压力、固化时间等，以确保不同层之间的结合质量。

(2) 服役过程中的检测维护

定期检查涂层或复合材料结构，及时发现并修复层间断裂损伤，以防止其进一步扩展和加剧；在使用过程中，避免超载或过温等不良加载条件，以减少不同层之间的应力集中和损伤发生的可能性；利用先进的数值模拟和预测方法，如有限元分析、断裂力学模型等，对层间断裂损伤进行评估和预测，以指导设计和改进工程结构。

3.4 环境多因素耦合导致的涂层损伤

涂层在实际应用中面临多种环境因素的复杂耦合损伤，这些因素包括化学介质、湿热条件、机械应力等的同时作用。这种多因素耦合损伤不仅影响涂层的化学稳定性和力学性能，还可能导致腐蚀开裂、界面剪切或剥离等问题。为了有效评估和综合防护涂层，常采用多因素耦合试验和数值模拟分析，优化涂层材料和工艺参数，以增强其耐久性和稳定性。综合防护策略包括选择合适的涂层材料、改进工艺控制，以及采取界面改性等措施，确保涂层在复杂环境中长期可靠地发挥作用。本节主要介绍功能涂层环境多因素耦合作用基础、环境多因素耦合损伤原理和涂层损伤评估与综合防护。

3.4.1 多因素耦合作用基础

多因素耦合损伤是指在工程材料或结构中，多种因素的相互作用导致涂层损伤或破坏的过程。这些因素包括机械载荷、热力效应、化学腐蚀、湿润环境等多种外部因素，同时也受到材料本身性能、结构设计以及工作条件等内部因素的影响，图 3-29 为热力化耦合作用的损伤因素。在实际工程应用中，这些因素往往不是单独作用的，而是相互耦合影响的，最终导致材料或结构出现复杂的损伤行为和破坏模式。

在了解多因素耦合损伤之前，需要了解以下几个内容。

(1) 材料特性

对工程材料的基本特性有所了解，包括力学性能（如强度、韧性）、热力学性能（如热膨胀系数、热导率）、化学稳定性等。不同材料在不同环境下的表现会有所不同，因此对于拟研究的材料，需要了解其在预期工作条件下的性能表现。

（2）单一损伤机理

损伤和破坏机理：理解不同类型损伤和破坏的机理，例如拉伸、剪切、疲劳、腐蚀等。这有助于理解多因素耦合作用导致的损伤形式和机理。如本章 3.2 节、3.3 节、3.4 节所述。

（3）服役环境的认识

多因素耦合的服役环境是指工程材料或结构在实际应用中同时受到多种外部因素影响的环境条件。这些环境条件对材料或结构的性能、稳定性和寿命产生重要影响。一般来说，服役环境的内容包括：

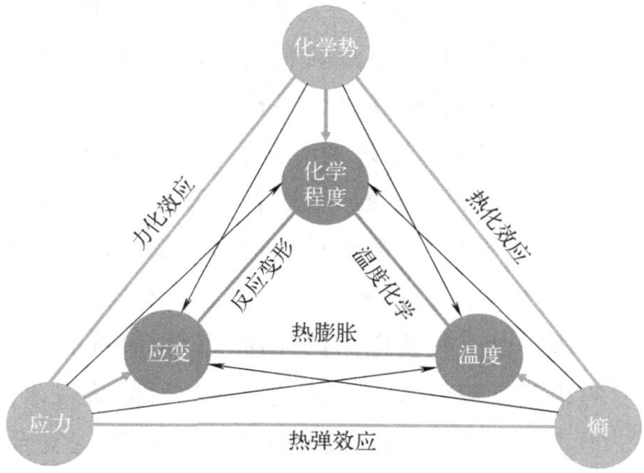

图 3-29 热力化耦合作用的损伤因素

① 温度。服役环境的温度范围对材料的热性能、热膨胀系数等有重要影响。极端的温度条件导致材料的脆化、软化或变形等问题。

② 湿度。湿度会影响材料的吸湿性和耐久性，特别是对于有机材料、木材或电子元件等。高湿度环境导致腐蚀、霉变等问题。

③ 化学介质。如酸、碱、盐水等化学物质对材料产生腐蚀或化学反应，影响其性能和稳定性。

④ 机械载荷。来自外部力学作用，包括静态载荷、动态载荷、冲击载荷等，对材料和结构的强度、刚度和耐久性产生影响。

⑤ 辐射。如紫外光、X 射线、γ 射线等辐射，对材料的老化、降解、氧化等产生的影响。

⑥ 振动和震动。振动和震动导致材料疲劳、断裂或结构松动，对工程结构的安全性和稳定性构成威胁。

⑦ 环境压力。如高海拔、高压力、真空等特殊环境条件，对材料的性能和稳定性也有一定影响。

3.4.2 环境多因素耦合损伤原理

多因素耦合损伤是指在实际工程应用中，材料或结构往往同时受到多种因素的作用，这些因素相互耦合影响，导致材料或结构的综合性损伤。多因素主要是指机械应力、化学腐蚀、热循环、湿热环境等，在实际情况下它们往往不是孤立存在的，而是相互作用、相互影响的。

（1）不同因素之间的相互作用

多因素耦合损伤原理的核心在于综合考虑不同因素之间的相互作用和共同影响，理解这些因素如何相互作用，如何共同影响材料或结构的损伤过程，包括：

① 综合效应。指多种因素同时作用时所产生的综合效应，其特点是不同因素之间相互耦合、相互影响，导致材料或结构的损伤程度和性质呈现出复杂的变化。在多因素耦合损伤中，综合性影响体现了多种因素相互作用的复杂性和综合性。

② 协同增强。在某些情况下，不同因素之间产生协同增强的效应。意味着多个因素共同作用时，其影响效应大于各因素单独作用时的总和。例如，机械应力和湿热环境的协同作用导致涂层中的裂纹扩展速率加快，加剧了涂层的疲劳破坏。

③ 相互抵消。在另一些情况下，不同因素之间产生相互抵消的效应。意味着多个因素共同作用时，某些因素的作用可以部分或完全抵消其他因素的影响。例如，机械应力和温度的相互抵消效应，会减缓材料的疲劳断裂速率，降低断裂风险。

④ 复合效应。多种因素同时作用时产生复合效应，即不同因素之间相互作用形成了新的复合影响。这种效应引发材料或结构新的损伤机制或行为，使损伤表现更加复杂多样。例如，化学腐蚀和热循环的复合效应导致材料表面的氧化和腐蚀速率显著增加，加速了材料的损伤过程。

⑤ 非线性响应。综合性影响常常表现为非线性响应，即材料或结构的损伤程度不随单一因素的变化而线性变化。相反，它呈现出不可预测的非线性变化，需要综合考虑多种因素的综合影响。

（2）损伤叠加

损伤叠加是指在多因素耦合损伤中，不同因素作用下产生的损伤效应相互叠加，导致材料或结构的损伤程度进一步加剧的现象。这种叠加效应使得材料或结构在复合环境中经历更严重的损伤，甚至引发严重的失效。损伤叠加的发生与多种因素的相互作用有关，主要表现在以下几个方面：

① 不同因素作用下产生的损伤效应相互增强。例如，机械应力和化学腐蚀的共同作用导致材料表面裂纹的扩展速率加快，从而增强了材料的疲劳断裂风险。

② 不同因素引起的损伤形式相互叠加，使得材料或结构同时经历多种损伤形式。例如，化学腐蚀和热循环的叠加作用导致涂层表面的氧化和脱层现象同时发生，加剧了涂层的损伤程度。

③ 多种因素作用下的损伤效应会相互叠加，加快损伤的发展速率。例如，机械应力和湿热环境的叠加作用导致材料中裂纹的扩展速率加快，从而加剧了材料的疲劳断裂风险。

④ 损伤叠加导致材料或结构的综合性失效。当多种损伤效应相互叠加时，导致材料或结构失效的风险显著增加，甚至引发严重事故。

了解损伤叠加的机制和影响对于评估材料或结构在复合环境中的耐久性和安全性至关重要。需要综合考虑多种因素的叠加效应，制定相应的损伤控制和预防策略，以提高材料或结构的可靠性和安全性。

（3）相互作用

相互作用是指在多因素耦合损伤中，不同因素之间相互影响、相互作用的现象。这种相互作用是协同增强、相互抵消或者引发新的损伤机制，从而影响材料或结构的性能和损伤行为，主要表现在：

① 不同因素之间产生协同增强的效应，即彼此相互促进，使得损伤效应更加显著。例如，机械应力和化学腐蚀的协同增强作用导致材料表面的裂纹扩展速率加快，加剧了材料的断裂风险。

② 不同因素之间也会产生相互抵消的效应，即某些因素的作用可以部分或完全抵消其他因素的影响。例如，机械应力和温度的相互抵消效应会减缓材料的疲劳断裂速率，降低断裂风险。

③ 不同因素之间的相互作用会引发新的损伤机制或损伤行为，使得材料或结构经历不同于单一因素作用时的损伤过程。例如，机械应力和湿热环境的相互作用导致材料中新的腐蚀疲劳机制的产生，加速了材料的损伤进程。

④ 不同因素之间的相互作用会产生复杂的耦合效应，即某种因素的变化会影响其他因素的作用效果，从而导致材料或结构损伤行为的非线性变化。这种耦合效应需要综合考虑多种因素的作用，进行全面的损伤分析和评估。

相互作用的理解对于准确评估材料或结构在复合环境中的损伤行为至关重要。只有深入理解不同因素之间的相互作用，才能制定有效的损伤控制和预防策略，提高材料或结构的耐久性和可靠性。因此，相互作用的研究在多因素耦合损伤的分析和应用中具有重要意义。

3.4.2.1 腐蚀磨损复合损伤

腐蚀磨损是指摩擦副对偶表面在相对滑动过程中，表面材料与周围介质发生化学或电化学反应，并伴随机械作用而引起的材料损失现象，如图 3-30 所示。实际工况中，腐蚀磨损往往受限于材料因素（材料的成分、组织、力学性能、物化性能等）、电化学因素（腐蚀介质的种类、浓度、pH 值等）、力学因素（载荷、速度等）和环境因素（温度及压力等）等的影响。腐蚀磨损行为与纯腐蚀行为和纯磨损行为均有很大差异。

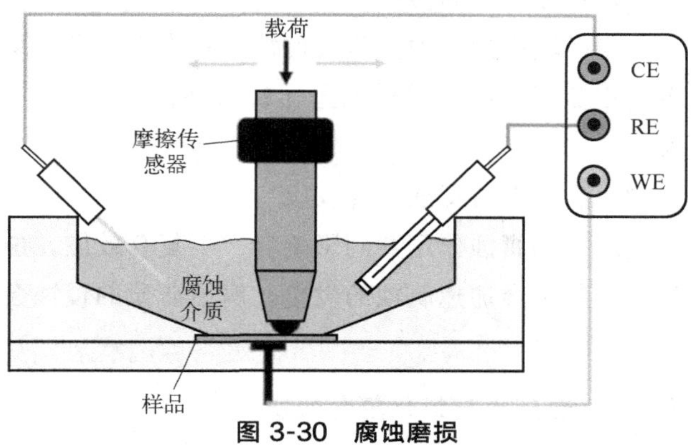

图 3-30 腐蚀磨损

根据腐蚀介质的不同，腐蚀磨损可分为化学腐蚀磨损和电化学腐蚀磨损两大类。

(1) 化学腐蚀磨损

在气体介质中的腐蚀磨损实际上以氧化磨损为主，主要是金属表面与气体介质发生氧化反应，在表面生成氧化膜，随后在磨料或微凸体作用下被去除的过程。根据膜的力学性能不同，氧化磨损模型主要有脆性氧化膜的氧化磨损和韧性氧化膜的氧化磨损两类。

涂层表面发生氧化生成的脆性氧化膜的力学性能与基体差别很大，生长到一定厚度时很容易被外部机械作用去除而暴露出金属基体，随后在新鲜基体上又开始新的氧化。韧性膜比基体要软，受外部机械作用时，只有部分氧化膜被去除，随后氧化过程又开始在氧化膜上进行，因此韧性膜的腐蚀磨损较脆性膜要轻微。

(2) 电化学腐蚀磨损

电化学腐蚀磨损由于涉及的因素较多，是一个比氧化磨损更为复杂的过程，根据电化学腐蚀磨损过程中材料被去除的特点，人们提出了机械去除模型和腐蚀去除模型。

在磨料作用下，材料表面膜局部被去除破坏，但随即又重新形成新的表面膜。由于磨料是均匀作用在整个材料表面上，当任意一块表面被磨料破坏了表面膜而裸露出金属基体时，此处的腐蚀速度比有表面膜覆盖的地方快得多，因此，在整个过程中，腐蚀磨损比纯磨损对材料的破坏严重得多。如：具有碳化物多相结构的高铬铸铁发生晶间腐蚀的腐蚀磨损模型，由于碳化物的电极电位大大高于基体金属的电极电位，因此在碳化物相组织和基体相之间将发生晶间腐蚀，之后材料在磨料或硬质点机械作用下发生断裂。

3.4.2.2 热应力与腐蚀复合损伤

热应力与腐蚀复合损伤是指在高温环境中，材料受到热应力和腐蚀作用共同影响而引起的损伤现象。这种复合损伤通常发生在高温工作环境中的金属材料或合金中，例如石油化工设备、航空发动机、燃气轮机等。

在高温环境下，材料内部或表面受到热应力的影响，会导致材料发生热膨胀、热变形等现象。同时，高温环境中存在着腐蚀介质，如高温气体、蒸汽、酸性或碱性溶液等，引起材料的腐蚀损伤。

热应力与腐蚀复合损伤的机理主要包括以下几个方面。

(1) 热应力引起的损伤

高温环境中，材料受到热应力的影响，导致材料内部或表面产生裂纹、变形、应力集中等现象。这些热应力引起的损伤会为腐蚀介质提供进入材料内部的通道，加速腐蚀的发生。

(2) 腐蚀引起的损伤

高温环境中的腐蚀介质会侵蚀材料表面，形成腐蚀坑、腐蚀层等。腐蚀损伤会导致材料表面粗糙度增加、材料失重、材料性能下降等，进一步加剧材料的热应力集中和损伤程度。

(3) 热应力与腐蚀复合效应

热应力和腐蚀作用共同影响会产生复合效应，加速材料的损伤进程。例如，裂纹尖端处的应力集中会加速腐蚀的发生，腐蚀介质的侵蚀会导致裂纹的扩展和加速，从而加剧材料的损伤程度。

3.4.2.3 热应力与氧化复合损伤

热应力与氧化复合损伤是指在高温环境下，材料同时承受着热应力和氧化作用的影响而导致的损伤现象。在高温条件下，材料会因为热膨胀、热变形等产生内部或表面的应力，同时氧化作用会引发材料表面的氧化、腐蚀等反应。这两种因素的相互作用会导致材料的氧化速率增加，并且加速裂纹扩展，从而加剧材料的损伤程度。

在热应力与氧化复合损伤中，热应力会导致材料内部的微观结构发生变化，例如晶界的移动或晶粒的变形，从而影响材料的力学性能。与此同时，氧化作用会使材料表面形成氧化皮或氧化物层，这些氧化物层会影响材料的力学性能、导热性能等。复合作用下，热应力与氧化之间存在着相互促进或相互抑制的关系，具体效应取决于材料的组成、结构以及工作环境等因素。

为了减轻热应力与氧化复合损伤的影响，可以采取一系列的措施。首先，通过合理地选择和设计材料，选择具有良好高温稳定性和抗氧化性能的材料。其次，采用表面处理技术，如涂层覆盖、表面合金化等手段，形成保护层以减缓氧化速率。此外，定期检查和维护设备，及时发现并修复存在的损伤，也是减轻复合损伤的重要手段。

3.4.3 涂层损伤评估与综合防护

(1) 涂层损伤评价方法

评价涂层损伤的方法通常基于对涂层性能、结构和损伤特征的分析。以下是一些常见的涂层损伤评价方法。

对涂层进行直接观察评估，通过肉眼或显微镜观察涂层表面，检查是否存在裂纹、剥落、气泡、鼓泡等表面缺陷。这是最基本的损伤评价方法，但对于一些微小的损伤不够敏感。对于微小的损伤，需要利用光学显微镜、电子显微镜等设备对涂层的微观结构进行分析，观察涂层内部的组织、相分布、界面结合情况等，以评估涂层的质量和损伤情况。

通过现代分析测试方法评估，利用物理测试方法，如拉伸测试、硬度测试和磨损测试，对涂层的力学性能进行评价。拉伸测试可评估涂层的强度和韧性，硬度测试则用于评估其硬度和耐磨性。通过化学分析技术，如 X 射线荧光光谱和扫描电子显微镜能谱，对涂层的化学成分进行分析，评估其组成、纯度和是否存在腐蚀或污染等问题。利用热分析技术，如热重和差示扫描量热仪，评价涂层的热性能，检测是否存在热降解或热膨胀等问题。通过电化学测试方法，如腐蚀电位和极化曲线，评估涂层的耐腐蚀性能，检测是否存在腐蚀或电化学反应等问题。利用动态力学分析技术，如动态力学热分析和动态热机械分析，研究涂层在动态加载条件下的性能变化和损伤行为，评估其在实际使用中的稳定性。应用断裂力学理论，如线弹性断裂力学和弹塑性断裂力学，对涂层的裂纹扩展行为进行分析，预测裂纹的扩展速率和方向，评估涂层的断裂韧性和抗裂纹能力。

利用数值模拟和仿真软件，如有限元分析和计算流体动力学模拟，对涂层在不同工作条件下的性能进行模拟和评估，以预测存在的损伤和破坏模式。通过暴露于自然环境或模拟自然环境的人工老化试验，评估涂层在紫外光、潮湿、高温等恶劣环境下的抗老化性能，以判断其耐候性和长期稳定性。设计并实施涂层在实际使用工况下的模拟试验，如高温、高压、高速等工况下的仿真试验，以模拟涂层在实际工程中所受到的复杂力学和环境条件，更准确地评估其性能和稳定性。

这些扩展方法可以为更全面、深入地评价涂层损伤提供更多的信息和数据支持，有助于发现潜在的问题并采取相应的改进和预防措施。

(2) 涂层损伤综合防护

涂层损伤综合防护是指在涂层应用中采取一系列措施，以预防、减轻或修复涂层损伤，从而提高涂层的性能、寿命和可靠性。以下是涂层损伤综合防护的一些常见方法和策略。

① 合适的涂层材料选择。所有的涂层都是材料制造的，不同涂层在不同环境下运行使用，发生了损伤，根本落脚点还是材料的损伤，是材料发生的破坏和变质，所以，研究材料、选好材料、用好材料是涂层损伤控制的重要一环。但是，环境是多种多样的，一种材料只能解决一定范围内的问题，真正要解决好预防腐蚀的问题关键在于选对材料，进行合理设计，加上多种技术措施。

合理选择材料直接影响产品的使用性能、使用寿命、安全性、可靠性和经济性。一般应根据产品的工况条件（温度、压力、应力、特殊介质、寿命等）和周围环境条件（温度、湿度、污染、酸碱度等），选择强度合适、质量轻、刚性好、韧性好、抗腐蚀、耐磨、耐疲劳、断裂韧性高以及价格较低、容易得到的材料。

② 表面处理和预处理。表面工程技术广泛用于预防与控制功能涂层的防护，包含抵抗环境侵蚀的作用，用以润滑、减摩、耐磨涂层也需要同时抵抗环境侵蚀。所以，各种功能的涂镀膜层都需要在发挥其功能的同时提供环境抗力，表面保护层无所不在。

采用喷丸工艺挤压或滚压功能涂层的表面，使其产生塑性变形。由此引起表层显微组织的变化，产生表层压应力，能有效改善功能涂层的疲劳强度、耐磨性和耐腐蚀性，通过改变功能涂层的表面完整性来提高疲劳断裂和应力腐蚀断裂能力以及高温抗氧化的能力。

通过表面相变强化，表面硬化，如化学热处理：渗碳、渗氮、氮共渗、软氮化、渗硼、渗金属等方法，或者感应加热淬火、火焰加热淬火、光加热淬火、电子束加热淬火和流态床加热淬火等表面相变硬化热处理方法对涂层进行综合防护。

思考题

1. 机械磨损是功能涂层常见的损伤形式之一，请分析机械磨损对涂层性能的影响，并探讨如何减轻机械磨损对涂层的影响。

2. 腐蚀损伤是功能涂层常见的损伤形式之一，请比较不同腐蚀介质对涂层的影响，并讨论如何选择合适的涂层材料来提高抗腐蚀性能。

3. 层间断裂损伤导致涂层的剥离和裂缝形成，请分析层间断裂损伤的形成机理，并探讨如何改善涂层的结合性能以减少层间断裂。

4. 在实际环境中，功能涂层同时受到多种因素的影响而发生损伤，请思考不同环境因素之间的耦合效应对涂层损伤的影响，并提出相应的预防措施。

5. 功能涂层的环境损伤预防和修复是一个复杂的工程问题，请结合实际案例，讨论如何制定有效的涂层保护方案，以确保涂层的长期稳定性和可靠性。

参考文献

[1] 杨班权，陈光南. 涂层与薄膜力学 [M]. 北京：北京理工大学出版社，2020.
[2] 李金桂，陈建敏，何玉怀，等. 材料失效系统控制 [M]. 北京：化学工业出版社，2018.
[3] 孙跃，胡津. 金属腐蚀与控制 [M]. 哈尔滨：哈尔滨工业大学出版社，2003.
[4] 龚敏. 金属腐蚀理论及腐蚀控制 [M]. 2 版. 北京：化学工业出版社，2022.
[5] 周益春，杨丽，朱旺. 热障涂层破坏理论与评价技术 [M]. 北京：科学出版社，2021.
[6] 杨红娟，邓星桥. 摩擦磨损与耐磨材料 [M]. 重庆：重庆大学出版社，2023.
[7] 朱旻昊，蔡振兵，周仲荣. 微动磨损理论 [M]. 北京：科学出版社，2021.
[8] 陈运法，叶树峰. 钢坯高温涂层防护技术 [M]. 北京：冶金工业出版社，2016.

4 功能涂层清洗去除

教学要求

功能涂层清洗去除是指通过物理、化学或其他技术手段，去除材料表面的涂层。本章将介绍功能涂层清洗去除的各种技术和方法，包括物理清洗去除、化学清洗去除、激光清洗去除以及复合清洗去除。功能涂层清洗去除是一个技术性较强的工艺过程，涉及多种科学原理和方法。掌握这些技术并正确应用，能够有效延长设备的使用寿命，提高产品质量，并确保符合环保要求。本章将详细介绍各种清洗去除方法的原理、适用范围、优缺点以及操作要点，以帮助读者更好地理解及应用。

基本要求

1. 了解不同清洗去除方法的定义及应用领域。
2. 掌握常见功能涂层清洗去除方法的步骤和操作技巧。
3. 能够运用不同的去除方法满足不同功能涂层表面的清洗去除需要。

4.1 物理清洗去除

物理清洗去除是清洗去除方法的一种，依靠物理力量和物理现象来去除物体表面的污垢和污染物。常用的物理力量包括摩擦力、冲击力、压力等，而常用的物理现象包括振动、超声波、电场等。物理清洗去除通常适用于污垢较硬或附着不紧密的情况，物理清洗去除方法的选择通常基于所需清理物品的材质、表面状况和污染物的类型，应用范围广泛，有效解决了各类清洗去除难题。

4.1.1 物理清洗去除原理

物理清洗去除的基本原理是利用物理力和物理现象来破坏并分离污垢和污染物与物体表面的黏附力，从而达到清洗去除的目的。目前常见的物理清洗去除方法有喷丸清洗去除、高压水射流清洗去除、超声波清洗去除、电磁感应清洗去除等。

4.1.1.1 喷丸清洗去除

喷丸清洗去除是一种以高速喷射流体或颗粒来清洗去除材料表面的方法，在去除表面的污垢、锈蚀、涂层等污染物的同时也可以提高清洗去除后表面的粗糙度、改变表面性质。喷丸清洗去除的原理是利用高速喷射流体或金属颗粒对材料表面产生冲击和摩擦，以去除表面的污染物。喷丸清洗去除通常使用压缩空气、水或其他推动介质作为喷射流体，通过喷嘴将流体加速并喷射到物体表面。流体冲击物体表面时会产生冲击力和剪切力，将污垢或涂层从物体表面剥离。同时，通过颗粒的摩擦作用去除表面的氧化物、锈蚀和其他表面缺陷。喷丸清洗去除后增强了材料表面的粗糙度和附着性能。喷丸清洗去除的原理主要包括冲击作用、剪切作用、摩擦作用，喷丸清洗去除系统示意图如图 4-1 所示。喷丸清洗去除方法主要有干法喷丸清洗去除、湿法喷丸清洗去除以及真空喷丸清洗去除等。下面主要介绍前两种。

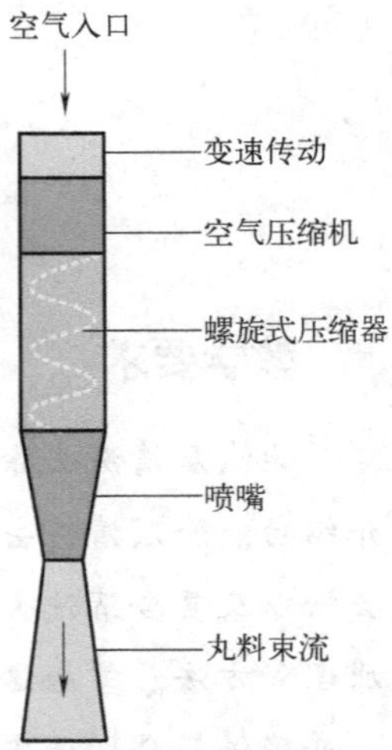

图 4-1 喷丸清洗去除系统

(1) 干法喷丸清洗去除

干法喷丸清洗去除根据其操作方式及装备的特点又可以分为开放式和密闭式喷丸清洗去除。

开放式喷丸清洗去除，又称为敞开式喷丸清洗去除，清洗去除的工作场所是敞开的，操作相对简单，但噪声大，磨料回收率低，操作时必须遮蔽其他相邻物体，并采取必要的措施减少粉尘污染危害。

密闭式喷丸清洗去除的主要特点是设法使喷丸操作过程中产生的粉尘及丸粒在指定区域扩散，喷丸操作在密闭房间内进行，并用抽风机把操作过程中产生的粉尘抽走，使灰尘和丸粒只在固定的系统内流通，丸粒用机械方法运送和收集，代替了人工搬运。喷丸采用隔离操作或用机械方法代替手工喷丸，从而避免和减少了粉尘对人体的危害，改善了工作条件，并保证了周围环境的卫生，同时又提高了生产效率，减轻了操作人员的劳动强度，完全保证了清洗去除质量。

干法喷丸清洗去除是采用适当压力的压缩空气，使丸粒或钢丸以每秒几十米的速度高速冲击钢铁表面，从而快速清除钢板表面的氧化皮和铁锈层。

当压缩空气的工作压力达到 0.4～0.5MPa 时，喷射器喷出的丸粒或钢丸的最高速度可达 50～70m/s。当连续不断的丸粒或钢丸高速喷射在钢铁表面上时产生的冲击力和摩擦力很大，依靠冲击、磨削等作用除锈，其作用原理图如图 4-2 所示。

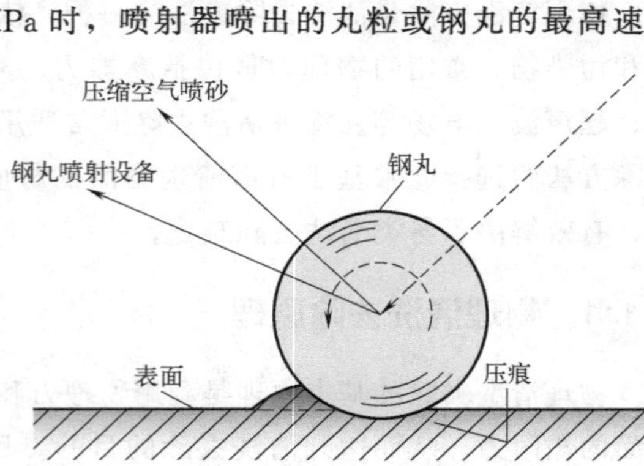

图 4-2 干法喷丸清洗去除材料表面原理

(2) 湿法喷丸清洗去除

湿法喷丸是在干法喷丸的基础上发展起来的一种表面处理技术，特点就在于克服了干法喷丸时粉尘大的缺陷，同时又保留了干法喷丸清洗去除效果较好的特点。

但是由于水的加入给生产和实际操作带来了麻烦，在北方冬季结冰时期就难以使用。大量湿丸在装备内和工作区域的清理需要花费很大的劳动力，对于喷丸粒子的回收也较困难。另外，由于水的存在，在装备、工件进行湿法喷丸处理后，需要二次清洗去除。

湿法喷丸清洗去除主要有两种形式，即水丸混合压出式和水丸分路混合压出式（也称为水喷丸），操作方法基本和干法喷丸相同。

① 水丸混合压出式。水丸混合压出式是先将丸与水在罐中加以混合，然后再像干法喷丸一样进行操作，用很细的丸和水混合成泥浆状，用泵连续搅拌，防止丸浆沉降，利用高压空气使其通过喷嘴射出。

② 水丸分路混合压出式。水丸分路混合压出式是利用专门喷枪使水和喷丸粒子分别进入喷嘴并在出口处汇合，在高压空气作用下，水和喷丸粒子高速喷出，水在喷丸粒子外围形成严密水罩，防止粉尘飞扬。例如将亚硝酸钠水溶液与喷丸粒子分装在两处，通过高压空气压缩，使其在喷嘴前混合。水丸分路混合压出式喷丸的特点是效率比水丸混合压出式高，且水丸混合比可根据需要加以调节。

4.1.1.2 高压水射流清洗去除

高压水射流清洗去除技术是传统水射流冲洗技术的最新发展，是随着高压水射流技术发展的高新清洗去除技术。与传统的水射流清洗去除、机械清洗去除以及化学方式清洗去除相比具有以下优点：不会损伤被清洗去除的基体，不会造成二次污染，能清洗去除形状和结构复杂的物件，并且既用水又节水，清洗去除能力强，工作效率高。常用的两种高压水射流清洗去除装置如图 4-3 所示。

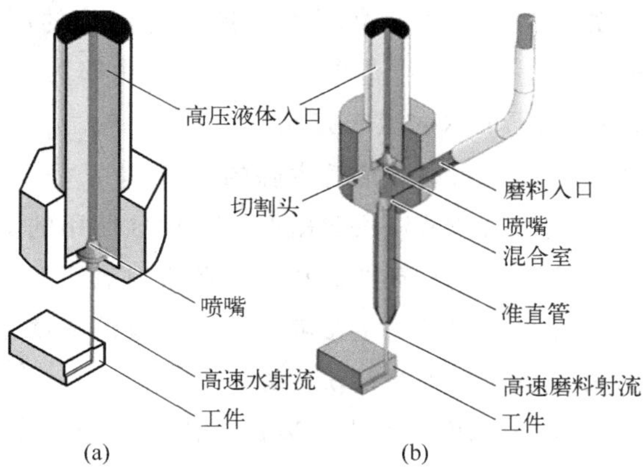

图 4-3 常用的两种高压水射流清洗去除装置

高压水射流用途非常广泛，不仅能清洗去除物体表面、疏通管道、进行喷涂前的表面预处理，而且能除锈除漆、清除附着的海洋生物以及钢坯除鳞、铸件除毛刺等。

(1) 高压水射流清洗去除作用

高压水射流清洗去除技术主要依靠喷射携带的动能造成的冲击力实现清洗去除效应，离喷嘴越远喷射的动能越小，用直射喷嘴清洗去除时，喷嘴保持一定距离的清洗去除效果更好。高压水射流清洗去除作用不仅靠水射流的冲击用力，而且与水中存在的气体有关。在去除过程中，当喷嘴中的压力急剧降低时，水中的气体将分离而出，形成空泡，同时，在喷射过程中还会卷吸外部的气体。当射流冲击到清洗去除物表面时，压力急剧变化，在喷射中生成的气体或蒸汽空泡迅速溃灭，由此产生的微射流形成的空蚀作用能够提高水射流的清洗去除效果。因此应根据喷嘴的孔径，确定射流的工作压力以产生最大清洗去除效果和最佳射程。

① 工作压力的确定。在高压水射流清洗去除中，决定清洗去除效果最主要的参数是工作压力。压力过大，对装备要求就高，同时，过高的压力射流到工件表面可能反射回

去，形成干扰，抵消水压的作用。压力过小则清洗去除不彻底。工作压力应根据污垢性能、结垢程度、工件结构等综合考虑。目前工作压力常用类比法或试验法确定。

② 喷射流量及速度的确定。高压水射流喷射的实际流量一般取泵的额定流量，射流的速度可由下式得出：

$$v=2p/\rho \tag{4-1}$$

式中，v 为流速，m/s；p 为工作压力，MPa；ρ 为液流密度，kg/m^3。

③ 载荷面所受打击力的经验确定。连续射流垂直打击平坦表面时载荷面所受打击力的经验计算公式如下：

$$F=2.665\times10^{-4}Ap^{1.5} \tag{4-2}$$

式中，F 为载荷面所受打击力，N；A 为喷嘴的截面积，m^2；p 为工作压力，MPa。

④ 喷射距离的确定。喷射距离是指喷嘴到被清洗去除工件表面的距离。喷射距离过大或过小都使清洗去除效率过低。喷射距离过大，射流扩散程度大，功率损失就增大；喷射距离过小，自然除垢面小。实践证明，对一般工件表面油脂的清洗去除，喷射距离为喷嘴直径的 150～300 倍。

⑤ 入射角的确定。入射角是指射流和被清洗去除表面的夹角，根据污垢的特性和试验确定。若清洗去除一般油脂，入射角一般确定为 17°。虽然高压水射流清洗去除是一次性完成的，但是针对不同的清洗去除对象，可以采用下切、剥离、穿透，或用水射流去擦、蹭等清洗去除。高压水射流清洗去除的压力一般为 2～35MPa，水流量为 20100L/min。在这样的工作范围内所耗费的功率为 3～15kW，大多数清洗去除作业都可使用 70MPa 以下的水射流来完成。

(2) 高压水射流清洗去除的类型

高压水射流清洗去除既是一种单独使用的清洗去除手段，也可作为复杂的表面处理工艺的一个清洗去除环节。小型高压水射流清洗去除机工作压力为 4MPa 的居多。在该压力以下或在自来水龙头上接喷嘴这种传统的清洗去除方法，不在高压水射流清洗去除之列，可以称作低压水射流清洗去除。

① 水力剥离。水力剥离是一种压力等级较低的高压水射流技术。通常使用的工作压力为 7～14MPa，水流量为 20L/min。

② 纯水射流清洗去除和磨料水射流清洗去除。当水射流清洗去除的工作介质为水、油或海水时称为纯水射流清洗去除。磨料水射流清洗去除是在高压水射流清洗去除的工作介质中添加磨料。一般磨料有硬磨料和软磨料。硬磨料是坚硬的矿物微粒，而软磨料是粉碎的植物坚果的果壳或果核。为了满足特殊的清洗去除需要，并避免回收处理带来的困难，有的也用高压空气带动冰粒或干冰粉进行清洗去除作业。

③ 水基清洗去除。水基清洗去除是以水为分散剂，配合一定量的清洗去除剂，并施加一定的物理能（温度及射流的冲击力）来清洗去除机械零部件的一种方法。在水射流冲洗中又可分为高压冲洗和低压喷淋两种，高压冲洗的经济压力在 5～15MPa 之间。

（3）高压水射流的应用

随着高压水射流清洗去除技术的日益成熟，其清洗去除范围、被清洗去除装备和所清洗去除物等也日渐广泛。表 4-1 列举了一些高压水射流清洗去除工程应用的参数及特殊要求。

表 4-1 高压水射流清洗去除工程应用的参数及特殊要求

名称	压力/MPa	水流量/(L/min)	备注
管道除垢	80	75	水射流清洗去除机旋转喷头
下水道	14～21	190～308	旋转喷头
油井套管	70	70	内外壁同步清洗去除
油脂油污	14	45～55	加热水射流
油罐、油槽车	50	110	三维旋转喷头
列管式蒸发器	76	70	加翼喷头
锅炉	70	75	旋转喷头
钢材除锈	7～10	40～55	前混合磨料水射流
机械零部件除锈	50	63	后混合磨料水射流
射流洗消	5.5～7	40	双喷嘴喷枪
弹药除废	250	3	磨料水射流
火箭固体推进器	35	63	人工淹没空化射流

4.1.1.3 超声波清洗去除

超声波清洗去除是向清洗去除液中辐射超声波，让其物理力作用于液体中的被清洗去除物（受污染的工件），从而达到清洗去除的目的。向液体中辐射超声波是目前超声波清洗去除最常用的方法，超声波振子与 1～3mm 厚的不锈钢板相连接，超声波发生器源源不断向超声波振子供给电能使其振荡，并通过不锈钢板制成的清洗去除槽，将振动传递到槽内清洗去除液中。向液体中辐射超声波所产生的空穴效应、直进流以及介质振动加速度所产生的作用力，促进清洗去除液的物理作用、化学反应。超声波清洗去除如图 4-4 所示。

超声波清洗去除常被人们称为“无刷清洗去除”。把待清洗去除的工件放入清洗去除槽中，无须任何刷、搓、滚动等清洗去除动作，只要开启电源，向清洗去除槽中辐射超声波能量，污染物将自动从工件表面脱落溶解。

（1）超声波空化效应

超声波空化是功率超声波在液体媒质中引起的一种特有的物理过程，由它引起的多种空化效应在超声波清洗去除机理中起决定性作用。

① 空化产生的原因。超声波是一种疏密交替的纵波，在液体中传播时能使液体质点出现稀疏状态和密集状态。在密集状态区，液体质点承受正压力，而在稀疏状态区则承受拉力。当拉力超过液体质点间相互引力（静压力）时，原来密集的质点会被拉力撕开一个空洞，形成真空空穴，此时液体中的气体会瞬间进入空穴形成气泡。而当稀疏状态区转变为密集状态区时，气泡又被绝热压缩，并挤压崩塌。这种过程在超声场中周而复始，循环

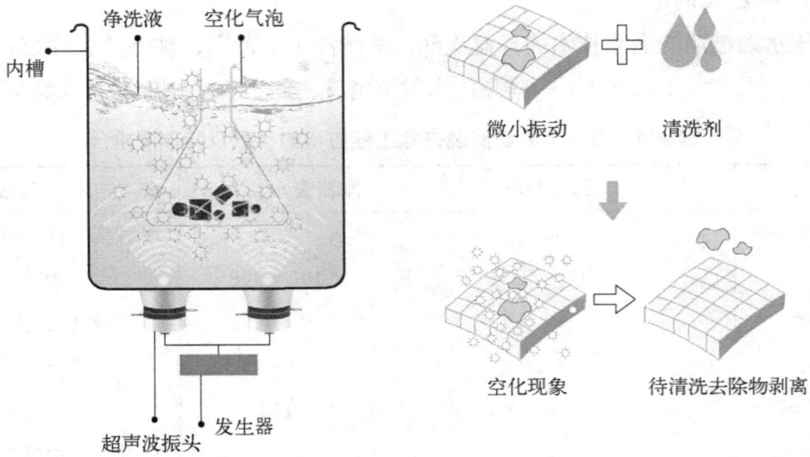

图 4-4 超声波清洗去除

不断，真空气泡也就不断地产生、长大、崩塌、消失，空化现象由此产生。超声波的空化产生如图 4-5 所示。

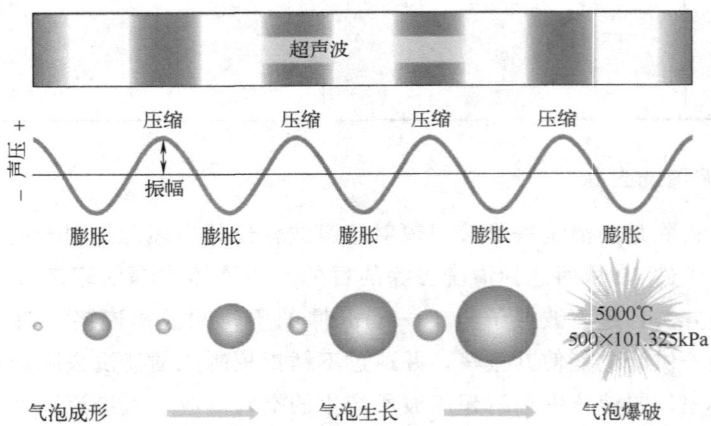

图 4-5 超声波的空化产生

② 声强与空化阈值。超声波清洗去除的空化作用与其声强有关，声强达到一定的值才能发生空化作用，使液体产生空化所需的最低声压或声强称为空化值。在液体中只有交变声压超过静压时才出现负压，而负压要超过液体的强度时才产生空穴，故声强高于空化阈值才能产生空穴，超声大于空化阈值才能有空化效应。声压强度越高，即功率密度越大，空化效应也越明显。但是功率密度过大会产生大量无用气泡，增加散射衰减，形成声屏障，削弱远离声源处的清洗去除效果，而且产生空化腐蚀的概率增加。

③ 空穴的类型。空穴分为气体性空穴和蒸汽性空穴两种，气体性空穴是液体中溶解气体形成气泡，气泡随超声波振荡而成长，溶解气体浓度愈高，气泡愈多。空穴发生临界值较低，在溃灭时所产生的冲击波压力也相对较小。空穴形成与空穴消失和压力的关系见图 4-6。

蒸汽性空穴是液体媒质随超声波所获得的能量以饱和蒸气压所呈现，并不依赖于液体中的溶解气体，而是在超声波形成附加负压之际产生的蒸汽性真空泡，产生这种真空泡所需的声压临界值要比气体性空穴的大 10 倍以上，其冲击压力极高，因此可产生很好的清洗去除效果。

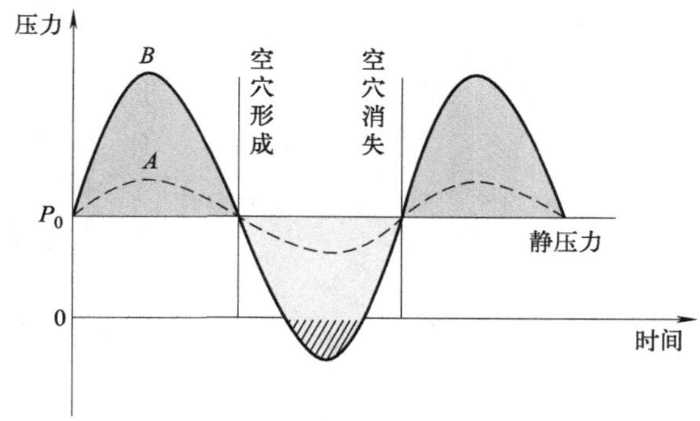

图 4-6 空穴形成与空穴消失

④ 空化效应及其清洗去除作用。在超声空化的液态声场中，真空气泡急速崩塌的周围所产生的高温、高压、发光、放电、冲击波等一系列物理化学效应统称为空化效应。

气泡内部的物理化学效应：真空气泡经过猛烈的爆破崩塌，气泡内部瞬时温度大于 5000K，压力大于 50MPa。空化泡内产生的高温、高压，可以将泡内水蒸气中的水分子分解为 H・和・OH，以及由・OH 结合成的 H_2O_2。H_2O_2 是强氧化剂，可以直接氧化水中的有机体、聚合物，使常规条件下难以发生的化学反应得以完成。空化泡溃灭时产生的高温高压超过了水的临界点（$T_c=374℃$，$p_c=22MPa$），也使空化泡内有瞬态超临界水存在，并发生超临界水氧化反应。超临界水被认为是氧化有机物的良好介质，可以去除绝大部分水中的有机污染物。

气泡外部的物理化学效应：真空气泡经过猛烈的爆破崩塌，在瞬间还会产生强烈的向外辐射的冲击波，其波速可达声速的好几倍。这种强大的冲击波改变了液体的结构，破坏了溶性污染物，使其快速粉碎并分散在清洗去除媒质中。在液态媒质超声场中，超声波的工作频率伴随着同频每秒数千次以上的强大的冲击波，作用于待清洗去除物表面时，一方面破坏了污染物与工件表面的吸附，另一方面也会引起污染层的疲劳破坏，使其从工件表面脱落。如果附着层中有微小的缝隙存在，空化气泡也可以“钻入”裂缝中发生作用，使附着层被剥离。

这种强大的冲击波作用于油污等污染层，由于超声波空化的乳化作用，清洗去除液与油污两种液体在界面处产生水包油型乳化，污染物将随乳状液进入清洗去除液中。它同时作用于脱落下来的污染物和清洗去除液中的微生物、细菌、大分子团等，可使其粉碎、降解、分散。

气泡对工件表面的擦洗作用：空化产生的气泡，在振动中对工件表面有擦洗作用。污物层一旦产生缝隙，气泡立即钻入发生振动，这种擦洗在盲孔、缝隙以及一般难以清洗去除的地方可以达到非常好的清洗去除效果。空化效应及污染物的清洗去除过程如图 4-7 所示。

(2) 超声波的机械效应及清洗去除作用

① 中、低频超声波的清洗去除作用。超声波是一种机械波，是机械振动在媒质中的传播。当超声波在液体中传播时，液体质点受到声波的扰动后会在其平衡位置附近做微小振动，液体质点没有宏观上的移动和迁移，但其振动速度和加速度很大。例如声强为 $1.0W/cm^2$、频率为 20kHz 的超声波在水中传播（暂不考虑其非线性效应），如果液体质

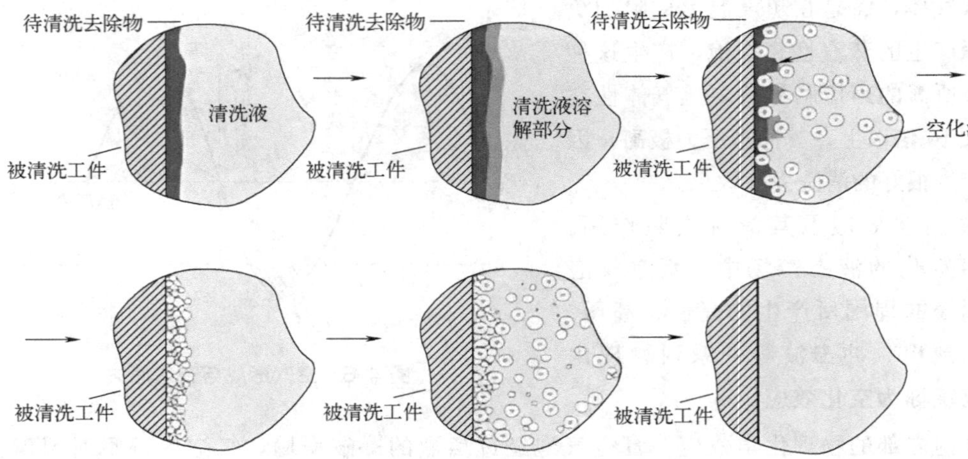

图 4-7 空化效应及污染物的清洗去除过程

点位移振幅为 5μm，则质点要经受压力在正负 1.68atm 之间、每秒 2 万次的重复频率做周期性变化的作用，质点振动速度约为 0.63m/s，而振动的加速度高达 9×10^4 m/s^2，大约为重力加速度的 9183 倍。激烈而快速变化的机械运动带来的强大的剪切作用足以使附着在固体表面的灰尘等不溶性固体颗粒脱落，从而达到清洗去除的目的。

② 高频超声波的清洗去除作用。当超声波的频率增加到几百千赫的高频时，波长减短为 λ=0.7～1.5mm，声场中质点的稠密区与稀疏区界线模糊，液态声场中空化现象几乎消失，超声能量表现为媒质质点加速度能量。例如在硅晶片及光刻清洗去除中，使用 950kHz 超声波，两个波峰之间的时间仅为 1.05μs，不足以形成空化泡，但能量将达到重力加速度的 10^5 倍，兆级超声波清洗去除体现在液态质点对工件表面每秒 95 万次的精细擦洗上。这足以使清洗去除液迅速扩散到基片（工件）与粒子（污物）之间，使工件表面水化，变得湿润。液膜作用如同尖劈，使粒子从基片脱落，同时液膜也进一步防止了粒子对基片的二次吸附，对去除亚微米粒子效果显著。

(3) 微射流

① 微射流的成因

超声波清洗去除可以看成是固-液两相组成的非均匀介质系统。在固-液界面，原来附着在界面的气泡或游离过来的空化气泡，受到声场中力的作用，使得气泡在 1/4 波长的范围内不断循环运动，并向工件表面聚集。不同尺寸的气泡经历多次循环后进入共振状态，最终形成空化真空球形气泡。在碰到固体壁面前，气泡前、后液体由于壁面的阻挡，产生了不平衡的力，使得气泡周围的液体向气泡中心运动，气泡发生变形；在与壁面垂直的方向，液体运动速度的差别导致液体动量不平衡，从而引起气泡崩塌时以喷注形式冲向壁面，形成微射流。超声空化微射流的形成如图 4-8 所示。

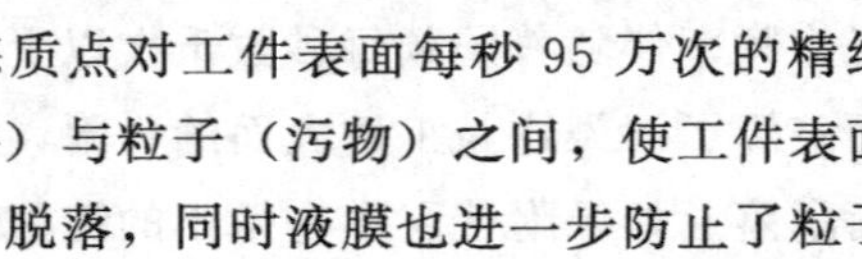

图 4-8 超声空化微射流的形成

② 微射流的清洗去除作用。空化气泡在崩塌之时，微射流的作用方向是垂直于固体表面的。微射流的直径很小，与空化气泡的大小有关，从几微米至几十微米不等。微射流流速有几十至几百米每

秒，而作用时间仅为几微秒，其冲击力可达上百兆帕。强大冲击作用就像锤击钉子一样，反复敲打固体表面，足以使固体表面附着污物被击碎、脱落，实现微射流的清洗去除作用。

③ 微射流的“空化腐蚀”作用。微射流清洗去除时，空化气泡的形变如同钉子一般，受到锤击后反复敲打固体表面，使附着污物被击碎、脱落，同时也对已裸露的固体表面反复锤击。一旦功率控制得不好，作用时间过长，微射流的冲击会使固体表面产生凹痕，造成固体表面局部破坏，即“空化腐蚀”。

(4) 超声波非线性效应及清洗去除作用

超声波在清洗去除介质中的非线性效应是指超声真空气泡本身在高速振荡过程中所伴随的一系列现象。

① 声辐射压力及清洗去除作用。当用物体挡住声波的传播时，该物体便会产生与声波传播方向一致的压力。声辐射压力起源于有限振幅声波中介质的压力、密度的非线性以及声波运动过程中所不能忽略的对流加速度。对于超声波清洗去除而言，声辐射压有两种形式：由物态方程非线性产生的瑞利辐射压和由对流加速度产生的朗之万辐射压。两种辐射压的起因不尽相同，但均正比于声场中能量密度，且是指向声传播方向的一种单向力。声辐射压可以促进清洗去除过程中真空气泡向工件表面的连续输送，并产生有效崩塌，使气泡在固体壁面实现空化，削弱边界污物的吸附。

② 声流及清洗去除作用。当流体媒质中有强声波传播时，声波所具有的波动能作用于介质，通常会引起一种与时间无关的非周期性的稳定运动，这是因其能量移动而产生的现象，这种现象称为声流，也称为声风、声超流（又称为直进流）。声流是由于传播过程中媒质吸收能量，导致声场中产生能量密度差，是媒质通过声吸收从声波中得到动量的结果。

声流流速为 0～10cm/s，正比于声强、容变/切变黏滞系数比和频率的平方。声流包括体声流和微声流。在有限振幅的情况下，由于非线性吸收效应，不管媒质是否具有黏滞性均可产生声流。

声流可以作用于量级较大的范围，这是一种辐射扭力对液体本身的作用，导致液体产生环流，或称体声流，如图 4-9 所示。声流也可限于微米量级较小的范围，常被称为微声流，它是媒质中与微小空化气泡相联系的局部流动。声场中真空气泡运动引起的微声流如图 4-10 所示。

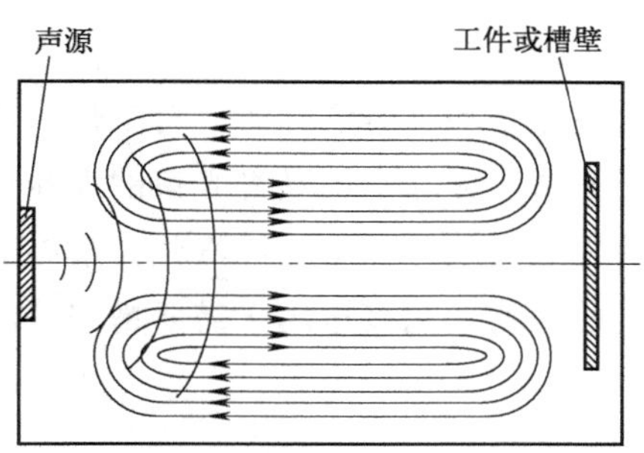

图 4-9 声场中能量密度差引起的体声流

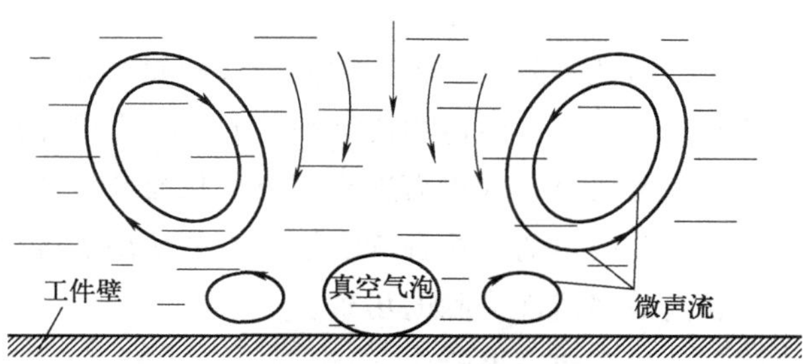

图 4-10 声场中真空气泡运动引起的微声流

4.1.1.4 电磁感应清洗去除

电磁感应清洗去除是一种利用电磁感应原理进行清洗去除的技术，通过电磁感应产生的电磁场作用于工件表面的导电材料上，从而产生涡流和磁场力（图 4-11），使污物或沉积物从工件表面剥离和清除。

导电材料（如金属）置于变化磁场中时所产生的感应电流称为涡流，涡流在导电材料内部产生的磁场与外部磁场相互作用产生的反作用力称为磁场力。

电磁感应清洗去除技术主要应用于清洗去除金属表面的油污、涂层、氧化物等。在电磁感应清洗去除过程中，工件与清洗去除装备之间无需直接接触，避免了表面划伤或磨损。相比传统的机械清洗去除方法，电磁感应清洗去除无需使用化学溶剂，清洗去除速度快，且能耗较低。由于涡流和磁场力在整个导电材料内部产生，因此电磁感应能够均匀地清洗去除整个工件表面，不易产生死角。

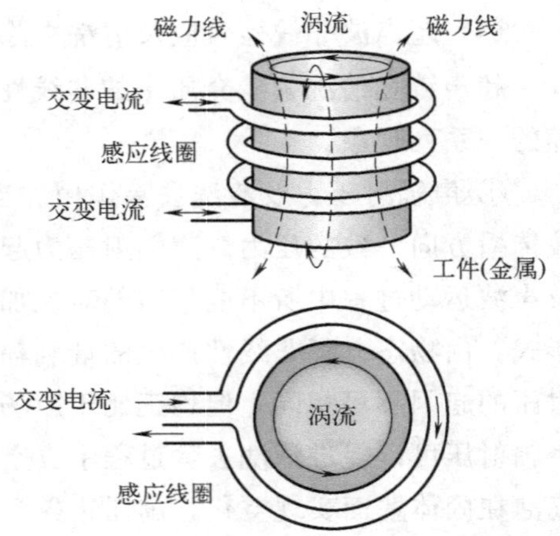

图 4-11 电磁感应清洗去除

4.1.1.5 其他物理清洗去除

在物理清洗去除材料表面领域，除了上述四种常见的清洗去除技术外，还有手工打磨清洗去除、热力清洗去除、光子清洗去除、气流清洗去除等等。

（1）手工打磨清洗去除

手工打磨清洗去除材料的原理是通过人工使用砂纸、刮刀、钢丝刷、清洁布等工具对材料表面进行磨削，以去除表面的污垢、氧化层、瑕疵或涂层等不良物质，从而达到清洁和平整表面的目的。手工打磨清洗去除的原理主要涉及物理摩擦、冲击力、刷洗原理及擦拭原理。

（2）热力清洗去除

热力清洗去除是一种利用热能作用于工件表面，使待清洗去除物软化、松动或汽化，从而减弱其与工件表面的黏附力，最终达到清洗去除的目的。这种清洗去除方法适用于各种类型的污物，尤其适用于油脂、胶黏物质等难以用常规方法清除的污物。

（3）光子清洗去除

光子清洗去除是一种利用光子（例如激光光束）的高能量和高聚焦性质，对工件表面进行照射，从而去除污物或沉积物的清洗去除方法。光子清洗去除利用激光光束的高能量和高聚焦性质对工件表面进行照射，从而使待清洗去除物表面软化、熔化或汽化，最终达到清洗去除的目的。这种清洗去除方法适用于各种类型的污物，尤其适用于需要精密清洗去除和高效率清洗去除的场景。

（4）气流清洗去除

气流清洗去除利用高速气流的动能，通过喷嘴或风机将气流喷射到工件表面上。高速气流的动能产生了强大的冲击力，将污物或沉积物从工件表面冲击下来。气流清洗去除是一种快速、高效的表面清洗去除方法，并且具有操作简便、清洗去除效果可靠等优点。

4.1.2 物理清洗去除参数的影响

物理清洗去除时各种参数将会对表面状态产生很大的影响，从而影响后续的再涂覆性能、力学性能和耐腐蚀性，下面将展开叙述物理清洗去除参数对表面形貌、粗糙度及应力状态的影响，以期通过优化清洗参数和控制清洗过程来达到最佳的清洗效果和表面质量。

4.1.2.1 表面形貌

物理清洗去除过程中，表面形貌受多种因素的影响，其中包括清洗去除介质的性质、清洗去除压力、清洗去除时间等等。不同的清洗去除介质具有不同的清洗能力和清洗方式，从而对清洗去除后的表面形貌造成影响，而清洗去除压力和清洗去除时间是通过影响清洗去除介质从而影响表面形貌的。清洗去除压力的大小直接影响清洗去除介质对表面的冲击力和摩擦力，进而影响表面的形貌；清洗时间的长短影响了清洗去除介质与表面的接触时间，较长的清洗时间虽然能更充分地去除表面的污垢和杂质，但过长的清洗去除时间也会导致表面的过度损伤，进而导致较差的表面形貌。

4.1.2.2 表面粗糙度

物理清洗去除过程中，物理清洗参数对清洗涂层表面粗糙度的影响主要和清洗去除方法的选择及清洗去除条件有关。喷丸清洗去除、高压水射流清洗去除、超声波清洗去除及电磁感应清洗去除在清洗去除过程中对表面的冲击和摩擦程度不同，从而导致清洗去除时表面粗糙度也不同。例如选择高压水射流清洗去除时，表面粗糙度的变化一般比较小。针对不同的物理清洗方法和待清洗去除涂层，合适的清洗去除温度和时间会使得清洗去除后的表面粗糙度较低。

研究发现采用湿喷丸清洗去除工艺可以满足去除油漆后表面高清洁度要求，从正交实验得到的表 4-2 和图 4-12 可以看出湿喷丸清洗去除油漆的工艺参数中对表面粗糙度起显著作用的为横移速度，靶距和横移速度的提升会使粗糙度上升，而粗糙度在清洗压力的加强和次数的降低中先增后减。

表 4-2 表面粗糙度方差分析表

因素	自由度	离差平方和 SS	均方 MS	*F* 值	*P* 值
清洗压力	4	1.059	0.2648	1.48	0.296
靶距	4	1.089	0.2722	1.52	0.285
横移速度	4	1.407	0.3518	1.96	0.194
清洗次数	4	1.529	0.3823	2.13	0.168
误差	8	1.436	0.1794	—	—
总计	24	6.520	—	—	—

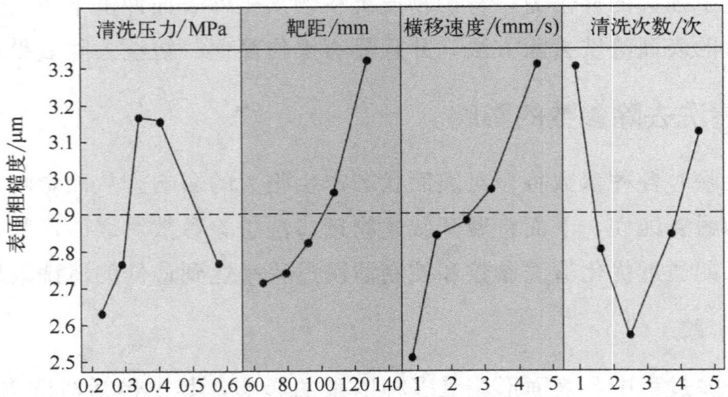

图 4-12 表面粗糙度因素趋势

4.1.2.3 表面应力状态

物理清洗去除参数对表面应力状态的影响主要取决于清洗去除方法和清洗去除过程中施加的力度、速度等因素。物理清洗去除时，作用在表面的冲击力会在表面产生局部的应力集中，导致表面材料的微观结构发生变化，进而影响其应力状态，清洗力度过大和速度过快引起的表面应力状态的变化会更加明显。

铝合金喷丸清洗去除时改变不同喷丸速度得到基体材料残余应力分布情况如图 4-13 所示。随着喷丸速度的增加，残余应力变大，其作用范围也扩展，残余应力层的厚度也增加，其影响不再仅限于表面，由此得出喷丸速度的提高会导致喷丸后表面的残余压应力增大，这是由于弹丸速度的增加，弹丸的能量逐渐增大，从而增强了对靶材的强化效果。

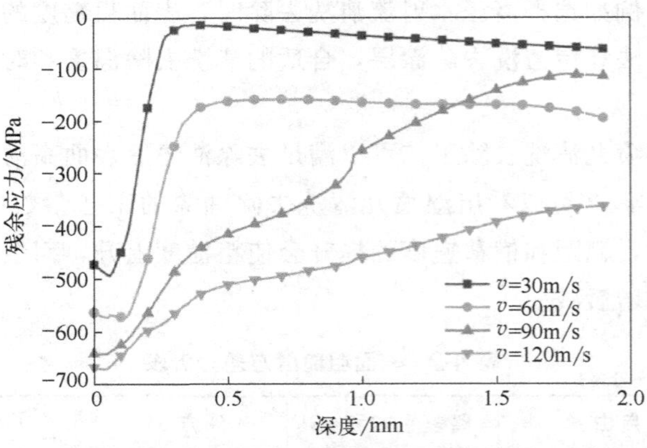

图 4-13 不同喷丸速度下 7075 铝合金残余应力与深度分布曲线

从流固耦合理论出发，基于任意拉格朗日-欧拉流固耦合算法（ALE）建立水射流冲击船体表面的有限元模型，可以模拟得到不同入射速度 v 和入射角 θ 条件下的水射流冲击钢板过程，结合实验验证发现：以一定入射角 θ 冲击时，由于剪切效应加强，靶体表面应力分布更复杂且应力影响范围增大。从图 4-14 可以看出不同冲击角度下的内部应力场分布不规则，并且垂直入射时（$\theta=0°$）残余应力场范围最广，随着入射角度的增加，残余应力深度逐渐减小。

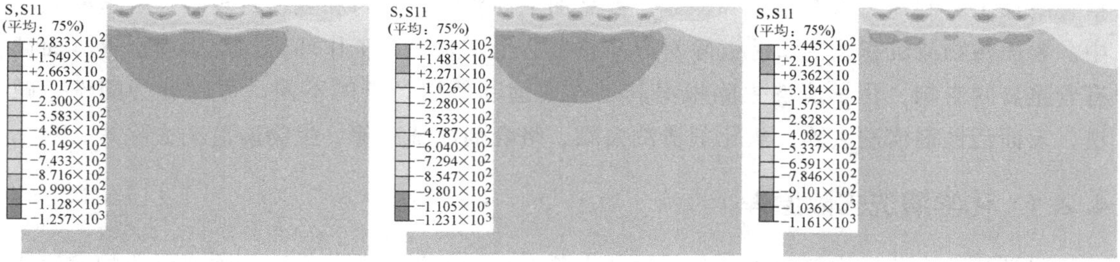

(a) $\theta=0°$　(b) $\theta=10°$　(c) $\theta=20°$

图 4-14　稳定冲击时不同入射角 θ 冲击下靶体内部应力变化

4.1.2.4　物理清洗去除的优缺点

（1）优点

① 高效性：物理清洗去除速度快，效率高，适用于大面积清洗去除或对时间要求较高的场景。

② 无残留物：物理清洗去除后，通常不会在表面留下残留物，不会影响材料的化学性质或表面质量，适用于对表面清洁度要求高的场景。

③ 多样性：物理清洗去除方法多样，包括水射流清洗去除、超声波清洗去除、机械擦洗、热力清洗去除、光子清洗去除等，可以根据不同的清洗去除要求选择合适的清洗去除方法。

④ 适用性广：对于各种材料和表面形貌，无论是金属、塑料、玻璃、陶瓷等材料，还是平整、粗糙、不规则等表面形貌，都可以采用物理清洗去除方法。

（2）缺点

① 表面损伤风险：物理清洗去除过程中易对表面造成损伤，特别是对于柔软或易损材料，过度的机械冲击、热力或光子能量会导致表面划痕、变形或热损伤等问题。

② 清洗去除效果不均匀：由于物理清洗去除方法的局限性，有些清洗去除方法无法均匀清洗去除整个表面，尤其是对于形状复杂或凹凸不平的表面，一些死角难以清洗去除。

③ 装备要求较高：一些物理清洗去除方法需要专用装备或高技术水平的操作人员，装备投资和人力成本较高，不适合所有场景。

④ 不能处理特定污物：物理清洗去除方法对一些特定类型的污物或沉积物清洗去除效率不高，例如化学性质较强的污物或油脂类污物，需要结合其他清洗去除方法来处理才能达到要求。

4.2 化学清洗去除

化学清洗去除是利用化学方法去除表面污物或沉积物的过程。它通过使用化学性质的清洗去除剂或溶液，将其涂覆、浸泡或喷洒在需要清洗去除的表面上，从而使污物发生化学变化或分解，最终实现清洗去除的目的。化学清洗去除广泛应用于各个行业和领域，包括金属加工和制造、汽车维修和保养、食品加工和餐饮、医药和生物科技等。在这些领域中，表面污物或沉积物的清洗去除对产品质量、生产效率、工作环境和健康安全等方面都有着重要的影响。化学清洗去除根据其工作原理和使用场景的不同，可以分为酸洗、碱洗、表面活性剂清洗去除、氧化剂清洗去除、络合剂清洗去除、生物酶清洗去除等。

4.2.1 化学清洗去除原理

化学清洗去除的主要原理是利用清洗去除剂中的化学成分与表面污物或沉积物发生化学反应。这些反应通常包括酸碱中和、氧化还原、溶解、络合等，使污物的化学性质发生改变，从而使其易于被清洗去除。

4.2.1.1 酸洗去除原理

酸洗是一种常用的金属表面处理方法，通过使用酸性溶液来去除金属表面的氧化物、油脂、焊渣、锈垢等杂质，以改善金属表面的质量和性能。酸是一种电解质，它在水中电离时产生的阳离子都是氢离子。但各种酸在水中电离出的氢离子浓度不同。常用溶液的pH值来表示溶液的酸碱性。在相同浓度下，酸溶液的pH值越小，它的酸性越强。表4-3列出了酸清洗去除常用的酸剂的酸性。

表4-3 酸清洗去除常用的酸剂的酸性

名称		化学分子式	C_{H^+}=0.1mol/L时pH值
无机酸	硫酸	H_2SO_4	0.95
	盐酸	HCl	1.05
	硝酸	HNO_3	1.05
	磷酸	H_3PO_4	1.55
	氢氟酸	HF	2.33
	铬酸	H_2CrO_4	—
有机酸	氨基磺酸	NH_2SO_3H	1.20
	草酸	$HOOCCOOH$	1.30
	酒石酸	$HOOCCHOHCHOHCOOH$	2.00
	柠檬酸	$HOOCCH_2COHCOOHCH_2COOH$	2.10
	甲酸	$HCOOH$	2.39
	乳酸	$CH_3CHOHCOOH$	2.43
	羟基乙酸	$HOCH_2COOH$	2.70
	乙酸	CH_3COOH	2.90
	葡萄糖酸	$HOCH_2(CHOH)_4COOH$	—
	丁二酸	$HOOCCH_2CH_2COOH$	—
	苹果酸	$HOOCCH_2CHOHCOOH$	—

酸洗的目的是提高金属表面的光洁度、附着力、尺寸精度和耐蚀性，以满足不同工程要求。酸洗的原理主要包括化学反应和物理作用两个方面。

酸洗的化学原理是基于酸性溶液与金属表面之间的化学反应，酸洗溶液通常是一种具有较强腐蚀性的酸性介质，如硫酸、盐酸等。这些酸性介质可以与金属表面上的氧化物、锈垢等发生化学反应，从而将其溶解或转化为易于清除的物质。例如，硫酸可以与金属表面的铁酸盐反应生成溶于酸性溶液中的硫酸铁，并通过机械冲洗或吸附去除金属表面的杂质。此外，酸洗还能够通过酸溶解反应将金属表面的氧化膜、脱碳层等物质去除，从而暴露出更加纯净的表面。图 4-15 所展示的是金属工件酸洗除锈的工艺流程。

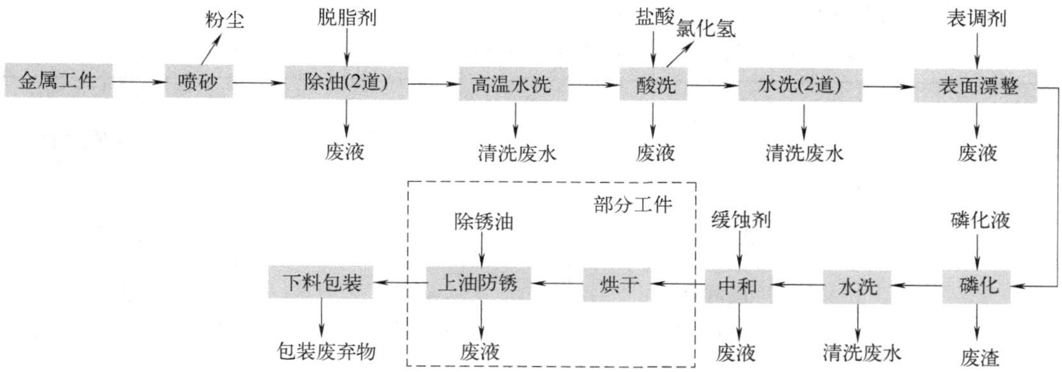

图 4-15 金属工件酸洗除锈的工艺流程

酸洗原理涉及的物理效应是指酸洗溶液的腐蚀作用带来的金属表面微观结构的改变。在酸洗过程中，材料表面会因溶解而发生微观腐蚀，导致原本表面不平滑的区域被去除或抛光，使表面变得更加光滑。这种物理效应有助于改善金属表面的光洁度，并减少不良因素对金属的影响。而且酸洗物理效应还可以消除金属表面的应力集中点，提高金属的耐蚀性和力学性能。

酸洗的目的是多样化的，具体取决于所处理金属的种类、需求和应用场景。

（1）去除氧化物和油脂

材料表面在储存和加工过程中容易形成氧化物层和油脂层，这些层会影响金属的性能和表面质量。酸洗可以有效地去除材料表面的氧化物和油脂，使金属表面清洁和光滑。

（2）去除焊渣和锈垢

焊接和热处理过程中产生的焊渣和锈垢等杂质会降低材料表面的强度和耐蚀性，酸洗可以溶解焊渣和锈垢，使其脱落或转化为易于清除的物质。

（3）改善表面质量

材料表面的缺陷（如气孔、裂纹、粗糙度等）会降低表面质量和力学性能。酸洗通过去除表面缺陷减少了表面的不洁物质，从而提高了表面质量和力学性能。

（4）提高附着力

许多工业应用都对材料表面的附着力提出了必要的要求。酸洗可以通过去除金属表面的氧化物和其他不良物质，增加金属与涂层、涂漆或其他表面处理材料之间的接触面积和黏附力，提高附着力。

根据不同材料的特性和处理要求，可以选择不同的酸洗方法和酸洗条件，以实现最佳的表面处理效果。

4.2.1.2 碱洗去除原理

碱洗也是一种常用的金属表面去除工艺，主要用于去除材料表面的油污、氧化层等杂质，使材料表面达到更好的清洁度和光洁度，为后续的喷涂、镀层等工艺提供良好的基础。碱洗过程使用的碱剂包括结构属于碱类的物质和水解显碱性的盐类，碱性化合物有氢氧化钠、碳酸钠等，常用的盐有碳酸钠、磷酸钠和硅酸钠，有时也用它们的钾盐，在要求碱性比这些钠盐弱一些的时候会使用它们的铵盐。表 4-4 列出常用碱剂的结构及它们为1%时水溶液的 pH 值。

表 4-4 碱洗中常用碱剂的结构及它们为 1%时水溶液的 pH 值

类别	名称	化学结构式	1%时 水溶液 pH 值(24℃)
氢氧化物	氢氧化钠 氢氧化铵	$NaOH$ NH_4OH	13.1 11.5
碳酸盐	碳酸钠 碳酸氢钠	Na_2CO_3 $NaHCO_3$	11.2 8.4
磷酸盐	磷酸钠 磷酸氢二钠	Na_3PO_4 Na_2HPO_4	12.0 9.4
聚合磷酸盐	焦磷酸钠 三聚磷酸钠 四聚磷酸钠	$Na_4P_2O_7$ $Na_5P_3O_{10}$ $Na_6P_4O_{13}$	10.2 9.7 8.4
硅酸盐	正硅酸钠 偏硅酸钠	$2Na_2O \cdot SiO_2 \cdot 5H_2O$ $Na_2O \cdot SiO_2 \cdot 5H_2O$	12.8 12.4

碱洗的方法可以是浸泡法、循环法、溶液流动法等，表面碱洗的原理是利用碱性溶液对金属表面的化学反应，将金属表面的杂质溶解或转化为易于清洗去除的物质，从而实现清洁金属表面的目的。金属表面碱洗的原理主要包括物理和化学两个方面，下面分别进行介绍。

(1) 物理原理

① 表面张力效应。碱性溶液具有较强的表面张力效应，能够将材料表面的油污等杂质吸附或浸润，从而使表面杂质脱落或分散，提高了材料表面的清洁度。

② 循环冲刷效应。在碱性溶液中，不断搅拌或循环冲刷金属表面，能够使碱性溶液更好地接触材料表面，加快表面杂质的溶解和清除。

③ 渗透效应。碱性溶液具有一定的渗透性，能够渗透材料表面的氧化层或其他杂质层，从而将其溶解或去除。

(2) 化学原理

① 碱性溶液的中和作用。碱性溶液中的氢氧根离子（OH^-）能够与金属材料表面上的氢离子（H^+）发生中和反应，生成水分子，从而使金属材料表面的 pH 值变得中性或略偏碱性，起到去除杂质的作用。

② 沉淀作用。碱性溶液中的氢氧根离子能够与金属材料表面的离子或杂质发生沉淀反应，将金属材料表面的杂质固定在溶液中，从而达到清洁金属材料表面的效果。

材料表面碱洗的原理主要包括物理和化学两个方面。在实际生产中，根据金属材质、表面杂质类型等因素，可以选择不同的碱性溶液和碱洗工艺参数，以达到最佳的清洁效果。表面碱洗不仅可以提高表面的清洁度和光洁度，还能够改善表面性能，延长使用寿命，是一项具有重要意义的表面处理工艺。

4.2.1.3 表面活性剂清洗去除原理

表面活性剂是一种能够降低表面张力的化学物质，在洗涤过程中将待清洗去除物分散，进而将其从物体表面清洗去除，其清洗去除机制示意图如图 4-16 所示。

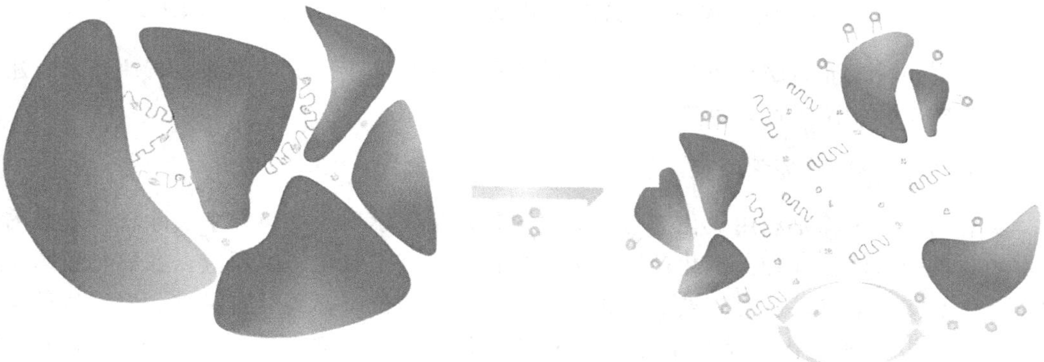

图 4-16 表面活性剂的清洗去除机制

表面活性剂的清洗去除原理主要有三个方面。

（1）降低表面张力

在清洗去除过程中，表面活性剂能够降低清洗去除物的表面张力，使液体分子更容易与待清洗去除物接触，并将待清洗去除物分离出来。

（2）乳化和分散

表面活性剂具有一定的亲水性和疏水性，其分子结构中同时包含了亲水基团和疏水基团。当表面活性剂与待清洗去除物接触时，亲水基团能够与液体分子形成氢键，疏水基团则与待清洗去除物分子相结合。因此，表面活性剂能够将待清洗去除物分解成小颗粒，并将其分散在液体中。

（3）乳化稳定性

表面活性剂在溶液中形成胶束，能够将待清洗去除物分散在胶束的内部，防止其重新附着到物体表面。这种乳化稳定性使得表面活性剂能够将待清洗去除物有效地悬浮在洗涤液中，从而实现清洗去除的效果。

例如洁净管道中被红锈覆盖的表面粗糙度较大，使得污物可能存于粗糙表面的死角处，如果使用单纯的水进行冲洗，由于较大的表面张力作用，可能接触不到藏于谷底的污物，如果此时使用表面活性剂，由于降低了表面张力，则有可能接触到污物，从而提高清洗去除和除锈的效果（图 4-17）。

表面活性剂能够通过降低液体的表面张力、乳化和分散污渍，以及提供乳化稳定性的方式，对物体表面的待清洗去除物进行去除，其应用领域包括纺织工业，金属工业，涂

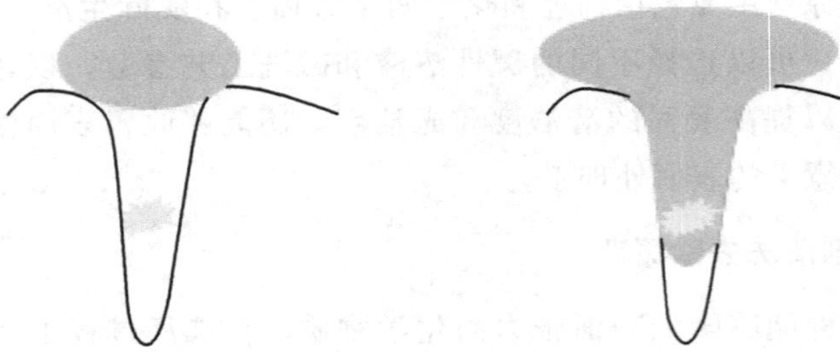

(a) 纯水冲洗　　(b) 表面活性剂冲洗

图 4-17　被红锈覆盖的粗糙管道表面经纯水和表面活性剂冲洗后的效果对比

层、油漆、颜料工业，塑料树脂工业，食品工业，造纸工业，皮革工业，石油开采，建材工业，采矿业，能源工业，等等。

4.2.1.4　氧化剂清洗去除原理

氧化剂清洗去除是利用氧化剂与表面氧化物发生化学反应的原理来去除材料表面的氧化物和其他待清洗去除物。氧化剂清洗去除的核心原理是氧化还原反应。在氧化还原反应中，氧化剂接受电子，从而将被氧化物质氧化为更高的价态，同时自身被还原。这种反应导致被氧化物质发生化学结构的改变，使其转化为可溶性的产物，从而实现了去除的效果。

选择合适的氧化剂是氧化剂清洗去除的关键。常用的氧化剂包括过氧化氢（H_2O_2）、硝酸（HNO_3）、漂白剂（如氯漂、氯氧漂等）、过氧化钠等，它们都具有较强的氧化性，能够迅速与表面的氧化物发生反应，将其转化为水溶性的产物。

氧化剂清洗去除适用于电器、电气部件、半导体器件、陶瓷材料等的清洗去除。在进行氧化剂清洗去除时，需要控制清洗去除条件，包括清洗去除液的浓度、温度、清洗去除时间和搅拌速度等。清洗去除条件的合理控制可以影响氧化剂与表面氧化物的反应速率和效率，从而影响清洗去除的彻底程度和质量。氧化剂具有较强的氧化性和腐蚀性，操作过程中需要注意安全。应在通风良好的环境下操作，并佩戴适当的防护装备，如手套、护目镜等。同时，要小心控制清洗去除液的浓度和使用时间，避免对材料和操作者造成不良影响。

4.2.1.5　络合剂清洗去除原理

络合剂清洗去除是利用络合剂与离子之间的络合反应，形成配位化合物，降低离子的活性，从而实现清洗去除的目的。络合剂通常是有机化合物，具有多个活性基团，能够与离子形成稳定的络合物。络合剂的选择需要考虑溶解度、络合能力、环境友好性等因素。

络合剂清洗去除具有以下优点：能够高效去除污染物，简单易操作，投加络合剂即可实现处理；可以适应不同离子的处理需求。

然而，络合剂清洗去除也存在一些缺点：初生成的络合物需要进行沉淀分离，处理过程相对复杂；对于高浓度离子的处理效果较差。

4.2.1.6　生物酶清洗去除原理

生物酶是由植物、动物、微生物产生的具有催化作用的蛋白质。酶是一种高效率的特殊生物催化剂，把酶作用的对象称为基质，根据基质把酶分为蛋白酶、纤维素酶、淀粉酶、果胶酶、脂肪酶等等。清洗去除过程中使用的酶从化学反应类型上分都属于分解酶，它们在清洗去除过程中能促进各类有机物发生水解反应。例如蛋白酶能促进蛋白质水解生成多肽和氨基酸；脂肪酶能促进油脂水解成脂肪酸和甘油；淀粉酶能促进淀粉水解为糊精、二糖及葡萄糖等等。图 4-18 展示了生物酶清洗去除的作用机理。

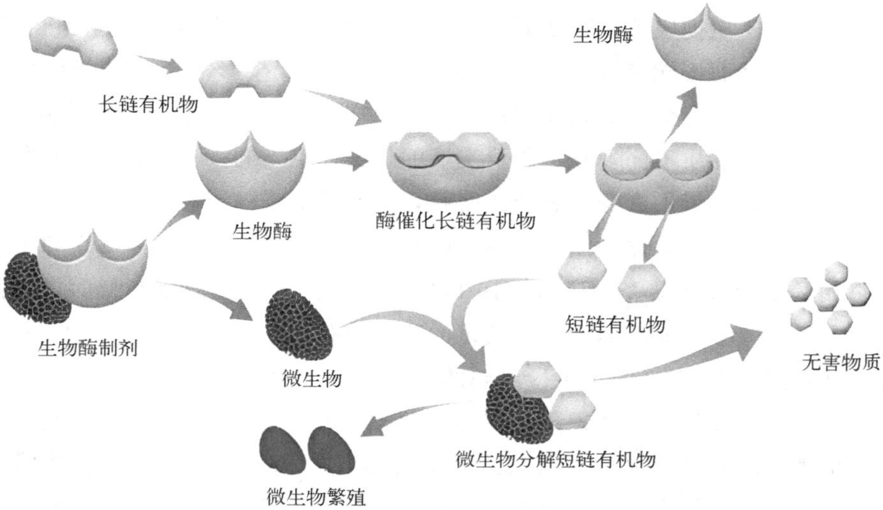

图 4-18 生物酶清洗去除的作用机理

酶作为生物催化剂的特点如下。

① 选择性：对生物化学反应的催化作用有选择性，并非对所有反应都有催化作用。

② 高效性：很少量的酶可以产生很高的催化效率。

③ 反应条件温和：一般在常温和 pH 值近于中性条件下进行。

酶可以通过工业培养微生物的廉价方法进行大量生产而获得，而且在清洗去除过程中得到越来越多的利用。酶在使用上的许多特点与酶具有的生物活性蛋白质的特点有关。通常影响酶活力的因素有温度、与基质的关系、pH 值、重金属离子的影响和反应时间等。

生物酶清洁剂可以应用于各种清洗去除场合，比如家庭清洗去除、车辆清洗去除、餐厅厨房清洗去除以及工业装备清洗去除等。在家庭清洗去除中，生物酶清洁剂可以用于清洁厨房油渍、衣物污渍、地板污渍等。在车辆清洗去除中，生物酶清洁剂可以去除车身表面的油污、泥土、残留的昆虫等。在工业装备清洗去除中，生物酶清洁剂可以用于清洗去除食品加工装备、饮料生产线、印刷机器等。酶的利用随着科学的进步和人类生活水平的提高，应用范围将会越来越广泛。

4.2.2 化学清洗去除参数的影响

类似于物理清洗去除，在化学清洗去除过程中，化学清洗去除参数同样也会大幅度影响去除后的表面质量，下面也将同样展开叙述化学清洗去除参数对表面形貌、粗糙度及表面元素组成及含量影响。

4.2.2.1 表面形貌

在化学清洗过程中，表面形貌受多种因素影响，主要包括清洗液的成分和浓度、清洗温度、清洗时间等。清洗液的化学成分和浓度会直接影响清洗效果和表面形貌，不同的清洗液成分具有不同的清洗机理，有些能溶解去除表面的污垢或氧化层，使表面更加光滑；而有些能在表面产生化学反应，改变表面的形貌，清洗温度的提高可以加速清洗液中的化学反应速率，有助于更彻底地去除表面的污垢和氧化物。但过高的清洗温度会导致表面材料的软化或变形，从而影响表面形貌。清洗时间的长短直接影响着清洗的彻底程度和效果。清洗时间过短无法完全去除表面的污垢和氧化物，而过长则导致表面材料的损伤或腐蚀。不同材料的化学性质不同，对不同清洗液的耐受性也不同。一些化学活性较高的材料在强酸或强碱性的清洗液中会受到腐蚀或溶解，从而影响表面形貌。

在采用拓扑化学微晶转化法制备片状 $PbTiO_3$ 时，对反应中过量 PbO 和生成的副产物 Bi_2O_3 可用稀硝酸洗涤除去。从图 4-19 可以看出，当稀硝酸浓度较低时，样品片状形貌较差，径向尺寸较小，厚度薄，且有较多的碎片和孔洞，碎片团聚在一起，表面还附着许多颗粒，这是图 4-20XRD 图谱中检测到的 Bi_2O_3 和 $BiONO_3$ 杂质。当稀硝酸达到一定浓度时依然存在整块碎片的团聚现象，但是相比图 4-19（a）和（b），有明显好转，因为该浓度下的稀硝酸溶解了大部分夹杂在模板中的 Bi_2O_3 和 $BiONO_3$ 杂质。当稀硝酸浓度再升高时，样品形貌不再出现团聚现象，片状晶粒铺展开来，表明在未酸洗或酸洗浓度较低时，生成的片状晶粒和杂质夹杂在一起；当酸洗浓度提高到一定程度时，能够完全洗去溶于硝酸的杂质，开始呈现出样品本身的片状形貌，但是该形貌具有很多的碎片和孔洞，最大径向尺寸也较小，与前驱体形貌相差甚远，结合图 4-20 XRD 图谱分析，发现是反应物 PbO 的挥发导致反应不够充分，片状晶粒未能发育完全。因此，需要进一步研究过量 PbO 对 $PbTiO_3$ 模板相结构和微观形貌的影响。

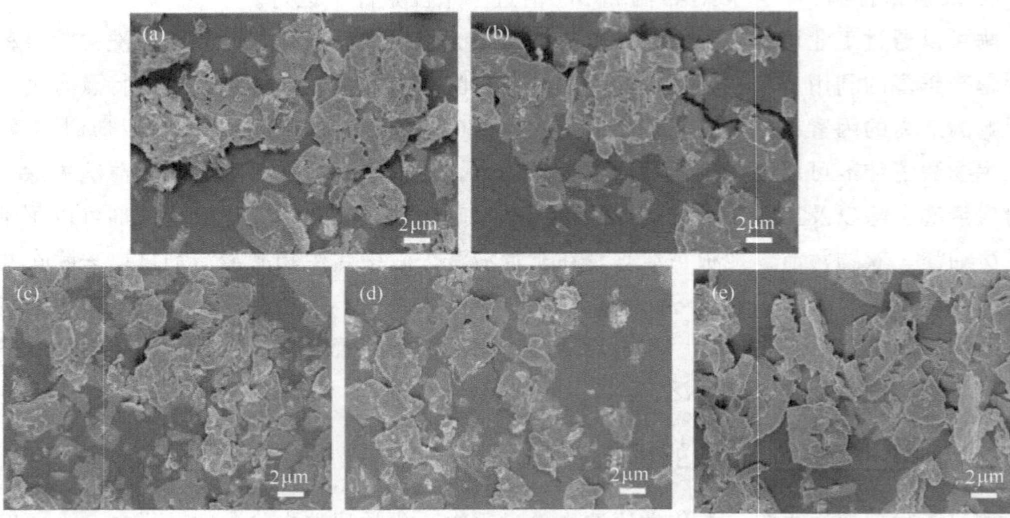

图 4-19 不同酸洗浓度下合成的 $PbTiO_3$

（a）稀硝酸浓度为 1%；（b）稀硝酸浓度为 5%；（c）稀硝酸浓度为 10%；

（d）稀硝酸浓度为 15%；（e）稀硝酸浓度为 30%

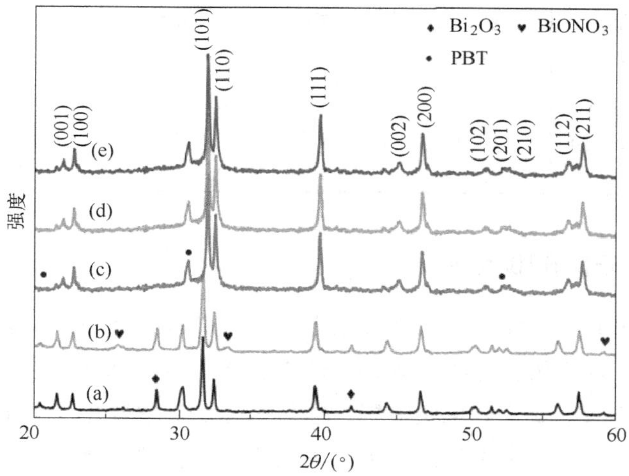

图 4-20 不同酸洗浓度下合成的 $PbTiO_3$ 模板的 XRD 图谱

(a) 稀硝酸浓度为 1%；(b) 稀硝酸浓度为 5%；(c) 稀硝酸浓度为 10%；(d) 稀硝酸浓度为 15%；(e) 稀硝酸浓度为 30%

4.2.2.2 表面粗糙度

化学清洗去除时表面粗糙度受清洗去除剂、清洗去除时反应条件的控制等因素的影响。化学清洗去除时，针对不同的清洗材料，选择合适的清洗去除剂，合理控制去除条件，会使得清洗去除前后的表面粗糙度变化不大。

4.2.2.3 表面元素组成与含量

化学清洗去除时，不同类型的清洗去除剂具有不同的成分和作用机理，因此会对表面元素组成产生影响，且清洗去除剂的浓度直接影响着清洗去除剂与表面的反应速率和强度，较高浓度的清洗去除剂会更快地与表面发生化学反应，导致更多的元素被溶解或去除。此外清洗去除条件（作用时间、清洗去除方式、清洗去除温度等）的控制也都会引起表面元素组成与含量的变化。

通过灼烧减量法分析了化学清洗前后 RO 面有机与无机成分的含量，结果如表 4-5 所示，相比于未经化学清洗的 RO 膜，水厂常规化学清洗方法和优化后化学清洗方法清洗后的 RO 膜面的污染物质总重量都得到不同幅度的降低，从工艺参数来看，优化后降低的幅度更大，证明了优化后的化学清洗方法对污染物去除效果优于水厂常规的化学清洗方法。然而，即使是优化后的化学清洗方法也仅减少了约 30%的污染物质，在 RO 膜上仍然残存着大量的污染物质，且膜上的污染物仍以有机-生物组分为主，清洗前后膜上有机物占比相近。相比较膜上的有机物质，经不同方法清洗后，RO 膜上的无机物质的含量差异更大，经优化后的化学药剂清洗后 RO-O1 膜上的无机成分占比降低，而经常规清洗方法清洗后 RO-N1 膜上的无机成分占比略高于清洗前，说明优化后的清洗药剂不仅对有机物去除有效，对无机物的去除效果也较好。

表 4-5 不同化学清洗方法清洗前后 RO 膜面污染物有机和无机成分的含量

位置	有机物 /(g/m^2)	去除率 /%	占比 /%	无机物 /(g/m^2)	去除率 /%	占比 /%
RO-D1	1.65±0.01	—	94.82	0.090±0.001	—	5.18
RO-N1	1.40±0.05	15.15	94.28	0.085±0.001	5.56	5.72
RO-O1	1.17±0.13	29.09	96.46	0.043±0.011	52.22	3.54

4.2.3 化学清洗去除的优缺点

化学清洗去除作为一种常见的清洗去除方法，具有许多优点：能够有效去除各种类型的污物，包括油脂、氧化物、有机物等，清洗去除效果较为彻底；可以清洗去除到表面的每一个角落和隐蔽处，不受几何形状限制，能够全面清洗去除整个表面；操作简单，不需要复杂的装备和技术，通常只需将清洗去除剂涂覆、浸泡或喷洒到表面即可；适用于各种类型的材料和清洗去除场景，包括金属、塑料、玻璃、陶瓷等，应用范围广泛；根据清洗去除对象和污物类型的不同，可以选择不同类型和配方的清洗去除剂，以满足不同的清洗去除需求。

但是化学清洗去除也存在一些缺点：一些清洗去除剂具有腐蚀性、刺激性和毒性，部分清洗去除剂会在清洗去除后残留在表面，对产品质量和使用安全产生影响，需要彻底清洗去除残留物；部分清洗去除剂对某些材料具有腐蚀性，长期使用可能会损坏清洗去除对象的表面；部分清洗去除剂去除污物后，需要进行中和、冲洗等后续处理，增加了工序和成本。

4.3 激光清洗去除

激光清洗去除是一种利用激光束对表面污物或涂层进行去除的高效清洗去除技术，其原理是利用激光和物质之间的相互作用来达到表面去除的新型去除技术。在激光清洗去除材料表面的过程中，高能量的脉冲激光辐照在待去除材料表面时，带来的一系列热效应会导致表面待去除物与基体的分离，从而达到表面去除的目的。由于激光去除技术去除效率高、成本低、非接触式加工、稳定性高、去除后的表面性能优异等特性，使得其在文物保护、工业生产、民用汽车零件制造、半导体行业、精密机械零件整体加工装备制造、军事装备零件清洗去除、电路板除垢等诸多领域均广泛地发挥着重要技术作用。

4.3.1 激光清洗去除原理

激光去除作为新兴技术，去除机理和传统去除机理有所不同，待去除的材料表面在接受了高能量的脉冲激光辐照后，会发生熔化、汽化、振动、热膨胀、蒸发、弹性振动剥离、爆炸等一系列的物理化学变化，立足于激光与物质的相互作用角度，可以将激光去除机理分为烧蚀、汽化、剥离、光致分解 4 类。

4.3.1.1 烧蚀机理

烧蚀机理是激光去除过程中最为普遍的去除机理，其原理如图 4-21 所示。在脉冲激光和待去除材料相互作用的过程中，除去部分反射以及损失的激光，大部分的激光能量被材料表面所吸收。由于极短脉宽内材料表面聚焦了足够多的能量，待去除层材料的温度会持续升高，当温度达到待去除材料表面的熔沸点时，材料便会发生熔化、燃烧、降解等一系列的物理化学变化，使得待去除层逐渐减薄甚至消失，从而达到去除表面的目的。

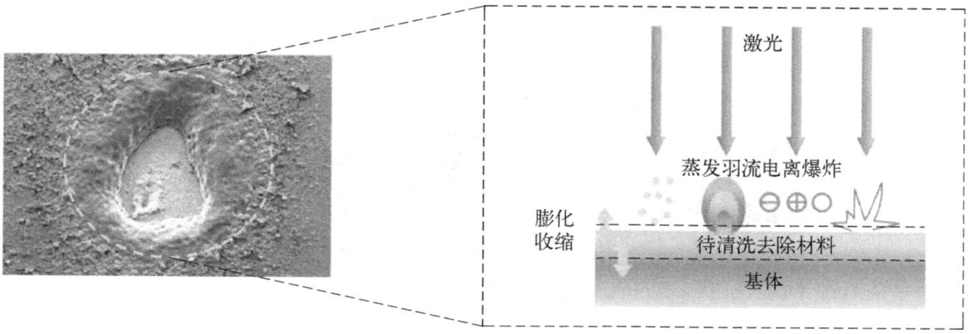

图 4-21 激光烧蚀效应的机理

当激光辐照在待去除材料表面时，一维热传导方程

$$\rho c\frac{\partial T(x,t)}{\partial t}-k\frac{\partial^2 t(x,t)}{\partial x^2}=(1-R)aI_0\exp(-ax) \tag{4-3}$$

式中，ρ 为基底材料的密度；c 为比热容；k 为热传导系数；R 为基底材料表面的发射率；a 为材料的热吸收系数；I_0 为入射的激光功率密度；x 为距离；t 为时间。

在基底和涂层的交界处

$$T(0,t)=\frac{2(1-R)I_0}{k}\sqrt{a_t}t\frac{1}{\sqrt{\pi}} \tag{4-4}$$

式中，$a_t=\dfrac{k}{\rho c}$为基底的热扩散率。设待去除物的烧蚀点或者汽化点为 T_1，基体的熔化温度为 T_2，则实现烧蚀去除且对基体无损伤的温度条件为 $T_1<T(0,t)<T_2$。

激光能量密度 ψ 和光斑搭接率 η 的计算公式

$$\psi=\frac{Q}{S}=\frac{Q}{\pi r^2}=\frac{P}{f\pi r^2} \tag{4-5}$$

$$\eta=1-\frac{v}{fr} \tag{4-6}$$

式中，Q 为单脉冲激光能量；S 为光斑面积；P 为激光功率；f 为脉冲频率；r 为激光光斑半径；v 为激光扫描速度。由此可以看出激光能量密度和光斑搭接率可以通过功率和扫描速度来调控，因此在激光烧蚀去除中，主要的工艺参数为功率、扫描速度和脉冲频率。

采用激光烧蚀机理主要考虑待去除物本身的热物性参数和激光工艺参数等因素。烧蚀效应多用于去除致密度较低、汽化点较低（待去除层汽化点低于基体）和对激光吸收率较高的油漆、胶体等，但在轻微烧蚀或者热应力作用下有时会导致表面裂纹的出现。激光去除时，增大功率、减小扫描速度和脉冲频率会导致热效应加剧。图 4-22 中可以看到十分明显的烧蚀现象。

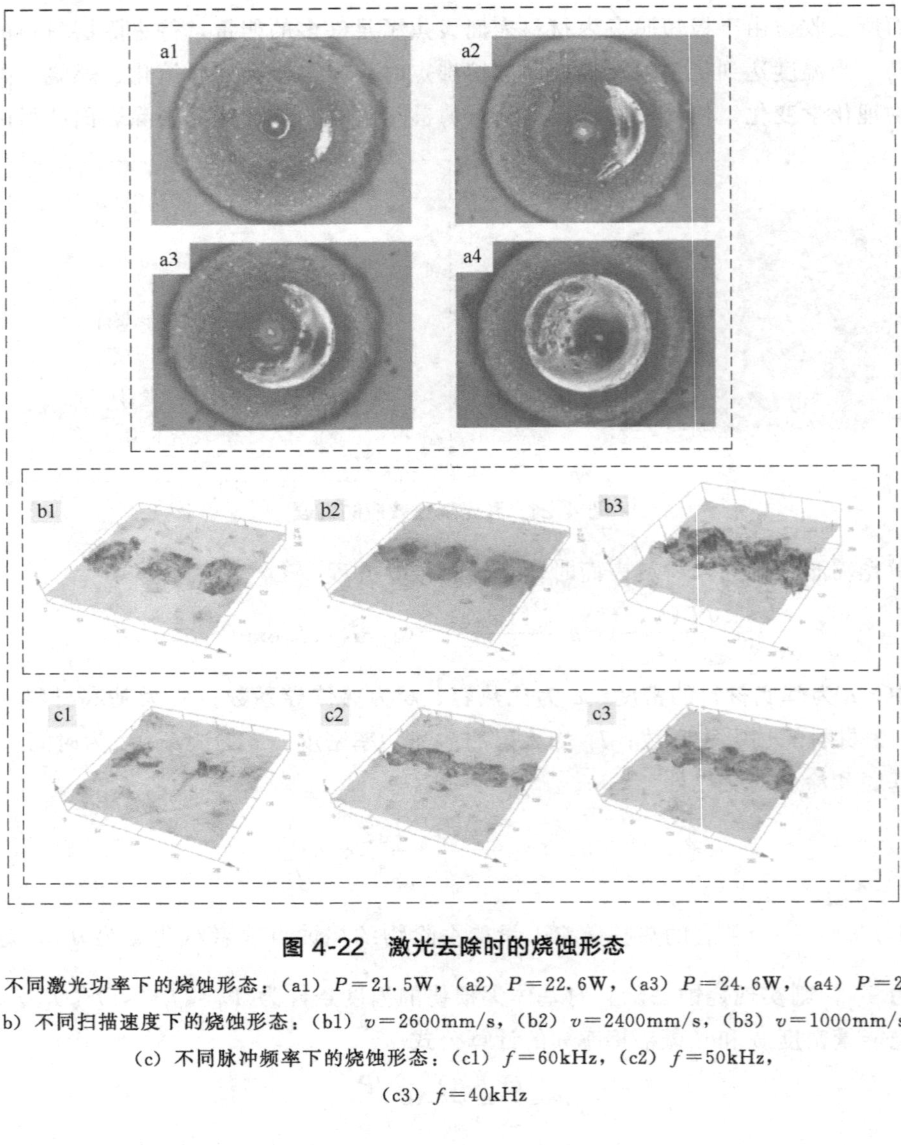

图 4-22 激光去除时的烧蚀形态

(a) 不同激光功率下的烧蚀形态：(a1) $P=21.5\text{W}$，(a2) $P=22.6\text{W}$，(a3) $P=24.6\text{W}$，(a4) $P=28\text{W}$；
(b) 不同扫描速度下的烧蚀形态：(b1) $v=2600\text{mm/s}$，(b2) $v=2400\text{mm/s}$，(b3) $v=1000\text{mm/s}$；
(c) 不同脉冲频率下的烧蚀形态：(c1) $f=60\text{kHz}$，(c2) $f=50\text{kHz}$，
(c3) $f=40\text{kHz}$

4.3.1.2 汽化机理

汽化机理是激光清洗去除过程中经常出现的一种机理，当激光器清洗去除作用时间较长且需要相对较低的激光功率时，会发生汽化，激光清洗去除的汽化机理图如图 4-23 所示。

在激光清洗去除过程中，当激光照射到待清洗去除材料表面时，有

$$E_a=(1-B)E\approx AE \tag{4-7}$$

式中，E 为激光总能量；E_a 为激光作用于材料表面时吸收的能量；A 为入射到材料

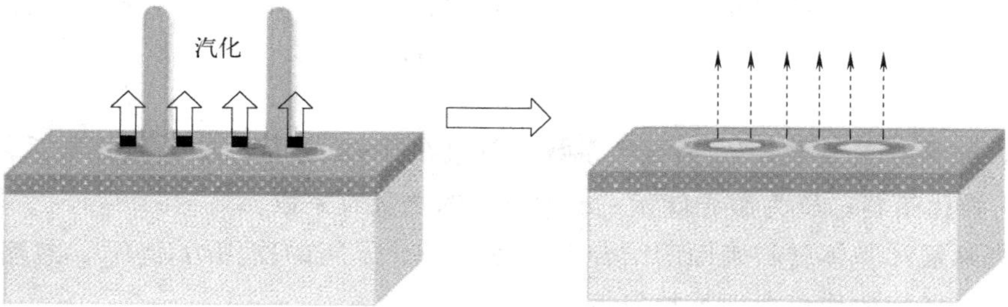

图 4-23 激光清洗去除汽化机理

表面的激光束吸收的能量与入射的总能量的比值；B 为入射到材料表面的激光束反射回来的能量与入射的总能量的比值。

激光束能量被吸收后会引起材料表面的温度升高，同时在物质内部产生一个热源。这个热源会在材料内部通过热传导作用，沿着 Z 轴光通道方向进行扩散。根据三维热传导方程，$I(r, t)$ 和 a 决定了温度场随 t 的演化过程。同时，也会影响热源的大小和形状，从而影响温度场的分布和演化过程。故有脉冲激光照射表面的温度表达式

$$\Delta T_{\text{surf}}=\frac{2E_{\text{a}}}{k}\sqrt{\frac{\alpha}{\pi\tau}} \tag{4-8}$$

式中，ΔT_{surf} 为脉冲激光照射后表面的温度；k 为热导率；τ 为激光的脉冲宽度；α 为热扩散系数。

激光与材料表面接触点为坐标原点，假设 $(x_0, y_0, z_0)=0$ 吸收脉冲激光热通量 E_{a}，则材料不存在相变，结合式（4-7）、式（4-8）可以表示为

$$\Delta T_{\text{surf}}=2\frac{AE}{k}\sqrt{\frac{\alpha}{\pi\tau}} \tag{4-9}$$

汽化机理取决于待清洗去除材料与激光吸收率。假设其他变量均为定值，不同材料由于吸收率的不同会对汽化过程中的温度产生巨大的差异。

4.3.1.3 剥离机理

在激光去除中，除烧蚀外的另一大机制是振动剥离机制。激光辐照待去除物时，热物性参数的不同首先体现在待去除层材料和基体材料吸收率的差异会导致显著温度差异的出现，再加上二者热膨胀系数的不同，在基体和待去除层界面处会出现较大的应力差异。在应力作用驱动下待去除物会产生振动，如果基体和待去除层界面处的分离力大于待去除层和基体材料表面的结合力，则待去除物便会从基体表面剥离。激光剥离机制如图 4-24 所示。

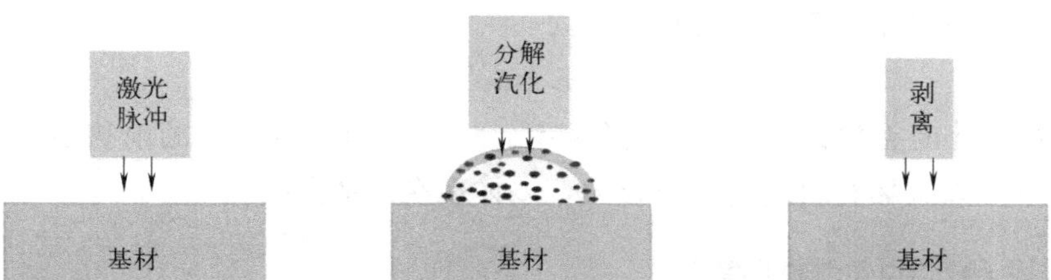

图 4-24 激光剥离机制

设基体和待去除层界面处的分离力为 F_1，由振动效应原理结合牛顿第二定律可得

$$F_1=m\left(\frac{A_2a_2}{\rho_2c_2}+k_1\frac{A_1a_1}{\rho_1c_1}\right)\frac{dE}{dt} \tag{4-10}$$

式中，m 为材料质量；k_1 为比例系数，取值在 0～1 之间；A 为线膨胀系数；ρ 为材料密度；c 为比热容；E 为激光能量；a 为材料的热吸收系数。

设待去除层和基体材料表面的结合力，也就是分子间的作用力为 F_2，忽略毛细力和静电力后的分子间的作用力即范德华力

$$F_2=\frac{mp}{\rho\delta_1} \tag{4-11}$$

式中，p 为单位面积的范德华力；δ_1 为厚度。

对单脉冲激光来说，激光能量密度

$$\varepsilon=\frac{1}{2}E\tau \tag{4-12}$$

式中，τ 为脉冲宽度。故当 $F_1>F_2$ 时，振动剥离去除材料时激光能量密度需要满足

$$\varepsilon>\frac{1}{2}\times\frac{p}{\rho\delta_1}\times\frac{\tau^2}{\dfrac{A_2a_2}{\rho_2c_2}+k_1\dfrac{A_1a_1}{\rho_1c_1}} \tag{4-13}$$

振动剥离机理相比于烧蚀机理来说需要的激光能量低，作用时间短，一般适用于基体和待去除物的熔点相近或者是稍低于待去除物，且两者之间的结合强度较小的情况，如纳秒激光除漆、激光去除材料表面的积碳、激光除锈等。

4.3.1.4 光致分解

激光去除时的光致分解效应主要是通过光能量的转化和局部温度的升高，导致待清洗去除物分子内部的键断裂或化学反应，使其分解成较小的分子或原子，并最终从基材表面脱离。光致分解效应实际上是一种光动力过程，具体又可以分为光热、光物理和光化学过程。光热过程是激光作用时对待去除层材料产生热冲击和热震动，光物理与光化学过程虽然破坏的都是物质间的作用力，但是二者有所区别：光物理过程是通过待去除层和基体吸收能量后来破坏基体与待去除层内部的物理作用力，将待去除层材料碎解成小块；光化学过程是基体表面的待去除层材料吸收激光能量后，其中的颗粒（原子、分子）被激发，进一步导致待去除层材料中的一些化学键发生直接裂解并去除材料。激光清洗去除导致的光致分解如图 4-25 所示。

光动力效应在脉冲宽度极短的情况下才会发挥作用，所以依赖热效应不多。从本质上来看，激光波长决定了光子能量，根据公式

$$E=h\nu \tag{4-14}$$

式中，h 为普朗克常数；ν 为光子的频率。故光动力效应实现的前提条件是高能激光器提供的能量足以破坏材料之间的结合力，多体现在高能紫外激光去除中。

4.3.2 激光参数的影响规律

激光清洗的效果受到多个参数的影响，包括激光波长、功率、脉冲宽度、重复频率以

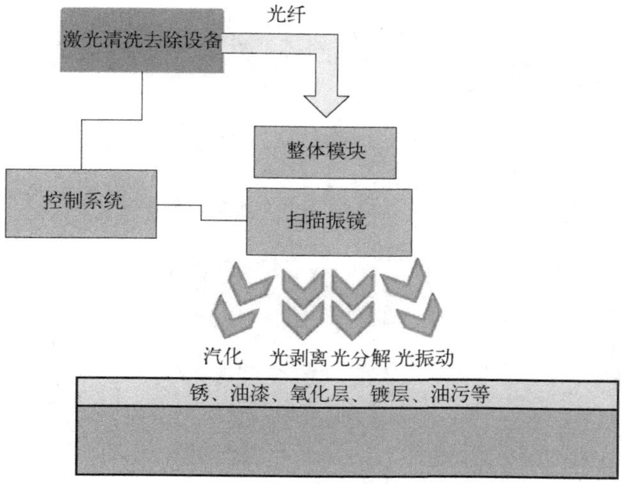

图 4-25 激光清洗去除导致的光致分解

及模式等。合适的去除参数不仅可以得到清洁度高的表面，且去除后的表面质量也较高。研究去除后的表面质量有助于为后续的再制造工艺打下基础，下面将展开叙述激光参数对表面形貌、表面粗糙度、表面元素组成与含量、热传递与热积累及表面应力状态的影响。

4.3.2.1 表面形貌

激光清洗去除时表面形貌主要受激光功率、脉冲频率、扫描速度、扫描次数及扫描间距 5 个参数的影响。高功率的激光在表面产生的高温热化效应导致污垢和涂层快速汽化或热分解，从而实现高效的清洗效果。脉冲频率、扫描速度、脉冲宽度及扫描间距的调节可以控制激光对表面的作用时间和能量分布，而清洗去除次数可以使得激光对涂层的清洗作用叠加，进而影响清洗的精度和效率。

激光清洗去除铝合金表面时选用不同线间距得到的表面形貌如图 4-26 所示。从图 4-26 可以看出，当线间距比较小时［图 4-26 (a)］，相邻激光扫描的运动轨迹间距较小，材料表面比较平坦，可以看到相邻凹坑的交界处，但并不明显。由于光斑的重叠率很高，激光的热积累很大，材料在热作用下又重新氧化。当线间距依次增大时［图 4-26 (b)～(d)］，可以明显看到排布规律的凹坑形貌。此时脉冲激光完全辐照在整个铝合金表面，形貌的高低起伏程度相比于低线间距的情况更明显。当线间距进一步增大时，相邻凹坑之间的距离已经接近于激光光斑的尺寸［图 4-26 (e)］。但由于激光能量呈现高斯分布，在光斑边缘处的激光能量无法去除氧化层，结合后续能谱分析得出过高的线间距已经不再满足清洗去除要求。

4.3.2.2 表面粗糙度

激光参数是影响清洗去除后表面粗糙度的关键因素，激光功率、脉冲频率和脉冲宽度等参数的调节会直接影响激光束对表面的能量分布和作用时间。较高的激光功率和脉冲能量可以使激光束在表面产生较高的能量密度，从而引发表面材料的热化、蒸发或熔化，有可能改变表面的粗糙度。此外，脉冲频率和脉冲宽度的调节也会影响激光束对表面的作用

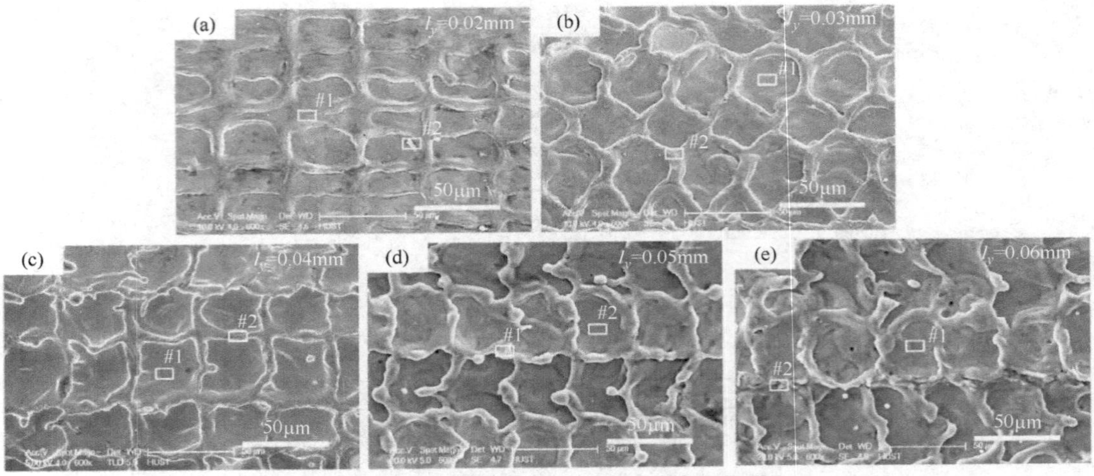

图 4-26　不同线间距激光清洗后 6061 铝合金的表面形貌

方式和时间，进而影响清洗后表面的粗糙度。

激光扫描速度直接影响着激光与材料的相互作用时间，间接改变材料热通量的输入，进而影响激光清洗去除效果。图 4-27 是激光能量密度为 4J/cm^2，扫描速度为 3000mm/s 时不同激光清洗速度下试样表面的三维形貌。从图 4-27（a）可以看出，漆层在激光的照射下，表面温度升高导致漆层受热膨胀和热分解，漆层表面出现了许多不规则分布的凸起和大量的凹坑，且凸起部分圆润光滑。从图 4-27（b）可以看出，漆层表面出现了较大的融坑，以及周围凸起的高峰，说明漆层受热熔化，从而形成高低起伏的熔融痕迹。从图 4-27（c）可以看出，当清洗速度为 6mm/s 时，基材显露出来，剩余漆层表面且靠近露出基材的区域有部分凸起，但整体表面形貌和厚度分布较均匀，并且漆层表面有许多分布不均的凹坑。从图 4-27（c）、（d）可以看出，表面依然覆盖着许多片状和颗粒状漆层且漆层

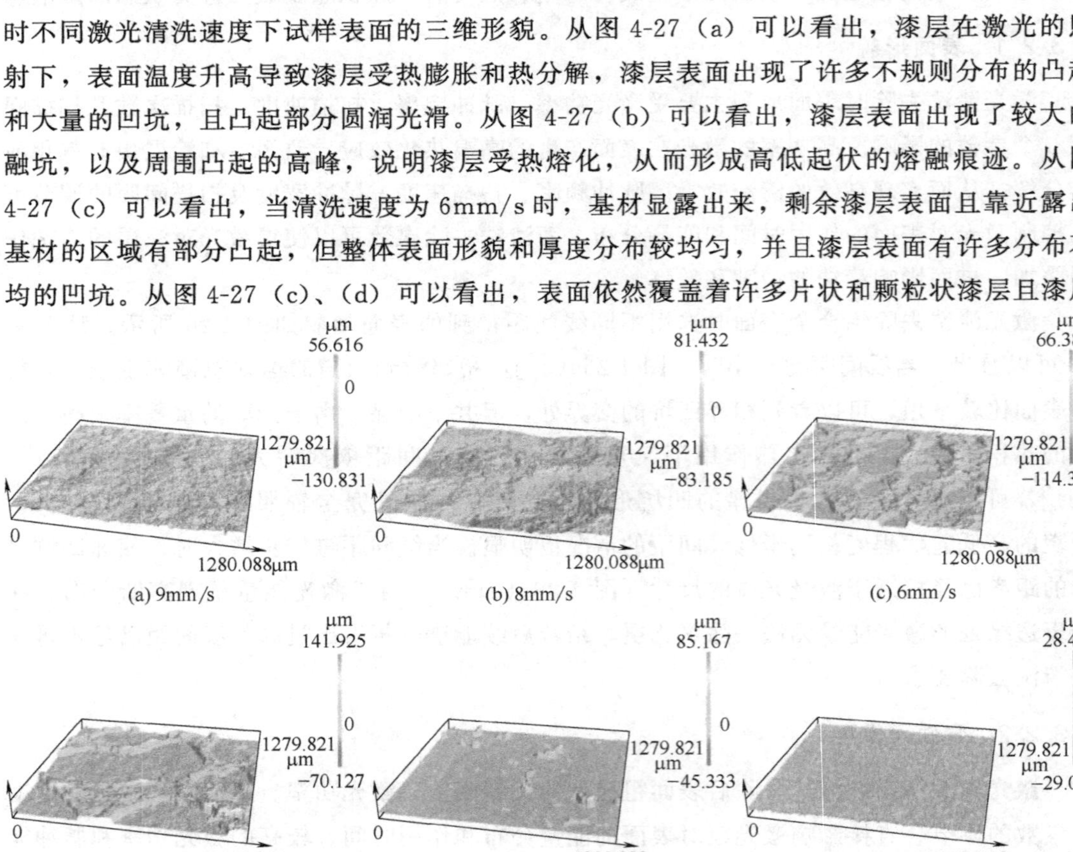

图 4-27　不同激光清洗速度对除漆效果的影响

边缘呈圆弧形貌；从图 4-27（f）可以看出，漆层去除干净后露出的是平整光滑的钛合金表面形貌。

4.3.2.3 表面元素组成与含量

激光清洗去除时，激光功率、脉冲频率和脉冲宽度等参数的调节会影响激光对涂层的热化、汽化或熔化及激光能量在表面的作用方式和作用时间等过程，从而影响表面元素的组成和含量。

最优参数下激光清洗去除油漆涂层的能谱分析表征以及组成成分分析如图 4-28 所示，从图 4-28（a）可以看出激光清洗后表面元素主要为 O 和 Al，元素含量和种类与未清洗去除区域几乎一致，未检测出铝合金基材特有的元素，表明激光清洗去除后表面仅发生微破损，基材未受损伤。根据 XRD 扫描结果中的峰强和峰面积综合判断［图 4-28（b）］，发现激光清洗去除后表面主要成分为 Al。对清洗后的样品截面形貌以及主要元素进行线扫描分析，结果如图 4-29 所示，图 4-29（a）样品截面尺寸中可见激光清洗去除后基材表面材料厚度与原始氧化层基本一致。图 4-29（b）为样品截面中 O、Al 和 S 含量线扫描重量占比图，图中可见氧化层区域 Al 的含量远低于铝合金中 Al 的含量，铝合金区域 O 元素含量几乎为 0。通过对清洗后表面进行 XRD、EDS 表征分析，可以看出激光清洗后基材表面物质为原始氧化层，且氧化层仅被部分去除，因此可以认为最优参数组合在不损伤铝合金基材的情况下已将涂层一次性完全去除。

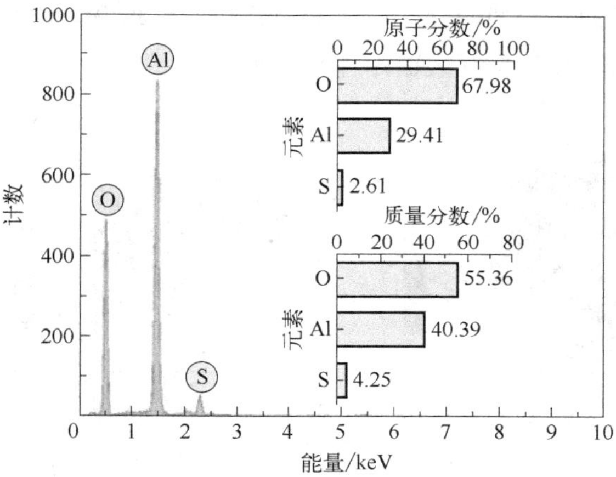

(a) EDS元素分析

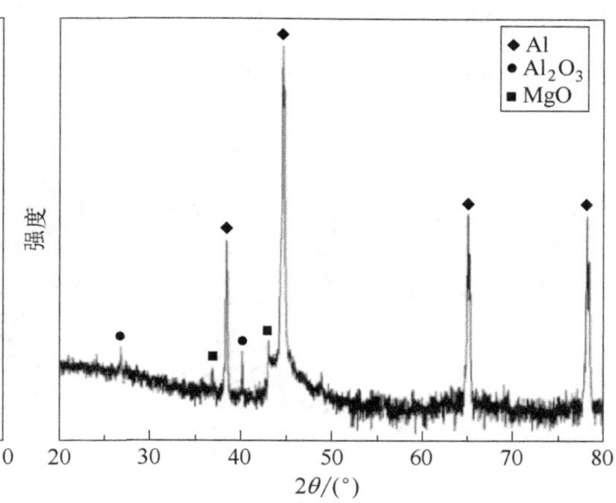

(b) XRD成分分析

图 4-28 清洗去除后的表面成分分析

4.3.2.4 热传递与热累积

激光清洗去除涂层表面时热传递与热累积主要受激光功率、扫描速度、去除次数、脉冲频率、脉冲宽度等因素的影响，高的激光功率、低的扫描速度、多次去除、低的脉冲频率及脉冲宽度往往会带来较高的热传递与热累积。

从不同脉冲宽度激光清洗去除 TC4 钛合金试样表面的三维形貌与轮廓变化图（图 4-30）可看到，经较小脉宽激光清洗后的试样表面出现金属重熔特征，有许多大小不规则且分布无序的峰状熔融凸起物，对前头方向的轮廓变化进行测量，可看到其轮廓曲线上有许多细

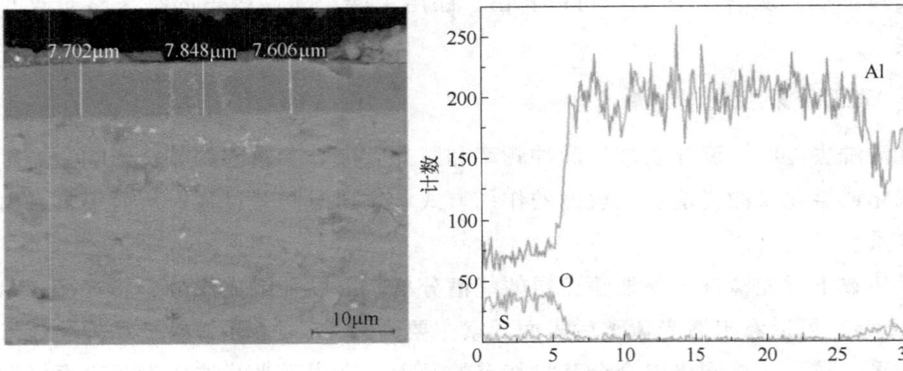

(a) SEM　　(b) EDS

图 4-29　清洗去除后样品截面 SEM 形貌以及 EDS 线扫描分析

小的峰，曲线变化无规律性。增大脉宽观察到了清洗去除后试样表面上的熔池中心下凹、四周凸起的形貌特征。在激光冲击作用下，试样表面发生熔化形成熔池，温度超过材料汽化温度后产生金属蒸气，金属蒸气产生的反冲压力使熔池中心凹陷，熔体向两边排开；同时熔体在马兰戈尼力、表面张力的牵引下发生流动、外溢，在熔池周边形成堆积，熔池与熔池之间以一定重叠率规则堆叠排列，形成激光清洗纹路，其轮廓曲线呈现出一定的规律变化，较大脉宽清洗去除后的试样表面同样出现明显的激光清洗纹路。对 3 种试样轮廓曲线上出现的最大峰高进行测量发现，随着脉冲宽度的增加，由于激光作用时间增长，温度升高与下降较为缓慢，热积累效应增大，因而导致试样表面熔体尺寸增大。

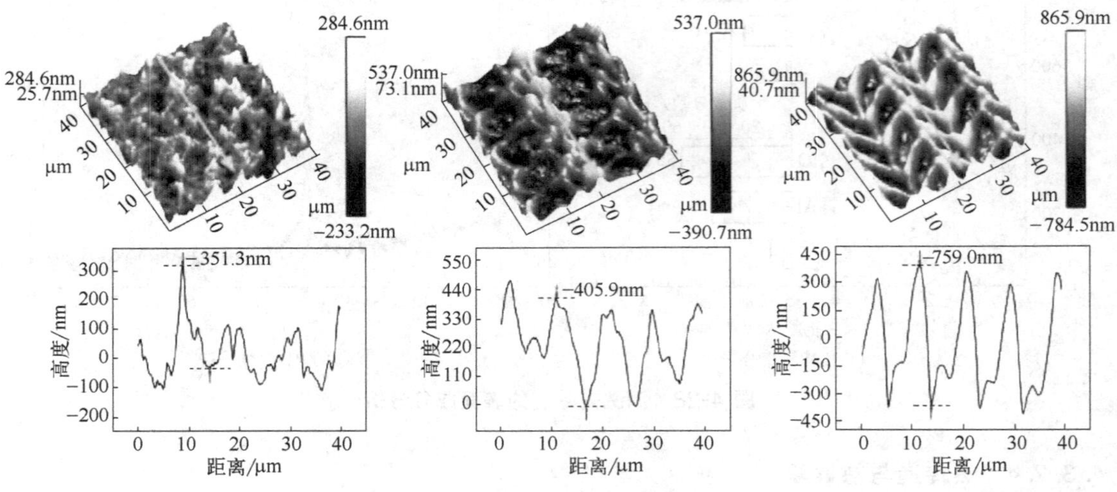

(a) 150ps　　(b) 1ns　　(c) 5ns

图 4-30　不同脉冲宽度激光清洗去除后试样表面三维形貌与轮廓变化

4.3.2.5　表面应力状态

激光清洗去除时除了烧蚀效应的另一大去除机理是振动机制，而振动清洗去除涂层材料时所依靠的就是涂层和基底之间产生的应力差效应。在较高能量密度参数下，激光清洗去除可使涂层材料发生熔化，不仅导致涂层组织形态改变，还会引起涂层及基底表面应力状态的变化，而应力状态也会对硬度值产生一定影响。激光清洗去除涂层材料时如果采用了机械磨削加工预处理，在表面容易引入压应力，使得表面硬度高于基材。而清洗去除过程中表面发生的熔化和凝固，又会引入拉应力，导致清洗去除后试样表面硬度低于基材硬度。

由维氏硬度压痕法进行判断表面残余应力时，得到的无残余应力状态的基体内部压痕形貌、存在压应力的机械打磨表面压痕形貌、存在拉应力的搭接率和一定能量密度下第二次清洗去除后的压痕形貌如图 4-31 所示。图 4-31 的压痕形貌反映出不同条件基体中的应力状态，当无应力存在时，硬度压痕的形状为规则的菱形，当表面存在压应力时，硬度压痕的 4 条边呈向外凸的弧形，当表面存在拉应力时，压痕 4 条边呈向内凹陷的弧形。

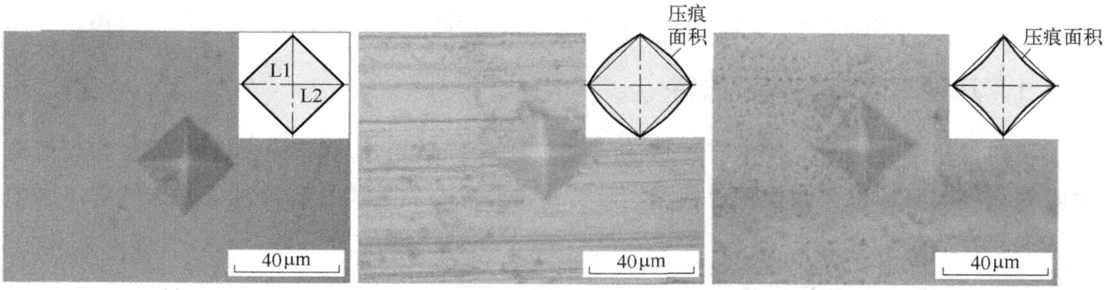

(a) (b) (c)

图 4-31 不同应力状态下基体压痕形貌

4.3.3 激光清洗去除的优缺点

激光清洗去除作为一种先进的清洗去除技术，具有许多优点，但同时也存在一些局限性和缺点。以下是激光清洗去除的主要优缺点。

（1）优点

① 高效快速：激光清洗去除作用时间短，清洗效率高。

② 非接触性：激光清洗去除过程中不需要与被清洗去除物直接接触，可以避免机械损伤和表面磨损，适用于表面敏感性高的材料。

③ 高精度性：激光清洗去除可以实现对清洗去除过程的精确控制，可以根据需求调节激光参数，适用于各种复杂表面的清洗去除和精细加工。

④ 高适用性：激光清洗去除可以有效去除各种类型的污物、氧化层、涂层等，具有广泛的适用性。

（2）缺点

① 局限性：激光清洗去除通常适用于小面积、局部和中小批量的清洗去除任务，对大面积、复杂形状和大批量的清洗去除任务有一定局限性。

② 安全问题：激光清洗去除过程中产生的激光辐射可能对人体造成伤害，需要采取相应的安全措施。

③ 表面损伤：较高的激光功率和过长的清洗去除时间使得材料表面发生烧蚀、熔化

或变形等损伤。

④ 局部加热：激光清洗去除过程中产生的热量导致被清洗去除物表面局部温度升高，影响表面的性能和结构。

4.4 复合清洗去除

复合清洗去除技术是一种结合了两种或多种不同清洗去除原理的技术，旨在提高清洗去除效率和清洗去除质量。这种技术通过利用不同清洗去除方式的优点，能够更有效地去除物体表面的污垢、涂层、油漆、锈蚀等。复合清洗技术的优点不仅体现在两种清洗方式的叠加效果上，更重要的是两种清洗去除方法的利用率远远大于两种清洗去除方法的简单相加。在实际应用中，复合清洗技术能够快速、有效地提高清洗质量，同时减少对基材的损伤。

4.4.1 几种常用复合清洗去除

目前常用的复合清洗技术有物理-化学清洗去除、激光-化学清洗去除、激光-物理清洗去除等，在实际清洗去除中可以根据实际待清洗去除材料的特性和清洗条件选择将不同的清洗去除方法相结合。

4.4.1.1 物理-化学清洗去除

物理-化学清洗去除利用物理清洗和化学清洗各自的优势来达到更高效的清洗去除效果。在物理-化学清洗去除过程中，通常会同时利用物理作用和化学作用对被清洗去除物表面的污垢、油渍、涂层等进行去除，也可作为工业生产中的预处理步骤，清洗去除物料表面，以便后续的涂覆、粘接或喷涂等工艺。

物理-化学复合清洗去除效率高，操作快速，可大幅缩短清洗去除时间，适用于不同种类的表面清洗去除需求，而且在清洗去除过程中，物理和化学方法都相对温和，不会对被清洗去除表面造成明显的损伤或腐蚀。同时，合理选择清洗去除方法和清洗去除剂还可以减少对环境的污染和对被清洗去除物表面的损伤。

4.4.1.2 激光-化学清洗去除

激光-化学清洗去除是将激光束的能量与化学清洗去除剂相结合，以便更有效地去除各种表面附着物、油脂和污垢。

在进行激光-化学清洗去除之前，通常需要对被清洗去除物表面进行预处理，先去除大颗粒污物、涂层或油脂等。激光-化学清洗去除时，使用激光器产生的激光束照射到被清洗去除表面，激光束的能量可以使污物或油脂产生光热效应，从而使其分解、热解或蒸发。同时或随后使用化学清洗去除，进一步分解、溶解或去除激光清洗去除后表面残留的污垢和油脂，使清洗去除效果更加彻底。

激光-化学清洗避免了激光清洗去除时引起的表面损伤，相比传统的化学清洗去除方法，减少了对化学清洗去除剂的使用，降低了环境污染，适用于工业生产中对表面清洗去除要求较高的各种场景。

4.4.1.3 激光-物理清洗去除

激光-物理清洗去除过程中无需使用化学清洗去除剂，不会产生化学废物和有害气体，适用于各种类型的表面和材料，包括金属、塑料、陶瓷、玻璃等，具有较广泛的适用范围，且激光-物理清洗去除不受环境温度的影响，可以在高温环境下进行清洗去除，适用于对温度敏感的工件，能够彻底去除表面材料。

4.4.1.4 其他复合清洗去除

（1）超声波-化学清洗去除

超声波-化学清洗去除先使用超声波震动去除表面附着力不强的油脂等，然后再使用化学清洗去除剂进一步清洗去除，适用于去除形状复杂和有细小孔隙的部件。

（2）超声波-物理清洗去除

将超声波清洗去除技术与物理清洗去除方法相结合，极大地规避了材料损伤的风险，不仅清洗去除力强，而且适用于多种清洗介质（如水基、溶剂等），可根据清洗需求灵活选择。适用于电子行业、医疗器械、航空航天、汽车行业等领域的清洗去除。

（3）化学-热力清洗去除

化学-热力清洗去除将热力清洗去除和化学清洗去除结合起来，化学清洗去除溶解待清洗去除物，热力作用将其剥离，使表面彻底洁净。化学-热力清洗去除减少了化学试剂用量，清洗作用力均匀，适用于处理氧化物和锈蚀等，通过热力促进化学氧化或还原反应，增强清洗效果。

（4）光子-化学清洗去除

光子-化学清洗去除时光子能量能够穿透材料表面，结合化学试剂的作用，深入清除厚度较大的涂层，光子能量的高效传输和化学反应的快速作用，使得清洗过程比传统方法更加迅速。通过调节光子能量的强度、波长和化学试剂的浓度，可以精确控制清洗效果，适应不同材料和清洗去除程度。光子-化学清洗所需能量较低，化学试剂少，适用于去除晶圆表面的有机污染物、金属离子和微粒，确保半导体器件的制造质量，还可以清洗光学仪器中的精密元件，保持其光学性能和工作稳定性。

（5）超声-喷丸清洗去除

超声-喷丸强化技术作为一种新型的强化手段，利用高速喷丸作用在材料表面，提高材料的表面性能。超声-喷丸强化系统主要由超声波发生器与喷丸系统组成。换能器将超声波发生器发出的超声频电振荡信号转化成高频小振幅震动，由变幅杆放大，传递到振动工具头，驱动丸粒运动并作用在材料表面，产生塑性变形，提高表面力学性能。其中振动工具头的瞬时位移量 S（mm）、瞬时速度 v（mm/s）及瞬时加速度 a（mm/s^2）的计算公式如下：

$$\omega=2\pi f \tag{4-15}$$

$$S=A\sin\omega t \tag{4-16}$$

$$v=\omega A\cos\omega t \tag{4-17}$$

$$a=-\omega A^2\sin\omega t \tag{4-18}$$

4

式中，ω 为超声波角频率，Hz；f 为超声波频率，Hz；A 为超声波的位移振幅，mm；t 为时间，s。

超声-喷丸清洗系统如图 4-32 所示。当高能丸粒冲击靶材表面时，材料表面会发生塑性变形，提高材料的表面性能。但是超声-喷丸强化技术引入的残余应力深度较浅，且表面粗糙度较大。

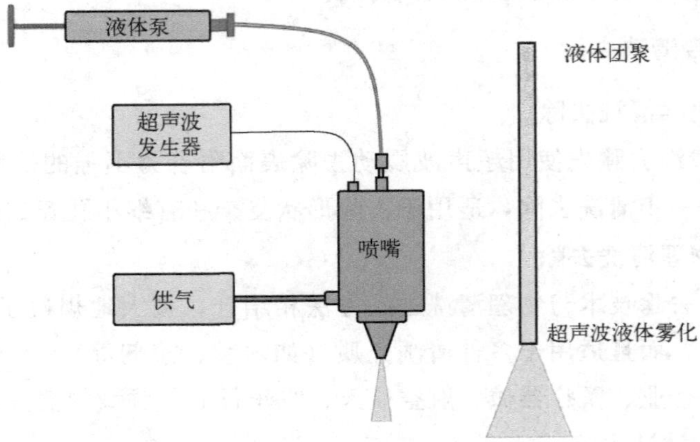

图 4-32 超声-喷丸清洗系统

4.4.2 复合清洗去除的优缺点

(1) 优点

① 清洗去除效果好：复合清洗去除结合了多种清洗去除方法的优势，可以更彻底地去除表面污垢、油脂和污染物。

② 清洗去除速度快：不同清洗去除方法相结合，可以提高清洗去除效率，缩短清洗去除周期，适用于高产量的工业生产环境。

③ 适用范围广：复合清洗去除技术适用于各种类型的材料和表面，包括金属、塑料、陶瓷、玻璃等，适用性广。

④ 可定制性强：可根据清洗去除对象的特性和清洗去除要求选择合适的清洗去除方法和参数，实现定制化清洗去除方案。

(2) 缺点

① 装备成本高：复合清洗去除技术通常需要使用多种清洗去除装备和工艺，装备成本较高，可能需要投入较大的资金。

② 技术要求高：不同清洗去除方法的组合需要配合复杂的工艺流程和参数调节，操作技术要求较高，需要经过专业培训。

③ 清洗去除过程复杂：复合清洗去除技术涉及多种清洗去除方法的组合，清洗去除过程较为复杂，需要严格控制各个环节，确保清洗去除效果。

4.4.3 复合清洗去除的实际应用

复合清洗去除技术在各个行业中都有着广泛的实际应用。在汽车制造过程中，复合清洗去除技术常用于清洗去除汽车表面、零部件和发动机等部件，以去除涂层、油污和金属颗粒等；航空航天行业对零部件表面的清洁度要求极高，复合清洗去除技术可以应用于飞机、火箭等航空器件的清洗去除，确保零部件的表面质量和安全性；在电子电器制造过程中，复合清洗去除技术可以用于清洗去除印刷电路板（PCB）、半导体芯片、显示屏等器件，去除焊渣、油污和杂质；医疗器械的清洁度直接关系到使用安全和效果，复合清洗去除技术可应用于医疗器械的清洗去除和消毒，确保器械表面的无菌和洁净；在食品加工过程中，装备表面的清洗去除对食品质量和安全至关重要，复合清洗去除技术可以应用于食品加工装备的清洗去除和消毒；在金属加工过程中，复合清洗去除技术可用于金属表面的去油、除锈和预处理，为后续的涂覆、喷涂或焊接工艺提供清洁表面；在建筑施工中，复合清洗去除技术可用于清洗去除建筑表面、玻璃幕墙和混凝土结构，去除污垢、涂层和油渍。

思考题

1. 对比物理清洗去除和化学清洗去除功能涂层的优缺点，你认为在什么情况下选择物理清洗去除更为适合？在什么情况下选择化学清洗去除更为合适？

2. 激光清洗去除作为一种高科技的清洗去除方法，具有很多优势，但也存在一些限制。你认为激光清洗去除在清洗去除复杂形状和材料特性较复杂的功能涂层时，可能会遇到哪些挑战？如何解决这些挑战？

3. 复合清洗去除是将多种清洗去除技术结合起来，以达到更好的清洗去除效果。你认为在清洗去除功能涂层时，选择哪些清洗去除技术进行复合清洗去除更为合理？为什么？

4. 在实际工作中，清洗去除操作人员需要考虑很多因素，如安全性、清洗去除效率、清洗去除质量等。你认为在进行功能涂层清洗去除时，操作人员应该注意哪些安全问题？如何确保清洗去除操作的安全性和有效性？

5. 功能涂层清洗去除是一个复杂的工程问题，需要综合考虑涂层的性质、清洗去除方法的适用性、装备的技术水平等因素。你能否设计一个综合考虑各种因素的功能涂层清洗去除方案？描述你的方案，包括清洗去除方法、清洗去除装备、操作流程等。

参考文献

[1] 李异. 金属表面清洗技术［M］. 北京：化学工业出版社，2007-01-01.
[2] 沈国良. 喷丸清理技术［M］. 北京：化学工业出版社，2004.
[3] 张长鹏，魏世丞，王玉江，等. 高压水射流清洗去除除锈技术的发展现状［J］. 材料保护，2018，51（10）：6.
[4] 李雅莉. 超声波清洗去除的原理和实际应用［J］. 清洗去除世界，2006（07）：31-35.
[5] 李伟烈. 超声波清洗去除原理及工艺［J］. 山东工业技术，2018（12）：48.
[6] 赵霄峰，李少兵，张华礼，等. 常压电磁感应加热油管清洗去除工艺与装置研究［J］. 钻采工艺，2007（03）：85-87＋152.
[7] 毕艳，谢蕴丹，李捷，等. 铝及铝合金酸性脱脂工艺研究［J］. 材料保护，1999.
[8] 樊新民，李景. 金属清洗去除剂的应用［J］. 现代制造工程，2003，36（9）：56-57.
[9] Wiersma B，Cohn. American society of mechanical engineering，Pressure vesselsand piping division.（Publication）PVP：Induction［J］. 2010.
[10] Zhang H W C. Effects of nitrilotriacetic acid and corrosion inhibitor on cobalt barrier chemical-mechanical polishing：Experimental and density functional theory analysis［J］. Colloids and Surfaces，2020，605（1）.
[11] 宋峰，林学春. 激光清洗技术与应用［M］. 北京：清华大学出版社，2021.
[12] 陈继民. 激光清洗技术［J］. 洗净技术，2003（09M）：4.

5 功能涂层修复

教学要求

功能涂层修复是通过科学的方法和技术手段，修复涂层的功能特性并延长其使用寿命。本章将深入探讨几种常见功能涂层修复技术的基本原理、设备设计规范及应用场景，涵盖冷喷涂、热喷涂、气相沉积和其他修复方法。通过本章学习，学生应掌握常见功能涂层修复方法所涉及的基本原理和工艺，为未来在材料科学与工程领域的研究和应用奠定扎实基础。

基本要求

1. 理解冷喷涂和热喷涂修复技术的基本原理和工艺。
2. 掌握冷喷涂和热喷涂修复的动力学理论。
3. 理解气相沉积修复技术的热力学原理和晶体生长理论。
4. 熟悉其他修复方法，如激光熔覆、等离子喷涂、磁控溅射和电弧喷涂等。

5.1 冷喷涂修复

冷喷涂修复通常用于恢复金属零件或结构的表面质量和功能。此技术通过喷嘴喷射高速粉末或线材，使其在受损表面上形成一层涂层，从而修复表面缺陷、增强材料性能或延长使用寿命。冷喷涂修复的工作原理是利用高速气流将金属粉末或线材送入喷嘴，利用高速气流将金属粉末或线材送入喷嘴加速，使颗粒在完全固态下高速撞击受损表面，通过强烈塑性变形沉积形成涂层。这种快速冷却的过程使涂层能够在表面上形成致密、坚固的保护层，具有较高的附着力和耐磨性。冷喷涂修复的优点有适用于各种金属表面、无须加热基材、修复速度快、热影响小等。它被广泛应用于航空航天、汽车制造、能源等领域，用于修复零件的磨损、腐蚀、疲劳裂纹等问题，以延长其使用寿命和提高性能。

5.1.1 冷喷涂的基本原理

冷喷涂亦称为冷气体动力喷涂（cold gas dynamic spray，CGDS），它是以压缩气体

（氮气、空气或混合气体等）作为加速介质，带动金属颗粒在固态下以极高的速度碰撞基板，使颗粒发生强烈的塑性变形而沉积形成涂层的一种新型喷涂技术，冷喷涂技术原理如图 5-1 所示。

冷喷涂是一种完全基于气体动力学原理的喷涂技术。高压气体通过拉瓦尔喷管（Laval nozzle）加速，产生超声速流动，成为加速气体（也称为工作气体），同时粉末颗粒通过送粉气体（也称为运载气体）送入高速加速气流中形成超声速气-固两相流，颗粒在保持完全固态的情况下下高速撞击工件表面，通过颗粒强烈的塑性变形而沉积形成涂层。

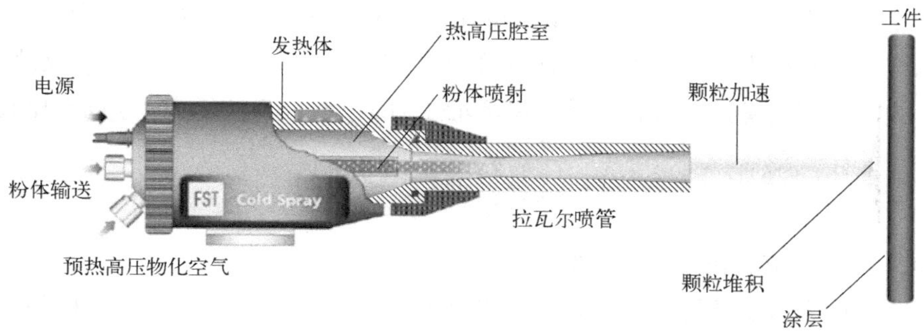

图 5-1 冷喷涂技术原理

5

5.1.1.1 粉末颗粒运动

冷喷涂是利用拉瓦尔喷管将气体加速到超声速，使之携带喷涂颗粒撞击基板形成涂层。对于特定的材料，颗粒碰撞速度和初始温度是决定涂层优劣的主要因素，通过工艺参数优化颗粒加速过程，调节颗粒的碰撞速度和初始温度，控制涂层的组织与性能。此外，为了实现涂层组织控制，研究者对颗粒加速过程进行了大量的研究。

在拉瓦尔喷管中，气体的流动是一个复杂、综合的非等熵流动，涉及可压缩气体流动、气固两相流动、超声速射流和激波等相关知识。为了更好地理解冷喷涂的气体动力学原理，优化冷喷涂工艺参数，可将喷管内的流动问题简化，将其视为一维定常等熵流动，做以下假定：

① 气流是一维的，且气流是等熵的。

② 气体被视为理想气体。

③ 定压比热容和定容比热容是常数。

根据压缩气体的动力学和热力学特征，当拉瓦尔喷管发散部分某处的截面积 A 确定时，此处相应的马赫数 Ma 可根据下式确定：

$$\frac{A}{A^*}=\left(\frac{1}{Ma}\right)\left[\left(\frac{2}{\gamma+1}\right)\left(1+\frac{\gamma-1}{2}Ma^2\right)\right]^{(\gamma+1)/[2(\gamma-1)]} \tag{5-1}$$

式中，γ 为气体比热容。

由此相对应的气体温度 T、速度 v、密度 ρ 和压力 p 可以由等熵关系得到，即

$$p=p^*\left[\frac{\gamma+1}{2+(\gamma-1)Ma^2}\right]^{\gamma/(\gamma-1)} \tag{5-2}$$

$$T=\frac{T_0}{1+[(\gamma-1)/2]Ma^2} \tag{5-3}$$

$$\rho=\frac{\rho_0}{(1+[(\gamma-1)/2]Ma^2)^{1/(\gamma-1)}} \tag{5-4}$$

$$v=Ma\sqrt{\gamma R\frac{T_0}{(1+[(\gamma-1)/2]Ma^2)}} \tag{5-5}$$

从式（5-5）可以看出，对于不同的气体，比热容 γ 越大，分子量越小，可以使气流速度显著增加。因此，使用单原子气体 He 比双原子气体 N_2 的喷涂效果更好。

但只有当喷管中没有正激波时，计算得到的 T、v、ρ 和 p 等数值才能反映环境的真实情况。为了确定喷管是否有正激波，将环境压力 P_e 和正激波压力 P_s 进行比较，即

$$p_s=p_e\left(\frac{2\gamma}{\gamma+1}Ma_e^2-\frac{\gamma-1}{\gamma+1}\right) \tag{5-6}$$

式中，Ma_e 为喷管出口处的马赫数。

当正激波压力低于环境压力时，喷管内会发生正激波，气体速度随之变成亚声速。为了防止喷管内发生正激波现象，一般使正激波压力高于环境压力。

由以上分析可知，用一维模型可以计算气流的出口速度，但是由式（5-1）得到的数值解并没有给出气体速度与工艺参数之间的具体关系。可利用最小二乘法建立不同 γ 值，则马赫数与喷管膨胀比之间的关系式即

$$Ma=\left[k_1\frac{A}{A^*}+(1-k_1)\right]^{k_2} \tag{5-7}$$

式中，k_1、k_2 为比热容 γ 的函数。

k_1、k_2 可以用多项式表示，即

$$k_1=218.0629-243.5764\gamma+71.7925\gamma^2 \tag{5-8}$$

$$k_2=-0.122450+0.281300\gamma \tag{5-9}$$

结合式（5-5）和式（5-7），就可以得到喷管出口处的气体速度。

在拉瓦尔喷管内，颗粒的速度可以通过气固两相流原理确定，即

$$m_p\frac{dv_p}{dt}=m_pv_p\frac{dv_p}{dx}=\frac{C_DA_p\rho(v-v_p)^2}{2} \tag{5-10}$$

式中，m_p 为平均质量；A_p 为平均横截面积；t 为飞行时间；C_D 为气体对非球形颗粒的拖拽系数；v 为气体速度；v_p 为颗粒速度。

由于方程式（5-10）在 $0<x<\infty$ 之间没有分析解，故 v_p 与 x 之间的关系不能反映相应参数的影响。为了避免这个限制，可先设定分析解的范围：$v_p\ll v$ 和 $v_p\approx v_0$ 得到相应的颗粒速度，即

$$\left(\frac{v_p}{v}\right)=-e^{-\sqrt{3\rho C_D^2x/(\rho_p^2d_p)}}+1 \quad v_p\ll v \tag{5-11}$$

$$\left(\frac{v_p}{v}\right)=-e^{-9\mu x/(d_p^2\rho_pv)}+1 \quad v_p\approx v \tag{5-12}$$

式中，d_p 为颗粒直径。

因此，在 $0 \leqslant v_p/v \leqslant 1$ 的范围内，喷管出口处的颗粒速度，即

$$\frac{v_p}{v}=\omega\left[1-\exp\left(-\frac{9\mu x}{d_p^2\rho_p v}\right)\right]+(1-w)\left[1-\exp\left(-\sqrt{\frac{3\rho C_D x}{\rho_p d_p^2}}\right)\right] \tag{5-13}$$

式中，ω 为比例因子，范围为 0～1，是两种阻力机理之间的平滑权重。

当两相流离开喷嘴后，由于喷涂距离相对较小，气流速度降低不明显。然而，由于气流的撞击，基体表面产生了冲击波，形成了一个湍流弧撞击区。具体的超声速射流场如图 5-2 所示。

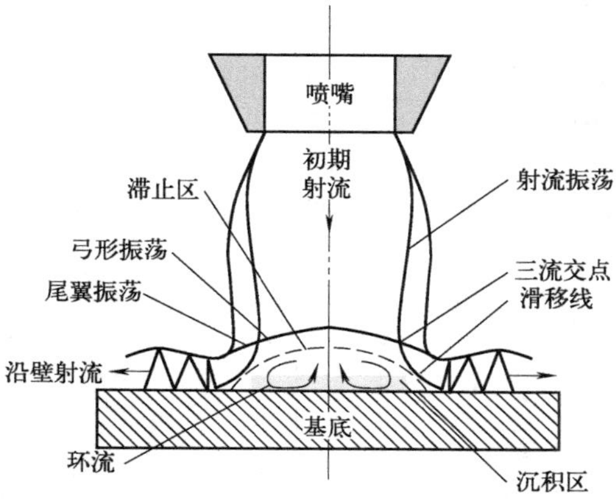

图 5-2 超声速射流场

冲击波处存在循环气流，气流整体的密度和压力增加，使得颗粒在经过湍流区时速度在垂直于基体表面方向的分量降低，明显小于喷管出口处的速度。在这种情况下，可以对式 (5-10) 积分得到颗粒的撞击速度，即

$$v_p^{\text{impact}}=v_p e^{-3\rho^{st}L^{st}/(4\rho_p d_p)} \tag{5-14}$$

式中，ρ^{st} 为湍流区的平均气体密度；L^{st} 为湍流区的厚度。

可分别表示为

$$\rho^{st}=\rho_e(-1.04+2.27Ma_e-0.21Ma_e^2) \tag{5-15}$$

$$L^{st}=R_e(0.97-0.02Ma_e) \quad 1 \leqslant Ma_e \leqslant 5 \tag{5-16}$$

式中，Ma_e 为喷管出口处的马赫数；R_e 为喷管出口的几何特征半径；ρ_e 为喷管出口处的气体密度。

因此，当颗粒较大时，颗粒在喷管中不能得到充分的加速，在湍流区的减速也不明显；当颗粒较小时，颗粒在喷管中加速度很大，可以得到很高的速度，但经过湍流区时，颗粒减速非常明显。当颗粒粒径小于 1μm 时，其惯性很小，很容易在基板前的湍流区内随气体一起脱离基板，或在气流旋涡内旋转，不利于形成涂层。

5.1.1.2 粉末沉积

在冷喷涂修复过程中，粉末的沉积是指粉末颗粒在待修复表面上附着和形成涂层的过程，对涂层的质量和性能具有重要影响，因此需要特别关注。

粉末的沉积过程主要包括以下几个方面：

① 接触和附着：当粉末颗粒通过高速气流喷射到待修复表面时，需要确保粉末颗粒能够克服高速气流引起的惯性和空气阻力，从而有效地与表面接触。

② 表面准备：采用喷砂、化学清洗或机械处理等方法对表面进行清洁，去除氧化物、油污和其他污染物等，以确保粉末能够充分地与表面接触并附着。

③ 粉末流动和分布：此过程通常受到表面形貌、粉末颗粒的粒径和形状等因素的影响，当粉末颗粒接触到表面，其会在表面上流动和扩散，良好的粉末流动和分布可以确保涂层的均匀性和致密性。

通过有效控制粉末的沉积过程，可以获得高质量、均匀、致密的冷喷涂涂层，从而实现对受损表面的修复和保护。

5.1.1.3 沉积层冷凝

当粒子以不同速度撞击基体表面时，会产生不同的效果，被基体反弹、粘接在基体上或者穿过基体。一般地，当颗粒撞击基体表面时，颗粒和基体都会受到不同程度的变形和破坏。图 5-3 显示了撞击速度和颗粒尺寸对粒子撞击效果的影响。

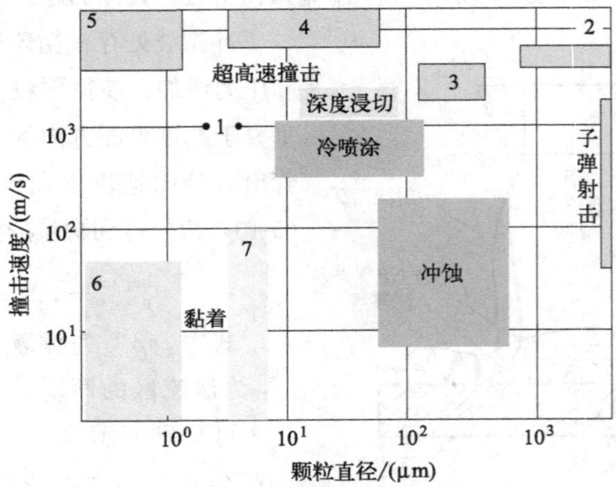

图 5-3 撞击速度和颗粒尺寸对粒子撞击效果的影响

从图 5-3 可以看出，在冷喷涂过程中，颗粒尺寸一定的情况下，只有当其速度达到一定值时，才能在碰撞基体后实现沉积，这个速度称为临界速度，否则将对基体（或者涂层）产生冲蚀作用。冷喷涂粉末是否能形成涂层，主要取决于颗粒撞击基体前的速度是否能超过颗粒沉积所需的临界速度。

冷喷涂涂层的形成过程主要分为四个阶段，如图 5-4 和图 5-5 所示。

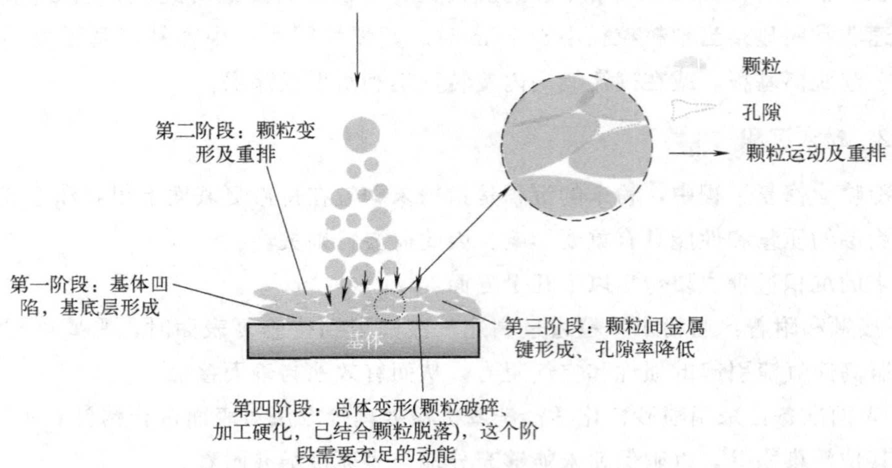

图 5-4 冷喷涂涂层形成阶段

冷喷涂过程中，涂层形成和生长可分为两个阶段：首先是粒子和基板之间的结合，其次是粒子之间的结合。现在研究较多的是粒子和基板的结合机制，而对粒子与已喷涂层之

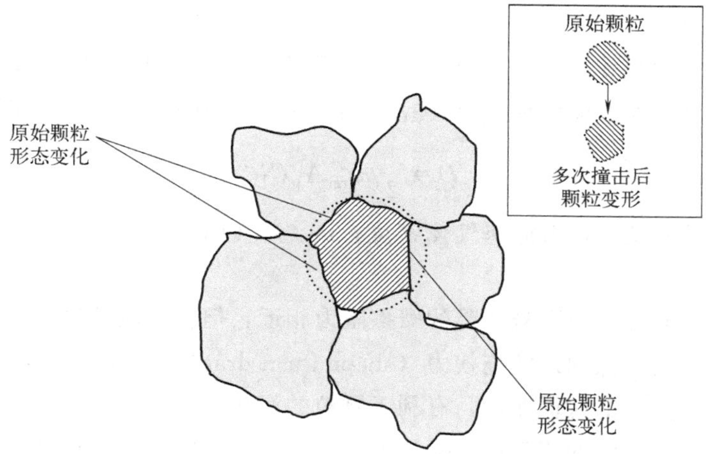

图 5-5 颗粒从第二阶段向第三阶段转变的变形

间结合机制的研究较少。

受制于实验手段，当下对于冷喷涂涂层结合机理的研究尚不完善。目前主要有如下几种不同的机制：物理结合机制、机械咬合机制、冶金结合机制、化学结合机制等。对冷喷涂涂层结合机理的研究具有重要的理论意义，同时有助于优化工艺参数以及制备优质涂层，因此实际意义也非常显著。当前研究涂层结合机理的方法主要是运用计算机模拟或理论计算与实验相结合。计算机模拟主要是有限元分析方法，即运用有限元分析软件模拟粒子碰撞基板的动态过程，计算撞击过程中粒子和基板界面的温度、应力、应变、内能等参数的变化过程，为研究粒子和基板的结合特性提供理论依据。现有研究采用分子动力学的方法，模拟了粒子和基板的碰撞过程，并计算了粒子原子进入基板表层的数量及粒子与基板的最终接触面积，以此来研究工艺参数对粒子结合的影响。此外，还可以通过理论计算（计算界面上温度、能量的变化）来研究不同工艺下粒子和基板的能量变化及转化情况。

5.1.2 冷喷涂修复工艺

冷喷涂技术的成功应用依赖于多个因素，包括颗粒的几何特性、喷嘴设计与几何形状、气体类型与压力以及基材表面状态。这些因素共同决定了涂层的质量和性能，是冷喷涂工艺优化的关键环节。下文详细探讨上述因素对冷喷涂修复工艺的影响。

5.1.2.1 颗粒几何特性的影响

（1）颗粒尺寸

现有研究结果表明，相同的工艺条件下，颗粒速度随着颗粒尺寸的增加而减小，这跟气体的黏滞系数相对较小有关。因此为了获得更高的颗粒撞击速度，不宜采用大尺寸颗粒。而颗粒太小、质量太轻，则受到高速气流作用于基体表面产生冲击波的影响较大，在到达基体之前，颗粒即使受到很弱的压缩冲击也会产生偏离，不能形成涂层。另外，在涂层结合机理部分提到，颗粒的临界沉积速度也与颗粒尺寸有关，因此存在最佳的颗粒尺寸范围。

(2) 颗粒形貌

根据气体动力学理论可知，气体对非球形颗粒的拖拽系数（drag coefficient）C_D 大于球形颗粒。而气体对颗粒的拖拽力（drag force）与拖拽系数成一定比例，即

$$D=\frac{1}{2}\rho v_{rel}^2 A_p C_D \tag{5-17}$$

式中，D 为拖拽力；ρ 为加速气体密度；v_{rel} 为气体和颗粒的相对速度；A_p 为颗粒的表面积。

虽然球形颗粒和非球形颗粒所受的摩擦阻力相近，但在气流压的作用下，非球形颗粒的受力面较大，受到更大的形状拖拽力（shape form drag）。因此，在同样的工艺参数下，非球形颗粒能达到更高的碰撞速度，有利于颗粒的沉积。然而，实际工艺过程中，除了加速过程，还需要考虑粉体的流动性，保证粉末流动畅通，防止堵粉现象。而球形颗粒的流动性好，加速效果也不会明显减弱，大多选择球形颗粒粉末。

5.1.2.2　喷嘴设计的影响

在冷喷涂设备中，喷枪系统是核心装置。喷涂颗粒与加速气体在喷枪系统中混合，并加速到一定速度，撞击基板形成涂层。因此，要求喷枪系统能实现颗粒以超声速、较均匀地喷出，而且加工方便。

(1) 喷枪内管形状设计

本节主要通过对喷管内气流参数的计算，确定最优的喷管结构参数。实际情况下，喷管中的流动是非等熵的可压缩流动，是一个很复杂的综合现象。因此，为将问题简化，通常将喷管内的流动看作一维定常等熵流动，并做如下假设：

① 管内气流和外界没有热量和功的交换。

② 不计管壁与管体之间的摩擦作用。

③ 没有质量的加入或引入。

④ 流动是一维定常的。

⑤ 所讨论的气体为定比热的完全气体。

根据气体动力学原理可得，一维定常流动连续方程的微分形式为

$$\frac{d\rho}{\rho}+\frac{dA}{A}+\frac{dv}{v}=0 \text{ 或 } \frac{dv}{v}=\frac{1}{1-Ma^2}\times\frac{dA}{A} \tag{5-18}$$

动量方程的微分形式为

$$dp=-\rho v dv \tag{5-19}$$

能量方程的微分形式为

$$c_p dT+v dv=0 \tag{5-20}$$

根据上述等熵流动的基本方程，可以得到各个变量与 dA/A 的关系式，即

$$\frac{dv}{v}=-\frac{1}{1-Ma^2}\times\frac{dA}{A} \tag{5-21}$$

$$\frac{dp}{p}=\frac{\gamma Ma^2}{1-Ma^2}\times\frac{dA}{A} \tag{5-22}$$

$$\frac{d\rho}{\rho}=\frac{Ma^2}{1-Ma^2}\times\frac{dA}{A} \tag{5-23}$$

$$\frac{dT}{T}=\frac{(\gamma-1)Ma^2}{1-Ma^2}\times\frac{dA}{A} \tag{5-24}$$

$$\frac{dMa}{Ma}=-\frac{2+(\gamma-1)Ma^2}{2(1-Ma^2)}\times\frac{dA}{A} \tag{5-25}$$

式中，ρ 为气体密度；A 为喷管某处横截面面积；v 为气体速度；p 为气体压力；T 为气体温度；c_p 为气体比定压热容；Ma 为气体马赫数。

因此，通过上述几个式子，可以分析截面积变化对流动参数的影响，结果如表 5-1 所示。

表 5-1 截面积变化对流动参数的影响

面积变化 气流参数比	$dA<0$		$dA>0$	
	$Ma<1$	$Ma>1$	$Ma<1$	$Ma>1$
dv/v dMa/Ma	↑	↓	↓	↑
dp/p $d\rho/\rho$ dT/T	↓	↑	↑	↓

注："↑"表示增加，"↓"表示减少。

从表 5-1 得知，在连续的流动中，由于气流压缩性的影响，要使亚声速气流加速，管道截面积必须逐渐收缩，此时喷管内气流的马赫数 $Ma<1$；而要使超声速气流加速，管道截面积必须是逐渐扩张的，喷管内气流的马赫数也随之增大到 $Ma>1$。所以，要使气流从亚声速加速到超声速，管道形状就应该是先收缩后扩张的。此时，在喷管内形成一个几何面积最小的截面，被称为临界截面，即喉部，临界截面处的马赫数 $Ma=1$，如图 5-6 所示。因此，本喷枪系统的喷管采用能使气流由亚声速加速到超声速的收缩-扩张喷管，被称为拉瓦尔喷管。

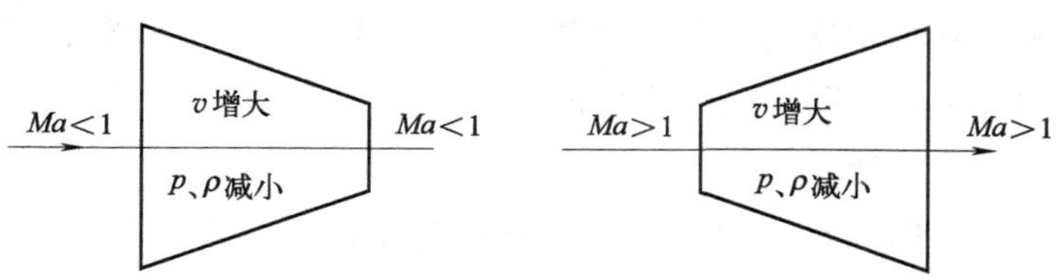

图 5-6 拉瓦尔喷管内气流参数变化

拉瓦尔喷管通常有锥形（cone shape）和钟形（bell shape）两种形式，如图 5-7 所示，锥形喷管和钟形喷管的收敛段和喉部的设计基本相同。喷管的喉部包括上游的一部分和下游的初始段，不同的喉部设计都会造成能量的损失。喉部曲率半径越小，损失越大。当喉部曲率半径等于或略大于喉部半径时，损失最小。从图 5-7 可以看出，锥形喷管和钟形喷管的主要区别在于扩张段的设计。在锥形喷管的扩张段中，锥面母线与喉部圆弧相切。钟形喷管的扩张段的设计比锥形喷管的复杂，需采用空气动力学特征线原理设计。因此，考虑到拉瓦尔喷管的设计和加工因素，本喷管采用锥形喷管。

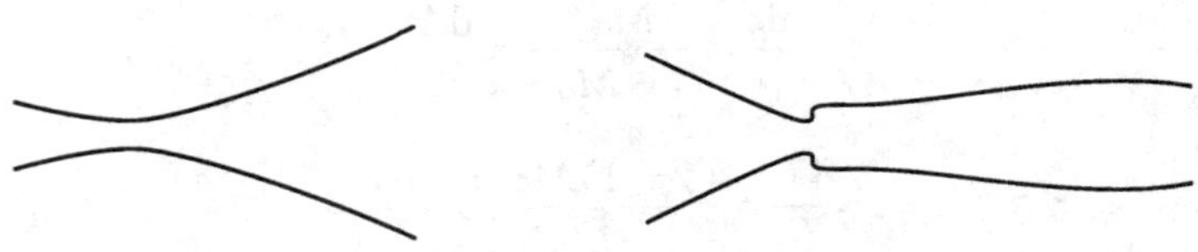

(a) 锥形喷管　　(b) 钟形喷管

图 5-7　两种不同形状的喷管

另外拉瓦尔喷管的截面形状有圆形、矩形和椭圆形等，如图 5-8 所示。圆形截面的拉瓦尔喷管，喷管扩张段的发散角 α 以及喷管处半径的调整余地都不大，难以用于喷涂较细的旋转体试样和工件，而矩形截面的拉瓦尔喷管优势则得以体现。但是矩形截面的拉瓦尔喷管内的流场分布不均匀，喷管内壁的四个棱角处存在紊流，不仅不利于对喷涂粉末的加速，而且易导致喷涂颗粒对喷管的磨损、沾污和塞积。而圆形截面的拉瓦尔喷管的流场分布均匀，紊流可降至最低水平。椭圆形截面的拉瓦尔喷管结合了圆形截面和矩形截面的优点，可以喷涂狭长斑点或区域，以及较细的旋转体，且扩张段无紊流，工作气体和待喷涂颗粒加速平稳，但不易于加工。因此，应综合考虑设计及加工因素。

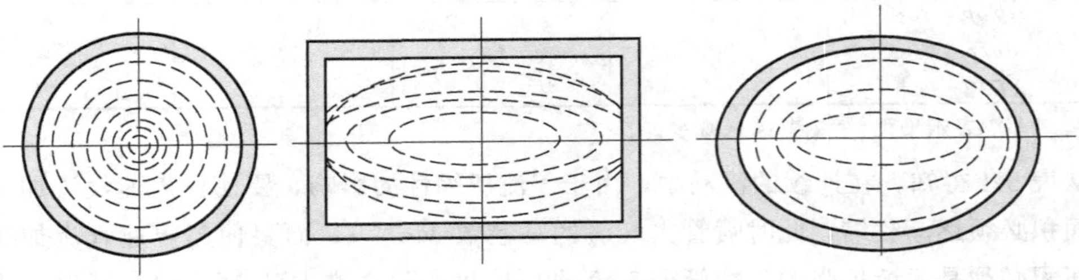

(a) 圆形截面　　(b) 矩形截面　　(c) 椭圆形截面

图 5-8　三种不同形状的喷管截面

在加工时，要求喷管内通道为光滑曲面，没有过大的转折角和过高的表面粗糙度，其中喉部与收敛段和扩张段的连接处要求平滑过渡。这样一方面可以减少激波的产生，另一方面可以减少摩擦阻力，有利于减少速度损失。

(2) 喷枪内管尺寸设计

在喷涂过程中，气体和喷涂颗粒组成了气固两相流。在两相流中，喷涂颗粒相对较少，以离散相的形式存在，且其运动主要受气体控制。因此，喷管设计时主要考虑连续相气体，此时气体视为理想气体，且喷管中的流动视为一维定常等熵流动。由于喷管各个部位的气体参数不同，分别采用下标 i、t 和 e 表示进口、喉部和出口处的气体参数。图 5-9 是拉瓦尔喷管的结构。

为了满足多种实验的要求，设计喷管的进口压力 p_i 为 1.5～3.55MPa，进口温度 T_i 为 300K，出口压力 p_e 为 0.1MPa，喷管背压 $p_b=p_e$，喷管喉部截面的直径 D 为 3mm。实验采用 N_2 作为载气，其比热容 γ 是 1.4J/(kg·K)。

根据等熵关系可知，出口处的马赫数 Ma 可由下式得到：

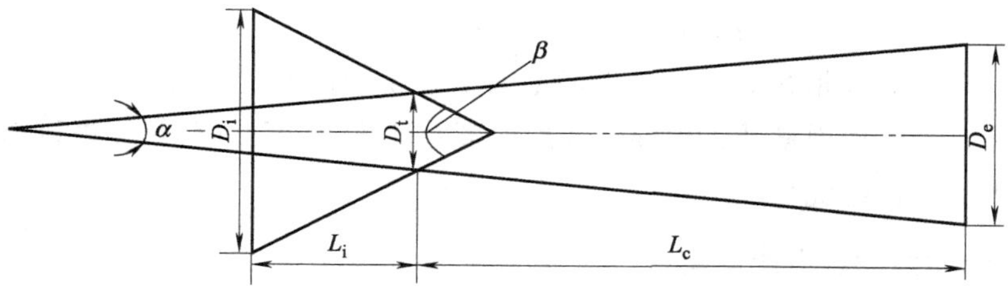

图 5-9 拉瓦尔喷管的结构

$$Ma_e=\sqrt{\frac{2}{\gamma-1}\left[\left(\frac{p_i}{p_e}\right)^{\frac{\gamma-1}{\gamma}}-1\right]} \tag{5-26}$$

则通过下式可以得到出口截面的面积，即

$$\frac{A_c}{A_t}=\left(\frac{1}{Ma_e}\right)\left[\left(\frac{2}{\gamma+1}\right)\left(1+\frac{\gamma-1}{2}Ma_e^2\right)\right]^{\frac{\gamma+1}{2(\gamma-1)}} \tag{5-27}$$

式中，A_t 为喉部截面积，$A_t=\pi(D_t/2)^2$。则出口的直径 $D_e=\sqrt{4A_e/\pi}$。

根据理想气体状态方程 $\rho_i=p_i/(RT_i)$，可得

$$\rho_t=\left(\frac{2}{\gamma+1}\right)^{\frac{1}{\gamma-1}}\rho_i=\left(\frac{2}{\gamma+1}\right)^{\frac{1}{\gamma-1}}\frac{p_i}{RT_i} \tag{5-28}$$

$$v_t=\sqrt{\gamma RT_t}=\sqrt{\frac{2\gamma}{\gamma+1}RT_i} \tag{5-29}$$

式中，T_t 为喷管喉部温度。因此，通过喷管的气流质量流量为

$$q_m=\rho_t A_t v_t=\frac{\pi p_i D_t^2}{4RT_i}\left(\frac{2}{\gamma+1}\right)^{\frac{1}{\gamma-1}}\sqrt{\frac{2\gamma}{\gamma+1}RT_i} \tag{5-30}$$

相比于喷管出口处的气流速度，进口处的气流速度小很多，选取喷管进口处的气流速度 $v_i=20\text{m/s}$，则进口处截面直径为

$$D_i=\sqrt{\frac{4A_i}{\pi}}=\sqrt{\frac{4q_m}{\pi\rho_i v_i}} \tag{5-31}$$

在喷管中，收敛段的主要参数是入口收敛角 β，其一般选择 30°～60°。这里选取 $\beta=60°$。因此，收敛段长度 L_i 为

$$L_i=\left(\frac{D_i-D_t}{2}\right)\cot\left(\frac{\beta}{2}\right) \tag{5-32}$$

根据气固两相流理论，随着喷管扩张段长度的增大，喷涂颗粒的速度也增大。但是过长的喷管容易导致激波的产生，因此扩张段的发散角 α 一般取 10°～12°。在本设计中，选取 $\alpha=10°$，则扩张段的长度 L_e 为

$$L_e=\left(\frac{D_e-D_t}{2}\right)\cot\left(\frac{\alpha}{2}\right) \tag{5-33}$$

按照上述设计，结合实验要求的初始条件，可得到拉瓦尔喷管的尺寸。以下为拉瓦尔喷管的尺寸数据：

主要截面直径：$D_i=9.4\text{mm}$，$D_t=3\text{mm}$，$D_e=6.4\text{mm}$；

各结构长度：$L_i=5.6\text{mm}$，$L_e=19.4\text{mm}$；

收敛角 $\beta=60°$，发散角 $\alpha=10°$，喷管总长 $L=L_i+L_e=25\text{mm}$。

考虑到加工的各种因素及各构件的装配，可对计算得到的部分尺寸进行修正。还需通过实验，根据实际情况优化改进。

5.1.2.3 气体类型与压力的影响

冷喷涂中，颗粒与基板的碰撞速度是影响沉积的关键因素，因此把握影响颗粒碰撞速度的工艺条件有助于获得优化的工艺参数。

（1）气体种类

根据分子运动学理论，气体比热容 γ 与分子自由度 n 有关，即

$$\gamma=\frac{n+2}{n} \tag{5-34}$$

式中，n 为分子自由度，对于 N_2（或空气）等双原子气体 $n=5$，$\gamma=1.4$；对于 He 等单原子气体，$n=3$，$\gamma=1.67$。

基于气体动力学理论，气体比热容越大，气流加速能力越强。因此，使用单原子气体 He 比双原子 N_2 喷涂的效果更好。

（2）气体压力

足够高的气体压力是颗粒达到临界速度的首要条件。滞止压力增大，气体分子密度增大，虽然对气体速度影响不大，但可使颗粒的拖拽系数增大，从而增加颗粒的速度。考虑到设备及实验的安全性，气体压力不能超过一定值，典型的气体压力为 1.5～3MPa。

（3）气体温度

在气体压力一定的条件下，通过预热气体，气体得到充分膨胀以使粒子获得更大的加速效果，进一步提高粒子的速度。但随着气体温度的升高，气体的密度和黏度会相应地降低，导致气体对颗粒的拖拽力减小，从而使对颗粒的加速效果降低。另外，气体温度的升高使颗粒得到一定的加热，更易氧化，影响喷涂效果。因此，冷喷涂过程中，气体温度范围一般为 100～600℃，但视材料特点而定，高熔点材料可适当提高些。

5.1.2.4 基材表面状态的影响

在冷喷涂修复过程中，基材表面状态同样对修复效果有着显著的影响。以下是基材表面状态对修复影响的几个方面。

① 附着力：基材表面的清洁度和粗糙度直接影响涂层的附着力。如果基材表面存在油污、氧化物或其他污染物，将会降低涂层与基材之间的附着力，导致涂层容易剥落或脱落。此外，基材表面的粗糙度也会影响涂层的附着力。通常情况下，更粗糙的表面能够提供更大的表面积，有利于涂层的机械锚固，从而提高附着力。

② 清洁度：基材表面的清洁度对冷喷涂修复的影响尤为重要。任何存在于基材表面的污染物，例如油脂、灰尘或氧化物，都会阻碍涂层的附着并导致涂层质量下降。为了确保修复涂层的质量和性能，通常需要在冷喷涂之前对基材表面进行彻底的清洁和处理，例如喷砂清理、溶剂清洗或机械处理。

③ 氧化层：基材表面的氧化层会影响涂层与基材之间的相互作用和附着力。氧化层的存在导致涂层与基材之间的界面不稳定，影响涂层的结合和密封性。因此，通常需要在喷涂涂层之前去除或处理基材表面的氧化层，以确保涂层与基材之间良好的结合与附着力。

④ 粗糙度：基材表面的粗糙度直接影响涂层的附着力和密封性。较粗糙的表面通常能够提供更大的表面积和机械锚固，有利于涂层的牢固附着。但需要注意的是，过高或过低的粗糙度会影响涂层的均匀性和表面质量，因此需要根据具体应用要求进行适当的粗糙度控制和处理。

5.2 热喷涂修复

热喷涂修复是一种利用热喷涂技术修复受损表面的方法。在这种修复过程中，修复材料通常以粉末或线材形式通过热喷涂设备加热到熔融状态，然后通过喷嘴喷射到受损表面上。随后，喷涂的材料迅速冷却并固化，形成一层坚固的涂层，能够修复和保护受损表面。这种修复方法适用于金属、陶瓷、聚合物等，广泛应用于机械制造、航空航天、汽车工业等领域。热喷涂修复能够有效延长工件的使用寿命，提高其耐用性，因此在工业生产中具有重要意义。其工作原理如图 5-10 所示。

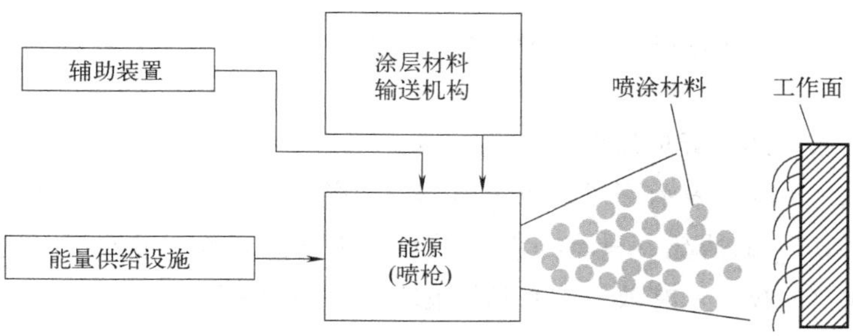

图 5-10 热喷涂修复技术工作原理

5.2.1 热喷涂的基本原理

热喷涂修复技术的基本原理包含两个关键方面：热传导机制和熔融黏附理论。热传导机制描述了热源将热量传递给喷涂材料，使其达到熔融状态的过程；而熔融黏附理论则解释了熔融材料在撞击基材表面时如何形成牢固附着原理。理解这两个基本原理是掌握热喷涂工艺的关键，有助于优化涂层质量和提高修复效果。下面将详细探讨热喷涂的热传导机制和熔融黏附理论。

5.2.1.1 热传导机制

在温度为 T_g 的气流中，设球形粒子的直径为 d_p、温度为 T_p，在 dt 时间内气流传给粒子的热量为 dQ，则根据对流换热规律有

$$dQ = hA(T_g - T_p)dt \tag{5-35}$$

式中，h 为气体与粒子的换热系数；A 为粒子表面积，$A=\pi d_p^2$。

设粒子的热导率较高，在 dt 时间内将 dQ 均匀传入粒子内部使其产生 dT_p 的平均温升，则有

$$dQ=\frac{\pi}{6}d_p^3\rho_p c_p dT_p \tag{5-36}$$

式中，c_p 为粒子的比热容。

由式（5-35）和式（5-36）可得

$$\frac{dT_p}{dt}=\frac{6h}{\rho_p c_p d_p}(T_g-T_p)=\frac{6Nu\lambda_g}{\rho_p c_p d_p^2}(T_g-T_p) \tag{5-37}$$

式中，λ_g 为气体的热导率；Nu 为努塞尔数，为热传导热阻与界面换热热阻之比。

$$Nu=\frac{hd_p}{\lambda_g}=2+0.6Pr^{1/3}Re^{1/2} \tag{5-38}$$

式中，Re 为雷诺数；Pr 为普朗特数。

$$Pr=c_g\eta_g/\lambda_g\approx 1$$

$$Re=\frac{\rho_g v_p d_p}{\eta_g} \tag{5-39}$$

式中，c_g 为气体的比热容；η_g 为气体的黏度；v_p 为粒子与气体的相对速度；ρ_g 为气体密度。

当不考虑对流对热传导的影响时，$Nu=2$。

实际上，式（5-37）表示不考虑粒子内部的热传导特性，而假定 dQ 热量在 dt 内使整个粒子温度升高 dT_p 的情况。只有当粒子的热导率很大，瞬时将热量传递给粒子而温度梯度很小时，式（5-37）才有效。这种情况称为等温粒子模型。对于金属粒子或尺寸小于 20μm 的陶瓷粒子，一般可以按上述等温粒子考虑。而对粒子尺寸较大、尤其是热扩散率较小的材料，粒子的加热应考虑粒子内部的热传导。

式（5-37）给出了影响粒子加热速度的因素，加热速度随着气体温度和热导率的增加而增加，而与粒子的容积比热容和直径的平方成反比。除上述因素外，还需注意粉末材料由于粒子的加速和加热同时进行，速度的增加将会缩短粒子在热源中的停留时间，即加热时间，而不利于粒子的加热熔化，因此对于同一热源，粒子的加热和加速的要求具有一定的矛盾性，需要合理的加热与加速配合，对于等离子喷涂与普通火焰喷涂，一般应保证粒子达到完全熔化再来提高粒子的速度。

考虑粒子内部温度梯度时的粒子加热模型如图 5-11 所示。数学模型由以下微分方程给出，通过数值求解微分方程可以了解粒子的加热与熔化特性。

$$\frac{1}{r}\times\frac{\partial}{\partial r}\left(\lambda_p r^2\frac{\partial T}{\partial r}\right)=\rho_p c_p\frac{\partial T}{\partial t} \tag{5-40}$$

$$Q=h\pi d_p^2(T_g-T_{ps})-\pi d_p^2\varepsilon\sigma_s(T_{ps}^4-T_g^4) \tag{5-41}$$

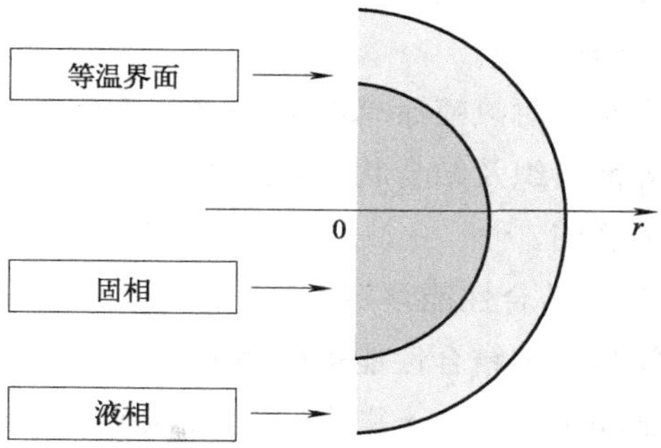

图 5-11 考虑粒子内部温度梯度时的粒子加热模型

$$\left(\frac{\partial T}{\partial t}\right)_{m}=\frac{1}{\rho_{l}\Delta H_{m}}\left[\lambda_{pl}\left(\frac{\partial T}{\partial r}\right)_{m}-\lambda_{ps}\left(\frac{\partial T}{\partial r}\right)_{m}\right] \tag{5-42}$$

式中，r 为粒子心部固相半径；λ_p 为粒子热导率；ρ_p 为气流中粒子密度；T_{ps} 为粒子表面温度；T_g 为气体温度；ΔH_m 为熔化潜热；ϵ 为发射率；σ_s 为斯特藩-玻尔兹曼常数；ρ_l 为液体密度；λ_{pl} 为液体热导率；λ_{ps} 为固体热导率；Q 为输入粒子的热量。

5.2.1.2 熔融黏附理论

扁平粒子是形成热喷涂涂层的基体单元，单个粒子的扁平化行为，特别是单个粒子与基体间的相互作用决定了涂层与基体的结合。

(1) 热喷涂粒子扁平形态分析

目前，多数热喷涂扁平粒子的试验研究集中于热喷涂扁平粒子形态的观察与分析。普遍认为，喷涂扁平粒子主要呈溅射状与圆盘状两种形态。升高基体温度会促使扁平粒子形态从溅射状向圆盘状转变，随着基体温度的升高，涂层结合强度逐渐增大。产生扁平粒子形态差异的原因，较为认可的有以下几种观点：

① 基体表面吸附物的影响。放置在空气中的金属基体表面不可避免地会黏附一些吸附物（如水等）。金属基体的吸附物是引起喷涂粒子发生飞溅的重要原因，当高温粒子撞击到基体表面上后，基体表面的吸附物解吸附产生气体，并会在撞击粒子的压力下从表面逸出，促使粒子发生飞溅。而当基体初始温度较高时，基体表面的吸附物就会提前发生解吸附作用从表面逸出，因此，撞击粒子就会表现为圆盘状。由基体表面吸附物诱发粒子飞溅的推测，目前已得到了热喷涂行业的普遍认可。

② 粒子-基体界面润湿性的影响。当粒子与基体间的接触界面的润湿角较小时，利于熔融态粒子的铺展，使得粒子更容易以圆盘状沉积。

③ 熔滴凝固的影响。一些研究结果表明，粒子在基体上铺展过程中的熔滴凝固是造成粒子飞溅的重要原因。在基体预热温度较低的情况下，熔滴与基体碰撞接触后，熔滴的中心部位发生快速凝固，而其他区域凝固较慢，熔融流体的不稳定性易形成溅射，而对基体进行适当的预热，可以降低扁平粒子的冷却速率，阻碍熔滴的局部快速凝固，从而抑制扁平粒子的飞溅。

(2) 热喷涂粒子-基体界面微观组织研究

对热喷涂扁平粒子形态的观察，可以间接地推测扁平粒子的形成过程。而热喷涂粒子-基体界面的微观组织更直观地反映了单个熔滴与基体间的相互作用结果，这方面的研究有助于揭示热喷涂涂层的结合机制。

由于热喷涂粒子尺寸太小，对热喷涂单粒子-基体界面组织的现有研究结果并不充分，但现有研究已明确的是，界面组织及结合状况与熔滴材料、基体材料及粒子与基体间的界面接触状况等因素是密切关联的。

(3) 热喷涂粒子-基体界面结合性能评定

单个扁平粒子与基体间界面的结合性能可作为判断涂层与基体界面质量的重要指标。然而，由于热喷涂单个粒子非常小（几十微米），这给热喷涂粒子与基体结合性能的评定带来了困难。到目前为止，仅有为数不多的研究者进行了这方面的尝试。

Chromik 等结合微刮擦测试装置，自制了半圆形推头，采用微剪切的测试方法，测试了单个 Ti 粒子和 Ti 板与 Ti 涂层间的结合强度。Guetta 等运用非接触式激光冲击的方法，用不同强度的激光冲击沉积有扁平粒子的基体背面，同时观察扁平粒子的脱落情况，记录下扁平粒子从基体面脱落时的阈值，据此计算出扁平粒子与基体间的结合强度。

这些方法为评定热喷涂扁平粒子与基体间界面结合强度提供了一些思路，然而如何推广热喷涂涂层的分析还有很长的路要走。

5.2.2 热喷涂修复的动力学理论

热喷涂修复的动力学理论是研究涂层形成过程的核心内容，主要关注熔滴的行为及其与基材的相互作用。熔滴的形成与运动，以及熔滴在撞击基材表面后的碰撞与融合，直接影响涂层的微观结构和力学性能。掌握这些动力学过程有助于优化喷涂参数，提升涂层质量和修复效果。以下将详细讨论熔滴的形成与运动机制，以及熔滴在碰撞与融合过程中的关键现象和其对涂层性能的影响。

5.2.2.1 熔滴的形成与运动

① 熔滴形成：熔滴的形成是从粉末颗粒到液态金属滴的转变过程。在热喷涂过程中，粉末颗粒首先被送入喷嘴中，然后通过燃烧气体流经喷嘴，并在高温和高速气流的作用下被加热到熔化温度。一旦达到熔化温度，粉末颗粒就会迅速熔化成液态金属滴。这一过程是热力学和动力学相互作用的结果。

在熔滴形成过程中，液态金属滴的大小、形状和温度受到多种因素的影响，包括喷嘴设计、粉末颗粒的性质、气体流速和温度等。通常情况下，喷嘴的设计会影响到气体和粉末颗粒的流动方式和速度，进而影响到熔滴形成的过程。

② 熔滴运动：形成的液态金属滴在喷嘴出口处受到气体流动的推动而喷射出来，然后在空气中自由运动到基材表面。熔滴运动的过程主要受到以下几个因素的影响。

a. 喷涂过程中气体流动的速度和方向对熔滴的运动轨迹产生重要影响，气体流动通过喷嘴产生了对熔滴的推动力，使其向基材表面喷射；b. 重力会影响到液态金属滴的下落速度和轨迹，尤其是对于较大的熔滴来说，重力的影响更加显著；c. 表面张力：液态金属滴的表面张力会影响到熔滴的形状和流动情况，较大的表面张力可以使熔滴更容易形成球形，从而减小表面积，减少能量损失；d. 熔滴在空气中运动时会受到空气的阻力，阻力的大小取决于熔滴的速度和形状，较大的熔滴受到的空气阻力相对较小，较小的熔滴受到的空气阻力相对较大。

5.2.2.2 熔滴的碰撞与融合

熔滴的碰撞与融合直接影响到涂层的致密性、结合强度和成形质量。在熔滴碰撞与融合过程中，液态金属滴之间发生相互碰撞、融合和堆积，最终形成连续的涂层。下面对熔滴的碰撞与融合进行详细介绍。

熔滴的运动过程中，不同的熔滴会在空中相互碰撞。这种碰撞既发生在喷嘴出口附近，也发生在熔滴在空中运动的过程中。熔滴的碰撞受到多种因素的影响，包括熔滴的速度、大小、形状以及空气流动等。当两个熔滴发生碰撞时，它们之间会产生动量传递、能量耗散和形变等现象。碰撞后，熔滴之间会发生融合现象。这种融合过程是指两个或多个熔滴在碰撞后，由于表面张力的作用而融合成一个更大的熔滴。在热喷涂过程中，熔滴之间的融合现象是常见的，并且对于形成致密均匀的涂层至关重要。融合过程会释放出部分能量，并使得液态金属滴形成更大的稳定滴状结构。碰撞和融合后的熔滴会继续运动，并最终堆积在基材表面上。在堆积过程中，熔滴之间会发生相互连接、交叉和叠加，形成连续的涂层结构。堆积的过程受到喷涂参数、基材表面状态和熔滴间相互作用等因素的影响。

热喷涂修复过程中熔滴的动态行为如图 5-12。

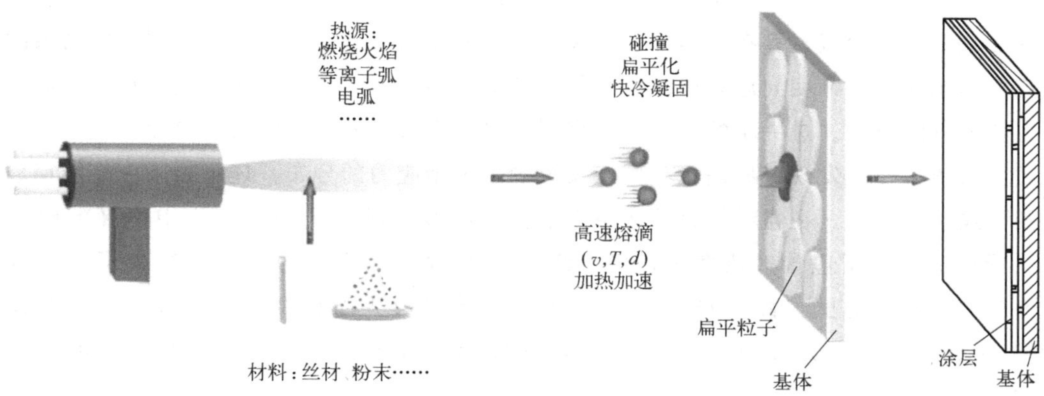

图 5-12 热喷涂修复过程中熔滴的动态行为

5.2.3 热喷涂修复工艺

热喷涂修复工艺是确保涂层质量和性能的关键环节。工艺参数的选择和控制对修复效果有着重要影响。涂层与基体材料的匹配性、粉末的熔化状态以及涂层的冷却速度是影响涂层性能的主要因素。涂层与基体材料的匹配性决定了涂层的附着力和整体性能，粉末的熔化状态影响涂层的致密性和均匀性，而涂层的冷却速度则关系到涂层的微观结构和内应力。以下将详细探讨这些因素在热喷涂修复工艺中的具体影响及其优化策略。

5.2.3.1 涂层-基体材料匹配性的影响

材料的热胀冷缩系数是指材料在温度变化时产生的尺寸变化。涂层与基体材料的热膨胀系数应尽可能匹配，以减少因温度变化引起的内部应力。如果两者热膨胀系数相差太大，温度变化时易产生微裂纹、剥落或者变形，进而影响部件的整体性能和寿命；涂层材料与基体材料之间必须具有良好的化学稳定性，以防止在使用过程中发生不良的化学反应或腐蚀。如果涂层与基体材料不兼容，会导致氧化、腐蚀、粉化或者其他形式的化学损伤，从而降低修复部件的性能和寿命；涂层与基体之间的结合强度直接影响修复部件的耐用性。强大的结合力可以确保涂层牢固地附着在基体表面上，防止剥落或脱落。缺乏足够的结合强度会导致涂层与基体之间的分层或者剥离，从而降低修复部件的可靠性和使用寿命；与此同时，涂层材料的热传导性必须与基体材料相匹配，以确保修复部件在工作时能够均匀地传导热量。如果涂层的热传导性远低于基体材料，会导致修复部件出现局部过热，从而影响其性能和寿命；涂层材料的化学成分应与基体材料相容，以避免在高温或者高压下发生不良的化学反应。材料之间的不相容性会导致晶界扩散、相变或者形成致密氧化层，进而降低修复部件的性能。

借助 ANSYS 软件进行了有限元分析，比较了锯齿状和平面型结合界面形状对涂层性能的影响。粗糙界面结构能够改变集中应力的分布，使得结合界面应力更加均匀。相比之下，平面形状的涂层界面存在局部应力集中现象。然而，粗糙界面的涂层中残余应力相对于平面形状的涂层略高，并且粗糙界面的突变越严重，残余应力越高。采用间接耦合分析方法模拟了喷涂过程中陶瓷层和黏结层之间三维结构椭圆界面的应力场分布，结果表明结合界面是应力集中区，存在应力突变。椭球形貌单元的位置和尺寸对陶瓷层和黏结层的界面应力影响较大，在相同形貌单元尺寸下，涂层边界附近的形貌单元热应力较大，成为涂层失效的危险单元。进一步的模拟分析表明，热障涂层中的残余应力与界面形貌尺寸密切相关。数值模拟还发现，界面粗糙度不仅影响了残余应力的分布，还影响了应变能释放率以及裂纹扩展方式。在粗糙结合界面条件下，表面裂纹倾向于向应力集中度高的地方扩展。最后，建立了包含多条表面裂纹的涂层/基体系统有限元模型，并模拟了不同位置表面裂纹的扩展方式。图 5-13（a）是其基于波形结合界面建立的包含多条表面裂纹的涂层/基体系统有限元模型，图 5-13（b）～（d）是不同位置表面裂纹扩展方式的模拟结果图。

5.2.3.2 粉末熔化状态的影响

粉末的熔化程度直接影响涂层的致密性和结合强度。如果粉末没有完全熔化，涂层会出现微裂纹或孔隙，降低修复部件的密封性和力学性能。另一方面，过度熔化会导致涂层的成分变化，使其与基体材料不匹配，进而影响修复部件的耐腐蚀性和化学稳定性，粉末的熔化状态还会影响涂层的冷却速率。粉末熔化过快或过慢，都会导致涂层内部残余应力的增加，从而影响涂层的结合强度和微观结构。适当的冷却速率有助于形成致密的结构，并减少内部应力的积累，提高修复部件的力学性能和耐久性；粉末熔化状态的控制也直接影响了溅射和喷涂的质量。完全熔化的粉末流动性更好，能更均匀地沉积在基体表面，从

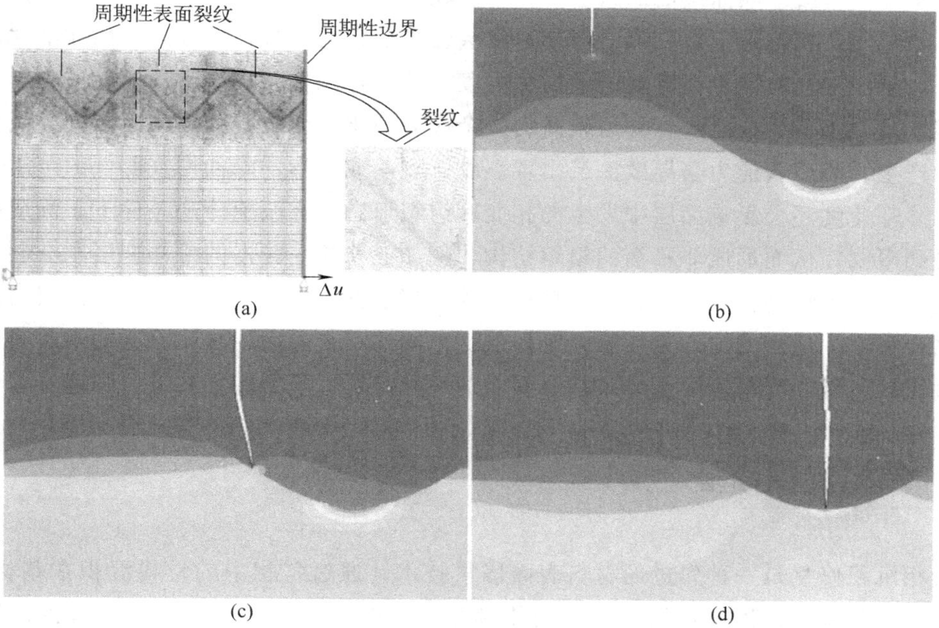

图 5-13 波形结合界面、含有多条表面裂纹的热障涂层有限元模型（a）以及裂纹位置在波峰（b）、峰谷中间（c）、波谷（d）时的表面裂纹扩展方式模拟结果

而提高涂层的均匀性和致密性。相反，未完全熔化的粉末会导致涂层表面粗糙或不均匀，降低修复部件的表面质量和涂层的附着力；熔化状态还会影响涂层的成分均匀性。如果粉末完全熔化，则可以确保涂层成分的均匀性，从而减少涂层与基体之间的界面反应和相变，提高修复部件的化学稳定性和耐腐蚀性。

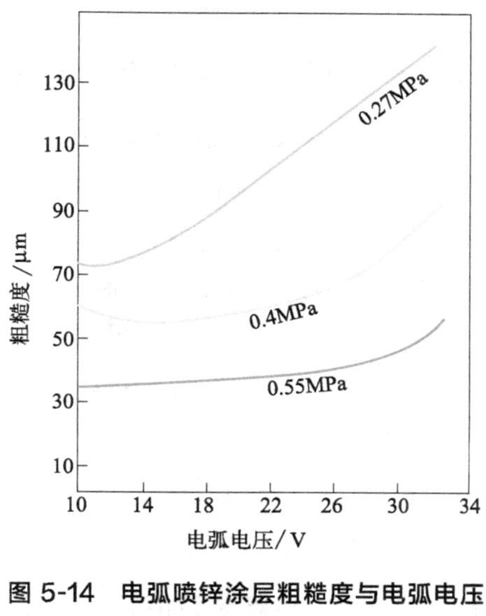

图 5-14 电弧喷锌涂层粗糙度与电弧电压及雾化气流压力的关系

热喷涂涂层最关心的问题之一是涂层粗糙度，它取决于雾化后微粒的粗细。影响雾化微粒粗细的因素较多，主要有：随着雾化气流的压力增高，微粒变细（如图 5-14 所示）；以电弧喷涂为例，其电弧电压愈高，微粒愈粗（如图 5-14 所示）；若两根金属丝间的夹角小，微粒要细些；低熔点金属比高熔点金属雾化微粒要细。除以上因素外，喷嘴的结构也影响雾化微粒粗细，采用封闭式喷嘴比敞开式喷嘴能产生更细的雾化微粒。

5.2.3.3 涂层冷却速度的影响

涂层冷却速度是指涂层在热喷涂完成后从高温状态迅速冷却到室温的速度。冷却速度对涂层的微观结构、晶粒大小、残余应力以及物理和力学性能都有显著影响。

冷却速度直接影响涂层的晶粒生长速率。较快的冷却速度会抑制晶粒的生长，导致细小的晶粒尺寸。相比之下，较慢的冷却速度会促进晶粒的生长，导致晶粒尺寸增大。通常情况下，细小的晶粒会提高涂层的硬度和强度，但会降低其韧性；冷却速度还会影响涂层中的残余应力水平。快速冷却导致较高的残余应力积累，而较慢的冷却速度则会减少残余应力的产生。高残余应力会导致涂层出现裂纹、剥落或变形，降低修复部件的可靠性和耐久性；冷却速度还会影响涂层中发生的相变和组织形态。在快速冷却条件下，涂层中的相变会受到限制，从而形成非平衡的组织结构，例如亚稳相。较慢的冷却速度则有利于形成更稳定的相和组织结构，提高涂层的热稳定性和耐磨性；冷却速度也会影响涂层与基体之间的结合强度。适当的冷却速度有助于形成更牢固的结合界面，提高涂层的附着力和耐久性。过快或过慢的冷却速度会导致结合界面的不稳定性，降低涂层的结合强度。

5.3 气相沉积修复

气相沉积修复是一种先进的材料表面修复技术，通过气相中的材料沉积在基材表面，形成高性能的涂层。该技术的成功应用依赖于对其热力学原理和晶体生长理论的深入理解。气相沉积技术的热力学原理揭示了材料从气相到固相的转变过程和能量变化，而晶体生长理论则解释了沉积过程中晶体的形成和生长机制。掌握这些基础理论，有助于优化气相沉积工艺，提高涂层的质量和性能。

5.3.1 气相沉积技术的热力学原理

气相沉积技术是利用气相中发生的物理、化学过程，改变工件表面成分，在表面形成具有特殊性能（例如超硬耐磨层或具有特殊的光学、电学性能）的金属或化合物涂层的新技术。气相沉积通常是在工件表面覆盖厚度为 0.5～10μm 的一层过渡族元素（钛、钒、铬、锆、钼、钽、铌及铪）与碳、氮、氧和硼的化合物。按照过程的本质可将气相沉积分为化学气相沉积（CVD）和物理气相沉积（PVD）两大类。气相沉积是模具表面强化的新技术之一，已广泛应用于各类模具的表面硬化处理，主要应用的沉积层为 TiC、TiN。

5.3.1.1 气相沉积热力学

以化学气相沉积中 $A_{(g)} \rightleftharpoons C_{(g)} + D_{(s)}$ 反应为例，若想沉积 D，上述反应的 $\lg K_p$ 应为较大的正值，但若要 D 溶解进入气相，即在原料区，则 $\lg K_p$ 应是较大的负值。$\lg K_p$ 与通常热力学数据表上能查到的 $\Delta G^{\ominus}$、$\Delta H^{\ominus}$、$\Delta S^{\ominus}$ 有以下关系：

$$\lg K_p = -\frac{\Delta G^{\ominus}}{2.303RT} = -\frac{\Delta H^{\ominus}}{2.303RT} + \frac{\Delta S^{\ominus}}{2.303R} \tag{5-43}$$

式中，$\Delta G^{\ominus}$ 为标准状态下反应吉布斯自由能的变化；$\Delta H^{\ominus}$ 和 $\Delta S^{\ominus}$ 为标准状态下，反应的焓和熵的变化；K_p 为反应的平衡常数。

上述反应的 K_p 可表示为：

$$K_p = \frac{p_C \alpha_D}{p_A} \tag{5-44}$$

式中，α_D 为固体活度（沉积物为纯物质时，一般为1）；p_A 和 p_C 为气体物质 A 和 C 的分压。

通常希望输入的气体物质 A 能大部分转变成固体涂层 D。若上述反应发生在密闭体系中，通入 1atm（1atm＝101.325kPa）的 A 而且需要 99％的 A 转换成 C 和 D，这时达到平衡时，应是 0.01atm 的 A 和 0.99atm 的 C。A 的转换率 99％，需要的 $\lg K_p$ 值应为：

$$\lg K_p = \lg \frac{p_C}{p_A} = \lg\left(\frac{0.99}{0.01}\right) \approx 2 \tag{5-45}$$

当 $\lg K_p$ 继续增大时，转换率增加得并不多。表 5-2 为输入 1atm A，增加 A 的转换率所需要的 $\lg K_p$ 值。

表 5-2 反应 $A_{(g)} \rightleftharpoons C_{(g)} + D_{(s)}$ 的转换率与平衡常数的关系

转换率/%	K_p	$\lg K_p$
10	0.111	−0.95
90	9	0.95
99	10^2	2
99.9	10^3	3
99.99	10^4	4

从表中可以看出，当 $\lg K_p$ 值位于＋1 和＋4 之间，A 基本上完全转换成 C 和 D。

对于不同的反应，用 $\lg K_p$ 对 $1/T$ 作图，从 $\lg K_p$ 与 $\Delta H^{\ominus}$ 和 $\Delta S^{\ominus}$ 的关系式可以看出，直线的斜率应为 $-\Delta H^{\ominus}/(2.303R)$，截距为 $\Delta S^{\ominus}/(2.303R)$。图 5-15 表示假设的反应Ⅰ～Ⅴ的 $\lg K_p$ 对 $1/T$ 的曲线，可以用它来表示如何根据 $\lg K_p$ 值选择传输-沉积反应。

从图中可以看出，最佳的原料区条件是高于上虚线部位，因为此处 $\lg K_p \leqslant -3$，而沉积区应在低于下虚线的部位，因为 $\lg K_p \geqslant +3$。反应Ⅰ是一个理想的从热到冷的或放热的传输-沉积反应，其中 $\Delta H^{\ominus} = -88$kcal（1kcal≈4.2kJ），原料区的温度应控制在 950～1100K 范围内，而沉积反应控制在 750～850K。反应Ⅱ具有较大的斜率（$\Delta H^{\ominus} = -176$kcal），$\lg K_p$ 一直到 2000K 左右还没有通过原料的范围，这个反应由于温度太高而不宜使用，因为选择容器有困难。反应Ⅲ的斜率又太小了（$\Delta H^{\ominus} = -6$kcal），但还可以采用。反应Ⅴ是一个很好的传输反应，但原料区和沉积区的温度正好和反应Ⅰ相反，它是一个从冷到热的传输反应，即沉积区的温度高于原料区，反应Ⅴ的沉积过程是吸热的（$\Delta H^{\ominus} = +88$kcal）。反应Ⅴ和Ⅰ的 $\Delta H^{\ominus}$ 相等，它所处的原料区和沉积区温度较低，在这种情况下，不是得不到满意的沉积层，就是反应速率太慢，也由于温度低，传输物之一的蒸气压很低，所以它冷凝下来，阻碍反应的进行。

一般情况，密闭体系气相生长是比较慢的过程，它取决于气体的扩散和对流，它的总速率反比于原料端和沉积端之间的距离。

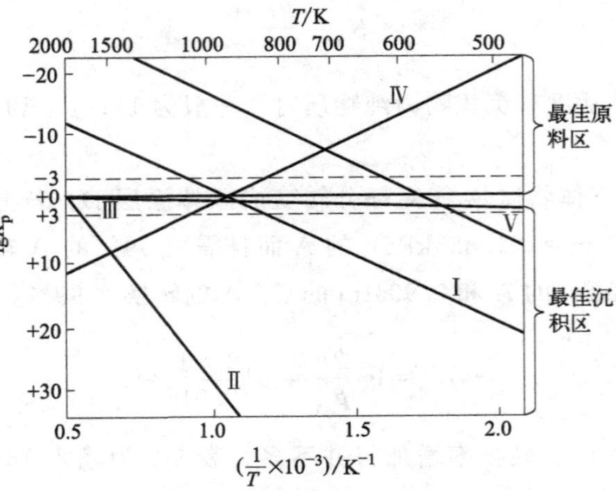

图 5-15 假设的反应Ⅰ～Ⅴ的 $\lg K_p$ 对 $1/T$ 的曲线

对于开放体系，选择反应所受到的限制要比密闭体系少，这是因为：非可逆和易可逆反应都可以使用；因为系统是开放的，因此生成的产物可以随时除去，这就改变了对 $\lg K_p$ 值的要求。使用图 5-16 所示的几种不同类型的开放反应器，能够克服存在的热力学或动力学限制。所以即使反应的沉积总效率或速率要求不是很高甚至不太合适，也可以采用。

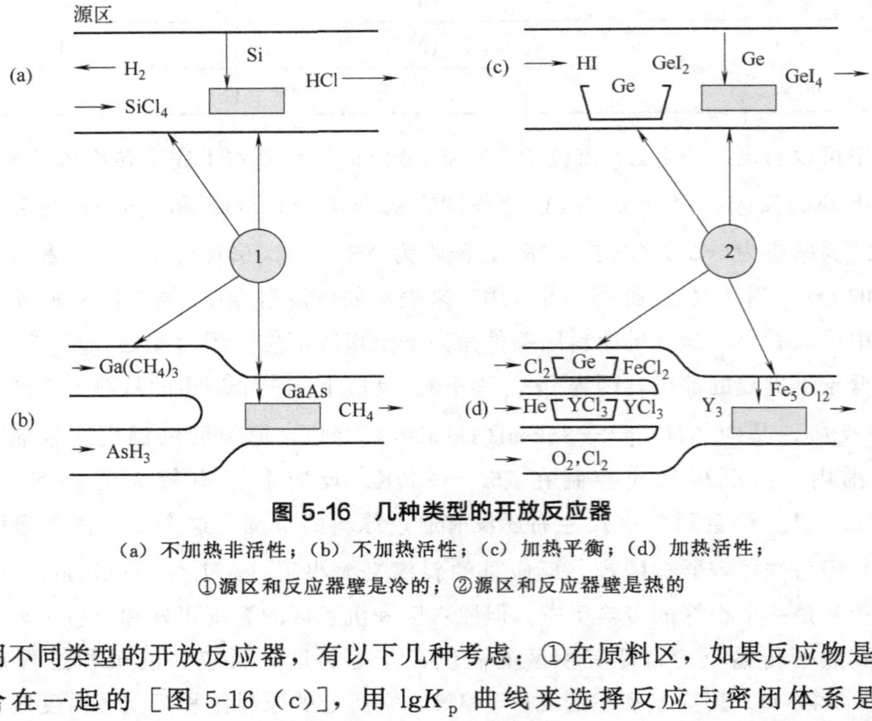

图 5-16 几种类型的开放反应器

(a) 不加热非活性；(b) 不加热活性；(c) 加热平衡；(d) 加热活性；

①源区和反应器壁是冷的；②源区和反应器壁是热的

使用不同类型的开放反应器，有以下几种考虑：①在原料区，如果反应物是在平衡条件下混合在一起的［图 5-16（c）］，用 $\lg K_p$ 曲线来选择反应与密闭体系是相似的；②如果反应物除了在高温的沉积区以外是不反应的［图 5-16（a）］或进入沉积区之前，反应物不混合［图 5-16（b）、（d）］，那么除了沉积区以外，对 $\lg K_p$ 不再有什么要求；③如果反应物在进入沉积区之前不混合［图 5-16（d）］，那么在系统中，每一个原料反应的 $\lg K_p$ 值应按图 5-15 中对原料区的要求确定。由此可以看出，开放体系两个最主要的优点是沉积反应的热力学需要的条件放宽了，有的原料可装在气瓶中，这就提供了广泛的选择反应物或反应条件。

5.3.1.2 不同气相沉积方法

气相沉积修复功能涂层方法是一类应用于表面修复和改善材料性能的涂层技术，常见的方法包括物理气相沉积（physical vapor deposition，PVD）和化学气相沉积（chemical vapor deposition，CVD）等。以下是对这些方法的详细介绍。

（1）物理气相沉积（PVD）

物理气相沉积是一种物理气相反应生长法，沉积过程在真空或低气压气体放电环境（低温等离子体）中进行。涂层的物质源是固态物质，经过“蒸发或溅射”后，在零件表面生成与基材性能完全不同的新的固态涂层。

① 物理气相沉积分类。物理气相沉积技术分为真空蒸发镀、离子镀、溅射镀。后两种技术是在气体放电条件下进行的。其涂层所经历的放电过程有辉光放电过程、热弧光放电过程、冷弧光放电过程。现将 PVD 的具体分类和放电方式、工艺特点列入表 5-3 中。

表 5-3 物理气相沉积技术分类

分类	名称	气体放电方式	工件偏压 /V	工作气压 /Pa	金属离化率 /%
真空蒸发镀	电阻蒸发镀	—	0	$10^{-3}\sim10^{-4}$	0
	电子枪蒸发镀	—	0	$10^{-3}\sim10^{-4}$	0
	感应加热蒸发镀	—	0	$10^{-3}\sim10^{-4}$	0
	激光蒸发镀	—	0	$10^{-3}\sim10^{-4}$	0
离子镀	二极型离子镀	辉光放电	10^3	1～3	1～3
	活性反应离子镀	辉光放电	10^3	$1\sim10^{-2}$	5～15
	空心阴极离子镀	热弧光放电	50～100	$1\sim10^{-1}$	20～40
	热丝阴极离子镀	热弧光放电	100～120	$1\sim10^{-1}$	20～40
	阴极电弧离子镀	冷弧光放电	50～200	$1\sim10^{-1}$	60～90
溅射镀	二极型溅射	辉光放电	0	1～3	0
	三极型溅射	辉光放电	0～1000	$1\sim10^{-1}$	1～2
	射频溅射	射频放电	100～200	$1\sim10^{-2}$	15～30
	平面磁控溅射	辉光放电	100～200	$1\sim10^{-2}$	10～20
	柱靶磁控溅射	辉光放电＋热电子	100～200	$1\sim10^{-2}$	10～15
	离子束溅射	辉光放电	0	$10^{-1}\sim10^{-3}$	＞50

② 物理气相沉积的特点

a. 沉积层的材料来自固体物质源，采用各种加热源或溅射源使固态物质变为原子态，而化学气相沉积、等离子体化学气相沉积采用的是气态物质源。

b. 物理气相沉积获得的沉积层薄，厚度范围为纳米至微米，属于薄膜范畴。故物理气相沉积技术薄膜技术，是其他表面覆层技术所不及的。

5

c. 沉积层是在真空条件下获得的，涂层的纯度高。

d. 多数沉积层是在低温等离子体条件下获得的，沉积层粒子被电离、激发为离子、高能中性原子，使沉积层的组织细密、与基体的结合强度好。

e. 沉积是在辉光放电、弧光放电等低温等离子体条件下进行的，沉积层粒子的整体活性大，容易与反应气体进行化合反应，获得氮化钛等化合物涂层。可以在较低温度下获得各种功能薄膜；基材范围广泛，可以是金属、玻璃、陶瓷、塑料。

f. 由于沉积层薄，又可方便控制多个工艺参数，因此容易获得单晶、多晶、非晶、多层、纳米层结构的功能薄膜。

g. 沉积是在真空条件下进行的，没有有害气体排出，属于无污染技术。物理气相沉积成为制备集成电路、光电器件、光学器件、太阳能利用、磁光存储元件、敏感元件等高科技产品的最佳技术手段。伴随高新科学技术的发展，物理气相沉积技术也得到了迅猛的发展。

(2) 化学气相沉积（CVD）

化学气相沉积是一种化学气相反应生长法。在不同的温度场、不同的真空度下，将几种含有构成涂层材料元素的化合物或单质反应源气体，通入放有被处理工件的反应室中，工件和气相界面进行分解、解吸、化合等反应，生成新的固态物质沉积在工件表面，形成均匀一致的涂层。通过控制反应温度、反应源气体组成、浓度、压力等参数，就能方便地控制涂层的组织结构和成分，改变其力学性能和化学性能，满足不同条件下对工件使用性能的需求。

目前，CVD 技术可以制备各种金属、合金和金属化合物，在机械、电子、能源、航空航天等工业中广泛应用，发挥着巨大作用。

① CVD 反应方式。由于制取涂层材料的不同，在 CVD 技术中会采用不同的化学反应类型。如热分解反应、金属还原反应、化学输送反应、氧化或加水分解反应、等离子激发反应、光激发（包括激光）反应等。在实际应用中，最常见的 CVD 反应方式有以下几种。

a. 氧化还原反应。在沉积反应中，至少有一个元素被氧化或还原，如果在反应中涉及氢，通常叫氢还原反应。属于这类的 CVD 反应很多，例如：

$$\frac{1}{2}S_{2(g)}+ZnI_{2(g)}\rightleftharpoons ZnS_{(s)}+I_{2(g)} \tag{5-46}$$

$$GaCl_{(g)}+\frac{1}{2}As_{2(g)}+\frac{1}{2}H_{2(g)}=GaAs_{(s)}+HCl_{(g)} \tag{5-47}$$

$$Ni(CO)_{4(g)}\rightleftharpoons Ni_{(s)}+4CO_{(g)} \tag{5-48}$$

$$SiH_{4(g)}\rightleftharpoons Si_{(s)}+2H_{2(g)} \tag{5-49}$$

$$GeO_{(g)}+H_{2(g)}\rightleftharpoons Ge_{(s)}+H_2O_{(g)} \tag{5-50}$$

$$WO_2I_{2(g)}+4HI_{(g)}\rightleftharpoons W_{(s)}+2H_2O_{(g)}+3I_{2(g)} \tag{5-51}$$

b. 歧化反应。若元素在气相中存在两种氧化状态，则利用变价特点可以提纯或沉积某些物质，如：

$$2GeI_{2(g)} = Ge_{(s)} + GeI_{4(g)} \tag{5-52}$$

$$3GaI_{(g)} + As_{2(g)} \rightleftharpoons GaI_{3(g)} + 2GaAs_{(s)} \tag{5-53}$$

$$3MoO_{2(g)} \rightleftharpoons Mo_{(s)} + 2MoO_{3(g)} \tag{5-54}$$

c. 合成或置换反应。属于这类反应的也很多，如：

$$SiCl_{4(g)} + CH_{4(g)} \rightleftharpoons SiC_{(s)} + 4HCl_{(g)} \tag{5-55}$$

$$3NbCl_{4(g)} + SnCl_{2(g)} + 7H_{2(g)} \rightleftharpoons Nb_3Sn_{(s)} + 14HCl_{(g)} \tag{5-56}$$

$$SiH_{4(g)} + 2O_{2(g)} = SiO_{2(s)} + 2H_2O_{(g)} \tag{5-57}$$

$$2AlCl_{3(g)} + 3CO_{2(g)} + 3H_{2(g)} \rightleftharpoons Al_2O_{3(s)} + 6HCl_{(g)} + 3CO_{(g)} \tag{5-58}$$

$$3SiBr_{4(g)} + 4NH_{3(g)} \rightleftharpoons Si_3N_{4(s)} + 12HBr_{(g)} \tag{5-59}$$

d. 金属有机化合物反应

为了降低 CVD 沉积温度，可以选用金属有机化合物进行热分解，成为 MOCVD，如：

$$2Al(OC_3H_7)_{3(g)} \rightleftharpoons Al_2O_{3(s)} + 6C_3H_{6(g)} + 3H_2O(g) \tag{5-60}$$

$$Ga(CH_3)_{3(g)} + AsH_{3(g)} \rightleftharpoons GaAs_{(s)} + 3CH_{4(g)} \tag{5-61}$$

$$(1-x)Ga(CH_3)_{3(g)} + xIn(CH_3)_{3(g)} + AsH_{3(g)} = Ga_{1-x}In_xAs_{(s)} + 3CH_{4(g)} \tag{5-62}$$

$$Cd(CH_3)_{2(g)} + H_2S_{(g)} \rightleftharpoons CdS_{(s)} + 2CH_{4(g)} \tag{5-63}$$

② CVD 反应条件。CVD 技术既然是一种化学反应过程，就必须满足化学反应的热力学和动力学条件，又要符合 CVD 技术本身的特定要求。

a. 必须达到足够的沉积温度，各种涂层材料的沉积温度可以通过热力学计算而得到。

b. 在沉积温度下，参加反应的各种物质必须有足够的蒸气压。

c. 参加反应的各种物质必须是气态（也可液态蒸发或固态升华成气态），而反应的生成物除了所需的硬质涂层材料为固态外，其余也必须为气态。在沉积温度下，沉积物和基体材料本身的蒸气压要足够低，这样才能保证在整个反应过程中，反应生成的固体沉积物很好地和基体表面相结合。

③ CVD 反应过程。CVD 反应是在基体表面或气相中产生的组合反应，是一种非均匀性反应。它涉及化学反应、热力学、气体输送及涂层生长等方面的问题。根据反应气体、排出气体分析和光谱分析，以制备石墨烯为例（如图 5-17），其反应过程一般认为有如下几步：

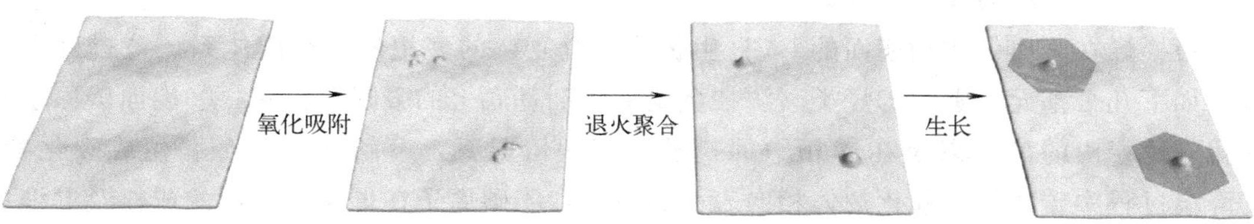

图 5-17 化学气相沉积法制备石墨烯的生长过程

第一步：反应气体（原料气体）到达基体表面；

第二步：反应气体分子被基体表面吸附；

第三步：在基体表面上产生化学反应，形成晶核；

第四步：固体生成物在基体表面解吸和扩散，气态生成物从基体表面脱离移开；

第五步：连续供给气体，涂层材料不断生长。

在这些过程中，反应最慢的一步决定了整个反应的沉积速率。

由于沉积的技术条件不同，所得沉积层的质量不尽相同。PVD 与 CVD 的特性对比见表 5-4。

表 5-4 PVD 与 CVD 技术对比

沉积技术	真空蒸发镀	离子镀	磁控溅射镀	化学气相沉积
沉积技术类型	热蒸发	热蒸发	阴极溅射	高温分解与化合
沉积层物质源	固态物质	固态物质	固态物质	气态物质
沉积材料范围	金属、化合物、半导体	金属、化合物	金属、合金、半导体	各种金属、非金属及其化合物
适用基体材料	金属、玻璃、塑料、陶瓷、半导体	金属、玻璃、陶瓷	金属、玻璃、陶瓷、塑料、半导体	金属、玻璃、陶瓷、半导体
沉积温度/℃	室温～500℃	150～800	150～800	1000 左右
沉积气压/Pa	10^{-3}～10^{-7}	1～10^{-2}	1～10^{-1}	133～10
沉积速率	中	中	低	高
膜基结合强度	一般	好	较好	好
沉积层粒子能量	低	高	较高	低
沉积层绕镀性	差	较好	较好	好

5.3.2 气相沉积修复中的晶体生长理论

在气相沉积修复过程中，晶体生长理论是决定涂层微观结构和性能的关键。晶体结构的演变和表面扩散过程对涂层的致密性、硬度和附着力有着重要影响。晶体结构演变理论揭示了在沉积过程中晶体形态和排列的变化，而表面扩散影响机理则解释了原子在基材表面移动和排列的过程。理解这些理论有助于优化气相沉积参数，提升涂层的质量。

5.3.2.1 晶体结构演变理论

晶体结构演变决定了涂层最终质量，本节以石墨烯为例，分析其气相沉积修复过程中所涉及的晶体结构演变，具体如下。

石墨烯在金属催化剂表面的 CVD 生长是一个复杂的多相催化反应体系。该过程主要涉及如下几个基元步骤：①烃类碳源在金属催化剂基底上的吸附与分解；②表面碳原子向催化剂体相内的溶解以及在体相中的扩散，某些情况下，溶解碳会与金属生成碳化物；③降温过程中碳原子从催化剂体相向表面的析出；④碳原子在催化剂表面的成核及二维重构，生成石墨烯（见图 5-18）。在金属催化剂的作用下，气态烃类前驱体在基底表面分解，CVD 生长石墨烯最常用的烃类气体碳源是甲烷。在 100Pa（0.001atm）到 10MPa（98.7atm）的压强范围内，甲烷通常在 1100℃或更高的温度发生热解，其他常见的前驱体如乙烯和乙炔等具有更低的分解温度。由于表面碳浓度高于体相，此浓度梯度会促使一部分表面分解产生的碳原子在高温下向金属内部扩散，并和金属形成具有不同结构的合金。在降温过程中，碳在金属中溶解度下降，碳原子的浓度高于形成合金的浓度，高温时溶入金属中的碳便以石墨的形式析出到金属表面，并优先在晶界、台阶等缺陷位处成核进而形成石墨烯（或石墨）。除去扩散进入金属体相的碳原子，碳源分解生成的部分碳原子会在金属表面直接形成石墨烯。这是一个表面催化的过程，对于溶碳量较低的金属（如Cu），其上石墨烯的生长主要遵循这种机理。显而易见，在通常的CVD生长过程中，同时存在着两个石墨烯生成路径：一个是“直接生长路径”，催化裂解出来的碳原子直接在金属表面成核、铺展形成石墨烯薄膜；另一个是“迂回生长路径”，催化裂解的表面碳原子经体相溶解后，再析出至表面，成核生长形成石墨烯薄膜。两个平行生长路径的贡献，取决于金属催化剂的溶碳能力、金属碳化物的生成及其在生长温度下的化学稳定性。也就是说，金属催化剂是决定石墨烯生长的关键要素之一，除了碳溶解度和金属碳化物因素之外，金属催化剂的催化活性、晶面取向、与石墨烯的晶格失配度和键合强度、熔点以及化学稳定性等都会影响生成石墨烯的质量和结构。目前已报道的石墨烯生长催化剂都集中在周期表中的ⅠB和ⅧB区（Os除外），研究最多、性能最好的催化剂是Cu和Ni。此外，在石墨结构形成的过程中，如果没有催化剂的存在，大面积的石墨结构只有在反应温度超过2500℃时才会形成。这一温度需要特殊设计的沉积系统和基底才能实现，并消耗大量的能量，而一个合格的催化剂基底不仅降低了前驱体热解的能垒，也降低了石墨结构形成的温度，因此选择适合的催化剂具有十分重要的作用。

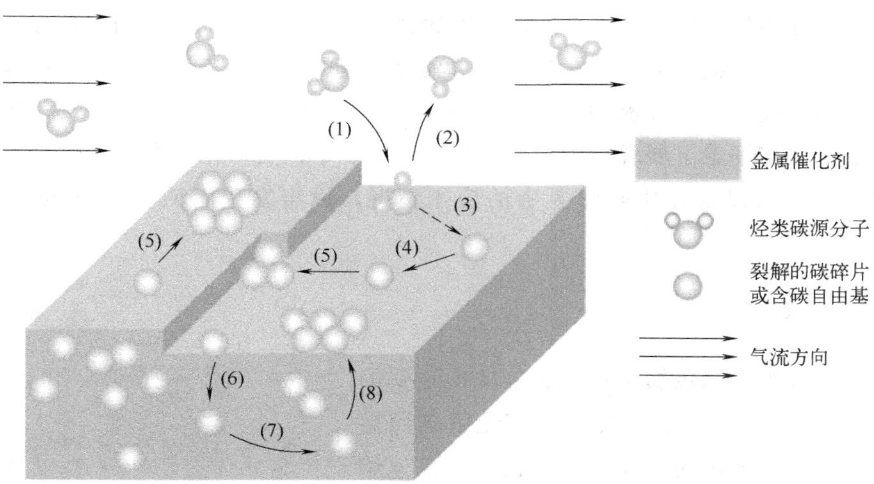

图 5-18 化学气相沉积生长石墨烯的基元步骤

由以上的分析可见，在CVD生长石墨烯的过程中，反应条件（如温度、压力、气体流量、升降温速率等）和金属催化剂的改变，实际上就是对于单一或多个基元过程（如碳源分解、碳的溶解与析出、石墨烯的成核与生长等）的改变。而每一个基元步骤的改变，又将影响后续生长的石墨烯各方面的性质（如结晶性、畴区大小、厚度、均匀性、晶体取向等）。

5.3.2.2 表面扩散影响机理

在气相沉积（CVD）过程中，表面扩散的速率和机制受到多种因素的影响，具体如下。

① 温度对表面扩散的影响是因为高温增加了原子或分子的热运动。在高温下，原子或分子拥有更高的能量，因此更容易克服表面的势垒，从而加速在表面的扩散过程。

② 气体压力对表面扩散的影响是通过影响气体分子与表面的碰撞频率来实现的。在高压下，气体分子的浓度增加，因此与表面发生碰撞的可能性增加，促进了原子向表面扩散。

③ 反应气体浓度影响表面扩散是因为表面扩散通常涉及化学反应。更高的反应气体浓度意味着更多的反应物分子在单位时间内与表面发生反应，从而加速了表面扩散过程。

④ 表面能是指材料表面原子相对于体内原子的过剩能量，通常用表面张力来表示。低表面能意味着表面原子或分子之间的相互作用相对较弱，因此更容易发生扩散。这是由于表面原子或分子之间的键结构较弱，或者是由于表面具有较高的表面活性位点，能够吸附更多的原子或分子。

⑤ 表面形貌对表面扩散也有影响。例如，表面上的缺陷或微观结构可以提供更多的扩散位点，从而加快扩散速率。这是因为缺陷或微观结构提供了额外的吸附位点，使得更多的原子或分子吸附并扩散到表面上。

5.4 其他修复方法

在涂层修复领域，除了已经介绍的冷喷涂修复、热喷涂修复和气相沉积修复功能涂层外，还存在一系列其他修复方法，它们各自具有独特的特点和应用优势。这些方法包括激光熔覆、等离子喷涂、磁控溅射和电弧喷涂等。虽然在某些领域和应用中相对较少被提及，但它们在特定场景下展现出了令人瞩目的潜力。下面将简单介绍这些修复方法，探讨它们的原理、特点以及在实际修复中的应用情况，以丰富读者对涂层修复技术的全面理解。

5.4.1 激光熔覆

激光熔覆技术是绿色加工再制造领域内重要的组成部分，如图 5-19 所示，其通过激光束辐照熔覆粉末和基体，使熔覆粉末和基体表面薄层迅速熔化，并快速凝固形成与冶金结合的表面涂层，从而显著改变和提升基体表面性能。

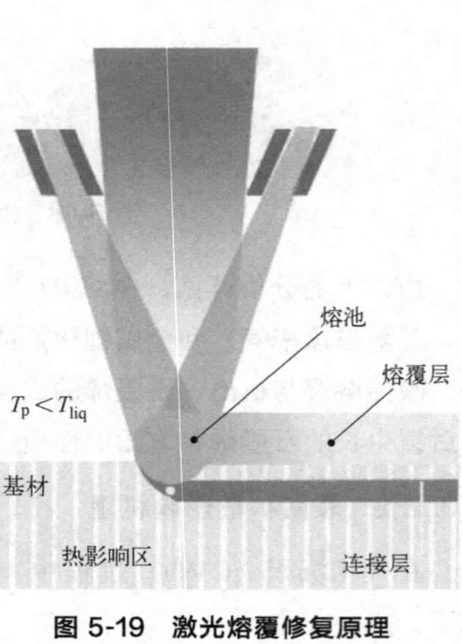

图 5-19 激光熔覆修复原理

相比传统的堆焊、热喷焊、热喷涂等改性方法，激光熔覆技术具有诸多优势：

① 热输入集中，加热速度快，热影响区较小，工件的变形较小。

② 激光熔覆能够实现基体与熔覆粉末的冶金结合，且稀释率低，冷却速度快，修复层组织细小致密，性能优良。

③ 熔覆粉末选择范围广泛，工艺过程可控性强。

激光熔覆中常用的激光器有三种：CO_2 激光器、Nd：YAG 激光器和半导体激光器。CO_2 激光器的输出率较高，在激光熔覆中有着广泛的使用。Nd：YAG 激光器波长较短，基体对激光吸收率高，提高了能量使用效率，其光束由光纤传输，可实现熔覆过程柔性化，工艺稳定性较好。半导体激光器的电-光转换效率高达 50%，熔覆效率较高，已用于多种不锈钢粉末的熔覆过程。

熔覆粉末的添加主要分为预置粉末法和同步送粉法。预置粉末法是将待熔覆粉末预先涂覆在基体表面，之后使用激光束照射基体和预置粉末，使两者同时熔化、凝固并形成冶金结合。该方法操作简单，但不易控制基体熔化深度，容易导致稀释率过大和多通道搭接时的翘曲现象。同步送粉法是指在激光熔覆过程中，通过送粉器将熔覆粉末引入激光作用区。相比预置粉末法，同步送粉法的粉末添加方式简单，可灵活调控送粉参数，提高了熔覆粉末的利用效率，易控制和实现自动化，是今后送粉方式的重要发展方向。

现今大量应用的熔覆粉末主要包括铁基、镍基、钴基等自熔性合金粉末及金属陶瓷复合粉末。根据修复试样的性能要求，铁基、镍基、钴基等熔覆合金多用于耐磨、耐蚀、抗热疲劳的零件。此外，通过在金属基粉末中添加陶瓷相（WC、TiC、SiC），可制备金属陶瓷复合粉末，可极大地提高材料的硬度、耐磨性、化学稳定性等。

激光热修复以激光熔凝、熔覆为基础，是一个远离平衡态的快速加热、快速冷却的复杂物理、化学冶金过程。自 1974 年 Seaman 获得激光熔覆工艺专利以来，对激光熔凝、熔覆的研究至今已有 50 多年，而激光热修复技术则是在近 40 年激光熔覆充分发展的前提下逐渐得到重视并进行了大量研究。

5.4.2 等离子喷涂

等离子喷涂技术是利用等离子火焰来加热熔化喷涂粉末并使之形成涂层的热喷涂方法。它是将粉末材料送入等离子体（通过射频放电）中或等离子射流（通过直流电弧）中，使粉末颗粒在其中加速、熔化或部分熔化后，在冲击力的作用下，伴随等离子射流高速喷射并沉积到预先经过处理的工件表面上，从而形成一种具有特殊性能的涂层的一类加工工艺。由于等离子喷涂火焰的温度和速度极高，几乎可以熔化并喷涂任何材料，形成的涂层具有结合强度较高、孔隙率低且喷涂效率高、使用范围广等优点，因此在航空、冶金、机械、原子能、微电子等行业得到广泛的应用。

等离子喷涂基本工作原理如图 5-20 所示，采用刚性非转移型等离子弧为热源，以喷涂粉末材料为主的热喷涂方法。其喷涂原理是通过等离子喷枪（又称等离子弧发生器）产生等离子射流（电弧焰流），喷枪的钨电极（阴极）和喷嘴（阳极）分别接在电源负极和正极。高频振荡器激发引燃电弧，使供给喷枪的工作气（Ar 或 N_2）在电弧的作用下电离成等离子体。在热收缩效应、电磁收缩效应和机械收缩效应的联合作用下，电弧被压缩，形成非转移型等离子弧（高温高速等离子射流）。送粉气流推动粉末进入等离子射流中后粉末被迅速加热和加速，形成熔融或半熔融的粒子束，撞击到经预处理的基材表面，在基体表面流散、变形、凝固，后来的熔融粒子又在先前凝固粒子上层叠压、堆积形成涂层，从而使零件被喷涂表面获得不同的硬度、耐磨、耐热、耐腐蚀、绝缘、隔热、润滑等特殊

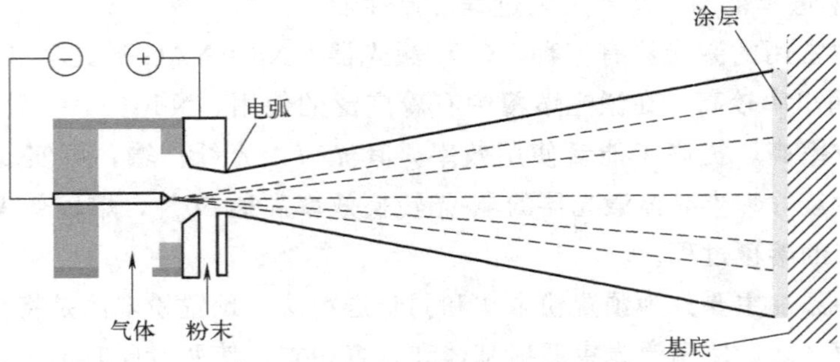

图 5-20　等离子喷涂基本工作原理

的物理化学性能，以满足零件在不同工作条件下的要求。

等离子喷涂的特点如下：

① 等离子喷涂可以获得多种性能的涂层。等离子喷涂有温度较高的喷涂射流，射流温度可达 32000K。熔点和硬度较高的材料都能被熔化，可以根据工件表面性能要求制备不同性能的涂层。这是一般氧-乙炔火焰喷涂和电弧喷涂达不到的。

② 等离子喷涂涂层组织致密、结合强度高。由于等离子喷涂时的射流速度高，粉末颗粒能获得较大的动能，所以喷涂后的涂层致密度高，一般在 88%～99%之间，涂层孔隙率可控制在 1%～10%之间，结合强度可达 70MPa。

③ 等离子喷涂涂层表面质量好。喷涂后涂层平整、光滑，并可精确控制涂层厚度，误差在 0.025mm 的范围内，因此切削加工涂层时可直接采用精加工工序。

④ 等离子喷涂可获得氧化物少、杂质少的涂层。采用惰性气体作为保护气体时可防止工件表面和粉末材料被氧化，从而获得比较纯净的涂层。

⑤ 等离子喷涂对工件热变形影响小，基体组织不会发生变化。在等离子喷涂过程中，工件表面不带电、不熔化（可控制温度低于 250℃），再加上粉末的喷射速度高，工件与喷枪的相对位移速度快，所以对工件表面的热影响很小，因此也可在塑料、油漆、玻璃、石棉布非金属材料上喷涂。

⑥ 等离子喷涂工作效率以及粉末利用率高。由于等离子喷涂时的粉末具有高速的特点，因此单位时间内粉末的沉积速率很高。在采用高能等离子喷涂设备时，粉末的沉积速率高达 8kg/h，充分显示了等离子喷涂的高效性。

5.4.3　磁控溅射

磁控溅射修复功能涂层的基本原理是利用磁场控制的溅射技术，在真空环境中将靶材溅射到基板表面，形成涂层。磁控溅射的工作原理（图 5-21）是指电子在电场 E 的作用下，在飞向基片过程中与氩原子发生碰撞，使其电离产生氩正离子和新的电子；新电子飞向基片，氩离子在电场作用下加速飞向阴极靶，并以高能量轰击靶表面，使靶材发生溅射。在溅射粒子中，中性的靶原子或分子沉积在基片上形成薄膜，而产生的二次电子会受到电场和磁场作用，产生 E（电场）$\times B$（磁场）所指的方向漂移，简称 E×B 漂移，其运动轨迹近似于一条摆线。若为环形磁场，则电子就以近似摆线形式在靶表面做圆周运动，它们的运动路径不仅很长，而且被束缚在靠近靶表面的等离子体区域内，并且在该区域中电离出大量的Ar来轰击靶材，从而实现了高的沉积速率。随着碰撞次数的增加，二次电子的能量消耗殆尽，逐渐远离靶表面，并在电场 E 的作用下最终沉积在基片上。由于这些电子的能量很低，传递给基片的能量很小，致使基片温升较慢。

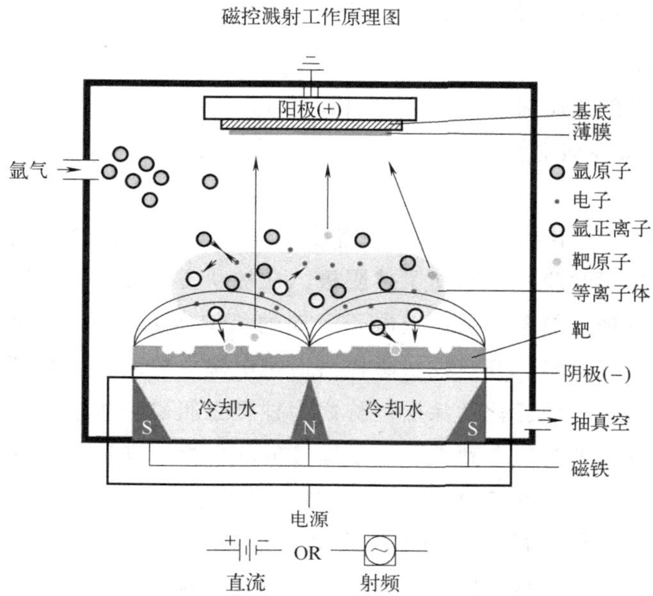

图 5-21 磁控溅射的工作原理

磁控溅射修复的功能涂层具有以下特点：

① 膜层组织细密。由于磁控溅射镀涂层粒子是靠阴极溅射方式得到的原子态粒子，携带从靶面获得的较高能量到达工件形成细小核心，长成非常细密的膜层组织。

② 膜层与基体的结合力优于真空蒸发镀。由于磁控溅射镀涂层粒子是采用阴极溅射方式得到的原子态粒子，从入射的氩离子得到10～40eV的能量。而真空蒸发镀的能量只是蒸发时携带的热能，为0.1～0.2eV。磁控溅射的膜层与基体的结合力比真空蒸发镀的高。

③ 膜层的成分与靶材成分接近。由于磁控溅射靶始终保持固态，与蒸发镀膜相比，溅射镀膜过程中，靶材无相变，化合物的成分不易发生变化，合金也不易发生分馏，因此，膜层的成分与靶材十分接近，适用的膜层范围广泛。但有些化合物膜，在溅射过程中，仍有一定的分解。对于要求严格的功能膜，在溅射过程中应充入一定的反应气体，使膜层的成分符合化学剂量的要求。

④ 膜层的绕镀性好。与蒸发镀膜相比，由于磁控溅射镀膜的真空度低，气体分子的自由程短，碰撞概率大，膜层粒子的散射能力强，故膜层的绕镀性好。

⑤ 磁控溅射靶是面积源。磁控溅射靶平面靶，柱状靶的长度为300～3000mm，虽然都是“线状”源，但加上工件进行垂直靶面的运动，可以沉积出大面积的薄膜。在宽度为1524mm的玻璃表面获得不同色泽和不同透光率的均匀膜层。磁控溅射可以获得大面积的薄膜，所以得到了广泛的应用。

磁控溅射存在的问题及应对措施如下。

(1) 靶材刻蚀不均匀

无论是平衡磁控溅射靶还是非平衡磁控溅射靶，磁场强度分布都不均匀，使靶材利用率低，对于贵重靶材，这是很不利的。合理设计磁场结构，配加电磁场可使靶面的磁场强度变化起来，实现放电区扫描，有利于靶材利用率的提高。

(2) 金属离化率低

提高金属离化率的措施有：

① 采用非平衡磁控溅射靶。可以提高工件附近的等离子体密度，从而提高金属的离化率。

② 增设热阴极，增加空间的高能电子密度。为了提高柱状磁控溅射靶的金属离化率，在旋磁型柱状磁控溅射镀膜机中附加了热阴极。在柱状磁控溅射靶周围加与柱状磁控溅射靶等长的钨丝，配有加速热源和加速热电子运动的负偏压电源。首先调整好沉积真空度、热阴极参数、工作转架，然后开启柱状磁控溅射靶电源。镀膜室内的等离子体密度比不加热阴极时强得多，可以沉积氮化钛涂层，称之为柱靶三级磁控溅射。为了进一步提高工件转架上下部位表壳反应效果的一致性和沉积厚度的均匀性，在镀膜室的上下位置各安装了几个小平面靶。在一个直径为 700～780mm 的钟罩形镀膜机中，每次可对几百件表壳进行均匀镀膜，且重复性好。目前，柱靶三级磁控溅射技术是进行反应沉积的重要手段之一，广泛用于沉积氮化钛、碳化钛、碳氮化钛等化合物涂层。

③ 采用对靶的空心阴极效应，提高对靶之间的等离子体密度。由于两个靶必须保持较近的距离才能出现空心阴极效应，故安装工件的区间小，工件装载量少，生产效率低。

5.4.4 电弧喷涂

高速电弧喷涂技术是 20 世纪 90 年代研制成功的热喷涂技术，其利用气体动力学原理，将高压空气或高温燃气通过特殊设计的喷嘴加速后，作为高速雾化气流来加速并雾化熔融金属，将雾化粒子高速喷射到工件表面形成致密涂层（图 5-22）。近年来，高速电弧喷涂技术已经取得了较快的发展，尤其是新型喷枪和逆变喷涂电源的不断研发，使该技术工艺稳定、可靠。喷涂材料也取得了长足的进步，就丝材形式而言，有实芯丝材和粉芯丝材；就材料性能而言，有防腐类丝材、不锈钢类丝材、自黏结底层丝材、耐高温氧化丝材、耐硫化腐蚀丝材、耐冲蚀类丝材、高硬度耐磨丝材、防滑丝材及多种性能的复合丝材等。

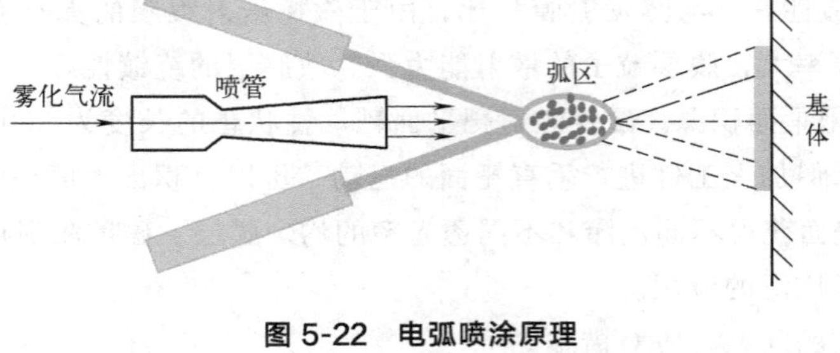

图 5-22 电弧喷涂原理

高速电弧喷涂技术作为再制造工程的关键技术之一，具有以下显著特点：

① 效率高、成本低。例如，高速电弧喷涂的粒子速度可达 100m/s 以上，涂层致密度和结合强度略低于等离子喷涂技术和超声速火焰喷涂的涂层，但与二者相比，高速电弧喷涂技术的最大优势是效率高、成本低。例如，喷涂碳钢丝时送粉速率可达 16kg/h，相当于粉末火焰喷涂和等离子喷涂的 4 倍以上，成本却不到等离子喷涂的 1/5。

② 涂层厚度大、零件尺寸限制少。由于高速电弧喷涂的沉积效率非常高，涂层的厚度可从几百微米到厘米量级，因此在工程应用上选择的灵活性大，在零件的外表面及 200mm 以上孔径的内孔部位都可沉积涂层，尤其是在大型工件磨损、变形工件尺寸恢复方面应用空间广阔。

③ 应用领域广。高速电弧喷涂技术可以赋予零件耐高温、防腐蚀、耐磨损、抗疲劳、防辐射等性能。在恢复零部件产品的磨损、腐蚀失效尺寸的同时，可有效提升其表面性能。

目前，高速电弧喷涂技术已在装备发动机、石油化工矿山机械和电力行业传动部件及结构件的修复与再制造等方面得到了一定的应用，而且效果显著。例如，采用高速电弧喷涂技术制备 45CT、SL30、FeAl 金属间化合物耐高温、耐腐蚀和耐磨损的复合涂层，对损伤工件进行修复再制造。结果表明，使用 FeAl-Cr_3C_2 喷涂丝材，采用自动化高速电弧喷涂技术制备了具有优异抗热腐蚀与冲蚀性能的复合涂层，涂层中生成的 Fe_3Al 和 FeAl 金属间化合物抗热腐蚀性能优异，Cr_3C_2 颗粒弥散分布于涂层中，起到了硬质相的抗冲蚀强化效果。应用该技术对电厂锅炉高温省煤器等管道进行了喷涂施工。结果表明，涂层的抗热腐蚀与冲蚀性能是工业高温用 20 钢的 2 倍以上，降低了电厂维护的成本，有效避免了爆管等事故的发生，并使资源得以二次利用。

思考题

1. 冷喷涂与热喷涂修复技术有哪些异同点？分别介绍一下它们适合采用的情形。
2. 气相沉积修复技术相较于传统喷涂修复技术有何优势和局限性？
3. 在工业生产中，你认为哪种修复方法应用最为广泛？为什么？
4. 除了列举的修复方法外，你是否了解其他新兴的表面修复技术？请简要介绍一种并探讨其应用前景。
5. 修复方法的选择除了取决于材料和工艺外，还受到哪些其他因素的影响？

参考文献

[1] 周香林，张济山，巫湘坤．先进冷喷涂技术与应用［M］．北京：机械工业出版社，2011.

[2] 魏世丞，王玉江，梁义，等．热喷涂技术及其在再制造中的应用［M］．哈尔滨：哈尔滨工业大学出版社，2019.

[3] 刘衍聪，伊鹏，石永军．激光熔覆修复再制造技术［M］．北京：科学出版社，2018.

[4] 王福贞，马文存．气相沉积应用技术［M］．北京：机械工业出版社，2007.

5

6 功能涂层再制造表面与界面

教学要求

本章旨在探讨功能涂层再制造表面与界面的理论与实践。深入理解功能涂层再制造的概念与意义，探索再制造技术在不同领域的应用与挑战；掌握再制造过程中涉及的表面与界面工程原理，了解再制造涂层的组成与结构特征；培养学生分析再制造涂层表面与界面性能的能力，掌握相关检测与评价方法；通过案例分析与实践操作，深入理解再制造技术的实际应用，培养学生解决问题的能力与创新思维。

基本要求

1. 理解功能涂层再制造的基本概念，介绍功能涂层再制造的定义、意义以及在材料科学领域的应用。

2. 掌握功能涂层再制造表面与界面的特点，了解功能涂层再制造表面与界面的物理和化学性质，以及其对材料性能的影响。

3. 学习功能涂层再制造的工艺与方法，介绍常见的功能涂层再制造表面评价方法。

4. 理解功能涂层再制造的应用领域，探讨功能涂层再制造在航空航天、汽车制造、医疗器械等领域的具体应用案例，将理论知识与实际应用相结合。

6.1 涂层去除后表面

涂层去除后的表面情况可以根据去除方法、涂层类型和基体材料的不同而有所差异。当涂层被成功去除后，基体材料（如金属、塑料等）的表面会显露出来，表面的粗糙度可能会发生变化。具体粗糙度取决于涂层去除方法，合适的涂层去除方法可以在不破坏基体材料的前提下，获得所需的表面粗糙度和表面连续性。

6.1.1 涂层残留率

功能涂层去除后涂层残留率是指对某种材料表面功能性涂层经过一定的去除处理（如化学溶解、机械摩擦等），残留在基材表面上的涂层的质量、厚度或面积与最初涂覆的涂层质量、厚度或面积之比。如图 6-1 所示，使用激光对表面涂层去除后进行涂层残留率表征。涂层残留率通常以百分比表示，是衡量涂层去除干净程度的一个指标，反映去除处理的效果和清洁度。较低的残留率意味着去除后表面更干净，有利于新涂层的附着和性能表现。涂层残留率的定义方式因具体应用场景而异，通常有质量残留率、面积残留率、厚度残留率等。

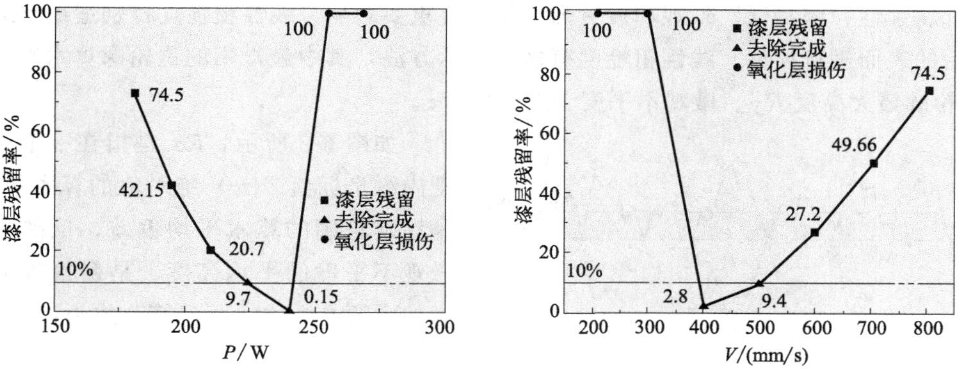

图 6-1 激光去除后涂层残留率表征

质量残留率：基体表面残留涂层质量与原始涂层质量的比值。计算公式为：

$$C_m=(M_{残余}/M_{原始})\times100\% \tag{6-1}$$

式中，C_m 为质量残留率；$M_{残余}$ 为基体表面残留涂层质量；$M_{原始}$ 为原始涂层质量。为了得到准确的剩余涂层质量，通常需要在涂层去除前后对涂层进行称重。该方法适用于涂层和基体材料之间的质量差异明显，且可以通过简单称重来精确测量涂层质量的场合。

面积残留率：涂层去除后，基体表面剩余涂层的面积与原始涂层面积的比值。计算公式为：

$$C_s=(S_{残余}/S_{原始})\times100\% \tag{6-2}$$

式中，C_s 为面积残留率；$S_{残余}$ 为基体表面残留涂层面积；$S_{原始}$ 为原始涂层面积。为了测量剩余涂层的面积，通常需要使用显微镜、图像处理软件或其他表面分析工具。此外，还可使用扫描电子显微镜（SEM）进行微观形貌拍摄，通过图像处理软件进行标定，利用微观元素面积占比结果来分析表面涂层残留率，可以直观地展示涂层去除后的表面状况，但精度受到图像分辨率和分析工具的限制。

厚度残留率：涂层去除后，基体表面剩余涂层的厚度与原始涂层厚度的比值。计算公式为：

$$C_h=(H_{残余}/H_{原始})\times100\% \tag{6-3}$$

式中，C_h 为厚度残留率；$H_{残余}$ 为基体表面残留涂层厚度；$H_{原始}$ 为原始涂层厚度。测量涂层厚度，可使用涂层测厚仪、扫描电子显微镜（SEM）或其他表面分析工具。此方法对于评估涂层去除的均匀性和深度非常有用，但需要注意的是，涂层厚度的测量受到基体表面粗糙度、涂层材料性质等因素的影响。

6

6.1.2 表面粗糙度

6.1.2.1 线性粗糙度

线性粗糙度是用于描述表面粗糙度的一种常见方式，是衡量材料表面微观不平度的重要参数之一，反映了表面微观几何形状误差的大小，对于零件的耐磨性、配合性质的稳定性、抗腐蚀性、密封性、外观和疲劳强度等都有重要影响。线性粗糙度特别适用于对涂层去除后的表面进行评估。线性粗糙度有多种表示方法，其中最常用的是轮廓算术平均偏差 Ra、轮廓最大高度 Ry、微观不平度十点高度 Rz。

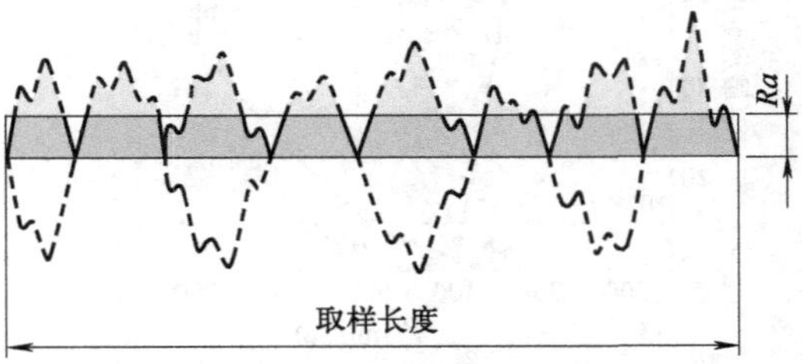

图 6-2 轮廓算术平均偏差 Ra 曲线

如图 6-2 所示，Ra 是指在一个取样长度内纵坐标值 $Z(x)$ 绝对值的算术平均值，是评定轮廓的算术平均偏差，反映了表面微观不平度的平均高度，是衡量表面粗糙度的主要参数之一。计算公式为：

$$Ra=\frac{1}{l}\int_{0}^{l}|Z(x)|\mathrm{d}x \tag{6-4}$$

式中，l 为取样长度；$Z(x)$ 为表面轮廓曲线。

轮廓最大高度 Ry 表示在取样长度内，轮廓峰顶和轮廓谷底之间的距离。它反映了表面微观不平度的最大高度，计算公式为：

$$Ry=R_{\max}=Rp+Rv \tag{6-5}$$

式中，Rp 为在一个取样长度内最大的轮廓峰高；Rv 为在一个取样长度内最大的轮廓谷深。

图 6-3 显示的是微观不平度十点高度 Rz 曲线。Rz 表示在取样长度内，五个最大轮廓峰高的平均值与五个最大轮廓谷深的平均值之和，反映了表面微观不平度的十点平均高度，计算公式为：

$$Rz=\frac{1}{5}\sum_{i=1}^{5}Yp_i+\frac{1}{5}\sum_{i=1}^{5}Yv_i \tag{6-6}$$

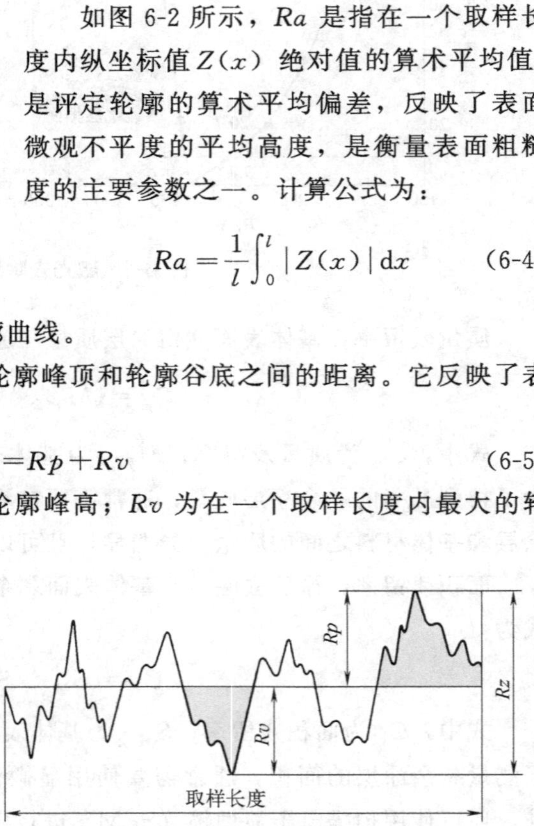

图 6-3 微观不平度十点高度 Rz 曲线

式中，Yp_i 与 Yv_i 分别为五个最大轮廓峰高和五个最大轮廓谷深。

除了上述三种常用的表示方法外，还有其他的评定参数，如 Rq（评定轮廓的均方根偏差）、Rsk（评定轮廓的偏斜度）等，这些参数从不同的角度描述了表面粗糙度的特性。此外，在实际应用中，经常会规定一个特定的评估长度，用于计算线性粗糙度参数，即截面评估长度，这个评估长度可以是表面上一段特定的长度，例如 1mm 或 10mm。通过测量这些参数，可以更好地了解表面的粗糙度状况，以便进行合适的处理和评估。

6.1.2.2 面粗糙度

“面粗糙度”用来表征涂层去除后的表面粗糙度，是指加工表面具有的较小间距和微小峰谷的不平度，属于微观几何形状误差，是用来描述表面质量和粗糙度的参数之一，例如表面的起伏、波纹和凹凸等情况。一般来说，表面粗糙度越小，则表面越光滑。表面粗糙度一般是由所采用的加工方法和其他因素所形成的，例如加工过程中刀具与零件表面间的摩擦、切屑分离时表面层金属的塑性变形以及工艺系统中的高频振动等。

为了量化和评估表面粗糙度，研究者采用了多种评定参数和计算方法。其中常用的参数是算术平均偏差 Sa，反映表面单位面积内的平均高度，即表面的整体平均高度。Sa 表征了表面粗糙度的整体水平，表示相对于表面的平均面，各点高度差的绝对值的平均值。Sa 的计算公式如下：

$$Sa=\frac{1}{A}\iint_{x}|Z(x,y)|\mathrm{d}x\mathrm{d}y \tag{6-7}$$

式中，A 为评估区域的面积；$Z(x,y)$ 为在点（x,y）处相对于平均面的高度偏差；Sa 为所有表面轮廓高度偏差绝对值的算术平均值，提供了关于表面微观不平度的整体度量，不考虑轮廓的方向或位置。

除了 Sa 之外，还有其他的评定参数，这些参数能表征整个表面的形貌和特征，以便全面了解表面的质量和特性。

在实际测量中，有多种方法可以测定表面粗糙度，如触针法、光学法、激光法等。这些方法各有优缺点，适用于不同的表面材料和加工方式。不同评估方法对于确定材料的力学性能、外观质量以及与其他零件的配合情况都非常重要。在去除涂层后，评估表面粗糙度有助于确保表面符合特定的工程要求，并能够满足相应的功能需求。通过测量和评定表面粗糙度，可以为工艺控制、质量检测提供重要依据。

通过对表面粗糙度进行参数化评定，得到控制材料表面质量的方法，表面粗糙度与加工工艺密切相关。通过调整加工工艺参数，如切削速度、进给量、切削深度等，影响表面粗糙度的大小和分布。因此，根据评定参数的结果，适当调整加工工艺参数，以获得更好的表面质量。此外，刀具和磨料的选择也会影响表面粗糙度。不同的刀具和磨料具有不同的切削和磨削性能，因此在选择时需要考虑到材料的硬度、韧性、热导率等因素。通过选择合适的刀具和磨料，有效控制表面粗糙度。另外，在生产过程中，需要定期对产品进行表面粗糙度的检测和控制。通过及时发现和处理表面质量问题，可以避免缺陷的产生，提高产品的质量和可靠性。

6.1.2.3 其他表面特征参数

在表征涂层去除后表面粗糙度时，“面积比”也是一种描述表面特征的参数，用来表征涂层去除后的表面粗糙度，用于表示涂层表面不同高度之间的比例关系。面积比通常用于描述表面的微观形貌和几何特征，是对表面粗糙度分布的更深入描述。面积比考虑到不同高度之间的表面面积分布情况，可以更全面地评估表面的粗糙度。常见的面积比参数有：

Ssk（偏斜度）：偏斜度描述了表面高度分布的对称性，是描述表面粗糙度参数分布形态的统计量。如图 6-4 所示，Ssk 表示表面轮廓高度分布的不对称性，即轮廓高度分布相对于其平均值的偏斜程度。Ssk 提供了关于表面微观形貌特征的重要信息，如表面的峰和谷的分布情况。Ssk 的计算公式如下：

$$Ssk=\frac{1}{Sq^3}\left[\frac{1}{A}\iint_A Z^3(x,y)\mathrm{d}x\mathrm{d}y\right] \tag{6-8}$$

式中，A 为评估区域的面积；Sq 为表面轮廓的均方根偏差；$Z(x,y)$ 为在点（x,y）处相对于平均面的高度偏差。Ssk 揭示了表面高度分布的偏向性，$Ssk<0$ 表示高度分布相对于平均面偏上（峰）；$Ssk=0$ 表示高度分布（峰与谷）相对于平均面对称存在；$Ssk>0$ 表示高度分布相对于平均面偏下（谷），如图 6-4。

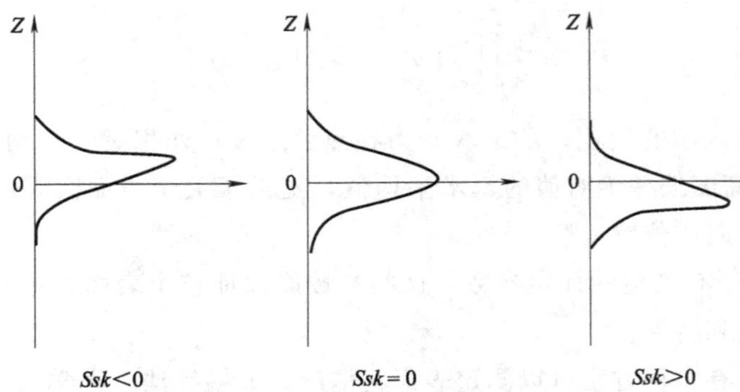

图 6-4 Ssk 偏斜度曲线

Sku（峰度）：峰度表示高度分布的尖锐程度，如图 6-5 所示，反映了高度数据的集中程度，是另一个描述表面粗糙度参数分布形态的统计量。峰度对于描述表面形貌中的极端高度和低谷特别敏感，提供了关于表面微观结构特性的重要信息。高峰度值表示高度数据集中在峰值周围，低峰度值表示高度数据相对平均。Sku 的计算公式如下：

$$Sku=\frac{1}{Sq^4}\left[\frac{1}{A}\iint_A Z^4(x,y)\mathrm{d}x\mathrm{d}y\right] \tag{6-9}$$

式中，A 为评估区域的面积；Sq 为表面轮廓的均方根偏差；$Z(x,y)$ 为在点（x,y）处相对于平均面的高度偏差。计算过程与偏斜度类似，只是使用四次方而非三次方来强调极端值的影响。Sku 值揭示了轮廓高度分布的尖锐程度或陡峭程度，$Sku<3$ 表示高度分布较平缓（峰钝、谷宽）；$Sku=3$ 表示接近正态分布（峰谷分布均匀）；$Sku>3$ 表示高度分布较尖锐，如图 6-5。需要注意的是，峭度仅描述了高度分布的尖锐程度，并不直接反映表面的整体粗糙度。因此，在实际应用中，通常需要结合其他表面粗糙度参数进行综合评估。

通过这些面积比参数，可以更深入地了解表面的粗糙度特征，包括平均高度、分布的偏斜性和尖锐度等信息。这有助于研究者更好地评估表面质量，设计适当的处理方法，并确保产品的性能和可靠性。

6.1.2.4 粗糙度计算方法

当需要表征材料表面的粗糙度时，粗糙度计算方法是至关重要的，因为它们提供了对表面特征的定量描述，有助于我们评估表面质量、优化制造过程并确保产品性能。粗糙度

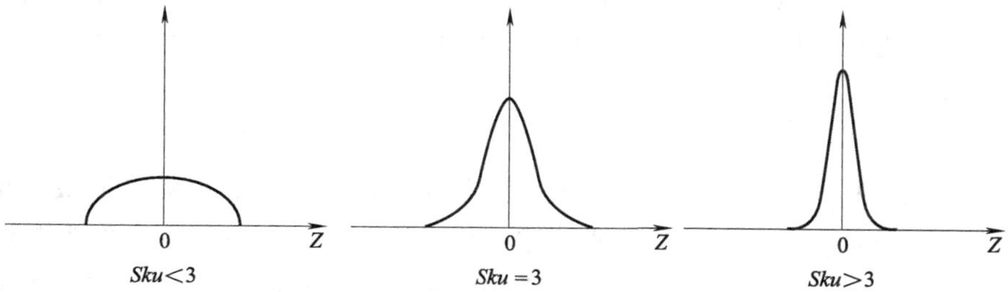

图 6-5 Sku（峰度）曲线

的计算通常涉及两个主要参数：平均粗糙度和均方根粗糙度。

平均粗糙度 Ra：是一种常用的粗糙度参数，它表示在取样长度内，轮廓线上各点与基准线之间绝对偏差的算术平均值。具体测试步骤包括将表面高度数据限制在一个固定的测量长度范围内。计算每个采样点与参考线的高度差的绝对值，对所有绝对值进行平均。Ra 通常用于描述表面在特定长度尺度上的平均粗糙度。此外均方根粗糙度 Rq 用于计算表面高度偏离平均值的平方的平均值，然后取平方根。具体步骤包括：先计算表面高度数据的平均值，再计算每个高度值与平均值之差的平方，对这些平方差值求平均，最后开方得到 Rq 值（见图 6-6）。Rq 值提供了表面整体粗糙度的量化度量，是许多工程应用中常用的指标之一。计算公式如下：

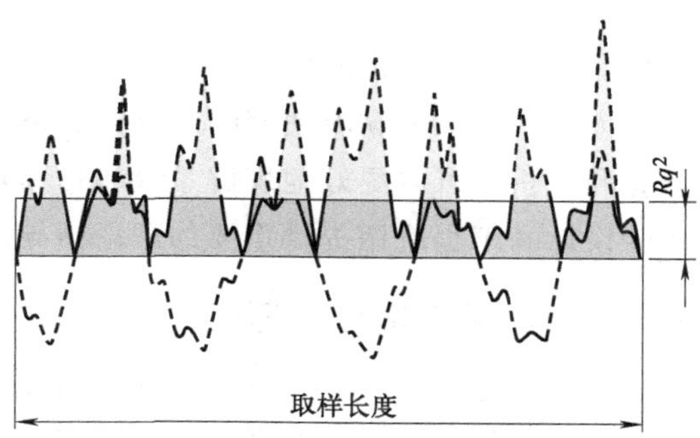

图 6-6 均方根粗糙度 Rq 曲线

$$Rq=\sqrt{\frac{1}{n}\sum_{i=1}^{n}(Z_i-Z)^2} \tag{6-10}$$

式中，Rq 为均方根粗糙度；n 为采样点数；Z_i 为第 i 个采样点的高度；Z 为所有采样点的平均高度。与平均粗糙度不同，均方根粗糙度更能反映表面高度的分布情况，因此在某些应用中更为重要。

6.1.3 表面自由能

6.1.3.1 Gibbs 自由能

在功能涂层再制造表面与界面的研究中，涂层去除后表面的自由能计算是一个关键的理论计算方法。而 Gibbs 自由能是描述系统稳定性和平衡状态的重要物理量之一。在热力学中，Gibbs 自由能（Gibbs free energy）是一个系统的内能和对外做功的能量之间的关系，用于描述系统在恒温、恒压条件下的可用能量，即系统可以用来进行非体积功的能量。Gibbs 自由能通常用符号 G 表示。Gibbs 自由能可以通过以下方程表示：

$$G=H-TS \tag{6-11}$$

式中，G 为系统的 Gibbs 自由能；H 为系统的焓（enthalpy），表示系统的内能加上对外界施加的压力乘以体积；T 为系统的热力学温度；S 为系统的熵（entropy），表示系统的无序程度。

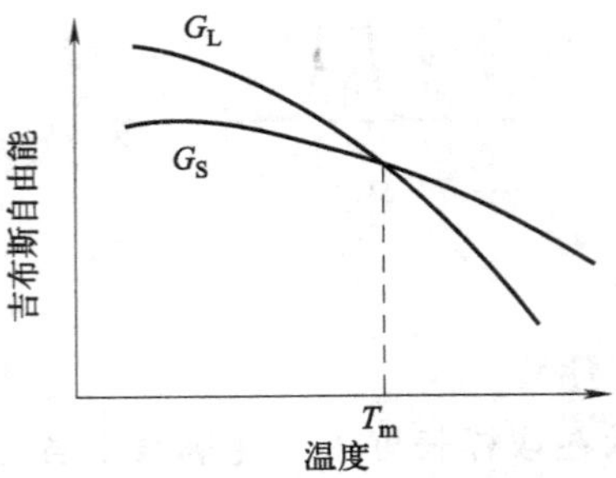

图 6-7　纯金属在液-固转变时的吉布斯自由能曲线

Gibbs 自由能的作用在于：在恒温恒压条件下，系统在稳定状态时其 Gibbs 自由能取最小值，因此通过比较不同状态下的 Gibbs 自由能来判断系统的稳定性。当系统处于相平衡时，各相的 Gibbs 自由能相等，可用来解释相变现象和相平衡条件。比如在纯金属的凝固和结晶过程中，由纯金属自由焓可给出其凝固时的热力学条件。纯金属是单组元系，没有成分变化，其吉布斯自由能主要随温度变化，根据吉布斯自由能与温度变化的关系可确定平衡状态和转变。图 6-7 所示的是纯金属在液-固转变时的吉布斯自由能变化图。此外，在化学反应中，反应进行的方向是使得系统的 Gibbs 自由能减少的方向，即反应朝着使 Gibbs 自由能下降的方向进行。通过对系统的 Gibbs 自由能进行计算和分析，可以更好地理解系统的行为规律，预测系统的稳定状态和化学反应方向，为实验设计和工程应用提供重要的理论指导。

6.1.3.2　表面自由能计算方法

表面自由能（surface free energy）是指产生新的单位面积表面时，系统自由能的增加。表面自由能作为材料自身的一种重要特征，对材料的界面性质及界面反应均会造成显著的影响，如表面吸附、润湿和结合现象等均会在一定程度上受到表面自由能的制约。固体表面自由能是材料表面能量状态的一种描述，对材料的诸多性能有很大的影响。固体表面自由能，一般是通过测量某种液体与固体的接触角，并借助关系方程来进行计算的。按照接触角的定义，将液滴滴到均匀平整的固体表面，当液滴达到稳定形态时，固-液、固-气、液-气之间的 3 个夹角保持恒定。此时，固、液、气三相之间的界面张力达到平衡状态，三相交点处受力平衡并服从 Young's 方程：

$$\gamma_S - \gamma_{SL} = \gamma_L \cos\theta \tag{6-12}$$

式中，γ_{SL} 为固-液界面张力；γ_L 为液体表面张力；γ_S 为固体表面自由能；θ 为接触角。从 Young's 方程的定义可以看出，若要计算固体的表面能 γ_S，只需要测量其他 3 个变量即可。其中，接触角 θ 和液体的表面张力 γ_L 可以通过仪器直接测得，但固-液界面张力 γ_{SL} 无法直接测量，所以不能直接利用 Young's 方程对固体表面自由能进行计算。基于上述原因，许多学者经过研究和验证，发现了以下不同求解表面自由能的方法。

（1）Fowkes 法

此方法认为，液体表面张力和固体表面张力由分子间的色散分量 γ^d 和极性分量 γ^p 组成，即：

$$\gamma = \gamma^d + \gamma^p \tag{6-13}$$

式中，γ^{d} 为London力产生的分子间相互作用，称为色散相互作用，包括非极性分子之间的相互作用，通常受密度的影响；γ^{p} 为非London力产生的分子间相互作用，包括偶极和氢键的相互作用，其值大小受表面极性因素的影响。当固体与液体间只考虑色散作用时，有：

$$\gamma_{SL}=\gamma_{S}+\gamma_{L}-2\sqrt{\gamma_{S}^{d}\gamma_{L}^{d}} \tag{6-14}$$

结合式（6-12）可得：

$$\gamma_{L}(1+\cos\theta)=2\sqrt{\gamma_{S}^{d}\gamma_{L}^{d}} \tag{6-15}$$

式中，γ_{S}^{d} 为固体色散分量；γ_{L}^{d} 为液体色散分量。通过式（6-15）可知，只需测量一种已知 γ_{L} 和 γ_{L}^{d} 的液体与被测固体之间的夹角 θ，便可求解出该固体的表面自由能 γ_{S}^{d}。但是，由于 Fowkes 法计算表面自由能时未考虑被测固体和液体的极性作用，因此 Fowkes 法的应用受到了很大的限制。

（2）Owens-Wendt-Kaelble 法

该方法是在 Fowkes 法的基础上添加了极性分量部分，将式（6-14）扩展为：

$$\gamma_{SL}=\gamma_{S}+\gamma_{L}-2\sqrt{\gamma_{S}^{d}\gamma_{L}^{d}}-2\sqrt{\gamma_{S}^{p}\gamma_{L}^{p}} \tag{6-16}$$

结合式（6-12）可得：

$$\gamma_{L}(1+\cos\theta)=2\sqrt{\gamma_{S}^{d}\gamma_{L}^{d}}+2\sqrt{\gamma_{S}^{p}\gamma_{L}^{p}} \tag{6-17}$$

式中，γ_{S}^{p} 为固体极性分量；γ_{L}^{p} 为液体极性分量。

因此，只需要知道两种已知 γ_{L}、γ_{L}^{d} 和 γ_{L}^{p} 的液体与被测固体之间的夹角 θ 值，便可以求得固体表面能 γ_{S}^{d} 和 γ_{S}^{p}，且：

$$\gamma_{S}=\gamma_{S}^{d}+\gamma_{S}^{p} \tag{6-18}$$

（3）van Oss 法

该方法认为固体的表面自由能可以表示为 Lifshitz-van der Waals 分量和 Lewis 酸碱分量，而 Lewis 酸碱分量又可表示为 Lewis 酸分量和 Lewis 碱分量，即：

$$\gamma=\gamma^{LW}+\gamma^{AB} \tag{6-19}$$

且：

$$\gamma^{AB}=2\sqrt{\gamma^{+}\gamma^{-}} \tag{6-20}$$

所以固-液界面的相互作用关系为：

$$\gamma_{SL}=\gamma_{S}+\gamma_{L}-2\left(\sqrt{\gamma_{S}^{LW}\gamma_{L}^{LW}}+\sqrt{\gamma_{S}^{+}\gamma_{L}^{-}}+\sqrt{\gamma_{S}^{-}\gamma_{L}^{+}}\right) \tag{6-21}$$

式中，γ^{LW} 为 Lifshitz-van der Waals 分量；γ^{AB} 为 Lewis 酸碱分量；γ^{+} 为 Lewis 酸分量；γ^{-} 为 Lewis 碱分量。将式（6-21）与式（6-12）结合即可得：

$$\gamma_{L}(1+\cos\theta)=2\left(\sqrt{\gamma_{S}^{LW}\gamma_{L}^{LW}}+\sqrt{\gamma_{S}^{+}\gamma_{L}^{-}}+\sqrt{\gamma_{S}^{-}\gamma_{L}^{+}}\right) \tag{6-22}$$

由式（6-21）可知，只需要知道 3 种已知 γ^{LW}、γ^{+}、γ^{-} 的介质与固体表面的接触角 θ，即可求出 γ_S^{LW}、γ_S^{+}、γ_S^{-}，再根据式（6-19）与式（6-20），计算出相应的固体表面自由能。

（4）Wu 法

该方法是对 Fowkes 表面自由能计算方法进行改进之后，采用倒数平均法替代几何平均法，在考虑了色散分量的基础上，同时添加了极性分量对表面自由能的影响。其计算方程式为：

$$\gamma_{SL}=\gamma_S+\gamma_L-4\left(\frac{\gamma_L^d\gamma_S^d}{\gamma_L^d+\gamma_S^d}+\frac{\gamma_L^p\gamma_S^p}{\gamma_L^p+\gamma_S^p}\right) \tag{6-23}$$

将上式与式（6-12）结合可得：

$$\gamma_L(1+\cos\theta)=4\left(\frac{\gamma_L^d\gamma_S^d}{\gamma_L^d+\gamma_S^d}+\frac{\gamma_L^p\gamma_S^p}{\gamma_L^p+\gamma_S^p}\right) \tag{6-24}$$

用于表面自由能计算的 Fowkes 法、Owens-Wendt-Kaelble 法、van Oss 法以及 Wu 法等，每种方法都有其特点和计算形式。目前，表面自由能的计算方法多数是基于 Young's 方程推导而来，对表面自由能的计算，除上述方法外，还有诸如嵌入原子势方法（EAM）、改进分析型嵌入原子势方法（MAEAM）。由于各种方法所考虑的因素存在差异，所以对于同一种材料，采用不同方法计算得到的自由能数值往往存在差异。因此应当按照材料属性科学选择表面自由能计算方法，减小误差带来的不利影响。

6.1.4 表面润湿性

6.1.4.1 Young's 方程

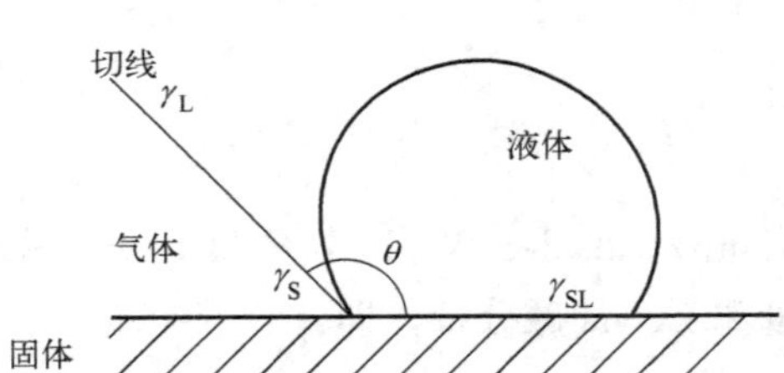

图 6-8 Young's 方程

Young's 方程是描述固-气、固-液、液-气界面张力与接触角 θ 之间的关系式，亦称润湿方程，如图 6-8 所示，在构建润湿物理模型时，假设固体表面是光滑、均质、各向同性的理想表面，此时的接触角称为本征接触角 θ。在固-液-气三相交点处作气-液界面切线，它与固-液交界线的夹角就是接触角。Young 通过对固体润湿现象的研究，提出了著名的杨氏（Young's）方程，表达式为：

$$\gamma_{SL}+\gamma_{LG}\cos\theta=\gamma_{SG} \tag{6-25}$$

式中，γ_{SL}、γ_{LG}、γ_{SG} 分别为固-液、气-液、固-气界面的表面张力。该公式适用于均匀表面和固-液间无特殊作用的平衡状态。由式（6-25）可知，降低固体表面自由能或增大低固-液相之间表面张力的方法，可以增大接触角，使表面不易被润湿。

Young's 方程是描述固体与液体界面上表面张力的数学关系的方程。它揭示了液体与固体之间的相互作用，以及表面张力的大小和性质。也是研究液-固润湿作用的基础。接触角的大小可以作为判断润湿性的依据（见图 6-9），一般来说：

$\theta=0^\circ$　完全润湿，液体在固体表面铺展；

$0<\theta<90^\circ$　部分润湿，θ 越小，润湿性越好；

$90^\circ\leqslant\theta<180^\circ$　不润湿；

$\theta=180^\circ$　完全不润湿，液体在固体表面呈球状。

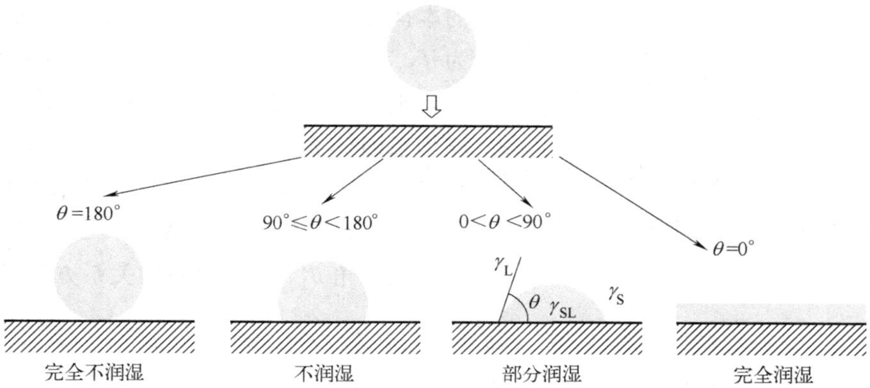

图 6-9　润湿性示意

Young’s 方程的意义在于通过这些参数之间的关系，预测液体在固体表面的展开情况，也可以帮助理解液体在微观尺度下的行为，包括液滴的形成、液体在固体表面上的展开以及液体的润湿性等现象。这对于很多工程和科学领域都具有重要的应用，比如表面润湿、液滴的行为以及微流体力学等研究领域。

6.1.4.2　Wenzel 模型

与理想固体表面不同，自然界或实际应用中的固体表面往往具有一定的粗糙度，实验测得的接触角称为表观接触角 θ^*。在 Young’s 方程的基础上，Wenzel 等假设液滴润湿能填满非理想固体表面上的凹槽部分，液滴可以嵌入粗糙结构中，即“湿接触”（见图 6-10），通过微小变化引起的自由能变化得到热力学平衡稳态时的表观接触角和本征接触角的关系方程，即 Wenzel 方程：

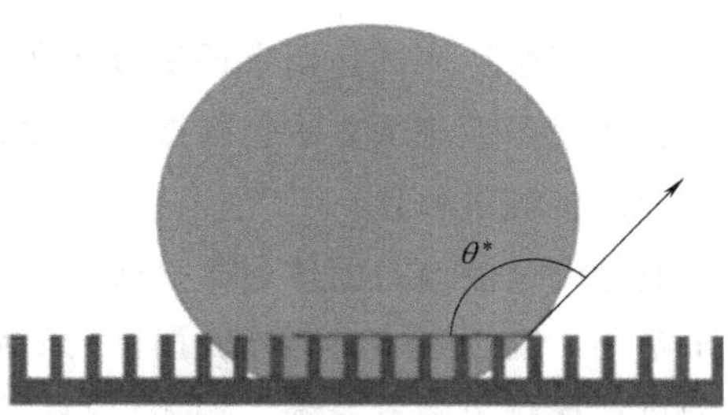

图 6-10　Wenzel 润湿模型

$$\cos\theta^*=r\cos\theta \tag{6-26}$$

式中，r 为粗糙度，指实际固-液接触面积与表观固-液接触面积之比（$r\geqslant1$）；θ 为本征接触角。从 Wenzel 方程可以看出，对于本征接触角 $\theta<90^\circ$ 的固体表面（亲水性），增加粗糙度 r，其表观接触角 θ^* 会减小，表面更容易被润湿；对于本征接触角大于 90° 的固体表面（疏水性），增加粗糙度 r，其表观接触角 θ^* 会增大，表面更不易被润湿。因此，调控固体疏水表面粗糙度可以获得超疏水表面。但是，Wenzel 方程只适用于热力学平衡稳定且液体完全润湿粗糙表面的状态，应用范围有限。

6.1.4.3 Cassie-Baxter 模型

Cassie 等在 Wenzel 模型的基础上，提出了固体表面由两种不同的化学物质组成时的润湿机理。假设固体表面是一个由两种成分均匀分布在其上的复合表面，在复合表面上它们的本征接触角分别为 θ_1 和 θ_2，其面积分数分别为 f_1 和 f_2，$f_1+f_2=1$。将空气视为一种成分，则 Cassie 润湿模型表明液滴不能完全填满非理想固体表面上的凹槽部分，液滴不渗透到粗糙结构中，即“干接触”（见图 6-11），热力学平衡时，得到表观接触角 θ^* 与复合接触界面本征接触角 θ_1 和 θ_2 之间的关系方程：

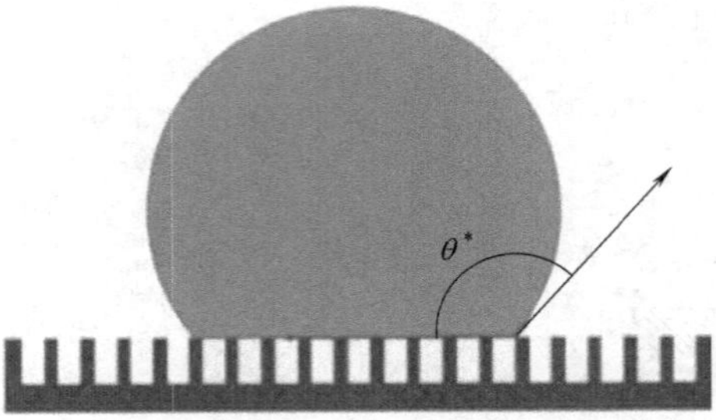

图 6-11 Cassie-Baxter 润湿模型

$$\cos\theta^* = f_1\cos\theta_1 + f_2\cos\theta_2 \tag{6-27}$$

由于液滴在气体表面上的表观接触角为 180°，得到方程式：

$$\cos\theta^* = f_1\cos\theta_1 + f_1 - 1 \tag{6-28}$$

此方程为 Cassie-Baxter 方程，它的应用更为广泛，解释了一些特殊非润湿现象，如水滴从荷叶上滚落等。该方程是解释超疏水材料滚动角的理论基础，更是研究冰层在固体表面的黏附性能的重要理论依据。但是，宏观组成不均匀的固体表面不适用于 Cassie-Baxter 模型。

6.1.4.4 润湿性测试方法

表面润湿性测试是用来评估液体在固体表面上的展开和吸附情况的一种测试方法。常见的表面润湿性测试方法包括接触角测量、动态润湿性测试和表面能测试等。

(1) 接触角测量

通过测量液滴与固体表面接触时形成的接触角来评估液体在固体表面上的润湿性。接触角越小，表示液体在固体表面上的润湿性越好。常见的接触角测量仪器包括接触角测量仪和自动接触角测量系统。接触角测量又分为静态接触角测量和动态接触角测量，在静态接触角测量中，固体表面上放置液滴（通常使用微量注射器），使用显微镜等设备观察液滴与固体表面的接触处形成的接触角。可以通过图像处理软件等工具对接触角进行测量。在动态接触角测量中，此方法考虑了液体在固体表面上的运动过程。液滴被滴放在固体表面上，观察液滴在固体表面上的运动过程，根据运动过程中接触角的变化来评估润湿性。

(2) 动态润湿性测试

这种方法通过观察液体在固体表面上的扩展和蔓延过程，来评估液体对固体表面的润湿性能。常见的动态润湿性测试包括滴定法、往复法和动态接触角测量等。与静态润湿性测试不同，动态测试考虑了时间因素，液体在固体表面上的运动过程也被纳入考虑范围。这种测试方法通常更加接近实际应用情况，因为在实际情况下，液体与固体表面的相互作用往往是动态的。动态润湿性测试基于液体在固体表面上运动过程中接触角的变化来评估润湿性。液滴在固体表面上移动时，接触角会随着时间的推移而变化，从而反映出液体对固体表面的润湿性。

通常情况下，液滴在固体表面上运动时，接触角会随着时间的增加而减小，直到达到一个稳定的状态。接触角的变化越快，表示液体对固体表面的润湿性越好。在动态润湿性测试中，通常会在固体表面上放置一个液滴，并记录液滴在固体表面上的运动过程。使用高速摄像机或显微镜等设备观察并记录液滴的运动过程，测量液滴与固体表面的接触角随时间的变化。根据接触角随时间的变化曲线，评估液体在固体表面上动态展开的能力和润湿性。

（3）表面能测试

该方法是通过测量固体表面对不同测试液滴的吸引力来评估液体在固体表面上的润湿性能的。表面能是描述固体表面对不同类型液体的吸引力的物理量，它是通过表面张力来量化的。表面能测试的基本原理是通过测量液体在固体表面上的润湿性来评估表面能。表面能测试通常涉及使用不同表面张力的标准液体（通常是两种极性相反的液体）与待测试的固体表面接触，观察液滴在固体表面上的形态，并根据液滴形态计算表面能。

常用的表面能测试方法包括接触角法、液滴浸渍法等。表面能测试的结果受到固体表面的化学成分、表面粗糙度、表面处理（如改性或涂层）、温度和湿度等因素的影响。测试液体的选择和测试条件的控制也会影响测试结果的准确性和可靠性。这些方法可以单独使用，也可以结合使用，以更全面地评估液体在固体表面上的润湿性能。在实际应用中，根据具体的润湿性测试目的和要求，选择合适的测试方法进行评估。

6.2 再制造的表面

6.2.1 表面平整度

表面平整度是指在特定区域内，表面在垂直方向上的高低起伏程度以及表面的整体平坦程度。在功能涂层再制造中，表面平整度对于材料的性能和功能起着关键作用。通常情况下，表面平整度可以通过表面的粗糙度、波纹度以及平坦度等指标来描述。粗糙度是表面微观起伏的程度，可以通过测量表面的峰谷高度差来表示；波纹度则描述了表面的波动程度，反映了表面的整体形状特征；而平坦度则是指表面在特定区域内的平坦程度，通常通过测量表面的局部平坦度来评估。

在功能涂层再制造过程中，表面平整度的高低直接影响着涂层的附着力、耐磨性、光学性能等方面。如果表面平整度较高，则涂层与基材之间的结合更加牢固，涂层的性能也会更加稳定可靠；相反，如果表面平整度较低，可能会导致涂层在使用过程中出现剥落、磨损等问题，影响整体的使用效果和寿命。因此，在功能涂层再制造中，对表面平整度的精细控制和管理至关重要，可以通过合适的加工工艺、设备和技术手段来实现对表面平整度的优化，从而提高涂层的质量和性能，满足不同应用领域的需求。

平整度是产品几何规范中常见的形状公差之一，也是用于评定产品成形表面质量的关键指标之一。表面平整度的计算方法可以根据具体情况采用不同的指标和测量手段。以下是几种常见的表面平整度计算方法。

（1）粗糙度测量法

粗糙度是描述表面微观起伏程度的重要指标，常用的粗糙度测量方法有峰谷高度差法、表面轮廓测量法和表面轮廓图像分析法等。其中，峰谷高度差法通过测量表面上的最高点和最低点之间的距离来计算粗糙度指标，通常使用表面粗糙度仪或三坐标测量仪进行测量。具体各项表面粗糙度参数以及计算公式见 6.1.2 节。

（2）波纹度测量法

波纹度描述了表面的波动程度，它通常用于检测平面或曲面的偏差程度和波动情况。波纹度是表面的局部偏移程度，可以用于描述表面的凹凸情况。波纹度测量法通过在表面上放置一个测量传感器，并沿着表面移动或固定位置采集数据来测量表面的波动情况。波纹度测量常使用光学或机电传感器，例如激光干涉仪、电容式传感器、光学投影仪等。这些传感器能够测量表面的微小偏移或高度变化。采集到的数据通常需要进行处理和分析，以提取表面的波纹度信息。处理方法包括数据滤波、曲线拟合、峰谷检测等。处理后得到的波纹度数据可以用于生成波纹度图、波动曲线等，以直观地展示表面的波动情况。

（3）表面轮廓测量法

表面轮廓测量通常使用轮廓仪或三维扫描仪进行。轮廓仪通过接触式的探针或非接触式的传感器来测量表面的高度或位移，而三维扫描仪则通过激光、光栅或相机等技术获取表面的三维点云数据。表面轮廓测量依靠测量仪器的运动系统将测量探头或传感器沿着表面移动，从而获取表面上各个点的坐标数据。这些数据可用于重建表面的三维模型，或者直接用于计算表面的几何参数。采集到的数据需要进行处理和分析，以提取表面的几何信息。

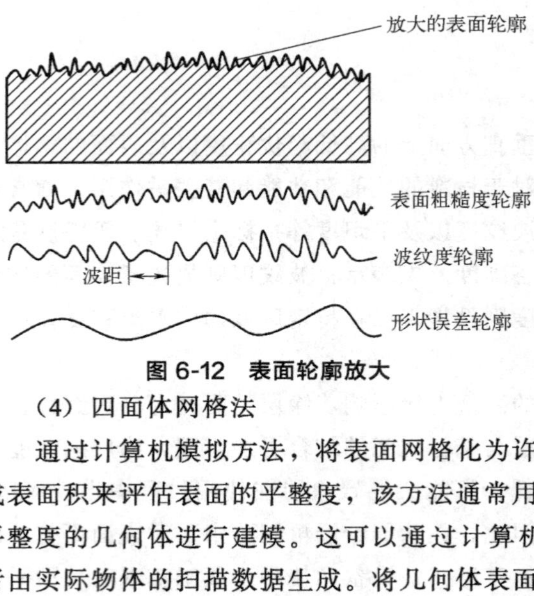

图 6-12　表面轮廓放大

常见的处理方法包括数据滤波、点云配准、曲面拟合等。处理完成后，可以得到表面的三维模型、高度图或轮廓图等数据，用于后续的表面分析和评估。通过表面轮廓测量所得到的数据，可以计算得出一系列的表面参数（见图 6-12），如轮廓算术平均偏差（Ra）、微观不平度十点高度（Rz）、表面偏差、平均曲率等，用于描述表面的平整度、粗糙度和形状特征。

（4）四面体网格法

通过计算机模拟方法，将表面网格化为许多小四面体单元，然后计算这些单元的体积或表面积来评估表面的平整度，该方法通常用于复杂曲面的分析。首先需要对要评估表面平整度的几何体进行建模。这可以通过计算机辅助设计（CAD）软件创建实体模型，或者由实际物体的扫描数据生成。将几何体表面离散化为四面体网格。这可以通过使用四面体网格生成算法来实现，例如 Delaunay 三角剖分算法或基于八叉树的方法。

在生成网格时，关注表面的细节和曲率，以确保对表面平整度的准确评估。从生成的四面体网格中提取表面的特征。这可能涉及检测表面上的凹凸区域、边界特征等。对每个特征区域进行平面拟合。可以通过最小二乘平面或其他曲面拟合技术来实现。使用拟合后的平面几何形状来计算表面的平整度或平面度。通常，平面度可以通过测量表面上各点到拟合平面的距离来评估。

6.2.2 表面致密度

表面致密度是指表面材料的致密程度，通常用来描述材料表面的质量和特性，即表面的密实程度或紧密程度。在功能涂层再制造领域，表面致密度是评价涂层表面质量和性能的重要指标之一。图 6-13 所显示的是在扫描电子显微镜下拍摄的不同表面致密度的 SiO_2 涂层形貌。表面致密度的高低直接影响着涂层的性能和功能。

图 6-13 不同表面致密度的 SiO_2 涂层形貌

具有高表面致密度的涂层通常具有以下特点：耐腐蚀性能更好，表面致密度高的涂层通常能够有效阻止介质或化学物质的渗透，从而提高涂层的耐腐蚀性能；气密性更高，表面致密度高的涂层能够有效防止气体的渗透，从而提高涂层的气密性，适用于需要保持内部环境稳定的应用场景；力学性能更优，表面致密度高的涂层通常具有更高的硬度和强度，能够提供更好的机械保护和抗磨损性能；表面平整度更好，表面致密度高的涂层表面更加平整，有利于提高涂层的光学性能和外观质量；界面结合更牢固，表面致密度高的涂层能够提供更大的表面接触面积和更紧密的结合结构，从而增强涂层与基材之间的结合强度和稳定性。

孔隙率或密实度的大小直接反映了材料的致密程度。材料内部孔隙的构造可分为连通孔和封闭孔，连通孔彼此贯通还与外界相通，而封闭孔彼此不连通，而且与外界相隔绝。孔隙按尺寸的大小又可分为极微细孔隙、细小孔隙和较粗大孔隙。孔隙的大小、分布、数量及构造特征对材料的性能产生很大的影响。

孔隙率是指材料体积内，孔隙体积所占的比例。用下式计算：

$$P=\frac{V_0-V}{V_0}\times100\%=\left(1-\frac{\rho_0}{\rho}\right)\times100\% \tag{6-29}$$

式中，P 为孔隙率；V 为孔隙体积；V_0 为材料体积；ρ_0 为孔隙密度；ρ 为材料密度。

致密度还可以用材料表面上的原子密度来表征，计算表面致密度的方法有多种，常见的表征致密度的方法有如下几种。

(1) X射线衍射法

通过X射线衍射分析样品表面的晶体结构，通过表面晶格参数，可以推断出单位面积上的原子数目，进而计算出表面的致密度。通常情况下，表面致密度可以表示为单位面积上的原子数目或者质量。可以推断出表面晶格的原子密度，从而计算表面致密度。

(2) 原子力显微镜（AFM）

原子力显微镜可以对样品表面进行高分辨率的表征，AFM扫描会得到样品表面的高度拓扑图像，其中包含了表面的凹凸情况、颗粒大小等信息。这些高度数据是计算致密度的基础。根据高度数据，可确定表面上实际有效的净面积，即排除了孔洞、空隙等非实际表面的部分。通过测量表面的净面积和所处平面的厚度，可以计算出单位面积或单位体积的物质质量，从而得到表面的密度信息。具体的计算公式为：

$$\rho_{\mathrm{m}}=\frac{M}{SH} \tag{6-30}$$

式中，ρ_{m} 为表面密度；M 为物质质量；S 为有效表面积；H 为表面厚度。

(3) 电子能谱（XPS、AES等）

通过电子能谱技术可以分析表面元素的种类和含量，获取电子能谱数据。这些数据包含了样品表面上不同元素的光电子能谱峰，可以用来确定表面成分和化学状态。根据电子能谱数据中各元素的相对信号强度，推断出不同元素在表面的分布情况。结合元素的原子半径和表面化学键的结构，估算出表面的有效面积。结合样品几何结构信息，根据表面元素的含量和有效面积，计算出单位面积上的原子数目，从而得出表面的原子密度。通常情况下，表面致密度可以表示为单位面积上的原子数目或者质量。

(4) 吸附法

通过测量气体或液体在固体表面上吸附的数量来计算致密度。选择适合的吸附物质，将吸附剂暴露在被测试样品的表面上，通常在一定的温度和压力下进行，使得吸附剂吸附到样品表面。通过实验测量记录吸附剂的质量或者物质的量，可以获取吸附量的数据；通过实验测量得到的吸附量数据，计算出单位面积上吸附物质的数量，从而得到表面的吸附量；通过表面吸附量，可以推断出单位面积上的原子数目或者分子数目，进而计算出表面的致密度。

以上方法各有优劣，选择哪种方法取决于样品的特性、所需的分辨率和精确度等因素。在实际应用中，通常会结合多种方法对表面致密度进行综合分析。通常情况下，高表面致密度的涂层能够提供更好的性能和更长的使用寿命，因此在功能涂层再制造过程中，通过优化工艺参数和控制涂层形成过程，以提高表面致密度是非常重要的。

6.2.3 表面连续性

表面连续性是指涂层表面的平整度和连续完整程度。在功能涂层再制造过程中，表面连续性的好坏直接影响着涂层的性能和质量。表面连续性的高低会影响涂层的耐磨性、抗腐蚀性、黏附性以及其他物理化学性能。表面连续性在功能涂层再制造中是一个非常关键的概念，它涉及涂层表面的如下几个方面。

涂层表面的平坦程度和整体形状的一致性用平整度来评价。平整度高的涂层表面应该没有明显的凹凸不平或起伏，保持整体的平坦状态有利于涂层的性能稳定和工作效果。光滑程度反映了表面的表观粗糙度和表面质量。光滑度高的涂层表面应是平滑的，涂层表面无裂纹、气泡、皱褶、划痕等缺陷，不带有明显的粗糙感，有利于提高涂层的外观效果和减少摩擦阻力。

此外，还可用无缺陷性和无孔洞性表征表面的完整性和一致性。无缺陷性的涂层表面可以有效避免因表面缺陷导致的性能下降和寿命缩短。无孔洞性表示表面没有孔洞或微观孔洞，保持表面的致密性和完整性。在功能涂层再制造中，要尽量避免涂层表面出现孔洞，以确保涂层的密封性和防护性能。

在功能涂层再制造过程中，表面连续性的测试方法可以分为表观检测、仪器检测和化学成分检测等。通过肉眼观察涂层表面是否存在明显的缺陷，如气泡、裂缝、起皮、划痕等，以及通过手感触摸涂层表面，检查是否有不均匀、粗糙或其他异常的感觉，这些都属于表观检测。在仪器检测方面，通过光学显微镜观察涂层表面的形貌和结构，可以发现裂纹、孔洞、凹凸等缺陷，这是常用的直接观测方法，能够快速发现表面的明显缺陷。此外，还可通过扫描电子显微镜（SEM）来检测，SEM 可以提供更高分辨率的表面图像，能够观察到更小尺度的表面缺陷，如微裂纹、微孔等。通过 SEM 分析，可以更全面地了解涂层表面的细微结构。还可以使用表面粗糙度仪或轮廓仪等设备，对涂层表面的粗糙度进行定量分析。粗糙度参数如 Ra、Rz 等可以反映表面的平整度和光滑度情况。通过硬度测试仪对涂层进行硬度测试，可以间接评估涂层的致密性和连续性。硬度值的稳定性和均匀性可以反映涂层表面的质量状况。在化学成分检测方面，X 射线衍射技术可以分析涂层的晶体结构和相组成，进而评估涂层的结晶质量和连续性。X 射线荧光光谱仪（XRF）等，可以检测涂层中元素的成分和含量，从而评估涂层的成分均匀性和化学稳定性。

6.3 再制造表面

6.3.1 黏附机理

基材与涂层之间黏结强度影响着被涂物与涂层的附着，而黏结强度的大小不仅与涂层中成膜物的收缩应力、表面张力、结晶性与极性官能团的体积大小有关，还与基材的表面状态、表面物质组成及材料本身的致密性有关。一般而言，涂层在基材表面的作用方式可以分为两种形式：化学键合与物理吸附。两种方式的本质区别在于：化学键合通过原子间形成主价键实现，物理吸附通过分子间作用力（如静电、色散等）实现。

6.3.1.1 势能面理论

势能面理论是描述和分析材料表面上粒子或原子之间的相互作用关系。势能面理论认为，材料表面上的原子或分子之间存在势能场，通过对势能场的描述和分析，揭示材料表面上的各种现象，如黏附、腐蚀、磨损等。在分子或分子反应体系中，由于原子核与电子的质量相差很大，可近似分开处理原子核与电子的运动，当核构型发生变化时，可认为原子核是在处于特定量子态上的电子运动所形成的势场中运动，表现为原子间有相互作用，即势能存在。势能面是化学动力学研究的基础，高精度势能面的构建在分子反应动态学前沿研究中起到了关键作用。

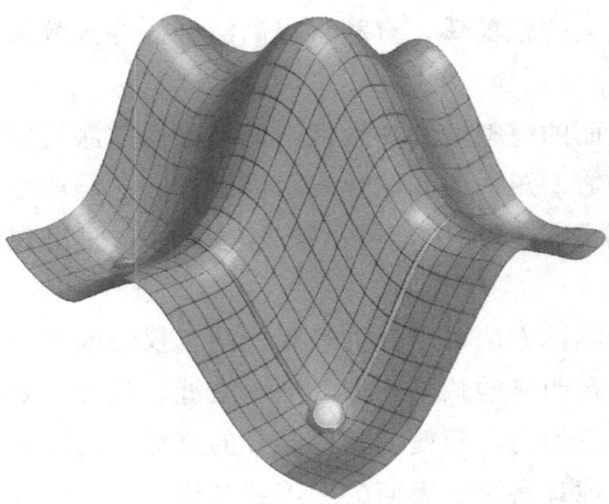

图 6-14 三维势能面

势能面（potential energy surface）是指在三维或多维空间中，分子势能随着体系原子坐标变换而变化所形成的复杂立体势能曲面。分子能量与原子的坐标有对应关系，例如随着分子内某一根键的增长，能量会变化。能量-键长的变化曲线，被称为势能曲线。如果做分子势能随两种坐标参数变化的图像，会发现整个分子势能随着所有可能的原子坐标变量变化，形成在多维空间中的复杂曲面，统称为势能面，如图 6-14 所示。

势能面也可以理解为在绝热近似条件下，反应体系在电子状态量子数守恒、原子间距发生变化时，反应体系内粒子间相互作用势能随之相应改变而形成的空间曲面。以 i 表示反应体系的量子态，q_i 表示原子的坐标，则化学反应体系的势能 V_i 可以表示为：

$$V_i = f(q_1, q_2, \cdots, q_n) \tag{6-31}$$

需注意的是，势能面和电子状态有关。同一个反应体系中不同的电子状态，有不同的势能面，这些势能面表征了不同的产物通道；此外，势能面和体系中粒子的相对距离有关，而与粒子的运动速度及体系的质心位置无关；n 是完全确定反应体系构型所必需的独立核间距数目。势能面对于分子反应动力学研究非常重要，从一个已知的反应势能面，可计算这个基元反应的各种动力学参数，同时，也是解释实验现象的依据。

对于最简单的双原子分子体系，一个核间距坐标就可以描述体系内部原子的相对位置，在这种极限情况下，势能面实际上会变成势能曲线。势能曲线往往可以用解析函数来表达。化学家们已经提出了很多种半经验形式，如莫尔斯势能函数，其表达式为：

$$E_p(r) = D_e\{\exp[-2a(r-r_0)] - 2\exp[-a(r-r_0)]\} \tag{6-32}$$

式中，r 为原子间距；r_0 为双原子间的平衡核间距；D_e 为双原子解离能；a 为与分子结构有关的常数。对于含有 N 个原子的分子反应体系来说，通常需要 $3N-6$ 个内坐标来表示其势能曲面。以含三个原子 A、B、C 的反应体系为例，势能曲面通常需要 3 个内坐标来表示，当然这三个构型空间的变量也可选择为分子内坐标或者其他坐标，进而用解析函数来表达势能面。

势能面是分子模拟中最重要的一个基本概念，一方面它是量子化学计算的主要结果，另一方面是分子动力学计算的基础，是连接量子化学与分子动力学模拟的桥梁。势能面涉及的相关概念与术语包括局域极小点、全局最小点、马鞍点、过渡态、反应路径等。深入理解势能面的物理意义有助于理解分子模拟中的其他相关概念，例如几何优化、能量极小化、单点计算、过渡态、反应路径、分子动力学等。

在再制造表面中，势能面理论可以帮助理解和控制材料表面的性质，从而指导再制造过程中的表面处理和修复工艺。通过研究势能面理论，可以优化再制造过程中的表面处理方法，提高材料的再利用率和性能。总的来说，势能面理论在再制造表面中的应用有助于深入了解材料表面上的微观现象，为再制造技术的发展提供理论支持和指导。

6.3.1.2 化学黏附

化学黏附是指两种物质之间通过化学键或化学吸附力相互作用而产生的黏附现象。在化学黏附过程中，黏附的两种物质通常会发生化学反应或形成化学键，使它们之间形成牢固的结合。这种黏附方式能够在较长时间内保持稳定。关于研究化学黏附过程的早期观点有以下 3 方面：①黏合剂溶液或熔体，通过大分子的宏观布朗运动，接近被黏物表面；②分子链通过微小布朗运动，向被黏物表面进一步靠拢，通过加热、加压及黏合剂的低黏度，可以促进微布朗运动的发生；③当黏合剂与被黏物分子间的距离 r 接近 0.5nm 时，即形成次价键（分子间作用力）。

化学黏附的现代观点则认为：①黏合剂通过润湿作用，与被黏物在界面实现分子接触；②大分子通过内旋转运动，建立最适合的构象，达到黏附平衡；③大分子或分子的链段，由于黏附作用而进行跨越界面的扩散，形成扩散界面区；④分子间发生物理吸附或化学反应，形成跨越界面的次价键或主价的黏合键。

6.3.1.3 界面扩散理论

扩散是指物质由高浓度区域向低浓度区域自发性传递的过程。在界面扩散过程中，物质通过相邻分子之间的碰撞和传递，实现浓度梯度的消除。在纯金属中，原子的跳动是随机的，形成不了宏观的扩散流；在合金中，虽然单个原子的跳动也是随机的，但是在有浓度梯度的情况下，就会产生宏观的扩散流。原子不断从高浓度向低浓度方向扩散，最终合金的浓度逐渐趋于均匀。

(1) 扩散第一定律

菲克（A. Fick）于 1855 年参考导热方程，通过实验确立了扩散物质量与其浓度梯度之间的宏观规律，即单位时间内通过垂直于扩散方向的单位截面积的物质流量（扩散通量）与该物质在该面积处的浓度梯度成正比，数学表达式为：

$$J=-D\frac{\partial C}{\partial x} \tag{6-33}$$

式中，J 为扩散通量，表示扩散物质通过单位截面的流量，物质流量/(m^2 · s)；x 为扩散距离；C 为扩散组元的体积浓度，物质流量/m^3；$\partial C/\partial x$ 为沿 x 方向的浓度梯度；D 为原子的扩散系数，m^2/s；负号表示扩散由高浓度向低浓度方向进行。该式称为

6

菲克第一定律或扩散第一定律。

对于扩散第一定律应该注意以下问题：

① 扩散第一方程与经典力学的牛顿第二方程、量子力学的薛定谔方程一样，是被大量实验所证实的基本定律，是扩散理论的基础。

② 浓度梯度一定时，扩散仅取决于扩散系数，扩散系数是描述原子扩散能力的基本物理量。扩散系数并非常数，而与很多因素有关，但与浓度梯度无关。

③ 当$\partial C/\partial x=0$时，$J=0$，表明在浓度均匀的系统中，尽管原子的微观运动仍在进行，但是不会产生宏观的扩散现象。

④ 在扩散第一定律中没有给出扩散与时间的关系，故此定律适合于描述$\partial C/\partial t=0$的稳态扩散，即在扩散过程中，系统各处的浓度不随时间变化。

⑤ 扩散第一定律不仅适合于固体，同样也适合于液体和气体中原子的扩散。

（2）扩散第二定律

稳态扩散的情况很少见，有些扩散虽然不是稳态扩散，但只要原子浓度随时间的变化很缓慢，就可以按稳态扩散处理。实际中的绝大部分扩散属于非稳态扩散，这时系统中的浓度不仅与扩散距离有关，也与扩散时间有关，即$\partial C(x,t)/\partial t\neq 0$。对于这种非稳态扩散、可以通过扩散第一定律和物质平衡原理两个方面加以解决。考虑如图 6-15 所示的扩散系统，扩散物质沿 x 方向通过横截面积为$A(=\Delta y\Delta z)$、长度为 Δx 的微元体，假设流入微元体（x 处）和流出微元体（$x+\Delta x$ 处）的扩散通量分别为 J_x 和 $J_x+\Delta x$，则在 Δt 时间内微元体中累积的扩散物质量为：

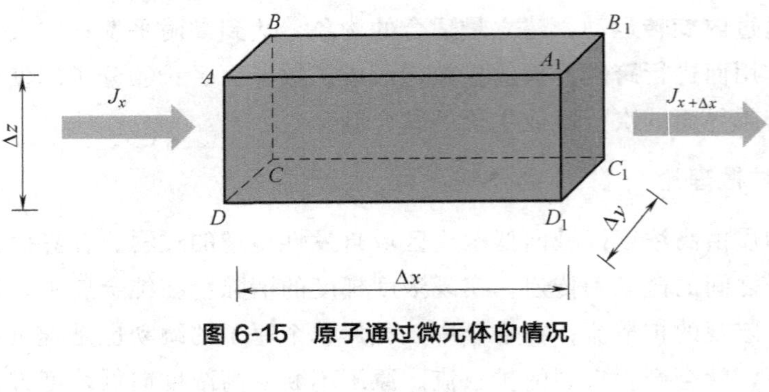

图 6-15 原子通过微元体的情况

$$\frac{\Delta m}{\Delta x A\Delta t}=\frac{J_x-J_{x+\Delta x}}{\Delta x} \tag{6-34}$$

当 $\Delta x\to 0$，$\Delta t\to 0$ 时：

$$\frac{\partial C}{\partial t}=-\frac{\partial J}{\partial x} \tag{6-35}$$

将扩散第一定律方程式（6-33）代入上式，得

$$\frac{\partial C}{\partial t}=\frac{\partial}{\partial x}\left(D\frac{\partial C}{\partial x}\right) \tag{6-36}$$

扩散系数一般是浓度的函数，当浓度变化不大或者浓度很低时，可以视为常数，故上式可简化为：

$$\frac{\partial C}{\partial t}=D\frac{\partial^2 C}{\partial x^2} \tag{6-37}$$

式（6-35）～式（6-37）是描述一维扩散的菲克第二定律或称扩散第二定律。对于三维扩散，根据具体问题可以采用不同的坐标系，在直角坐标系下的扩散第二定律可由式（6-39）拓展得到

$$\frac{\partial C}{\partial t}=\frac{\partial}{\partial x}\left(D_x\frac{\partial C}{\partial x}\right)+\frac{\partial}{\partial y}\left(D_y\frac{\partial C}{\partial y}\right)+\frac{\partial}{\partial z}\left(D_z\frac{\partial C}{\partial z}\right) \tag{6-38}$$

当扩散系统为各向同性时，如立方晶系，有 $D_x=D_y=D_z=D$，若扩散系数与浓度无关，则式（6-38）转变为

$$\frac{\partial C}{\partial t}=D\left(\frac{\partial^2 C}{\partial x^2}+\frac{\partial^2 C}{\partial y^2}+\frac{\partial^2 C}{\partial z^2}\right) \tag{6-39}$$

或者简记为

$$\frac{\partial C}{\partial t}=D\nabla^2 C \tag{6-40}$$

与扩散第一定律不同，扩散第二定律中的浓度可以采用任何浓度单位。

对于高分子功能涂层，高分子自粘与互粘的主要驱动力是扩散作用。将两块温度在玻璃化转变温度 T_g 以上的聚合物紧密接触，则聚合物内的长链分子或链段会发生相互扩散而形成自粘。将溶剂型黏合剂涂于能够发生溶胀或一定程度溶解的被黏物表面，两者的分子会发生相互扩散，最终形成黏合接头。相互扩散和两者的分子性质有关，如两者相容性好，溶解度参数相近，则有利于相互扩散。

高分子功能涂层表面涉及的扩散理论有以下几条规律：①在有扩散的黏合接头中，黏结强度随接触时间的增加、黏合温度的升高、黏合压力的加大和胶层厚度的减小而增加；②黏合剂分子量过高，分子链的蜷曲、缠结趋势会使活动受到限制，这不利于润湿与扩散；不同材料分子结构与性能上的差异，对润湿和扩散的影响程度也不同；③分子链的柔韧性增加，侧基减少，交联度减少，有利于分子扩散，黏结强度亦增加。

6.3.2 表面活性剂应用

6.3.2.1 吸附理论

由于固体表面与其体相相比有额外的表面能，因此固体表面有更高的吉布斯自由能。除了通过组分的表面偏析方式来降低表面能以外，也可以通过吸附客体分子（气体或液体）使表面能下降。根据气体分子与固体表面作用力的不同，气体分子吸附可分为物理吸附和化学吸附两大类型，它们是研究催化储能、生物界面材料等性能的重要基础。典型的物理吸附和化学吸附特点如下。

物理吸附：吸附热与蒸发潜热具有相同的数量级，为非选择性吸附，主要在较低温度下进行，一般为多层吸附。

化学吸附：吸附热与化学反应的焓变大致相同，因此其本质上是化学反应；具有特殊的选择性；主要在较高温度下进行；只进行到单分子层为止。

在恒温恒压条件下，热力学自发变化符合吉布斯自由能减少原理，因此无论是物理吸

附还是化学吸附，其发生的条件都是表面吉布斯自由能变化必须小于零，即

$$\Delta G=\Delta H-T\Delta S<0 \tag{6-41}$$

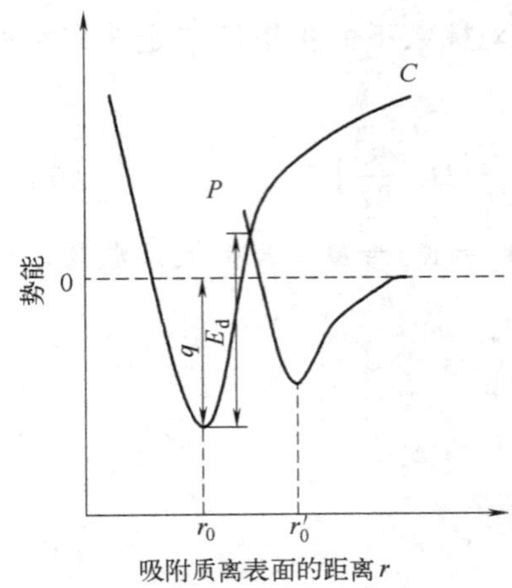

图 6-16 氢气在镍表面的吸附势能曲线

由于当气相分子被局限于二维表面时，其运动自由度的丧失将导致熵减，即 $\Delta S<0$，因此 ΔH 必须为负值，即气体吸附为放热过程。

分子在固体表面吸附的微观过程与能量的关系可以定性地用吸附势能曲线说明。图 6-16 中曲线 P 和 C 分别代表氢气在镍表面的物理吸附和化学吸附的能量变化情况。

对氢分子的物理吸附，氢分子与 Ni 表面的作用力为范德华力，其势能函数 $E(r)$ 随二者距离 r 的变化（曲线 P）可近似地用伦纳德-琼斯方程表示：

$$E(r)=-\frac{A}{r^6}+\frac{B}{r^{12}} \tag{6-42}$$

式中，右侧第一项反映了气体分子与固体表面的吸引力作用；第二项反映了二者的排斥力作用。可见，当氢原子距离 Ni 表面很远时，两项值均很小，因此势能 $E(r)$ 为 0；随着氢分子逐渐接近 Ni 表面，二者之间首先表现为吸引力作用，体系势能逐步下降；在势能最低点吸引力和排斥力达到平衡，如果氢分子继续接近 Ni 表面，二者由于其原子核静电排斥力的作用，势能反而升高。曲线 P 最低处 r_0 为表面物理吸附时氢分子与 Ni 的稳定距离，其纵坐标值代表了其物理吸附热。

对氢原子在镍表面的化学吸附，其反应过程中体系的势能 $E(r)$ 随 r 的变化曲线可近似地用莫尔斯函数表示：

$$E(r)=D[1-e^{-a(r-r_0)}]^2 \tag{6-43}$$

式中，a 为双原子分子谐振子模型的弹性系数；r 为吸附质离表面的距离；D 为氢分子的解离能。从图 6-16 可以看出，当氢分子在镍表面发生化学吸附时，作为预吸附过程的物理吸附非常重要，它可以使氢分子以低势能分子状态接近表面，而无须预先把氢分子解离为氢原子。气体分子只需要沿物理吸附曲线变化，在到达物理吸附最低点后，体系只要净吸收远低于氢分子解离能的能量即可越过化学吸附的过渡态能垒，体系势能继续沿曲线下降至最低点即可到达化学吸附平衡态。

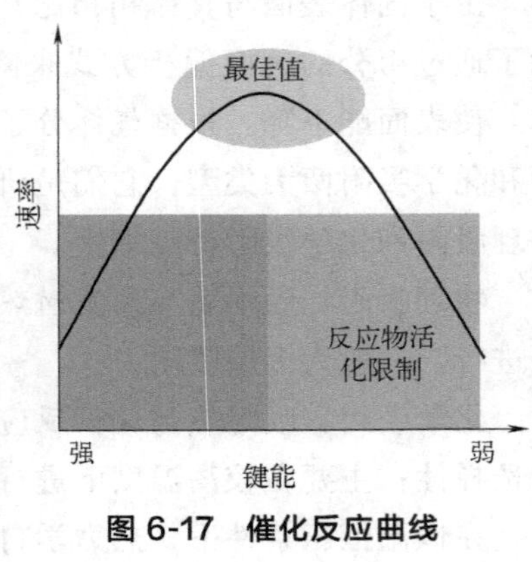

图 6-17 催化反应曲线

化学吸附热的大小表征着吸附键的强弱，习惯上定义为吸附焓变的负值，即 $q=-\Delta H$。吸附热大，表示吸附质分子与催化剂表面间形成的吸附键强，反之则弱。如图 6-17 所示，在催化反应中，往往要求化学吸附键强度适中。如果吸附键太强，则产物或反应中间体难以脱附，阻碍催化循环进一步进行，导致催化剂中毒；而吸附键太弱，反应物或反应中间体在催化

剂表面难以富集和活化，反应难以进行。

需要特别指出的是，由于化学吸附本质上是化学反应，存在着气体分子内化学键断裂及其与固体表面活性点形成新化学键的过程，因此不仅不同金属的化学吸附性能不同，同一金属的不同晶面对某一特定气体的吸附性能也呈现巨大差异。而最新研究表明，气体分子在固体表面的化学吸附过程中，由于二者之间具有强相互作用力，在被吸附的气体分子发生演化的同时，有时也会导致固体表层发生重构现象，导致吸附机理进一步复杂化。

6.3.2.2 活性剂作用

（1）表面活性剂结构

表面活性剂是能极大地降低表面能的一类表面活性物质，在许多应用中起着关键作用，包括洗涤剂、乳化剂、分散剂、润滑剂等。只要在水溶液中加入少量表面活性剂，其表面张力便会急剧下降，根本原因在于其分子内同时拥有极性亲水基和非极性的亲油基，当它们进入水相时，会自动优先富集到空气-水或油-水界面，从而导致界面能或表面张力急剧下降。

从分子结构看，表面活性剂中既有极性基团又有非极性基团。其中，极性基团易溶于水，具有亲水性，又叫亲水基；非极性基团不溶于水，易溶于油，具有疏水性或亲油性，又叫疏水基或亲油基。亲油基团一般由烃基特别是长碳链的烃基构成，常见的亲油基有4类：①直链、支链烷基（C_8～C_{16}）；②烷基苯基（其中烷基碳原子为8～12）；③长链全氟烷基；④聚硅氧烷基。亲水基团主要有羧基、磺酸基、氨基、羟基、硫酸酯基、磷酸酯基等。

（2）表面活性剂分类

表面活性剂可以从物理性质或化学性质等方面进行分类，最常见的是按亲水基团的化学结构将其分为离子型和非离子型两大类。凡是能在水中电离生成离子的称为离子型，反之则为非离子型。离子型表面活性剂又分为阴离子型、阳离子型和两性离子型。表6-1列出了各类表面活性剂的典型代表性物质及主要用途。

表6-1 表面活性剂典型代表

类型		代表性物质	主要用途
离子型	阴离子型	月桂酸钠、月桂酸钾、月桂酸铵	洗涤剂和肥皂
	阳离子型	烷基伯铵盐	乳化剂、润滑剂
	两性离子型	氨基酸、甜菜碱	抗菌剂、柔软剂
非离子型	—	脂肪醇聚氧乙烯醚	洗涤剂、抗静电剂
		甘油、山梨醇	增溶剂
高分子型	—	聚乙烯醇	分散剂
		羧甲基纤维素	增溶剂
特殊	—	全氟烷基季铵盐	灭火剂
		全氟烷基酯化物	水膜泡沫

（3）疏水效应和似冰理论

表面活性剂中的极性基团或离子性基团与水分子间有强烈的相互吸引作用，而非极性基团却呈现出逃离水的趋势，通常将表面活性剂的这种端基效应称为疏水效应。人们对疏水效应的认识有一个发展过程。起初，基于油水不相溶的现象，引入非极性基团的憎水性概念，并归结为非极性基团与水分子互相排斥的结果。但是，没有一种合理的机制能说明这种排斥作用。随后，又有人提出“相似相亲”原则。不过，疏水基间的相互作用能，并不大于它和水分子间的作用能，同时，这也不能解释疏水效应引起的物理化学作用所具有的熵增特点。Hartley 于 19 世纪 30 年代提出似冰理论。他认为，水分子间的强烈相互作用使得非极性基团被水分子“挤”出去。后经多次改进，最终由 Kauzmann 进行了完善总结。

似冰理论的要点可简述如下：在纯水中，水分子可以自由取向，并在各个方向与其他水分子形成氢键，使得体系能量降至最低。当溶质分子进入水中形成溶液时，溶质分子在一些方向上阻碍水分子间的强烈相互作用。为使体系能量尽可能低，水分子必须选取能量最多的形成氢键的方向定位。这类似于冰中水分子排列的情况，故叫作似冰结构。结构的有序化使水的构型熵减少，构成使自由能升高的因素。一切溶质分子都会有这种作用，但是由于极性基团与水分子间有氢键或其他强烈的相互作用，可降低体系自由能而补偿了阻断水分子间氢键的影响，使溶液体系得以稳定；而非极性基团，因为与水分子缺少强烈的相互作用，无法补偿此种熵减少所引起的自由能升高，出现逃离水的趋势，这便是疏水效应。

（4）表面活性

极性基团的亲水作用和非极性基团的疏水作用，使表面活性剂既可溶于水，又有部分逃离水的趋势。这导致了表面活性剂水溶液的两个基本物理化学作用：吸附和胶束化。后者也是表面活性剂区别于一般表面活性物质的重要特征。表面活性剂最明显的特性是降低水的表面张力，故首先用无限稀释时水溶液的表面张力曲线的负斜率，即$\left(-\frac{d\gamma}{dc}\right)_{c\to 0}$来表示其表面活性。Traube 研究发现，同系物分子中非极性基团越大，表面活性越高，每增加一个—CH_2，表面活性大致变为原来的 3 倍，这就是 Traube 规则，直链的表面活性同系物大致服从这一规律。乙酸的$-\frac{d\gamma}{dc}$值是 250，丙酸的$-\frac{d\gamma}{dc}$值是 730，丁酸的$-\frac{d\gamma}{dc}$值是 2130，异戊酸的$-\frac{d\gamma}{dc}$值是 6000，与 Traube 规则很相符。

$\left(-\frac{d\gamma}{dc}\right)_{c\to 0}$值虽是表面活性剂的特性参数，但它既未显示其降低表面张力的能力，也未能显示其形成胶束的能力，而这两种特性既是表面活性剂的基本特性，又有实用意义。在实际应用中，可得出表面活性剂的临界胶束浓度 CMC 及其对应水溶液的表面张力（γ_{CMC}），可作为表面活性参数而较好地指示其性能。

6.3.2.3 Langmuir 吸附等温线

Langmuir 吸附等温线是一条定量关系曲线，描述了物质在表面吸附过程中所发生的变化。如图 6-18 所示。在相对压力接近 0 时，大量空闲吸附位点可被吸附分子快速占据，因此吸附量随压力升高而迅速增加。这一阶段主要受吸附动力学与吸附位占据速率控制。

随着吸附位逐渐被填满，可供占据的空痉减少，吸附速率降低，等温线由陡峭逐渐转为平缓。吸附过程进入“位点竞争”主导阶段。当所有吸附位点全部被占据后，吸附量达到最大值，曲线出现明显的平台。此后，即使压力继续升高，由于模型假定不发生多层吸附，因此吸附量不再增加。

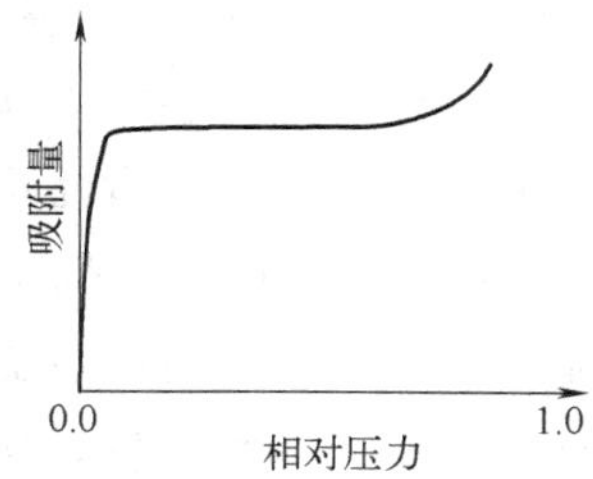

图 6-18 Langmuir 等温线图

Langmuir 吸附等温线是一个描述气体或溶液中的溶质分子在固体表面吸附行为的数学模型。这个模型基于几个基本的假设：

① 固体表面上的吸附位点是均匀的，并且每个吸附位点的吸附能力相同；

② 吸附是单分子层的，即每个吸附位点只能吸附一个分子；

③ 吸附和脱附过程处于动态平衡状态。

基于这些假设，设吸附剂表面覆盖率为 θ，则 θ 可以表示为：

$$\theta = q/q_{\mathrm{m}}$$

式中，q_{m} 为吸附剂表面所有吸附点均被吸附质覆盖时的吸附量，即饱和吸附量。气体脱附速率与 θ 成正比，可以表示为 $k\mathrm{d}\theta$，气体的吸附速率与剩余吸附剂面积（$1-\theta$）和气体分压 p 成正比，可以表示为 $k_{\mathrm{a}}p(1-\theta)$。吸附平衡时，吸附速率与脱附速率相等，则：

$$\theta/(1-\theta) = (k_{\mathrm{a}}/k_{\mathrm{d}})p \tag{6-44}$$

式中，k_{a} 为吸附速率常数；k_{d} 为脱附速率常数。上式整理后，可得单分子层吸附的朗缪尔（Langmuir）方程：

$$q = Kpqm/(1+kp) \tag{6-45}$$

式中，K 为 Langmuir 平衡常数，$K=k_{\mathrm{a}}/k_{\mathrm{d}}$。Langmuir 平衡常数 K，与吸附剂和吸附质的性质以及温度有关，其值越大，吸附剂的吸附性能越强。

该方程较好地描述了低、中压力范围的吸附等温线。当气体中吸附质分压较高，接近饱和蒸气压时，该方程产生偏差。这是由于这时的吸附质可以在微细的毛细管中冷凝，单分子层吸附的假设不成立。Langmuir 吸附等温线模型在实际应用中经常用于描述气体在固体表面的吸附行为，特别是在气体储存、分离和催化等领域。此外，该模型也被广泛用于描述溶液中的吸附过程，例如从水溶液中吸附重金属离子或有机污染物等。

需要注意的是，Langmuir 模型虽然简单且易于应用，但也有其局限性。例如，假设吸附是单分子层的，这在某些情况下可能不成立。此外，它还假设所有吸附位点的能量都相同，这在实际情况中达不到理想状态。因此，在应用 Langmuir 模型时，需要结合具体的实验数据和背景知识进行适当的评估和修正。此外，Langmuir 吸附等温线还代表了物质在表面上吸附过程中所发生的变化，如温度和压力变化。这些变化对研究物质温度相关性质具有重要的实验意义。

6.3.3 界面结合强度

6.3.3.1 Griffith 破裂理论

1921 年，为了解释玻璃、陶瓷等脆性材料的理论断裂强度与实际断裂强度之间的巨大差异，Griffith 提出了裂纹理论。他假定在实际材料中存在裂纹，当材料受载荷作用且名义应力很低时，裂纹尖端的局部区域应力已经达到很高的数值，从而导致裂纹快速扩展，最终导致材料的脆性断裂。

如图 6-19 所示，假定有一单位厚度的无限宽的薄板，对板施加单向拉伸，且与外界无能量交换，视为隔离系统，此时板材中单位体积的弹性能为 $\sigma^2/(2E)$。σ 为薄板受到的拉应力，E 为弹性模量。如果在板内制造椭圆形的穿透裂纹，裂纹长度为 $2c$。此时因与外界无能量交换，裂纹的扩展只能来自系统内部储存的弹性能的释放，根据理论计算，其释放的弹性性能为：

$$u_E = -\frac{\sigma^2 \pi c^2}{E} \tag{6-46}$$

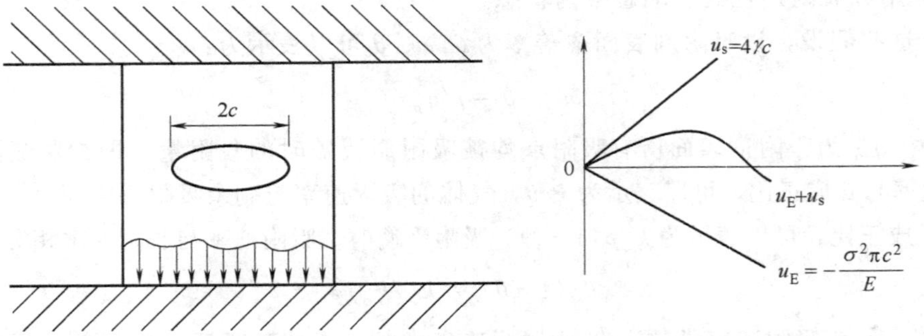

图 6-19 无限宽板中 Griffith 裂纹的能量平衡

裂纹扩展时裂纹的表面积增加，形成新表面所需的表面能为 $u_s=4\gamma c$，式中，γ 为单位面积的表面能。系统的总能量变化为：

$$\Delta u = u_E + u_s = 4\gamma c - \frac{\sigma^2 \pi c^2}{E} \tag{6-47}$$

当裂纹增长到 $2c$ 后，如要继续增长，则系统总能量下降。对于该系统能量变化有一极值，它对应于：

$$\frac{d\Delta u}{d(2c)} = \frac{du_s}{d(2c)} - \frac{du_E}{d(2c)} = 4\gamma - \frac{2\pi\sigma^2 c}{E} = 0 \tag{6-48}$$

对于裂纹失稳扩展的断裂应力 σ_f 为：

$$\sigma_f = \sqrt{\frac{2E\gamma}{\pi c}} \tag{6-49}$$

则临界裂纹半长为：

$$c^* = \frac{2E\gamma}{\pi\sigma^2} \tag{6-50}$$

式（6-49）就是著名的格里菲斯（Griffith）式，从式中可发现断裂应力和裂纹尺寸的平方根成反比，从式（6-49）可知，当 $\frac{2\pi\sigma^2 c}{E} \geqslant 4\gamma$ 时，即弹性应变能的释放速率大于或等于表面能的增长速率，系统的自由能降低，裂纹会自行扩展。对应于此值的裂纹尺寸，便为极限裂纹尺寸 $2c^*$，小于此极限尺寸，裂纹不扩展；大于此尺寸，裂纹便会失稳扩展。

格里菲斯公式表达了一个核心观点：材料的断裂强度与缺陷或裂纹的尺寸、表面自由能和材料的弹性模量有关。具体来说，当裂纹的尺寸较小时，断裂强度较高；而当裂纹的尺寸增大时，断裂强度会降低。这是因为随着裂纹尺寸的增大，材料内部的应力集中现象加剧，使得裂纹更容易扩展并导致材料断裂。

同时，Griffith 破裂理论还指出，材料的表面自由能越大，断裂强度也越大。这是因为表面自由能大的材料需要更多的能量才能形成新的表面，因此裂纹扩展时需要克服的能量也更大，从而提高了材料的断裂强度。此外，弹性模量也是影响断裂强度的重要因素。弹性模量大的材料在受力时更不容易发生变形，因此可以承受更大的应力而不发生断裂。

Griffith 破裂理论提供了理解材料断裂机制的重要框架，也为材料设计和工程应用提供了有益的指导。例如，在材料制备过程中，可以通过控制材料的微观结构和缺陷尺寸来提高其断裂强度；在工程应用中，可以通过合理的结构设计和材料选择来避免或减少材料断裂的风险。

6.3.3.2 结合强度评估

由于材料和工艺的不同，再制造表面薄膜/涂层的附着形式主要分为机械结合、扩散结合、冶金结合等，附着力主要有范德华力、化学键力和静电力等。材料间的界面结合包含着复杂的物理和化学过程，膜层从基体的剥离过程涉及大量弹塑性变形和材料断裂带来的能耗等问题。界面结合强度是评价材料间连接性能的重要指标。评估界面结合强度的方法主要有两大类：静态评价方法和动态评价方法。

(1) 静态评价方法

静态评价方法是通过单次加载的方式来测定层间界面结合强度，此类方法均采用单次加载的方式促使层间界面发生失效，通过失效时所施加的力或应力（临界载荷或临界应力）来表征层间界面的结合强度。以下分别论述几种静态评价方法。

① 拉伸法。拉伸法按照加载方式可分为垂直拉伸法和横向拉伸法，其中垂直拉伸法按试样形状又可分为对称和非对称两类，如图 6-20 所示。垂直拉伸法测试原理在于，沿

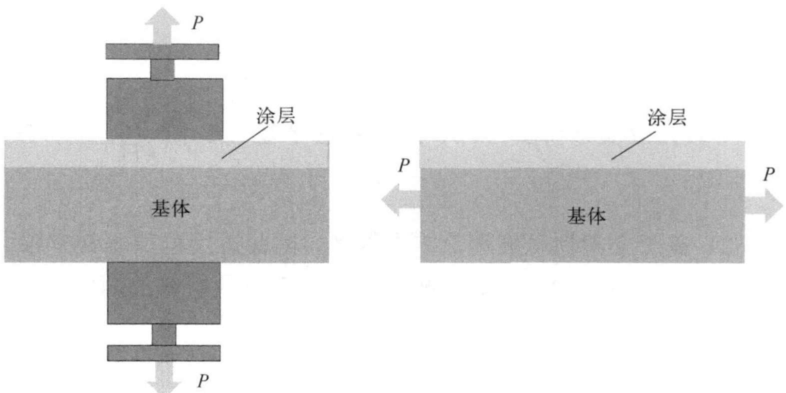

图 6-20 垂直拉伸法

垂直于膜/基界面的方向施加载荷，使膜层从基体表面剥离，将膜层剥离时的临界拉伸应力用于表征界面结合强度。

横向拉伸法是在垂直拉伸法基础上发展而来的一种改良方法，其加载方向与界面方向平行。在界面剪切应力作用下，膜层从基体剥离，采用单位面积上所能承受的最大剪切应力作为界面结合强度的评价指标。此外，对于结合强度较高的薄膜/涂层材料，横向拉伸法难以造成界面失效；测试结果常涉及弹塑性变形理论，难以准确构建评价模型。

② 剥离法。剥离法是在沿膜层一端与膜/基界面呈 φ 夹角的方向上施加剥离载荷，在剥离载荷的撕裂作用下，薄膜从基体上剥离，如图 6-21 所示。一般采用剥离角 φ 为 90°时，单位宽度薄膜的临界载荷来表征界面剥离强度。在早期研究中，剥离法大多将膜层和基体视为弹性材料，后来发现韧性薄膜在剥离过程中，其裂纹尖端处会发生塑性变形，塑性变形所产生的能量耗散将使临界剥落载荷增大。根据能量守恒定律，在稳态条件下剥离载荷与界面结合能之间的关系有：

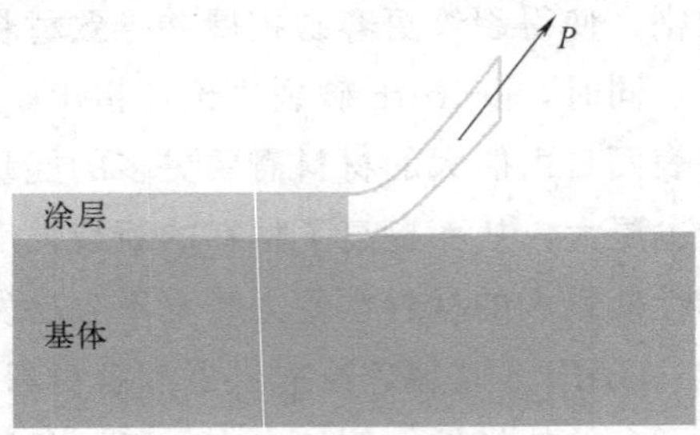

图 6-21 剥离法

弹性剥离条件下：

$$P(1-\cos\varphi)=\Gamma_0 \tag{6-51}$$

弹塑性剥离条件下：

$$P(1-\cos\varphi)=\Gamma_0+\Gamma_p \tag{6-52}$$

式中，P 为剥离载荷；Γ_0 为界面结合能；Γ_p 为塑性消耗。

③ 划痕法。划痕法起源于 20 世纪 30 年代，金刚石针尖以某一速度从膜层表面划过，同时不断增加施加在针尖上的载荷，直至膜层剥离，将剥离时的临界载荷 L_c 定义为界面结合力。划痕法载荷增加的方式包括步进式和连续式，确定临界载荷的常用方法有显微观察法、声发射法、摩擦力法等。膜层剥落时的临界剪切应力 τ 可表示为：

$$\tau=\frac{KAH}{(R^2-A^2)^{1/2}} \tag{6-53}$$

式中，K 为常数，取值为 0.2～0.3；A 为接触半径，$A=\left(\frac{L_c}{\pi H}\right)^{1/2}$；$H$ 为基体硬度；R 为划针半径。

由于式 (6-53) 基于全塑性压痕理论推导得来，因此适用范围非常有限。后来有学者采用弹塑性理论对该公式进行了修正，并提出采用膜层剥落时释放的应变能来表征界面结合性能。

$$W=\frac{1}{2}\times\frac{\sigma_c^2 h}{E_c} \tag{6-54}$$

$$\sigma_c = \frac{P}{2\pi a^2}\left[(4+\nu_c)\frac{3\pi f}{8} - (1-2\nu_c)\right] \tag{6-55}$$

式中，W 为界面结合能；σ_c 为薄膜应力；h 为膜层厚度；E_c 为薄膜弹性模量；P 为载荷；a 为接触半径；ν_c 为薄膜的泊松比；f 为摩擦因数。

划痕法获得的临界载荷除与界面结合性能相关外，还受到诸多非界面因素的影响，主要分为两类：试验参数，包括加载速率、划痕速度、压头半径、压头尖端磨损等；材料力学特性，包括膜层/基体硬度、膜层厚度和表面粗糙度等。

除了上述三种表征方法，静态评价方法还有压入法、鼓泡法、弯曲法等来表征界面结合强度。

（2）动态评价方法

在实际工况下，绝大多数薄膜/涂层材料在动态、持续的承载环境中服役，膜层剥落由长时间累积的疲劳损伤所致，因此采用动态加载的方式来评价界面结合强度更为贴近服役工况，能更加有效地为薄膜/涂层的结构设计和工艺优化提供参考，主要包括往复划痕法、冲击法、循环压入法、接触疲劳法等，以下分别论述这几种动态评价方法。

① 往复划痕法。在较小的划擦载荷下，使用金刚石划针持续往复作用于薄膜表面，膜基体系中的材料损伤不断累积加剧，当达到临界破坏周次时，薄膜将发生碎裂或剥落。通常情况下，依据声波信号或摩擦力/摩擦因数的变化，采用多次划擦法来确定临界破坏周次。当延长循环周次或增大载荷时，膜基体系的失效方式由塑性变形经局部剥落，最终转变成连续剥落。

② 冲击法。冲击法测试原理是采用硬质合金球或钢球作为冲头，在电磁或液压的驱动下周期性冲击薄膜表面，达到一定循环周次后，薄膜发生疲劳失效。受到冲击载荷中应力波的影响，薄膜的失效形式往往呈现多样性，包括冲击磨损、薄膜内聚型断裂和界面结合型剥落。冲击坑大致可分为 3 个区域：中央为内聚型破坏区；中间为内聚型和结合型混合失效区；边缘为塑性隆起区和环状裂纹区，如图 6-22 所示。

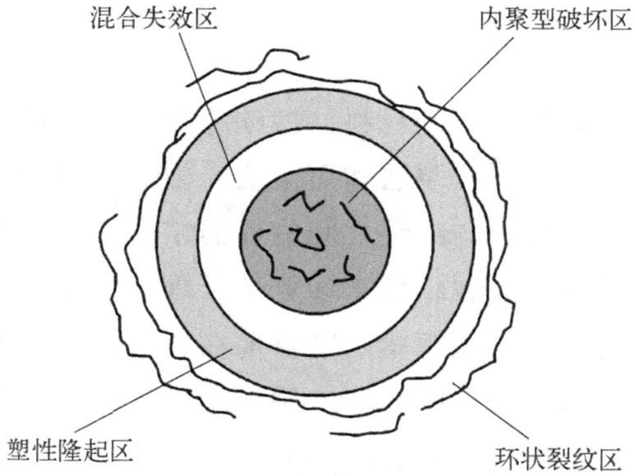

图 6-22 冲击失效形貌

③ 循环压入法。循环压入法是冲击法的进一步延伸，循环压入法在测试过程中保持压头与膜层始终接触，以避免产生冲击载荷，进而最大限度地削弱应力波带来的影响。此外，循环压入法采用小载荷加载，有效降低了薄膜发生开裂失效的可能性。薄膜剥落过程呈现出明显的疲劳损伤特征，即随着加载周次的增加，剥落区面积逐渐扩大。在循环压入过程中，金属基体发生的塑性变形量较小，且随着加载过程的进行会快速趋于稳定，薄膜的剥落实际发生于宏观弹性接触环境。通过控制加载幅值可有效调节接触边缘附近界面处的最大剪切应力幅值，可模拟多种加载环境下薄膜的剥落行为，并用于评价高结合强度薄膜界面性能。

④ 接触疲劳法。薄膜材料可有效改变接触应力场，减缓塑性变形的发生，显著提升金属材料的接触疲劳寿命，薄膜失效形式以界面剥落为主。研究人员针对不同基体上薄膜的失效行为进行研究，发现当基体硬度较低时，裂纹垂直于薄膜表面扩展；当基体硬度较高时，裂纹在界面萌生，平行于薄膜表面扩展。基于滚动接触疲劳失效机理进行研究，学者们先后提出了滚柱接触疲劳法和钢球滚动接触疲劳法（见图 6-23），用以评价硬质薄膜动态结合性能。滚柱法原理在于，在膜/基系统上施加压应力，使膜/基系统在交变压应力作用下发生弹性变形，经过一定循环周次后，膜/基界面发生了剥落失效，并由此建立疲劳失效 S-N 曲线。通过应力场理论计算，界面剪切应力幅值在低摩擦环境下可用作膜/基界面结合强度的定量表征。

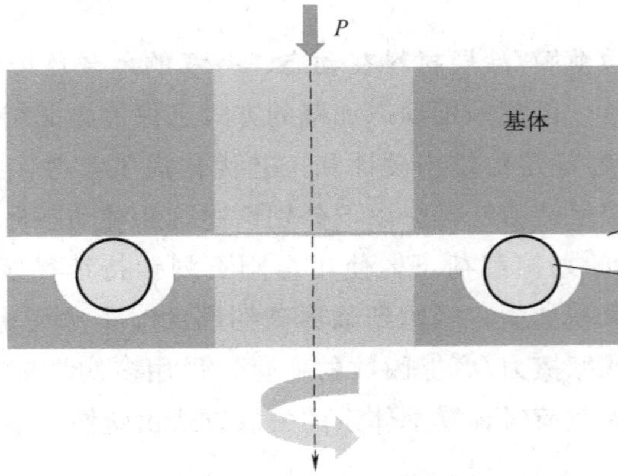

图 6-23 滚动接触疲劳法

对于特定的材料，如碳纤维复合材料，其界面结合强度的评估方法主要有三个：微脱粘法、单丝断裂法和短梁法。微脱粘法是通过测试树脂小球从纤维上脱落下来所需的力，来计算树脂与纤维之间的界面结合强度；单丝断裂法属于微观表征界面的方法，通过测试碳纤维的断裂长度来计算碳纤维与树脂之间的界面结合力。但需要注意的是，此法只适用于透明树脂；短梁法是目前在碳纤维增强树脂基复合材料的界面研究方面用得比较多、比较成熟、稳定的方法，用于测试碳纤维与树脂基体之间的层间剪切强度。

6.3.3.3 断裂力学模型

断裂力学模型是固体力学的一个分支，主要研究材料或结构在应力或外力作用下的断裂行为。断裂力学模型基于材料内部存在的裂纹或缺陷，并研究这些裂纹如何扩展导致材料断裂。以下是对断裂力学模型的详细描述。

（1）线弹性断裂力学

线弹性断裂力学的基本假设是材料在受力作用下表现出线弹性行为，即应力与应变之间的关系遵循胡克定律。线弹性断裂力学不考虑裂纹顶端的复杂情况，而采用裂纹顶端外部区域的应力状况来表征断裂特性。当外加载荷不大时，裂纹顶端附近一个小区域内的应力和应变的变化并不影响外面大区域内的应力和应变的分布，而且在小区域外围作用的应力、应变场可以由应力强度因子这个参量确定。对于这种载荷作用下裂纹的失稳和扩展，线弹性断裂力学是适用的。线弹性断裂力学适用的载荷值根据经验可以由下面两个不等式确定：

$$a \geqslant 2.5\left(\frac{K_{\mathrm{I}}}{\sigma_{\mathrm{y}}}\right)^{2} \tag{6-56}$$

$$B \geqslant 2.5\left(\frac{K_{\mathrm{I}}}{\sigma_{\mathrm{y}}}\right)^{2} \tag{6-57}$$

式中，a 为裂纹长度；B 为构件厚度；σ_{y} 为材料的屈服极限；K_{I} 为在外载荷作用下，根据线弹性断裂力学计算得到的应力强度因子。就是说，由外载荷算得的应力强度因子 K_{I} 要满足这两个不等式。此外，在线弹性断裂力学中，一般还要求在载荷下构件整体的响应是线性的。

线弹性断裂力学的几个重要理论成果如下。

① 格里菲斯能量准则：如图 6-24 所示，有一裂纹长度为 a 的物体，物体单位厚度的总势能为 $U(a)$，它是裂纹长度的函数。当裂纹长度 a 增加时，总势能减小，可认为外力有使裂纹扩展的趋势。势能随着裂纹扩展的变化率称为裂纹扩展力或应变能释放率，记为 G，则有：

$$G=\lim_{\Delta a \to 0}\frac{U(a)-U(a+\Delta a)}{\Delta a}=-\frac{\partial U}{\partial a} \tag{6-58}$$

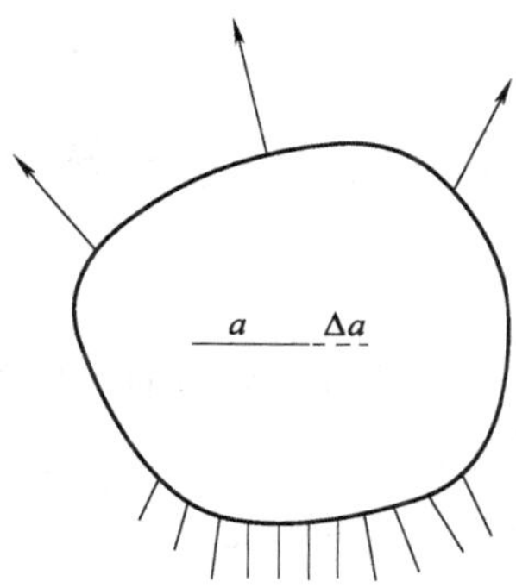

图 6-24 格里菲斯能量准则

在外力作用下，裂纹虽有扩展趋势，但当外力没达到一定值时，它并不扩展；仅当外力加到一个临界值时，它才扩展。这是因为要使裂纹扩展就要增加自由表面，从而增加自由表面能，这相当于给裂纹扩展增加阻力。仅当有足够的表面能时，裂纹才能扩展。设单位面积的表面能为 γ，裂纹长度为 a，则对于单位厚度的裂纹表面能为 $S=2a\gamma$，表面能是裂纹长度 a 的函数。用表面能随裂纹长度的变化率可衡量裂纹扩展阻力 R，即：

$$R=\lim_{\Delta a \to 0}\frac{S(a+\Delta a)-S(a)}{\Delta a}=\frac{\partial S}{\partial a}=2\gamma \tag{6-59}$$

格里菲斯提出的裂纹扩展能量准则是：裂纹扩展的临界条件是裂纹扩展力等于扩展阻力，即 $G=R$。这个准则成功地解释了玻璃的脆断问题，但用于金属并不成功。1949 年，英国的 E. 奥罗万修正了此准则。他除了考虑表面能外，还引进了塑性功。经他修正的准则在一定程度上也能应用于金属。

② 应力强度因子准则：这是 1957 年欧文提出的一个脆性断裂准则。应力强度因子是裂纹顶端附近奇异应力-应变场的一个度量参量，当它达到一个临界值时，裂纹就开始扩展。

设外载荷和结构均以裂纹 a 为对称面，在裂纹顶端取坐标如图 6-25 所示。根据弹性力学的计算，在裂纹顶端附近的应力场可以近似地写成如下形式：

$$\sigma_{x}=\frac{K_{\mathrm{I}}}{\sqrt{2\pi r}}\cos\frac{\theta}{2}\left(1-\sin\frac{\theta}{2}\sin\frac{3\theta}{2}\right) \tag{6-60}$$

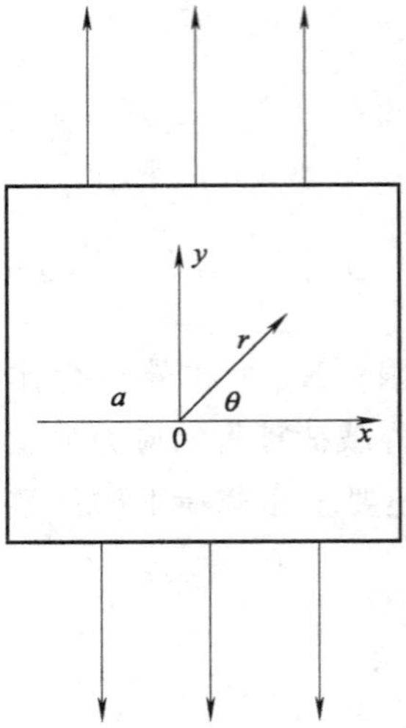

图 6-25 应力强度因子准则

$$\sigma_y=\frac{K_{\mathrm{I}}}{\sqrt{2\pi r}}\cos\frac{\theta}{2}\left(1+\sin\frac{\theta}{2}\sin\frac{3\theta}{2}\right) \tag{6-61}$$

$$\tau_{xy}=\frac{K_{\mathrm{I}}}{\sqrt{2\pi r}}\sin\frac{\theta}{2}\cos\frac{\theta}{2}\cos\frac{3\theta}{2} \tag{6-62}$$

式中，σ_x、σ_y 为平面问题中的应力分量；r、θ 为极坐标。上式在 R 很小的情况下，近似程度是很高的。从上式中可以看出：当 $r\to 0$ 时，应力无限增大。式中的 K_{I} 与坐标 r、θ 无关，是结构形式和外载荷等的函数，它是控制裂纹应力场的系数。欧文选用此量作为判断是否断裂的一个参量，称为应力强度因子。于是裂纹扩展的临界条件为 $K_{\mathrm{I}}=K_{\mathrm{IC}}$，式中，$K_{\mathrm{IC}}$ 为材料的平面应变断裂韧度，可由试验测定；而 K_{I} 可用弹性力学的方法求得。平面应变断裂韧度是反映物体断裂特性的重要参量，它的测定是断裂力学的基本内容。

③ 复合型断裂准则：在一般情况下，应力场对于裂纹面来说并不是对称分布的。但是，总可以把它分解为对称部分和反对称部分。反对称部分又可以分为面内和面外（或称反平面的）两部分。根据对称部分的应力场可以定义应力强度因子 K_{I}；对于反对称的面内和面外两部分的应力场可以定义 K_{II} 和 K_{III}。通常相应于 K_{I}、K_{II} 和 K_{III} 的裂纹形式分别称为张开型、剪切型和撕开型。

复合型断裂就是 K_{I} 和 K_{II}（或 K_{III}）同时存在的情况下的断裂现象，由于 K_{II}（或 K_{III}）的存在，即使在线弹性断裂力学适用的范围内，裂纹起始扩展时的 K_{I} 也不等于 $K_{\mathrm{I}0}$。复合型断裂准则就是要寻找 K_{I}、K_{II} 和 K_{III} 的一个函数关系式 $f(K_{\mathrm{I}},K_{\mathrm{II}},K_{\mathrm{III}})=0$。当这个关系式成立时，裂纹就扩展。在复合型断裂中，裂纹一般并不沿着裂纹原来的方向扩展。裂纹扩展的方向和原来裂纹的方向之间的夹角称作断裂角。复合型断裂准则一般还应能够确定出断裂角。目前提出的复合型断裂准则的适用范围还较窄，当 $K_{\mathrm{I}}/K_{\mathrm{II}}$ 值较大时，理论所得的结果和实验结果比较接近，而当 $K_{\mathrm{I}}/K_{\mathrm{II}}$ 值较小时，现有理论和实验结果差距较大。

(2) 弹塑性断裂力学

对于一般金属材料，由于裂纹尖端有很高的应力集中，导致裂纹前端区域存在塑性区，其塑性区尺寸远远小于裂纹尺寸时，可用线弹性断裂力学解决问题，即把它当作小范围屈服问题处理。但对于工程上广泛使用的中、低强度钢来说，因其塑性区较大，与中、小截面尺寸的机件相比，相对屈服范围较大，属于大范围屈服，甚至整体屈服。此时，线弹性断裂力学已不适用，从而要求发展弹塑性断裂力学来解决其断裂问题。对于大范围屈服和全面屈服问题，均属于弹塑性断裂力学要解决的问题。目前常用的方法有 J 积分法和裂纹尖端张开位移法（crack tip opening displacement，COD 或者 CTOD）。

① J 积分法。设有两个外形尺寸相同而裂纹略有差异的试样（一个为 a，另一个为 $a+\Delta a$），分别在 P 和 $P+\Delta P$ 力的作用下产生相同的位移 δ。两种情况下的载荷-位移曲线分别为 OA 和 OB［图 6-26 (a)］。曲线下所包围的面积分别为两试样的形变功 $U_1=$

S_{OAC}，$U_2 = S_{OBC}$。两者之差为 $\Delta U = U_1 - U_2 = S_{OAB}$，即图 6-26（b）中阴影部分面积。将两者之差 ΔU 除以 $B\Delta a$，求在 $\Delta a \to 0$ 的情况下极限值，就可获得加载到（P，δ）的 J_{I} 值，即

$$J_{\mathrm{I}} = \lim_{\Delta a \to 0} -\frac{1}{B}\left(\frac{\Delta U}{\Delta a}\right) = -\frac{1}{B}\left(\frac{\partial U}{\partial a}\right)_{\delta} \tag{6-63}$$

若 $B=1$，则

$$J_{\mathrm{I}} = -\left(\frac{\partial U}{\partial a}\right)_{\delta} \tag{6-64}$$

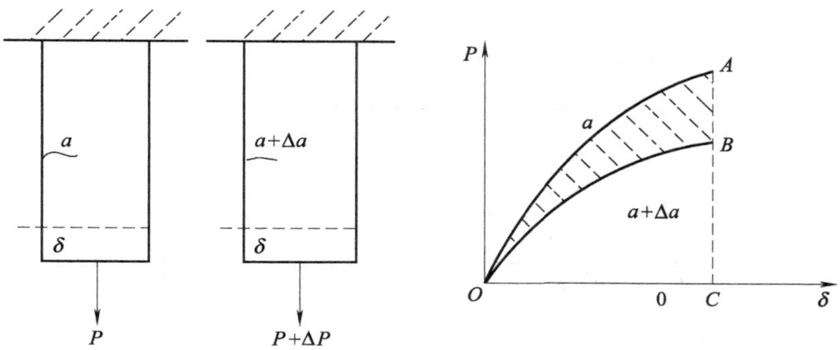

(a) 试样加载情况　　(b) 载荷位移曲线

图 6-26　J 积分的定义

上式就是 J 积分的形变功率差的意义，即 J 积分的能量率表达式。只要测出 OAB 阴影线面积及 Δa，便可计算出 J_{I} 值。这里需要指出的是，J 积分法不能直接用于描述裂纹扩展过程，因为 J 积分不允许卸载情况发生，在加载过程中裂纹一旦扩展，裂纹尖端的应力就要释放，应力释放相当于卸载，而在弹塑性变形的情况下，应力与应变不再是单轴的函数关系，卸载后存在残余塑性应变，再次加载时就与原来的路径不同了。所以，在弹塑性条件下，$J_{\mathrm{I}} = -\frac{1}{B}\left(\frac{\partial U}{\partial a}\right)_{\delta}$ 或 $J_{\mathrm{I}} = -\left(\frac{\partial U}{\partial a}\right)_{\delta}$，不能理解为裂纹扩展单位面积或单位长度时系统势能的释放率，而应当理解为裂纹相差单位长度的两个同等试样，加载到相同位移时势能差值与裂纹面积差值（或长度差值）之比，即所谓的形变功差率。

② 裂纹尖端张开位移法。对于大量使用的中低强度细构件，如船体和压力容器等，在一定的使用温度和应变速率范围内，发生过不少低应力脆断事故，90%以上的断口具有结晶状特征。从这些断裂构件上制取的小试样的冲击断口具有纤维状特征。由此可以推断，由于构件承受多向应力，使得裂纹尖端的塑性变形受到约束，当应变达到某一临界值时，材料便发生撕裂。因此，应变可作为材料断裂判据的一个参量。这就是断裂应变判据的实践基础，但是，这个应变数值很小，很难准确测定。因此，有人提出用裂纹尖端的张开位移（COD）来间接表示应变量的大小；用临界张开位移 δ 表示材料的断裂韧性，这就是 COD 法。

对于大范围屈服条件下，达格代尔应用 Muskhelishvili 复变函数解弹性问题，提出了

带状屈服模型，将应力场分析进行延伸，导出了弹塑性条件下的COD表达式。如图6-27所示，设理想塑性材料的无限大薄板中有长为$2a$的穿透裂纹，在无限远处作用有平均应力σ，裂纹尖端的塑性区ρ呈尖劈型。假定沿x轴将塑性区割开，使裂纹长度由$2a$变为$2c$，但在剖面上、下方代之以应力σ_s，以阻止裂纹张开，于是该模型就变为在（a，c）和（$-a$，$-c$）区间作用有σ_s，在无限远处作用有均匀σ。通过计算得到A、B两点的裂纹张开位移为：

$$\delta=\frac{8}{\pi E}\sigma_s a \ln\sec\frac{\pi\sigma}{2\sigma_s} \tag{6-65}$$

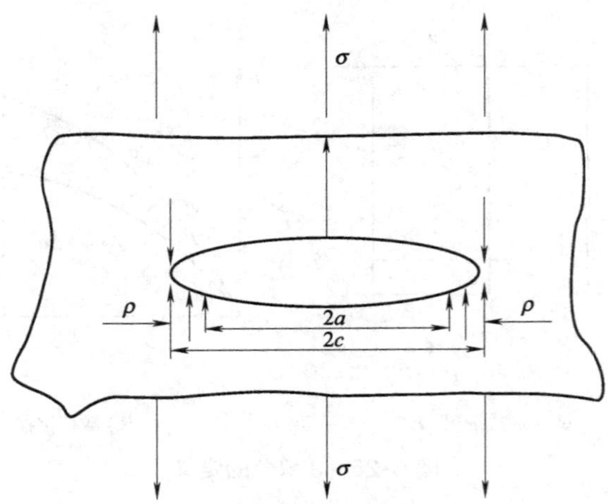

图6-27 带状屈服模型

将上式用级数展开，若σ/σ_s较小，则略去高次项，得

$$\delta=\frac{\pi\sigma^2 a}{E\sigma_s} \tag{6-66}$$

$$\delta_c=\frac{4\sigma_c^2 a_c}{E\sigma_s} \tag{6-67}$$

式（6-66）、式（6-67）将外加应力σ、裂纹尺寸a及材料弹性模量E、σ_s与δ_c的关系定量地联系起来，根据关系式可对中、低强度钢板、压力容器等进行设计、选材和断裂分析，COD法已成功应用于压力容器和输气管道的安全评估和断裂分析。

思考题

1. 什么是功能涂层再制造表面与界面？它们与传统表面涂层有何不同？
2. 功能涂层再制造表面与界面在哪些领域有应用？能否举出一些具体的例子？
3. 利用功能涂层再制造表面与界面可以实现哪些性能改进？例如，增强材料的耐磨性、抗腐蚀性等。
4. 在实施功能涂层再制造表面与界面时，面临哪些挑战和难题？如何解决这些问题？
5. 功能涂层再制造表面与界面对环境有何影响？它们是否具有环保优势？

6. 功能涂层再制造表面与界面的制备过程中，如何确保其质量和稳定性？

7. 功能涂层再制造表面与界面的设计原则是什么？如何选择合适的材料和工艺？

8. 功能涂层再制造表面与界面对产品性能的影响如何评估？有哪些常用的测试方法？

9. 功能涂层再制造表面与界面未来的发展趋势是什么？有哪些新技术或新材料可能会应用于此领域？

参考文献

[1] 夏绪辉，王蕾，张泽琳. 冶金设备绿色再制造技术及应用［M］. 北京：机械工业出版社，2022.

[2] 姚巨坤. 绿色再制造关键技术及应用［M］. 北京：机械工业出版社，2022.

[3] 朱胜，姚巨坤，江志刚，等. 绿色再制造工程［M］. 北京：机械工业出版社，2022.

[4] 吴燕明，陈小明，赵坚. 表面工程与再制造技术［M］. 北京：中国水利水电出版社，2016.

[5] 傅小明，蒋萍，杨在志，等. 材料工程导论［M］. 南京：南京大学出版社，2017.

[6] 王海斗，朱丽娜，邢志国. 表面残余应力检测技术［M］. 北京：机械工业出版社，2013.

[7] 白同春. 物理化学［M］. 南京：南京大学出版社，2019.

7 再制造功能涂层力学性能

教学要求

本章将介绍再制造功能涂层的力学性能，包括涂层的力学基础、表面性能以及温度与环境对涂层力学性能的影响规律。再制造功能涂层是一种在原有材料表面重新涂覆的技术，旨在提升材料的性能和延长使用寿命。在涂层的力学性能方面，本章将涵盖力学基础的理论知识，表面性能的测试和评估方法，以及环境对涂层力学性能的影响规律。通过本章的学习，读者将能够深入了解再制造功能涂层的力学特性，为涂层再制造工艺和应用提供理论基础和技术支持。

基本要求

1. 掌握涂层力学性能的基本理论，包括弹性模量、硬度、黏附力等概念和计算方法，理解涂层在力学上的基本特性。

2. 了解常用的表面性能测试和评估方法，如抗拉强度测试、硬度测试、剪切测试等，能够通过实验数据评估涂层的力学性能。

3. 理解环境对涂层力学性能的影响规律，包括温度变化对涂层强度、韧性等性能的影响，以及环境介质对涂层的腐蚀、氧化等影响。

4. 学习者应具备设计涂层力学性能实验的能力，包括选择合适的测试方法、制定实验方案、进行实验操作，以及对实验数据进行分析和解释的能力。

5. 学习者应能够将所学的涂层力学性能理论知识应用于实际工程中，包括在涂层设计、制备、使用和再制造过程中考虑涂层的力学性能，以确保涂层的质量和性能满足工程要求。

7.1 涂层力学基础

涂层力学基础主要涉及涂层的力学性能表征与评价方法，以及涂层在各种环境条件下的力学行为。涂层作为一种重要的表面处理技术，其力学性能对于保护基体材料免受磨损、腐蚀等损伤至关重要。涂层力学基础的研究涵盖了涂层的制备、结构、性能以及其在不同环境条件下的行为特性。本节将针对涂层的弹性模量与刚度、蠕变与疲劳特性展开叙述。

7.1.1 弹性模量与刚度

涂层的弹性模量与刚度是衡量涂层材料性能的重要指标，它们分别反映了涂层在微观和宏观受力状态下抵抗形变的能力，本小节将阐述涂层弹性模量的定义与计算方法、涂层刚度的定义与测量方法及功能涂层弹性模量与刚度的关联性。

7.1.1.1 涂层弹性模量的定义与计算方法

涂层的弹性模量是描述涂层材料在受力作用下变形程度的重要参数，通常表示为 E。弹性模量越大，意味着材料的刚度越高，即在外力作用下，其变形程度越小。

涂层的弹性模量可以通过不同的方法计算，常见的计算方法如下。

（1）静态弹性模量

静态弹性模量是指在弹性阶段，即在应力小于比例极限的范围内，材料的应力与应变之间的比值。计算方法为：

$$E=\frac{\sigma}{\varepsilon} \tag{7-1}$$

式中，σ 为应力，Pa；ε 为应变。

这种方法适用于静态加载条件下的弹性模量计算。可见，当应变为 1 时，弹性模量 E 等于弹性应力，即弹性模量是产生 100%弹性变形所需的应力，表征的是材料抵抗弹性变形的能力，对弹性变形量很小的金属材料而言没有任何意义。

（2）动态弹性模量

动态弹性模量是指在动态加载条件下，如声波、超声波或机械振动作用下，材料的应力与应变之间的比值。可以通过声学或超声学方法进行测量和计算。

（3）压痕法

通过压痕试验可以间接测量材料的弹性模量。常见的压痕试验方法包括维氏硬度测试、布氏硬度测试和洛氏硬度测试等。通过在涂层表面施加一定载荷并测量压痕的尺寸，然后根据材料力学理论计算得到弹性模量。

（4）声速法

声速法是一种非常常用的方法，通过测量材料中声波的传播速度来计算材料的弹性模量。声速法适用于密度已知且比较均匀的材料。

涂层弹性模量的计算方法选择取决于具体的实验条件、材料特性和应用要求。在实际应用中，常常结合多种方法进行综合评估，以获得更准确和可靠的结果。

7.1.1.2 涂层刚度的定义与测量方法

涂层的刚度是指在受到外力作用时，涂层材料对形变的抵抗程度。刚度越高，涂层在受力作用下的形变越小，其硬度和强度也就越大。

涂层刚度有以下测量方法。

(1) 压痕法

压痕硬度测试是常用的测量涂层刚度的方法之一。可以使用不同的硬度测试仪器，如维氏硬度计、布氏硬度计、洛氏硬度计等，在涂层表面施加一定大小的载荷，然后测量压痕的直径或深度，根据硬度计算公式来计算刚度。

维氏硬度是指在标准试验条件下，用一定载荷下的金刚石或硬质球压入被试材料表面产生的压痕的平均对角线长度。维氏硬度的计算公式为：

$$\mathrm{HV}=\frac{2P}{\pi d\left(d-\sqrt{d^{2}-d_{0}^{2}}\right)} \tag{7-2}$$

通过公式计算涂层在受力作用下的刚度时，结合硬度试验中得到的相关参数，如载荷和压痕直径，就能确定涂层的刚度。需要注意的是，不同类型的硬度测试仪器和试验条件下的计算公式有所不同，必须根据具体的硬度测试方法选择合适的计算公式。

布氏硬度是指在一定条件下，用一定大小的球形硬钢球以一定速度压入被试材料表面所产生的压痕的直径或印痕直径。布氏硬度的计算公式为：

$$\mathrm{HB}=\frac{2P}{\pi D\left(D-\sqrt{D^{2}-d^{2}}\right)} \tag{7-3}$$

(2) 拉伸法

拉伸法也是常用的测量涂层刚度的方法之一。通过在标准拉伸试验机上施加拉伸载荷，测量拉伸过程中涂层的变形量和载荷，并计算应力-应变曲线，从中得到涂层的刚度参数。

(3) 动态热机械分析法

动态热机械分析法（DMA）可以用来测量涂层的动态刚度，通过在不同频率和温度下施加动态载荷，测量涂层的应力和应变响应，从而得到涂层的刚度参数。

(4) 声速法

声速法也可以用来间接测量涂层的刚度，通过测量声波在涂层中的传播速度，根据材料的密度和声波速度计算得到涂层的刚度参数。

针对常用的几种测量涂层刚度的方法，选择合适的方法取决于实验条件、涂层特性和应用要求。在实际应用中，通常会结合多种方法进行综合评估，以获得更准确和可靠的结果。

7.1.1.3 功能涂层弹性模量与刚度的关联性

工程上把弹性模量 E 称作材料的弹性刚度指标。在机械设计中，有时刚度是第一位的，如精密机床的主轴如果不具有足够的刚度，就不能保证零件的加工精度；如果汽车的曲轴弯曲刚度不足，就会影响活塞、连杆及轴承等重要零件的正常工作，所以曲轴的结构和尺寸常常由刚度决定，然后做强度校核。表 7-1 列出了一些材料在室温下的弹性模量。

表 7-1 一些材料在室温下的弹性模量

材料	$E/10^5$ MPa	材料	$E/10^5$ MPa
铁	2.17	金刚石	约 9.65
铜	1.25	玻璃	0.801

续表

材料	$E/10^5$ MPa	材料	$E/10^5$ MPa
铝	0.72	尼龙 66	0.012～0.029
低碳钢	2.0	聚碳酸酯	0.024
铸铁	1.7～1.9	聚乙烯	0.004～0.013
低合金钢	2.0～2.1	聚苯乙烯	0.027 ～0.042
奥氏体不锈钢	1.9～2.0	碳化硅	约 4.7
氧化铝	约 4.15	碳化钨	5.34

零件的刚度与材料的刚度不同，零件的刚度除了取决于材料的弹性模量外，还与零件的截面尺寸、形状以及载荷作用的方式有关。在弹性变形范围内，零件抵抗变形的能力称为刚度。根据刚度的定义有

$$Q=\frac{P}{\varepsilon}=\frac{\sigma A}{\varepsilon}=EA \tag{7-4}$$

式中，A 为零件的截面面积。

可见，要增加零件的刚度，除了选用弹性模量高的材料外，还需通过增大零件截面尺寸（面积 A）来实现。但在空间受严格限制的场合，如航空、航天装置中的一些零件，往往既要求刚度高，又要求质量轻，因此加大截面面积是不可取的，只有选用高弹性模量的材料才能提高其刚度。不仅如此，为了追求质量轻，还提出比弹性模量，用来衡量材料的弹性性能。比弹性模量为材料的弹性模量与其密度的比值，几种金属拉伸杆件常用材料的比弹性模量见表 7-2。可以看出，金属中铍的比弹性模量最大，为 $16.8\times10^7\,m^2/s^2$，因此在航空航天装备中得到广泛应用。此外，氧化铝、碳化硅等也显示出明显的优势。

表 7-2 几种金属拉伸杆常用材料的比弹性模量

材料	铜	钼	铁	钛	铝	铍	氧化铝	碳化硅
比弹性模量/($\times10^7\,m^2/s^2$)	1.3	2.7	2.6	2.7	2.7	16.8	10.5	17.5

7.1.2 蠕变与疲劳特性

涂层的蠕变与疲劳特性是材料力学中重要的损伤机制，对工程结构的影响非常大。在工程设计中，需要充分考虑涂层的蠕变和疲劳特性，以便采取相应的措施来延长结构的使用寿命。

7.1.2.1 蠕变

蠕变是指金属材料在恒应力长期作用下产生的塑性变形现象。蠕变发生的温度范围比较广，但高温时形变速度快，蠕变现象更明显。因此，对一些在高温条件下长时间工作的零件，如化工装备、锅炉、汽轮机、燃气轮机及其他热机部件，会因蠕变产生的变形、断裂和应力松弛等导致失效。

描述蠕变变形规律的主要参量为应力、温度、时间、蠕变变形速度、蠕变变形量，即

$$\dot{\varepsilon}=f(\sigma,T,\varepsilon,m_1,m_2) \tag{7-5}$$

式中，$\dot{\varepsilon}$ 为蠕变变形速度；σ 为应力；T 为热力学温度；ε 为蠕变变形量；m_1，m_2 为与晶体结构特性（如弹性模量等）和组织因素（如晶粒度等）有关的参量。

在恒应力条件下的蠕变曲线如图 7-1 所示，图中 A 为试样刚加上载荷后所产生的瞬时应变 ε_0，是外加载荷引起的一般变形。从 A 点开始随时间延长而产生的应变属于蠕变变形。图中 $ABCD$ 曲线即为蠕变曲线。

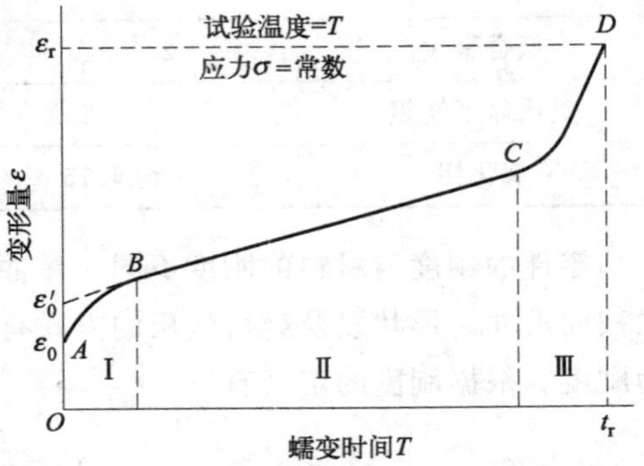

图 7-1 典型蠕变曲线

蠕变曲线上任一点的斜率，表示该点的变速。按蠕变速率的变化过程，蠕变过程可分为 3 个阶段。AB 段为蠕变第Ⅰ阶段，称为减速蠕变阶段，其变形速度与时间的关系可用下式表示

$$\dot{\varepsilon}=At^{-n} \tag{7-6}$$

式中，A、n 为常数，且 $0<n<1$。

BC 段为蠕变的第Ⅱ阶段，此阶段变形速度基本不变，为恒速蠕变阶段。此时的变形速度称为最小蠕变速度，即通常所谓的蠕变速度，其蠕变量可表示为

$$\varepsilon=\dot{\varepsilon}t \tag{7-7}$$

式中，$\dot{\varepsilon}$ 为蠕变速率。

CD 段为蠕变的第Ⅲ阶段，为加速蠕变阶段。此时材料因产生颈缩或裂纹而很快于 D 点断裂。蠕变断裂时间、总变形量分别为 t_r 及 ε_r。

第Ⅱ阶段的蠕变速率 $\dot{\varepsilon}$、持久断裂时间 t_r、持久断裂塑性 ε_r，是材料高温力学性能的重要指标。

在工程中具有重要意义的是恒速蠕变阶段。由蠕变速率 $\dot{\varepsilon}$ 可以计算出材料在高温下长期使用时的变形量及其蠕变极限。显然在应力增大或温度升高时，$\dot{\varepsilon}$ 会增大，如图 7-2 所示。

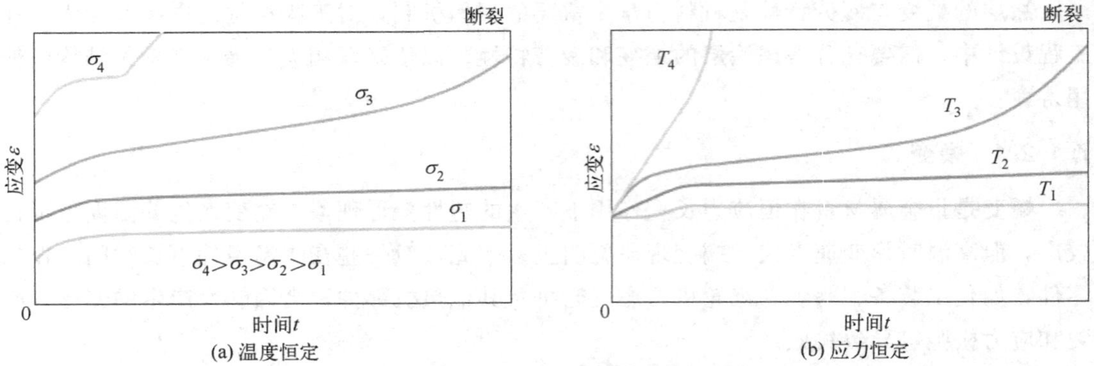

图 7-2 应力及温度对蠕变曲线的影响

有人综合各种金属材料的试验结果，对高温低应力蠕变速率有

$$\dot{\varepsilon} = c\sigma^m \exp[-Q/(KT)] \tag{7-8}$$

式中，c、m 为材料决定的常数；Q 为蠕变激活能，与材料的自扩散激活能相等。

一般地，温度越高、应力越大，蠕变强度越低。对较长时间的蠕变强度，需根据曲线利用外推法获得。为此通常需要一定的关于蠕变行为的经验，还需要有关所用材料蠕变特性的知识。一旦确定了材料的蠕变强度，设计时就可以应用安全系数得到合适的许用应力。

7.1.2.2 涂层的蠕变行为

涂层的蠕变行为是指涂层在长时间高温和持续应力作用下发生的缓慢、不可逆的形变现象。蠕变行为对于涂层的使用寿命和性能稳定性具有重要影响，因此需要深入了解和分析。

(1) 蠕变机制

涂层的蠕变机制主要包括晶间滑移、晶粒滑动、孪晶形成等。在高温下，涂层材料的晶粒发生滑移和变形，导致材料整体形变。与此同时，涂层中存在的应力松弛、晶粒长大等现象，都会影响蠕变行为。

(2) 影响因素

涂层的蠕变行为受到多种因素的影响，主要包括温度、应力、时间等。温度是影响蠕变行为的主要因素之一，高温会促进涂层的蠕变行为；而应力是导致蠕变的驱动力，应力水平越高，蠕变速率越快；时间是蠕变行为发生的重要参数，长时间的持续加载会导致涂层发生更显著的蠕变变形。

(3) 蠕变参数

评估涂层蠕变行为通常需要考虑蠕变参数，如蠕变速率、蠕变应变、蠕变寿命等。蠕变速率描述了单位时间内的蠕变变形量，通常以应变速率（例如%/h）表示；蠕变应变是指在蠕变过程中材料所经历的变形量；蠕变寿命则是指在一定条件下，涂层发生蠕变形变直至失效所需的时间。

(4) 蠕变预测和分析

为了评估涂层的蠕变行为，可以通过实验测试、数值模拟和理论分析等手段进行预测和分析。实验测试通常包括蠕变试验，通过监测蠕变变形量和时间来获取蠕变参数，并得到蠕变曲线；数值模拟则利用有限元分析等方法，模拟涂层在给定条件下的蠕变行为，预测其蠕变应变和寿命；理论分析则基于材料科学和力学原理，可从微观和宏观角度分析涂层的蠕变机制和行为规律。涂层的蠕变行为是一个复杂的物理现象，受多种因素影响，了解和分析涂层的蠕变行为有助于优化涂层设计、提高材料性能、延长使用寿命。

7.1.2.3 涂层疲劳寿命的评估方法

涂层疲劳寿命是指涂层材料或涂层结构在交变载荷下的耐久性能，即材料或结构在交变载荷作用下所能承受的循环次数。涂层疲劳寿命的评估方法通常涉及试验测试、数值模

拟和理论分析等多种手段。以下是常用的涂层疲劳寿命评估方法。

（1）统计学方法

统计学方法是疲劳寿命可靠度评价中最常用的一种方法。它通过对大量疲劳寿命数据进行统计分析，建立概率模型，从而预测和估计材料或结构的寿命。常用的统计学方法包括最小二乘法、最大似然估计法、贝叶斯方法等。

（2）假设检验方法

假设检验方法是疲劳寿命可靠度评价中用于验证统计模型的有效性和可靠性的一种方法。它通过对采集到的疲劳寿命数据进行假设检验，判断某个统计模型是否符合实际情况。常用的假设检验方法有卡方检验、F 检验等。

（3）疲劳寿命预测模型

疲劳寿命预测模型是疲劳寿命可靠度评价中用于预测材料或结构寿命的一种模型，基于理论计算、试验数据和经验公式等建立。常用的疲劳寿命预测模型包括线性损伤累积模型、疲劳损伤累积模型、威尔逊方程模型等。

（4）可靠性指标

可靠性指标是评价疲劳寿命可靠度的一种指标，用来表示材料或结构在特定条件下的寿命可靠性。常用的可靠性指标包括可靠度指标 R、失效概率指标 P、失效密度指标等。

（5）可靠性分析软件

可靠性分析软件是用于对疲劳寿命进行可靠度评价和预测的工具，包含数据处理、统计分析、寿命预测等功能模块，有助于工程师快速、准确地进行疲劳寿命可靠度评价。

7.2 涂层表面性能

涂层材料的表面性能是指涂层材料在不同环境条件下的反应和性能表现。涂层材料的主要表面性能包括表面强度、表面硬度、表面韧性等。这些性能的好坏直接关系到涂层材料的使用寿命和效果。

7.2.1 表面硬度

涂层表面硬度是表示涂层机械强度的重要性能之一。其物理意义可理解为涂层表面对作用其上的另一个硬度较大的物体所表现的阻力。

7.2.1.1 表面硬度测试方法

表面硬度是衡量涂层材料软硬程度的一种性能，其物理意义随试验方法的不同而不同。硬度试验有几十种，基本上可以分为刻划法和压入法两大类。刻划法硬度试验主要表征材料抵抗破裂的能力，而压入法则表征材料抵抗变形的能力。

生产中应用最多的是压入法硬度试验，如布氏硬度、洛氏硬度、维氏硬度和显微硬度等，所得到的硬度值实质上是表示材料表面抵抗外物压入所引起塑性变形抗力的大小，综合反映了压痕附近局部体积内材料的弹性变形、塑性变形抗力以及形变强化能力等物理量的大小。不同的压入法硬度试验，由于压头材料、形状及尺寸、载荷的大小及加载方式的不同，上述几个物理量在硬度值中所起的作用也不相同。因此，硬度不是材料独立的力学性能。

压入法硬度值和金属材料抗拉强度 α_b 值之间近似地成正比例关系，如 α_b 和布氏硬度值 HB 之间的近似关系可写为 $\alpha_b = K\mathrm{HB}$。不同的材料，有不同的 K 值：对于铜及其合金和不锈钢，$K=0.44\sim0.55$；对于钢铁材料，$K=0.33\sim0.36$，常取 $K=1/3$；铝合金也基本如此。

(1) 布氏硬度

布氏硬度试验是 1900 年由瑞典工程师布里涅尔（J. B. Brinell）提出的，是目前最常用的硬度试验方法之一。

① 布氏硬度试验。布氏硬度的测定原理是用直径为 D 的淬火钢球或硬质合金球，以一定的载荷 P 压入被试材料的表面，如图 7-3 所示。经规定的保持时间后，卸除载荷，测量材料表面的压痕直径 d，求得压痕的陷凹表面积 F，计算出应力值作为布氏硬度的计量指标，记作 HB，则有

$$\mathrm{HB}=\frac{P}{F}=\frac{2P}{\pi D(D-\sqrt{D^2-d^2})} \tag{7-9}$$

上式为布氏硬度值的计算式，单位为 $\mathrm{kgf/mm^2}$，但一般不标出。由于压头材料的不同，布氏硬度也用不同的符号表示，以示区别。当压头为淬火钢球时，其符号为 HBS，适用于布氏硬度值在 450 以下的材料；当压头为硬质合金球时，其符号为 HBW，适用于布氏硬度值为 450～650 的材料。符号 HBS 或 HBW 之前为硬度值，之后的数字依次表示球体直径、载荷大小及载荷保持时间等试验条件。例如，当用 10mm 淬火钢球在 1000kgf 作用下，保持 30s 测得材料的布氏硬度值为 180 时，记作 180HBS10/1000/30。又如，550HBW5/750/20 表示用直径为 5mm 的硬质合金球，在 750kgf 载荷作用下，保持载荷 20s 测得的布氏硬度值为 550。如果用 10mm 淬火钢球在 3000kgf 作用下，载荷保持时间为 10～15s 时测得的硬度值为 320，则试验条件可以不标，直接记作 320HBS。

在测定软硬不同、材料或厚度不一的布氏硬度值时，须选用不同的载荷 P 和球体直径 d。为了得到统一的、可以相互比较的硬度值，需要运用压痕的几何形状相似原理，即当用不同直径 D_1 和 D_2 的球体，在不同的载荷 P_1 和 P_2 下压入同一材料表面，应使两个压痕的压入角 φ 相等，如图 7-4 所示。

由图 7-4 可见，$d=D\sin(\varphi/2)$，将其代入式（7-9），得

$$\mathrm{HB}=\frac{P}{D^2}\times\frac{2}{\pi\left[1-(1-\sin^2\varphi/2)^{\frac{1}{2}}\right]} \tag{7-10}$$

由式（7-10）可知，为了使压入角 φ 相等，必须使 $\frac{P}{D^2}$ 为一常数，只有这样才能保证对同一材料得到相同的 HB 值。生产上常用的 $\frac{P}{D^2}$ 值规定有 30、10 和 2.5 三种，根据金属种类不同而分别采用，见表 7-3。

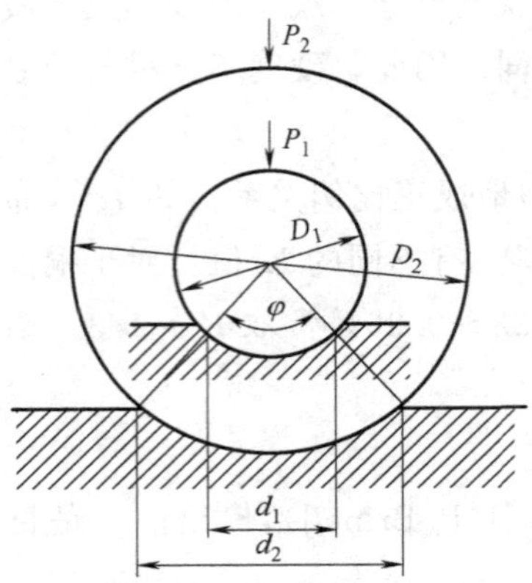

图 7-3 布氏硬度试验原理

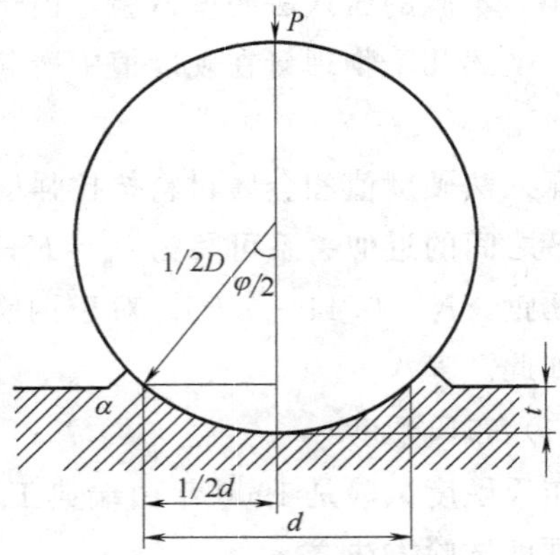

图 7-4 压痕相似原理

表 7-3 布氏硬度试验

材料	HB	试样厚度 /mm	$\frac{P}{D^2}$	钢球直径 D /mm	载荷 P /kgf	载荷保持时间 /s
黑色金属	140～150	＞6	30	10	3000	10～15
		3～6		5	750	
		＜3		2.5	187.5	
黑色金属	＜140	＞6	30	10	3000	30
		3～6		5	750	
		＜3		2.5	187.5	
铜及其合金	31.8～130	＞6	5～10	10	500	30
		3～6		5	250	
		＜3		2.5	62.5	
铝及其合金、轴承合金	8～35	＞6	2.5～5	10	250	60
		3～6		5	62.5	
		＜3		2.5	31.25	

测定布氏硬度的试样，其厚度至少应为压痕直径的 10 倍；对于薄件，试验后压痕直径应该在（0.25～0.6）D 范围内，否则试验结果无效，应考虑改变试验条件重新试验。

② 布氏硬度试验优缺点和适用范围。布氏硬度试验的优点是代表性全面。因为其压痕面积较大，能反映金属表面较大体积范围内各组成相的综合平均性能，故特别适宜于测定灰铸铁、轴承合金等具有粗大晶粒或粗大组成相的金属材料，试验数据稳定，从小到大能统一起来。

布氏硬度试验的缺点是对不同材料需要更换球体和改变载荷，压痕直径的测量也比较麻烦，不适合要求迅速检定大量成品的情况。

（2）洛氏硬度

洛氏硬度试验法是美国洛克威尔（S. P. Rockwell 和 H. M. Rockwell）于 1919 年提出

的，也是目前最常用的硬度试验方法之一。

① 洛氏硬度试验原理。洛氏硬度试验原理与布氏方法不同，它不是测定压痕的表面积，而是测量压痕的深度，以深度的大小表示材料的硬度值。洛氏硬度的压头分硬质和软质两种。硬质的由顶角 a 为 120°的金刚石圆锥体制成，适于测定淬火钢材等较硬的金属材料；软质的为直径 1/16″（1.5875mm）或 1/8″（3.175mm）钢球，适于退火钢、有色金属等较软材料硬度值的测定。

洛氏硬度试验时先加初载荷 $P_0=10$kgf，然后再加主载荷 P_1，所加总载荷（P_0+P_1）大小视被测材料的软硬而定。采用不同的压头和施加不同的总载荷，可以组成不同的洛氏硬度级，见表 7-4。生产上常用的为 A 级、B 级和 C 级，分别记作 HRA、HRB 和 HRC，其中以 HRC 使用最普遍。

表 7-4 洛氏硬度不同硬度级规定

硬度级	硬度符号	压头	初载荷 P_0/kgf	主载荷 P_1/kgf	总载荷 P /kgf	适用范围
A	HRA	金刚石圆锥	10	50	60	20～88
B	HRB	1/16″钢球	10	90	100	20～100
C	HRC	金刚石圆锥	10	140	150	20～70
D	HRD	金刚石圆锥	10	90	100	40～77
E	HRE	1/8″钢球	10	90	100	70～100
F	HRF	1/16″钢球	10	50	60	60～100
G	HRG	1/16″钢球	10	140	150	30～94
H	HRH	1/8″钢球	10	50	60	80～100
K	HRK	1/8″钢球	10	140	150	40～100

图 7-5 为用金刚石圆锥体测定材料硬度（HRC）的过程。

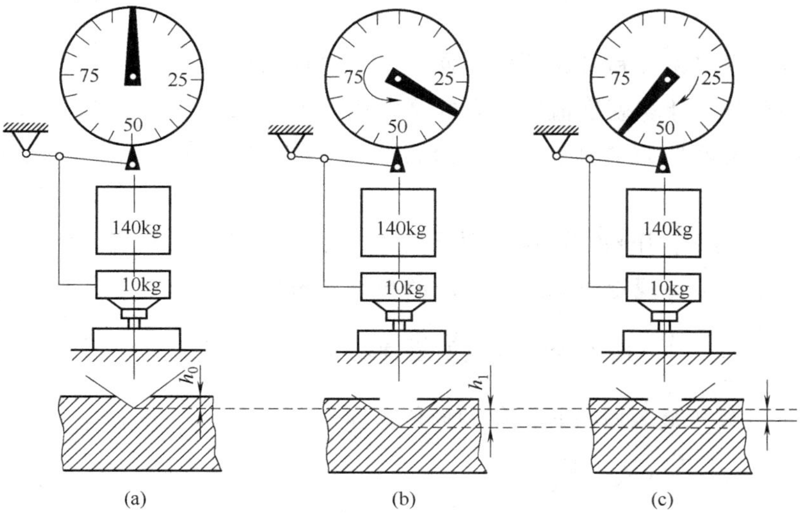

图 7-5 金刚石圆锥体测定材料硬度（HRC）过程

为了使压头保持在恒定的位置上，在试验时首先加一个初载荷 $P_0=10$kgf，在材料表面得一压痕深度为 t_0。随后加载荷 $P_0=10$kgf，压痕深度增量为 t_1。当 P_1 卸除后，总变形中的弹性变形部分恢复，于是得到在初载荷 P_0 下的压痕深度残余增量 t，以 t 的大小计算硬度值。显然，t 值越大，材料硬度越小，反之越高，这和布氏硬度值所表示的硬度大小的概念及人的习惯相矛盾。为此，只能采取一个不得已的措施，即用选定的一个常数减去布氏硬度值的差值来标志洛氏硬度值。该常数规定为 0.2mm（用于 HRA、HRC）和 0.26mm（用于 HRB）。此外，在读数上再规定 0.002mm 为 1°，这样常数 0.2mm 就为 100°（试验机表盘上为 100 格）；常数 0.26mm 为 130°（试验机表盘上为一圈，再加 30 格为 130 格）。因此有

$$\mathrm{HRC}=0.2-t=100-\frac{t}{0.002} \tag{7-11}$$

$$\mathrm{HRB}=0.26-t=130-\frac{t}{0.002} \tag{7-12}$$

由式（7-11）和式（7-12）可以看出，当压痕深度＝0 时，HRC＝100 或 HRB＝130；$t=0.2$mm 时，HRC＝0 或 HRB＝0.06。这就是 HRC 测定硬度值有效范围为 20～70 以及 HRB 有效范围为 20～100 的原因，因为在上述有效范围以外，不是压头压入过浅就是压头压入过深，都将使测得的值不准确。

② 洛氏硬度试验优缺点。洛氏硬度试验的优点：有硬质、软质两种压头，适于各种不同硬度材料的检验；压痕小，不伤工件表面；操作迅速，立即得出数据，生产效率高，适用于大量生产中的成品检验。

但是洛氏硬度试验也存在一定的缺点，例如用不同硬度级测得的硬度值无法统一起来，无法进行比较，不像布氏硬度可以从小到大统一起来。这正是洛氏硬度中纯粹由人为规定所带来的结果；对组织结构不一致，特别是具有粗大组成相（如灰铸铁中的石墨片）或粗大晶粒的金属材料，因压痕太小导致正好压在个别组成相上会缺乏代表性，因此不宜用此法进行试验。

(3) 维氏硬度

维氏硬度的测定原理和布氏硬度相同，也是根据压痕单位面积所承受的载荷来计算硬度值。不同的是维氏硬度的压头不是球体而是锥面夹角为 136°的金刚石正四棱锥。其试验原理如图 7-6 所示。

在载荷 P 作用下，压头在试样表面压出一个底面为正方形的四棱锥形压痕，保持规定时间后，卸除载荷，测量压痕对角线长度 $d\left(d=\dfrac{d_1+d_2}{2}\right)$，用以计算压痕的表面积 F。维氏硬度值就是载荷 P 除以压痕表面积 F 所得的商值，即

$$\mathrm{HV}=\frac{2P\sin\dfrac{136°}{2}}{d^2}=1.8544\frac{P}{d^2} \tag{7-13}$$

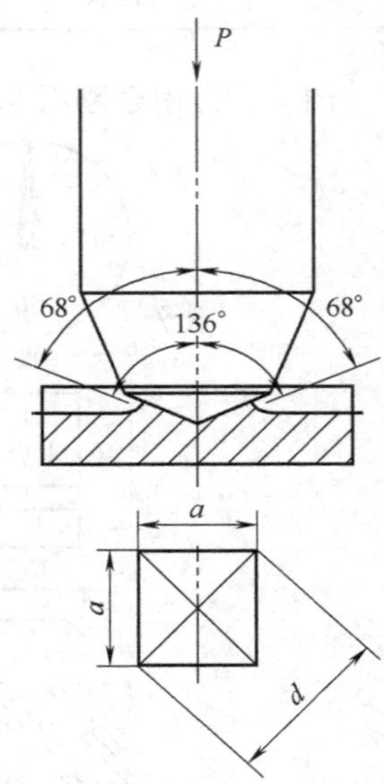

图 7-6 维氏硬度试验原理

与布氏硬度值一样，维氏硬度值也不标注单位。维氏硬度的符号为 HV，符号前面为硬度值，符号后面按载荷和载荷保持时间的顺序用数字表示试验条件（载荷保持时间为 10～15s，不标注时间）。例如，640HV30/20 表示用 30kgf 载荷保持 20s，测得的维氏硬度值为 640；如果载荷保持 10～15s，测得的硬度值为 640，则记为 640HV30。

维氏硬度试验通常用得最多的载荷是 5kgf、10kgf、20kgf、30kgf、50kgf、100kgf、120kgf 几种。载荷选择原则是根据工件厚度、硬度层深度（如渗碳层、渗层等）和材料预期硬度面尽可能选取较大的载荷，以减小测量压痕对角线长度的误差。但是要注意，当材料试验硬度大于 500HV 时，所加载荷不宜大于 50kgf，以保护金刚石压头；当测量薄件或表面薄层硬度时，所选择的载荷应使试样或试验层的厚度大于 1.5d。对于 0.05mm 左右氮化层或 0.05～0.1mm 渗碳层，采用 5kgf 或 10kgf 载荷为宜。

与布氏、洛氏硬度试验比较起来，维氏硬度试验具有许多优点，它不存在布氏硬度试验那种载荷 P 和压头直径 D 的规定条件的约束，也不存在洛氏硬度试验那种硬度值无法统一的问题。维氏硬度试验和洛氏硬度试验一样可以试验任何软硬的材料，并且与洛氏硬度试验相比，维氏硬度试验能更好地测试极薄件（或薄层）的硬度。由于维氏硬度与布氏硬度的测试原理相同，因而在材料硬度小于 450HV 时，两者数值大体相同。

维氏硬度试验的缺点是其硬度值测量较为麻烦，工作效率不如洛氏硬度试验高，所以不宜用于成批生产的常规检验。

（4）显微硬度

显微硬度所用的载荷很小，一般为 100～500kgf，所用的压头有两种：一是显微维氏压头；二是努氏压头。

① 显微维氏硬度。如前所述，测定维氏硬度的载荷可以任意选择而不影响硬度值。可以设想，若将载荷减小 1～2 个数量级，那么所得压痕的面积将会很小，从而有可能测定一个极小范围内（如材料中个别晶粒、个别夹杂物或某种组成相）的维氏硬度。显微维氏硬度试验实质上就是小载荷的维氏硬度试验，其测试原理和维氏硬度试验相同，故硬度值可用式（7-13）计算，并仍用符号 HV 表示。显微维氏硬度试验的载荷一般为 0.01kgf、0.02kgf、0.025kgf、0.05kgf、0.1kgf，压痕对角线长度以 m 计量。硬度测定过程在硬度计所带的显微镜下进行。当用 0.1kgf 保持载荷 10～15s 时，测得的维氏硬度值为 450HV0.1/30。

② 努氏硬度。努氏硬度采用金刚石长菱形压头，两长棱夹角为 172.5°，两短棱夹角为 130°（图 7-7），压痕的长短对角线长度之比为 7∶1。努氏硬度的计算公式为：

$$\mathrm{HK}=\frac{P}{A}=\frac{P}{Cl^2} \tag{7-14}$$

式中，l 为长对角线长度，mm；C 为制造厂提供的常数。

努氏硬度试验由于压痕浅而细长，在许多方面较维氏硬度优越。努氏硬度更适宜于测定极薄层或极薄零件，丝、带等细长件以及硬而脆的材料（如玻璃、玛瑙、陶瓷等）的硬度。此外，其测量精度和对表面状况的敏感程度也更高。

7

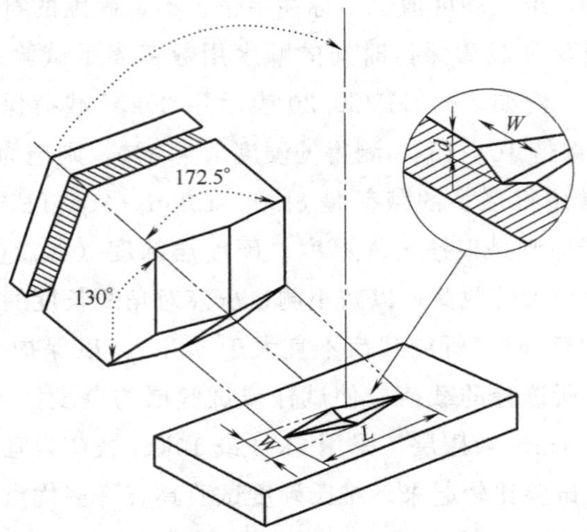

图 7-7 努氏硬度试验压头与压痕

(5) 肖氏硬度

与上述各种压入法硬度试验不同，肖氏（Shore）硬度试验是一种动载荷试验法。其原理是将一定质量的带有金刚石圆头或钢球的重锤，从一定高度落于金属试件表面，根据重锤回跳的高度来表征金属硬度值大小，因而又称为回跳硬度。肖氏硬度的符号用 HS 表示，在表示硬度时，HS 前面的数字为肖氏硬度值，后面的符号为硬度计类型。如 25 HSC 表示用 C 型（目测型）肖氏硬度计测得的肖氏硬度值为 25；51 HSD 表示用 D 型（指示型）肖氏硬度计测得的肖氏硬度值为 51。

标准重锤从一定高度落下，以一定的能量冲击试样表面，使其产生弹性变形和塑性变形，重锤的冲击能一部分消耗于试样的塑性变形，另一部分则转变为弹性变形功储存在试样中，当弹性变形回复时，能量被释放，使重锤回跳到一定的高度。消耗于试样的塑性变形越小，则试样储存的弹性变形能就越大，重锤回跳的高度便越高。这也表明，肖氏硬度值的大小取决于材料的弹性性质。因此，弹性模数不同的材料，其结果不能相互比较，例如钢和橡胶的肖氏硬度值不具有可比性。

肖氏硬度采用便携式硬度计，使用方便，可在现场测量大件制品的硬度值。其缺点是试验结果的准确性受人为因素影响较大，不适用于精确度要求较高的生产和研究工作。

7.2.1.2 材料体系的影响

材料体系对涂层硬度的影响是多方面的，主要取决于涂层材料的选择、基材性质以及涂层制备工艺等因素。以下是一些常见的影响因素。

(1) 涂层材料选择

涂层材料的硬度直接影响到涂层的整体硬度。通常来说，硬度高的涂层材料会使得涂层整体硬度也相对较高。例如，金属类涂层（如金属硬质涂层）通常具有较高的硬度，而聚合物类涂层则相对较低。

(2) 基材性质

基材的硬度和结构也会影响涂层的硬度。如果基材本身硬度较高，涂层与基材之间的界面可能更加牢固，有助于提高整体涂层硬度。另外，基材的结构（如晶粒尺寸、晶格缺陷等）也会影响涂层的成核和生长过程，从而影响涂层的硬度。

(3) 涂层制备工艺

涂层的制备工艺对其硬度也有重要影响。例如，热喷涂技术中喷涂参数的选择、涂层厚度的控制等都会直接影响到涂层的硬度，通过化学气相沉积（CVD）和物理气相沉积（PVD）等技术制备的涂层通常具有较高的致密度和硬度。

(4) 涂层厚度

一般情况下，涂层的硬度随着厚度的增加而增加，但在一定范围内，涂层厚度过大可能会导致内部应力积累和裂纹形成，从而降低整体硬度。

(5) 化学组成

涂层的化学组成对其硬度也有影响。例如，添加了硬质相的强化剂或者合金元素的涂层通常会具有较高的硬度。此外，化学组成也会影响到涂层的微观结构，从而影响其硬度。

7.2.1.3 微观结构的影响

微观结构对涂层硬度有着重要的影响，主要表现在以下几个方面。

(1) 晶粒尺寸

涂层中晶粒的尺寸会直接影响其硬度。通常情况下，晶粒尺寸越小，涂层的硬度越高。这是因为小尺寸的晶粒会导致晶界数量增加，从而限制了位错和晶界滑移，使得材料更难发生形变，提高了硬度。

(2) 晶粒取向

涂层中晶粒的取向也会影响其硬度，当涂层中晶粒的取向较为均匀时，其硬度通常会较高，因为在外力作用下位错和晶界滑移被抑制，从而提高了材料的强度和硬度。

(3) 晶界

涂层中的晶界是晶粒之间的界面，其性质对涂层的硬度有着重要影响。高密度、无氧化、无残余应力的晶界有利于提高涂层的硬度，因为它们能够有效地阻碍位错和晶界滑移，增强材料的强度和硬度。

(4) 相含量和相分布

涂层中的不同相的含量和分布也会影响其硬度。一般来说，硬质相的含量增加会提高涂层的硬度，但如果硬质相分布不均匀或存在大颗粒，则会导致局部应力集中和裂纹形成，从而降低整体硬度。

(5) 残余应力

涂层制备过程中产生的残余应力也会影响其硬度。残余应力的存在导致涂层中的微观结构发生变化，从而影响其硬度。一般来说，较低的残余应力有助于提高涂层的硬度。

7.2.2 表面强度

涂层表面强度的通俗说法是涂层涂覆完成后，抵抗外来侵蚀、剐蹭、刻划等损伤的防御力。涂层表面强度由基底和涂层之间的附着力、涂层本身的强度及涂层涂覆完成后最终保护层提供的强度来决定，且涂层涂覆完成后最终保护层提供的强度对涂层表面强度影响最大。

7.2.2.1 表面强度定义与评估

表面强度（coating strength）指涂层与基材之间的附着力强度。涂层强度越高，涂层与基材之间的结合就越紧密，涂层的使用寿命和性能就越好。目前在评估涂层强度时常用的测试方法有涂层硬度测试、涂层磨损测试、涂层附着力测试。

（1）涂层硬度测试

① 直接测试法

a. 用显微硬度计测量涂层薄膜硬度。显微硬度计测量薄膜硬度是最直接、最有效的方法。根据测试方法不同，可以分为正面测试和侧面测试，如图 7-8 所示。

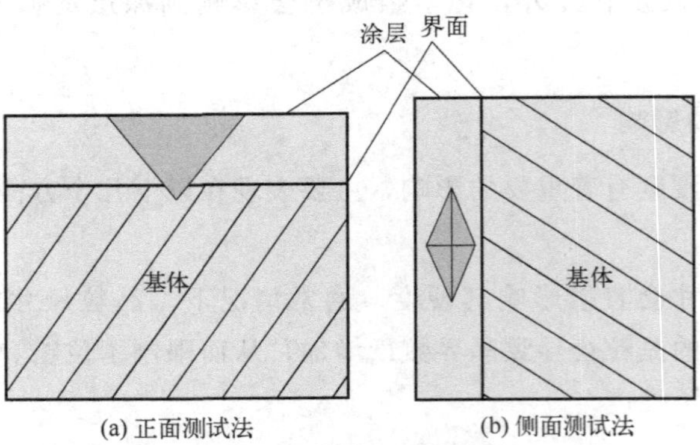

图 7-8 两种测试涂层显微硬度的方法

正面测试方法：如图 7-8（a）所示，压头压入方向与涂层和基体的界面垂直。对于较厚涂层，可以仿照整体材料的方法进行硬度测量。但是，当涂层较薄时，为了避免基体对测试结果的影响，应当尽量减小压头压入的深度。一般认为，压入深度必须小于涂层薄膜厚度的 1/10～1/7。

侧面测试方法：如图 7-8（b）所示，压头压入的方向与基体和涂层的界面平行。此方法可以有效地避免基体的影响，测试简便。但是，当涂层较薄时，此方法不再适用。

常用的显微硬度计一般采用维氏或努氏压头。维氏压头是两相对面夹角为 136°的金刚石正四棱锥体。努氏压头为长菱形金刚石压头，两长棱夹角为 172.5°，两短棱夹角为 130°。维氏硬度等于压载与压痕表面积之比，努氏硬度等于压载与压痕投影面积之比。维氏硬度试验方法已经形成国家标准，而努氏硬度试验方法暂时没有国家标准。

b. 纳米压入仪测量涂层薄膜的硬度。与显微硬度计相比，纳米压入仪在精确度上具有明显的优势，是把压痕对角线的测量转化为压头压入位移的测量，无需光学观察，用计算机进行数据收集，避免人为误差。而且，加载和数据采集是连续的，能给出整个过程的载荷和位移曲线。通过换算求得涂层薄膜的硬度。但是，纳米压入仪价格昂贵，试验条件要求苛刻，对仪器的稳定性要求很高，目前在国内使用得不是很多。

② 间接测试法。对于很薄的涂层薄膜，测量结果很难完全避免基体的影响，一般情

况下获得的硬度是一种膜与基体的复合硬度。为了获得涂层薄膜的真实硬度，科学工作者为此做了很多研究，并提出了许多模型和测试方法。

a. 用 Jonsson-Hogmark（JH）公式推算涂层薄膜硬度。B. Jonsson 和 S. Hogmark 介绍了一种薄膜硬度测量的简单方法，将膜与衬底的压痕几何变形作近似处理。测定薄膜的硬度值 H_c 包括衬底和涂层的影响，称之为复合硬度，其表示方法为：

$$H_c=\frac{A_f}{A}H_f+\frac{A_s}{A}H_s \tag{7-15}$$

式中，A_f、A_s 为膜与基体各自承受力的面积；A 为压痕总面积，$A=A_f+A_s$。

于是，根据压头形状及压痕几何形变关系得出：

$$H_f=H_s+(H_c-H_s)/[2Ct/D-(Ct/D)^2] \tag{7-16}$$

式中　t 为膜层厚度；D 为压痕深度；C 为一个与压痕几何形状及界面特性相关的常数，薄膜比基体硬时，$C=2\sin^2 11°$；薄膜比衬底软时，$C=\sin^2 22°$。

b. 外推法求涂层薄膜硬度。根据显微硬度试验条件，要求试样厚度一般不小于压痕深度的 10 倍。可作出不同负荷下压痕深度 D 与显微硬度 H 的关系曲线，将距表面 1/10 或 1/5 膜厚处（$D/t=1/10$）的硬度值定为该膜的硬度 H_f。只要已知涂层薄膜的厚度，在 H-D 关系图上，求得 $D=t/10$ 处的 H，即为薄膜硬度 H_f。

c. 由公式 $H=1854ad^{n-2}$ 公式计算 H_f。在测量显微硬度时，载荷与压痕对角线长之间遵从 Meyer 关系：

$$P=ad^n \tag{7-17}$$

式中，a、n 为常数。

对上式两边同时取对数得：

$$\lg P=\lg a+n\lg d \tag{7-18}$$

以载荷的对数 $\lg P$ 为纵坐标，以压痕对角线长度的对数 $\lg d$ 为横坐标作图，便可获得 Meyer 图。从 Meyer 图可知，$\lg P$ 与 $\lg d$ 呈线性关系。

把式（7-17）代入显微硬度公式 $H=1854P/d^2$ 得：

$$H=1854ad^{n-2} \tag{7-19}$$

取 $D/t=1/10$ 时的 d 值（$d=7t$），代入上式可得：

$$H_f=1854a(7t)^{n-2} \tag{7-20}$$

如果涂层厚度 t 已知，便可求得涂层薄膜的硬度 H。

（2）涂层磨损测试

当涂层发生涂层磨损时，基体材料就会失去保护，因此有必要进行磨损测试，以了解当两个物体相对于彼此移动时，涂层与另一个物体接触时如何保持。常见的涂层耐磨性能测试方法包括划痕测试、磨损测试和摩擦测试。

① 划痕测试。划痕测试是通过使用硬度块或划痕针对材料表面进行划痕，测量划痕的深度或长度来评估材料抵抗划痕的能力，其主要原理图如图 7-9 所示。根据实验条件的不同，划痕实验可分为宏观划痕实验和微观划痕实验。划痕测试主要是通过模拟物体的划伤过程，评估涂层的抗划伤能力。常见的划痕测试方法有拉丝法、指甲刮法和硬度测试方法。拉丝法和指甲刮法主要是通过利用硬度差异来评估涂层的耐划伤性能。硬度测试方法则通过测量涂层的硬度来评估其抗划伤能力。

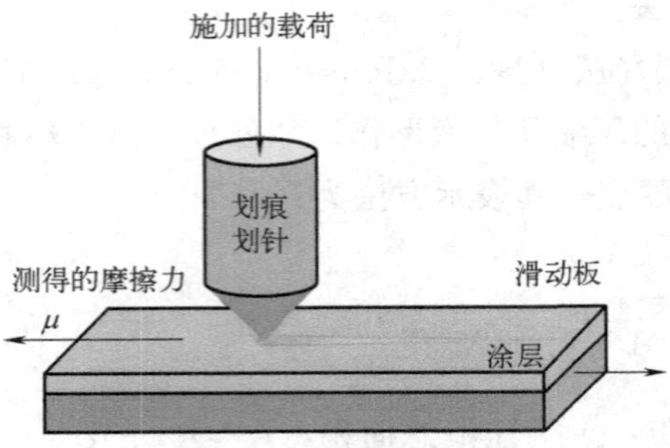

图 7-9 划痕测试的原理

② 磨损测试。磨损测试主要是通过模拟涂层在使用过程中与其他物体接触时的磨损情况，评估涂层的抗磨损能力。常见的磨粒磨损测试方法有砂浆磨损法、砂轮磨损法。这些方法主要通过模拟磨损过程，评估涂层的磨损程度和耐磨性能。

a. 砂浆磨损法。砂浆磨损试验是一种模拟涂层直接接触其他物品的试验方法。该测试方法的主要原理是在一定负载下采用过量切削法来评估涂层的耐磨性能，主要适用于涂层表面比较大、使用压力比较大的情况。

b. 砂轮磨损法。砂轮磨损法适合较硬的涂层，如金属涂层、硬质合金涂层等。该测试方法的原理是通过固定样品并将其与旋转砂轮接触，然后通过砂轮旋转产生的磨损力量来测试涂层的耐磨性能，测试结果通常通过样品的质量损失、磨损深度或磨损量来表示。

③ 摩擦测试。摩擦测试主要是通过模拟涂层在摩擦过程中与其他物体之间的摩擦情况，评估涂层的摩擦性能和摩擦系数。常见的摩擦测试方法有滚筒摩擦法、平板摩擦法和球盘摩擦法。

(3) 涂层附着力测试

涂层附着力是指涂层与被涂覆物体表面通过物理或化学力的作用结合在一起的牢固程度。涂层附着力是评价涂层或涂层体系最重要的一项指标。目前国内常用的涂层附着力测试方法有划圈附着力测试法、划格法附着力测试法、拉开法附着力测试法，国外常用的有 BSS 7225 胶带结合力试验、FED 141D 6301.3 浸水后湿胶带结合力试验、ISO 2409 交叉划痕试验。

① 划圈附着力测试法。划圈附着力测试法是采用尖角唱针穿透至底材，施以一定的荷重，再以一定的回转直径划圈的同时匀速运动，根据划圈对涂层的破坏面积来对附着力结果进行评价。划圈附着力测试法常用标准是 GB/T 1720—2020。划圈附着力共分为 7 个等级，按顺序检查各部位涂层的完好程度。

划圈附着力测试法适用于各种单一涂层附着力的测定，是一种间接测定的方法，得到的不是单纯的附着力，还包括涂层变形和破坏时的抵抗力，但是操作简单快捷。

② 划格法附着力测试法。划格法附着力测试法是采用切割刀具，以直角网格图形切

割涂层穿透至基材来评定涂层从底材上脱离抗性的一种试验方法，其结果评价方法通过涂层脱落面积来评定，切割的间距取决于涂层厚度和底材类型。划格法附着力测试法的常用标准为 GB/T 9286—2021 和 ISO 2409—2020。在良好照明的环境下，目视检查测试面涂层的脱落情况。附着力共分 6 个等级，从 0 级到 5 级涂层附着力依次递减，5 级最差。

划格法适用于测量厚度小于 250mm 的涂层，也可用于多涂层的测定，但由于不易判断是涂层与底材之间的附着力还是涂层之间的附着力，因此多用于单涂层的测定。划格法也属于间接测试法，操作简单，应用较广。

③ 拉开法附着力测试法。拉开法附着力测试法是在指定的速度下，在试样的胶结面上施加垂直、均匀的拉力，来测定涂层之间或涂层与底材之间的附着力破坏所需要的力，通常以测得的单位面积的拉力大小来表示附着力。其测试如图 7-10 所示。

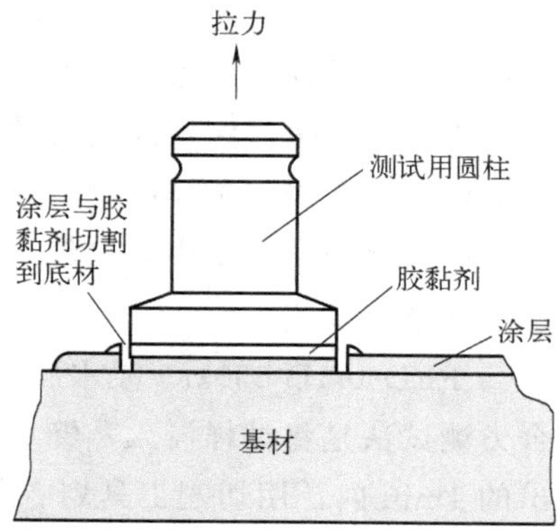

图 7-10 拉开法附着力测试

拉开法附着力测试法常用标准为 GB/T 5210—2006 和 ISO 4624—2023。拉开法附着力以破坏强度和破坏性质来表示，破坏强度以试样被拉开时的负荷与试柱面积的比值来表示，单位 MPa。破坏性质通过目测破坏表面来确定，以下为破坏类型。

A——底材的内聚破坏；

A/B——第一道涂层与底材间的附着破坏；

B——第一道涂层的内聚破坏；

B/C——第一道涂层与第二道涂层间的附着破坏；

n——复合涂层的第 n 道涂层的内聚破坏；

n/m——复合涂层的第 n 道涂层与第 m 道涂层间的附着破坏；

－/Y——最后一道涂层与胶黏剂间的附着破坏；

Y——胶黏剂的内聚破坏；

Y/Z——胶黏剂与试柱间的胶结破坏。

拉开法附着力适用于较厚涂层、单涂层和多涂层体系，测定涂层之间的附着力时，可优先选用该方法。拉开法属于直接测定法，能用数值表示涂层附着力，可用于研究涂层配方是否合理及全面评价涂层整体附着效果。此法较为复杂，且须等胶黏剂完全固化后才能进行试验。

④ BSS 7225 胶带结合力测试法。BSS 7225 胶带结合力试验方法是一种比较全面的涂层胶带结合力试验方法，在多个波音材料规范中被广泛引用。该试验方法共分为 3 型 5 类。3 型分别为Ⅰ型干附着力、Ⅱ型浸过水的上浆布湿附着力、Ⅲ型浸水法附着力；5 类是指刻线类别，1 类为无划痕、2 类为平行划线、3 类为平行线加 45°划线、4 类为 90°交叉划线、5 类为 45°交叉划线。

Ⅰ型干附着力：按照规范指定的类别，选择刻线的图形刻划试样，若指定为 1 类，则无需刻划试样。按照方法要求的方向将胶带粘贴于试样的试验部位或刻线上，并用胶带自身的滚筒按压胶带，然后用滚筒在胶带上滚压 2 次，在试样贴好胶带 1min 内，垂直于试样方向用力迅速撕去胶带，检查被试区域是否有涂层脱落。

Ⅱ型浸过水的上浆布湿附着力：在试验区域贴 1 块 4in×4in（1in=2.54cm）的、干净的、浸过去离子水的上浆布，用干净的聚乙烯薄膜覆盖后，用胶带封边，如果因尺寸或形状不能使用以上尺寸的上浆布，可使用多个 1in×1in 的浸水上浆布，试验部位为 2～4 个，上浆布在试样表面保留规定的时间，在此过程中试样应始终保持湿润。到达时间后，移走上浆布，用干净的上浆布擦干试样表面。按照干附着力的步骤进行试验。

Ⅲ型浸水法附着力：将试样的全部或者部分浸入去离子水中，保留规定的时间，到达时间后，取出试样，用干净的上浆布擦干试样表面。按照干附着力的步骤进行试验。

结果评级：按照涂层的剥落情况对结果进行评级，共分为 10 个级别，按照次序从 10 级（完好）至 1 级（试样涂层全部脱落）附着力依次降低。到达时间后，取出试样，用软布擦干试样表面。从水中取出的 1min 内，用切割工具划 2 条相距 1in 的平行划痕，穿透涂层直达金属基底。

⑤ FED 141D 6301.3 浸水后湿胶带结合力测试法。FED 141D 6301.3 浸水后湿胶带结合力测试法是将试样浸入蒸馏水中保持 24h，取出试样，用软布擦干试样表面。从水中取出的 1min 内，用切割工具划 2 条相距 1in 的平行划痕，穿透涂层直达金属基底。即贴 n 个宽的保护胶带，胶带与平行划痕交叉，滚筒滚压胶带 8 次，迅速撕下胶带并检查涂层之间或涂层与基底之间的黏附性破坏情况。

⑥ ISO 2409 交叉划痕试验测试法。ISO 2409 交叉划痕试验与 GB/T 9286 等效，该方法也被一些工艺规范引用，有时在耐水介质浸泡后进行划格即交叉划痕试验。

7.2.2.2 表面强度的影响因素

表面强度受到多种因素的影响，其中包括但不限于以下几种。

（1）材料性质

材料的本身性质对表面强度有重要影响。材料的硬度、韧性、弹性模量等物理性质会直接影响到表面的强度。通常来说，硬度较高的材料表面强度也较高。

（2）表面处理

表面处理工艺可以改善材料表面的性能，进而影响表面强度。例如，通过机械磨削、喷丸清洗去除、化学处理、涂层覆盖等方法可以改善表面的平整度、清洁度、耐腐蚀性等，从而提高表面强度。

（3）工艺参数

加工过程中的工艺参数，如温度、压力、速度等，会影响到材料表面的强度。例如，高温加工可能导致材料表面的变形和裂纹，降低表面强度，而适当的加工速度和压力则有助于提高表面强度。

（4）应力状态

材料表面所受到的应力状态对表面强度有重要影响。不同方向和大小的应力会导致表面变形和破坏，从而影响表面强度。例如，局部应力集中可能导致表面裂纹和剥落，降低表面强度。

（5）环境因素

环境因素如温度、湿度、化学介质等也会影响到表面强度。例如，高温、潮湿的环境使得表面的腐蚀和氧化加速，降低表面强度，而一些化学介质使得表面产生腐蚀或脆化，进而影响表面强度。

（6）表面缺陷

表面缺陷如裂纹、划痕、气孔等会降低材料表面的强度。这些表面缺陷可能是在加工过程中产生的，也可能是由外界因素导致的，例如磨损、腐蚀等。

7.2.3 表面韧度

涂层的表面韧性是涂层必须具备的性能，涂层只有具备一定的韧性才能够在受到外部力的作用下，保持原有的形态和结构不发生破坏。涂层的柔韧性直接影响到其使用寿命和抗老化性能。

7.2.3.1 表面韧度的定义

表面韧度是指涂层在受到外部力作用时，所表现出的弹性、塑性等多重性能的综合体现，它对于涂层在各种环境和应用中的表现至关重要。韧度是由涂层的成分和材质所决定的，同时也与检测时的涂层变形速度和时间相关，还可以通过耐冲击性和后成形性等方式来评估。

涂层的韧度不仅关系到其在使用过程中的耐久性，还直接影响了产品的外观和性能。因此，在涂层工业中，韧度的测定是一项至关重要的工作。目前，常用的涂层表面韧度检测方法包括轴棒测定器检测法、圆柱轴弯曲试验仪检测法和锥形挠曲测验仪检测法。

① 轴棒测定器检测法。轴棒测定器是一种用于测定涂层韧度的常见工具，其标准规定在国家标准 GB/T 1731—2020《漆膜、腻子膜柔韧性测定法》中。该方法使用不同直径的轴棒，其曲率半径分别为 0.5mm、1.0mm、1.5mm、2.0mm、2.5mm、5.0mm 和 7.5mm。在测试时，将待检测的涂层马口铁板放置在不同直径的轴棒上，通过弯曲来测试涂层的韧度。最小直径的轴棒，使涂层在弯曲后不破裂即可，其直径的大小即为韧度的评估值。

② 圆柱轴弯曲试验仪检测法。圆柱轴弯曲试验仪的检测方法规定在国家标准 GB/T 6742—2007《色漆和清漆　弯曲试验（圆柱轴）》中。这种方法适用于 0.3mm 厚度以下的试板，轴的直径范围广泛，包括 2mm、3mm、4mm、5mm、6mm、8mm、10mm、12mm、16mm、20mm、25mm 和 32mm。测试时，试板被插入轴中，并使涂层面朝外，然后在仪器中弯曲试板 180°，观察涂膜是否出现开裂或剥离。这种方法的优点是可以进行整板试验，且不需要直接接触涂层，消除了人体温度对试板的影响。

③ 锥形挠曲测验仪检测法。锥形挠曲测验仪的检测方法规定在国家标准 GB/T 11185—2009《色漆和清漆　弯曲试验（锥形轴）》中。该仪器的中心轴为锥形，具有特定的尺寸，包括长度（203±3）mm、大头直径 38mm、小头直径 3.1mm。在测试时，将尺寸为 75mm×150mm 的试验样板插入固定好的仪器中，然后通过转动上部手柄来使试板

贴紧锥形轴表面进行弯曲。在充足的光照条件下，使用 10 倍放大镜或肉眼观察涂层是否出现开裂或剥离，然后测量从轴的细端到最后可见开裂处的距离，以毫米表示试板上的开裂范围长度。

涂层韧度是涂层表面强度性能中的关键指标之一，直接关系到涂层的耐久性和使用寿命，不同的测试方法都有其适用的情境和优点，选择合适的方法取决于涂层的类型、应用领域以及具体要求。通过有效的韧度测试，可以确保涂膜在各种环境下都能够有出色的性能表现，从而保护基材并延长产品的使用寿命。

7.2.3.2 表面韧度的影响因素

表面韧度是指材料表面在受到外界应力作用时能够抵抗裂纹扩展和断裂的能力。在恶劣的自然环境下，涂层的韧性、耐久性成为很重要的衡量指标。在车辆、发电机、飞机等大型装备应用中，涂层将常受到外力冲击，甚至有可能出现车辆碰撞、台风等灾难性事件，韧性的好坏直接影响涂层的质量和寿命。

影响表面韧度的因素包括但不限于以下几种。

(1) 材料性质

材料的韧度是影响表面韧度的主要因素之一。通常来说，具有高韧性的材料表面更具抗裂纹扩展和断裂的能力。材料的成分、晶粒结构、晶界性质等都会影响到其韧度。

(2) 表面处理

表面处理工艺可以改善材料表面的韧度。例如，通过提高材料的表面硬度、改善晶界结构、减少表面缺陷等方法可以提高材料表面的韧度。

(3) 应力状态

材料表面所受到的应力状态会影响到其韧度。不同方向和大小的应力会导致表面的变形和裂纹扩展，从而影响表面韧度。合理控制应力状态可以提高表面的韧度。

(4) 环境因素

环境因素如温度、湿度、化学介质等也会影响到表面韧度。高温、潮湿的环境可能会加速表面的腐蚀和氧化，降低表面韧度。而一些化学介质可能会对表面产生腐蚀或脆化，进而影响表面韧度。

(5) 加载速率

加载速率是指施加外力的速度。加载速率的变化会影响到材料表面的变形和断裂行为，进而影响表面的韧度。通常来说，较低的加载速率有利于提高材料表面的韧度。

(6) 表面缺陷

表面缺陷如裂纹、划痕、气孔等会降低材料表面的韧度。这些表面缺陷可能是加工过程中产生的，也可能是由外界因素导致的，例如磨损、腐蚀等。

7.3 环境对涂层力学性能的影响规律

环境因素对涂层力学性能的影响是多方面的，包括但不限于涂层的微结构、力学性能、摩擦学性能、耐腐蚀性能以及涂层与基体之间的附着力等。本章将探究涂层的温度效应与热稳定性及苛刻环境下涂层的稳定性。

7.3.1 温度效应与热稳定性

温度是影响涂层结合力的重要因素之一，热稳定性指的是涂层材料在高温环境下保持其力学性能的能力。涂层材料在高温环境下的性能分析与优化具有一定的挑战性。通过研究涂层材料的耐热性能、化学稳定性和力学性能，结合合理的涂层结构设计和先进的涂层应用技术，可以实现涂层材料性能的优化和热稳定性的提升。

7.3.1.1 涂层的热稳定性评估方法

涂层热稳定性评估是一种用于判断涂层材料在高温条件下的稳定性的方法。该评估旨在确定材料在高温暴露下的性能变化，以便于制定适当的措施来防止材料失效或减缓其性能退化。

（1）热重分析（thermogravimetric analysis，TGA）

热重分析是一种动态分析方法，通过测量涂层在加热或冷却过程中质量的变化，从而得到涂层的热稳定性和成分信息。热重分析过程中，涂层样品置于加热炉中，随着温度的升高，样品发生热分解或化学反应，产生的气体通过检测器进行分析，从而确定气体的成分和含量，其装置结构如图 7-11 所示。

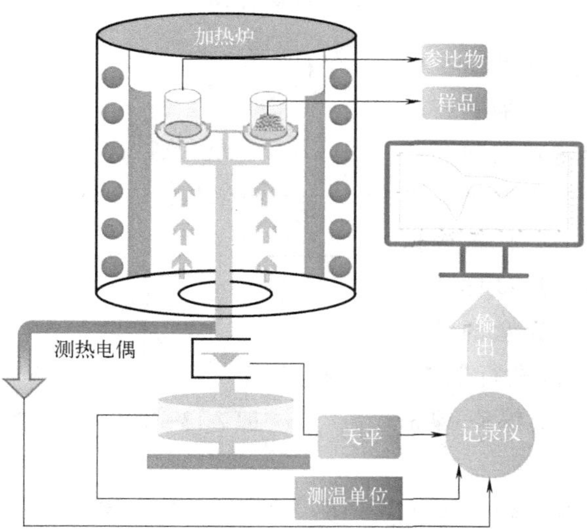

图 7-11 热重装置结构

（2）差示扫描量热法（differential scanning calorimetry，DSC）

差示扫描量热法（DSC）是 20 世纪 60 年代以后研制出的一种热分析方法，它是在程序控制温度下，测量输入物质和参比物的温度差和温度的关系的一种技术。根据测量方法的不同，又分为两种类型：功率补偿型 DSC 和热流型 DSC。其主要特点是使用范围比较宽（−175～725℃）、分辨的温度范围比较宽和灵敏度高。由于它们能定量地测定各种热力学参数（如热焓、熵和比热容等）和动力学参数，所以在应用科学和理论研究中获得广泛的应用。

① 功率补偿型 DSC。功率补偿型 DSC 的主要特点是试样和参比物分别具有独立的加热器和传感器，其结构如图 7-12 所示。整个仪器由两个控制系统进行监控，见图 7-13。其中一个控制温度，使试样和参比物在预定的速率下升温或降温；另一个用于补偿试样和参比物之间所产生的温差。这个温差是由试样的放热或吸热效应产生的。通过功率补偿，试样和参比物的温度保持相同，这样就可从补偿的功率直接求算热流率，即

$$\Delta W=\frac{dQ_S}{dt}-\frac{dQ_R}{dt}=\frac{dH}{dt} \tag{7-21}$$

式中，ΔW 为所补偿的功率；Q_S 为试样的热量；Q_R 为参比物的热量；dH/dt 为单位时间内的焓变，即热流率，mJ/s。

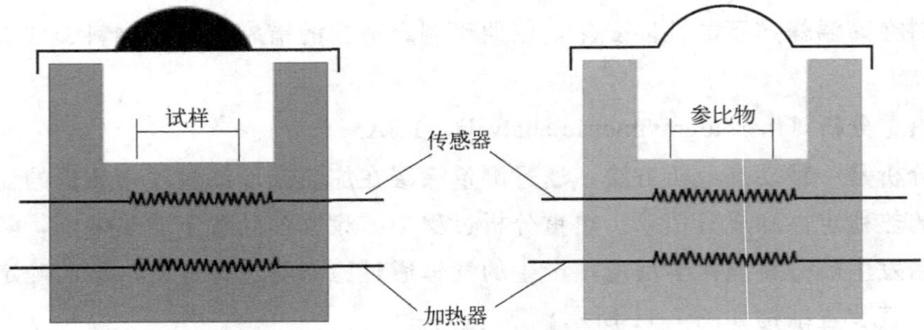

图 7-12 功率补偿型 DSC 示意

② 热流型 DSC。热流型 DSC 的结构如图 7-14 所示，该仪器的特点是利用铜盘把热量传输到试样和参比物的，并且铜盘还作为测量温度的热电偶结点的一部分。传输到试样和参比物的热流差通过试样和参比物平台下的镍铬板与铜盘的结点所构成的镍铬-铜热电偶进行监控。试样温度由镍铬板下方的镍铬-镍铝热电偶直接监控。

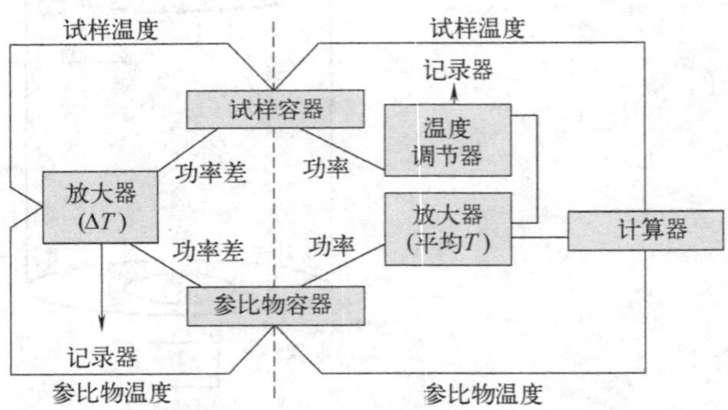

图 7-13 功率补偿型 DSC 控制路线

热流型 DSC 的等效回路见图 7-15。R 为试样和参比物的臂热阻，R_b 为桥式热阻，R_g 为通过净化气体的泄漏热阻，i_S 和 i_R 分别为试样和参比物的热流。根据基尔霍夫定律，可得下列方程式：

$$\frac{(T-T_S)}{R}+\frac{(T-T_S)}{R_g}+\frac{(T_R-T_S)}{R_b}=i_S \tag{7-22}$$

$$\frac{(T-T_R)}{R}+\frac{(T-T_R)}{R_g}+\frac{(T_R-T_S)}{R_b}=i_R \tag{7-23}$$

式中，T 为炉温；T_S 为试样温度；T_R 为参比物温度。

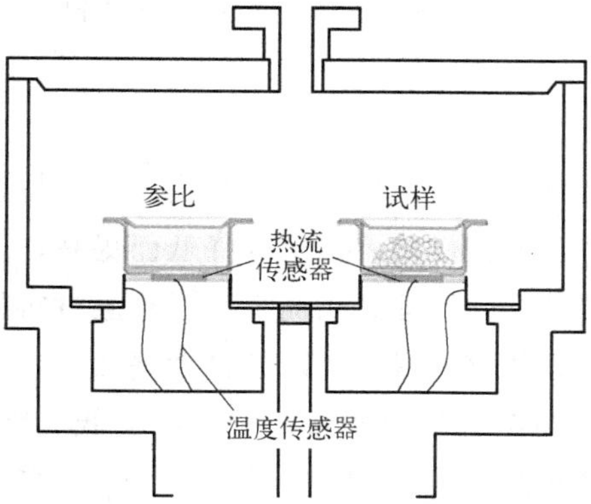

图 7-14 热流型 DSC 的结构

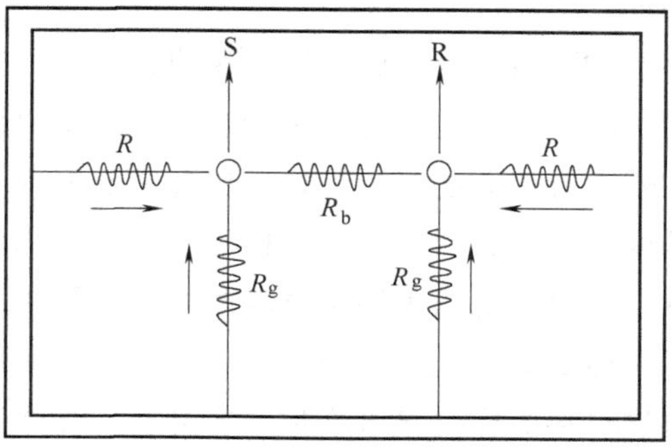

图 7-15 热流型 DSC 的等效回路

式（7-22）和式（7-23）相减并设 $\Delta T = T_R - T_S$，即得

$$\Delta T = \frac{i_S - i_R}{\left(\frac{1}{R} + \frac{1}{R_g} + \frac{2}{R_b}\right)} \tag{7-24}$$

上式表示温差 ΔT 与热流差成正比。

（3）热氧化失重法（thermal oxidative weight loss，TOWL）

热氧化失重法是通过在高温空气中暴露涂层，并测量其重量变化来评估其热稳定性。TOWL 可以揭示涂层在氧化环境中的耐热性能，特别适用于评估高分子涂层材料的热稳定性。

（4）降解动力学模型分析法

降解动力学模型分析法根据涂层的降解反应速率常数，建立降解动力学模型，并通过模型对比来评估涂层的热稳定性。该方法能够定量描述涂层在高温条件下的降解行为。

7.3.1.2 温度对涂层材料性能的影响

温度是一个重要的参数，对于涂层材料的力学性能具有明显的影响。在不同的温度下，涂层材料的力学性能会发生变化，这对于工程设计和实际应用都具有重要意义。本部分将从涂层强度、韧性和脆性等方面来探讨温度对材料力学性能的影响，并进行分析。

（1）温度对涂层强度的影响

温度对涂层的强度有着显著的影响。一般来说，随着温度的升高，涂层的强度会降低。这是因为温度升高会导致涂层材料内部的晶界和晶体结构发生变化，原子或离子在结构中的位置发生扰动，导致涂层材料的原子间结合力减弱。此外，温度的升高也会加速涂层材料的晶体生长和晶界扩散，从而影响晶体的完整性和晶界的强度。因此，在高温环境下，涂层材料的强度往往会显著下降。

以高温合金为例，高温合金是一种能够在高温环境下保持较高强度的特种合金。然而，随着温度的升高，高温合金的强度会逐渐降低。这是因为在高温下，高温合金中的合金元素会发生固溶度变化，使晶体内部的位错密度增加，从而导致合金涂层材料的强度降低。

（2）温度对涂层材料韧性的影响

涂层材料的韧性是指涂层材料在受力作用下能够抵抗破坏的能力。温度对涂层材料的韧性也有显著的影响，在一定温度范围内，涂层材料的韧性随着温度的降低而提高，因为低温下涂层材料的晶格结构更加有序，原子之间的结合力增强，从而提高了涂层材料的韧性。同时，低温下涂层材料的塑性变形能力较低，导致涂层材料的断裂韧性增加。

然而，当温度降低到一定程度时，涂层材料的韧性将受到严重影响。在极低温度下，涂层材料的脆性显著增加，容易发生脆性断裂。此现象主要与温度引起的晶体结构变化、位错运动活跃性降低以及晶界变化有关。因此，低温环境下，涂层材料的韧性显著下降。

（3）温度对涂层材料脆性的影响

涂层脆性是指涂层材料在受力作用下容易发生断裂的特性。温度对涂层材料的脆性具有重要影响。一般来说，随着温度的升高，涂层材料的脆性会减小，表现为更高的断裂韧度。此现象是因为在高温下，涂层材料内部的原子或离子运动更活跃，晶体结构的变化程度较大，能够吸收更多的能量，从而提高涂层材料的韧性和抗断裂能力。然而，一些涂层材料在特定温度范围内会发生脆性转变现象。因为在该温度范围内，涂层材料的晶体结构会发生变化，使其从韧性涂层材料转变为脆性涂层材料。此现象在某些金属涂层材料和合金中较为明显。因温度对涂层材料的脆性影响需要根据具体涂层材料和温度范围来进行分析和判断。

温度对涂层材料力学性能具有显著影响，在工程设计和实际应用中，必须充分考虑涂层材料在不同温度下的力学性能变化，合理选择涂层材料及其工作温度范围，以确保工程结构的可靠性和安全性。通过深入研究温度对涂层材料力学性能的影响与分析，以便于更好地理解涂层材料的特性，在实践中加以应用。

7.3.1.3 涂层高温稳定性

涂层的高温稳定性指的是涂层在高温环境下的稳定性和性能表现。高温稳定性对于许多应用来说至关重要，特别是在高温工作环境下，如航空航天、汽车发动机、燃气轮机等领域。以下是影响涂层高温稳定性的一些因素。

（1）材料选择

涂层的基体材料对其高温稳定性具有重要影响。例如，耐高温的金属合金、陶瓷材料或高温聚合物通常被用于制备具有良好高温稳定性的涂层。

（2）结构设计

涂层的结构设计包括其层次、组成和厚度等，会直接影响其在高温环境下的性能表现。合适的结构设计可以提高涂层的高温稳定性。

（3）热膨胀系数匹配

涂层与基材的热膨胀系数匹配性对高温稳定性至关重要。如果涂层和基材的热膨胀系数不匹配，会导致在热循环过程中产生应力集中，从而影响涂层的稳定性。

(4) 耐氧化性

涂层在高温下容易发生氧化反应，因此耐氧化性是衡量涂层高温稳定性的重要指标。一些特殊的涂层设计可以提高涂层的耐氧化性能。

(5) 热导率

涂层的热导率影响其在高温环境下的热传导和分布，从而影响其稳定性。合适的热导率可以减少热应力的积聚，提高涂层的高温稳定性。

(6) 应力管理

在涂层的制备和应用过程中，合理管理涂层内部的应力分布对于提高涂层的高温稳定性非常重要。

涂层的高温稳定性受到多种因素的影响，需要在材料选择、结构设计、热膨胀系数匹配、耐氧化性、热导率和应力管理等方面进行综合考虑和优化，以提高涂层在高温环境下的性能表现和稳定性。

7.3.2 苛刻环境下涂层稳定性

苛刻环境对涂层力学性能的影响主要体现在涂层的耐磨性、耐腐蚀性等方面。探明极端条件下涂层腐蚀机制及化学侵蚀行为、制定苛刻环境下涂层的性能保护方法对于实现涂层材料的长寿命可靠防护和后续通过再制造技术完成在役装备现场的维修升级具有重大意义。

7.3.2.1 腐蚀环境中的反应机制

涂层材料的腐蚀失效是指涂层材料在特定环境中，由于与介质的相互作用而发生结构破坏、性能下降或失去原有功能的现象，多发生在金属涂层表面。腐蚀失效形式多种多样，包括点蚀、晶间腐蚀、面蚀、疲劳腐蚀、应力腐蚀裂纹等。这些失效形式的背后有不同的腐蚀机理。

(1) 均匀腐蚀

均匀腐蚀是最常见的一种腐蚀，又称全面腐蚀，它的特征是在整个暴露的涂层构件表面或相当大的面积上发生化学或电化学反应而被腐蚀，构件由于腐蚀减薄而最终失效。

均匀腐蚀耗费掉大量涂层材料，但比其它腐蚀失效的危险度小，比较容易进行预测和防腐，当涂层材料减薄至一定程度后就进行更换，不至于造成突然断裂，对于均匀腐蚀，腐蚀速率的常用单位为 mm/a。

均匀腐蚀的防护措施：①选择合适的材料，可降低腐蚀速率；②在材料表面涂覆耐蚀涂层或镀层；③在工况介质许可情况下，在接触环境中添加缓蚀剂；④采用阴极保护。

(2) 电偶腐蚀

在电解质中，两种不同的金属相接触，由于电位不同，构成一个微电池，严重腐蚀发生在电极电位低的阳极上，其原理图如图 7-16 所示。在机械构件中最多见的是在异金属的管子接头处，异金属螺栓或铆钉的连接处，异金属焊料的焊接处。如加热水箱或锅炉一般用钢板制成，外接水管若用铜管，则水箱和锅炉很快被腐蚀报废。

电偶腐蚀的重要影响因素是大阴极与小阳极，如一艘高级游艇用钢质铆钉铆接蒙乃尔

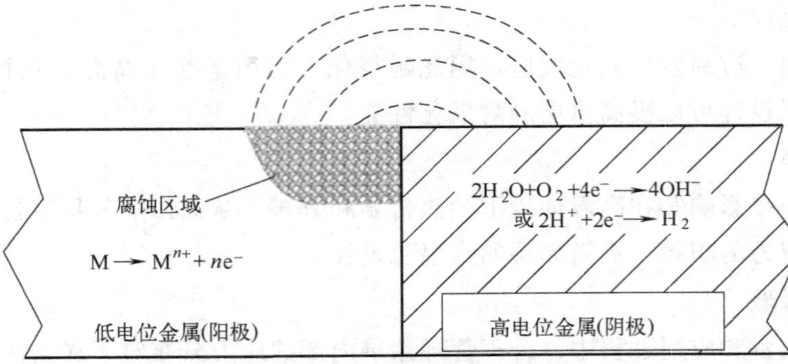

图 7-16 电偶腐蚀基本原理

合金制作的壳体，在海水中使用仅几周，铆钉被腐蚀掉，船解体沉没。

电偶腐蚀预防措施：①尽可能使用电极电位接近的异金属连接；②避免使用大阴极、小阳极；③异金属连接处采用绝缘材料；④表面采用涂层或镀层，与腐蚀介质隔离。

(3) 腐蚀疲劳

在具有腐蚀性的介质中，涂层材料的疲劳极限（或疲劳强度）显著降低。腐蚀疲劳的机理较为复杂，通常认为，腐蚀疲劳是一种在局部腐蚀与周期交变载荷共同作用下引起开裂的一个复杂过程。

腐蚀疲劳开裂的影响因素较应力腐蚀更为复杂。除材料本身及环境介质外，受力因素也相当复杂，应力幅值和频率对其影响很大。

腐蚀疲劳的断口特征：有腐蚀产物覆盖，颜色呈棕黑色，常为多源，疲劳常起源于点腐蚀坑或零件结构上的尖角、凹槽部位。断口微观形貌：其疲劳辉纹与河流花样相垂直的形态，在断口分析中称为脆性辉纹。用能谱仪分析可检测到介质中的腐蚀元素。

腐蚀疲劳的防护措施与应力腐蚀防护相似，需从受载、冶金、环境因素做综合考虑。

(4) 氢损伤

氢损伤是金属涂层材料的性能由于氢的作用而恶化的总称。造成金属氢损伤的氢，常来源于环境介质中，故把氢损伤归为腐蚀失效。氢损伤包括氢鼓包失效、氢脆开裂、氢脱碳及氢腐蚀。图 7-17 展示了钢铁析氢腐蚀。

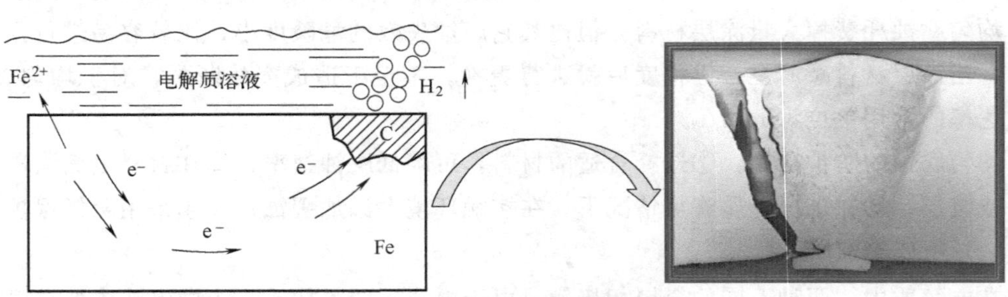

图 7-17 钢铁金属涂层析氢腐蚀

① 氢鼓包：是由于氢原子扩散到金属涂层材料里，在涂层材料的空穴（或缩孔）、夹杂处结合为氢分子，而氢分子不能继续扩散，使空穴里的氢浓度和压力不断上升，致使金属涂层内部形成一个微裂纹。其裂纹反映在断口上为“白点”。

② 氢脆开裂：在高强度钢中发生较多，易在电镀和酸洗过程中造成，是由于氢离子被还原并扩散到金属涂层中，氢脆裂纹高强度钢为沿晶，强度较低的钢为穿晶。

③ 氢脱碳：是在高温下发生的，金属涂层表面接触到含有氢的环境，钢表面的碳和碳化物与氢反应，使表面脱碳而引起钢强度降低。

④ 氢腐蚀：是氢进入金属内部与金属涂层组织中的碳化物发生反应而生成甲烷，常沿晶界发生腐蚀。

(5) 高温腐蚀

在高温下涂层材料的腐蚀失效称高温腐蚀。如水和其它腐蚀介质都不存在，则主要表现为涂层不断被氧化，生成氧化皮，此为高温腐蚀的典型失效形式。若高温下有 H_2S 和 SO_2 气体，则相对涂层起腐蚀作用，称为高温硫腐蚀，如柴油机零件中的热腐蚀。

(6) 气蚀

在液体与涂层材料之间相对速度很高的情况下，由于气体在涂层材料表面的局部区域形成空穴或气泡并迅速破灭，气泡破灭时产生强烈的冲击波，压力可达 410 MPa，涂层表面被损耗，形成蚀坑，称气蚀。在螺旋桨、水轮机叶片、泵的叶轮等零件中常出现。

(7) 微动磨损腐蚀

受载涂层材料与其相接触的固体材料做微小的相对运动时产生微动磨损，在空气中，微动磨损能引起氧化，形成微动磨损腐蚀。接触海水的多股钢丝绳也易发生微动磨损腐蚀。

(8) 磨蚀、冲刷腐蚀

磨蚀是由腐蚀介质与涂层表面做相对运动而引起的，磨蚀失效零件上往往有沟槽、水波纹。冲刷腐蚀实际上是磨蚀的一种，只是介质流速很高，冲击力大。

(9) 微生物腐蚀

微生物新陈代谢产生的强腐蚀性物质会引起涂层材料腐蚀，如藻类造成对冷却水管的腐蚀，贝壳类动物、海藻对海洋涂层构件造成腐蚀失效。

7.3.2.2 涂层的化学侵蚀行为

涂层的化学侵蚀行为是指涂层在接触到化学物质时发生的化学反应过程，导致涂层性能的变化或破坏。涂层的化学侵蚀大致可分为 4 类。

(1) 电化学腐蚀

在液体或湿润环境中，涂层表面与溶液中的电解质发生电化学反应。当涂层表面存在微小的局部差异时，形成了电化学电池，由阳极、阴极和电解质组成。金属作为阳极，失去电子，溶解成金属离子，而阴极的反应通常是氧还原。这种电化学反应导致了金属涂层的腐蚀。

(2) 酸碱腐蚀

酸和碱的存在能够引起物质的腐蚀。酸具有强氧化性或酸性溶解作用，可损害物质表面的化学键，导致分子或原子结构的破坏。碱会与涂层材料发生化学反应，使涂层表面产生腐蚀。

(3) 氧化腐蚀

物质与氧气反应，形成氧化物的过程称为氧化腐蚀。涂层腐蚀时，与空气中的氧气反应生成氧化物。氧化腐蚀通常指的是涂层氧化腐蚀现象，如生锈。

（4）湿润腐蚀

在湿润环境中，物质会与水分子发生反应，形成水合物或水合离子。这些反应可以导致涂层的结构破坏和溶解，使其出现腐蚀现象。

化学腐蚀是涂层与环境中的化学物质相互作用，导致涂层结构被破坏的过程。这些相互作用可以是电化学反应、酸碱反应、氧化反应或湿润反应等。不同的涂层和环境条件下，化学腐蚀的原理也有所不同。因此，在设计和选择涂层时需要考虑到化学物质的侵蚀性质，采取合适的措施提高涂层的化学稳定性和耐腐蚀性能。

7.3.2.3 苛刻环境下涂层的性能保护方法

在苛刻环境下，保护涂层的性能至关重要。以下是一些常见的方法。

（1）正确选用涂层材料及合理设计材料结构

① 正确选用涂层材料和加工工艺。在设计和制造涂层构件时，首先应选择对使用介质具有耐蚀性的材料。材料选择不当，常常会造成腐蚀破坏。一些重要金属材料虽然具有一定的耐蚀性，但在苛刻环境下还远远不能满足实际需要。为此，要查阅耐蚀材料手册和腐蚀数据图册等，以得到各种材料在不同环境下耐蚀程度定量或定性的资料。

工业上在进行产品构件设计时，正确选材是一项十分重要而又相当复杂的工作，选材的合理与否直接影响产品的性能。选材时，除了注意耐蚀性外，还要考虑力学性能、加工性能及材料本身的价格等综合因素。选材时应遵循下列原则：

a. 应根据使用条件全面综合地考虑各种因素，如在有介质存在下，除考虑材料的断裂韧性 K_{IC} 外，更应考虑产品的门槛应力强度因子 K_{Iscc} 或应力腐蚀断裂门槛应力值；

b. 对初选材料应查明它们对哪些类型的腐蚀敏感；可能发生哪种腐蚀类型以及防护的可能性；与其接触的材料是否相容，能否发生接触腐蚀；以及承受应力的状态等；

c. 在容易产生腐蚀和不易维护的部位，应选择高耐蚀性的材料；

d. 应选择腐蚀倾向小的材料和热处理状态。例如，30CrMnSiA 钢抗拉强度在 1176MPa 以下时，对应力腐蚀和氢脆的敏感性高，但经热处理使其抗拉强度达到 1373MPa 以上时，材料对应力腐蚀和氢脆的敏感性明显增高。因此，合理地选择材料的热处理状态，控制材料使用的抗拉强度上限是非常有必要的。铝合金、不锈钢在一定的热处理状态或加热条件下，可产生晶间腐蚀，选材时也应予以考虑；

e. 选用杂质含量低的材料，以提高耐蚀性。对高强度钢、铝合金、镁合金等强度高的材料，杂质的存在会直接影响其抗均匀腐蚀和应力腐蚀的能力。

② 合理设计涂层结构。为防止腐蚀，在产品设计阶段就应当进行合理的防腐蚀结构设计，严格地计算和确定使用应力，正确选择材料和防护系统。在机械结构中，设计是否合理，对应力腐蚀、接触腐蚀、均匀腐蚀、缝隙腐蚀等敏感性影响很大。

（2）缓蚀剂

缓蚀剂是一些少量加入腐蚀介质中能显著减缓或阻止金属腐蚀的物质，也叫腐蚀抑制剂（corrosion inhibitor）。缓蚀剂防护金属的优点在于用量少、见效快、成本较低、使用方便，目前已广泛用于机械、化工、冶金、能源等许多领域。例如在酸洗过程中，硫酸和盐酸在除去钢铁表面氧化皮的同时，也会使金属本身迅速溶解，若加入适当的缓蚀剂，则可抑制金属本身过分的腐蚀。缓蚀剂保护的缺点是只适用于腐蚀介质体积量有限的情况，例如电镀和喷漆前金属的酸洗除锈、锅炉内壁的化学清洗去除、油气井的酸化、内燃机及工业冷却水的防腐蚀处理和金属产品的工序间防锈和产品包装等，但对于钻井平台、码头、桥梁等敞开体系，则不适用。

腐蚀介质中缓蚀剂的加入量很少，通常为 0.1%～1%。缓蚀剂的保护效果与金属材料的种类、性质和腐蚀介质的性质、温度、流动情况等有密切关系，即缓蚀剂保护有强烈的选择性。如亚硝酸钠或碳酸环己胺对钢铁有缓蚀作用，对铜合金不仅无效，反而会加速其腐蚀。目前还没有对各种涂层在不同介质中普遍适用的通用缓蚀剂。

缓蚀剂的缓蚀效率 ε 定义为

$$\varepsilon=\frac{v_{\text{corr}}^{0}-v_{\text{corr}}}{v_{\text{corr}}}\times 100\% \tag{7-25}$$

式中，ε 为缓蚀效率；v_{corr}^{0} 和 v_{corr} 为加入缓蚀剂前、后金属的腐蚀速度，可用任何通用单位，但 v_{corr}^{0} 和 v_{corr} 的单位必须一致。

如果用 i_{corr}^{0} 和 i_{corr} 表示加入缓蚀剂前、后的腐蚀电流密度，则缓蚀效率可写为

$$\varepsilon=\frac{i_{\text{corr}}^{0}-i_{\text{corr}}}{i_{\text{corr}}}\times 100\% \tag{7-26}$$

缓蚀效率能达到 90%以上的为良好的缓蚀剂，若 ε 达到 100%，则意味着达到了完全保护。可见，缓蚀效率的测试方法也就是金属腐蚀速度的测试方法。因此可用失重法、各种电化学测试方法（如塔费尔直线外推法、线性极化法、交流阻抗法等）来测定缓蚀剂的缓蚀效率。为了最大限度地模拟现场的腐蚀情况，并使结果易于重现和各实验室的测量能够相互对比，测试条件必须严格规定，并予以标准化。

(3) 电化学保护

电化学保护就是使金属类涂层构件极化到免蚀区或钝化区而得到保护。电化学保护分为阴极保护和阳极保护。

① 阴极保护。阴极保护是使金属构件作为阴极，通过阴极极化来消除该金属表面的电化学不均匀性，达到保护的目的。阴极保护原理参见图 7-18。当未进行阴极保护时，金属腐蚀微电池的阳极极化曲线 $\varphi_{0,\text{A}}A$ 段和阴极极化曲线 $\varphi_{0,\text{C}}C$ 段相交于点 S（忽略溶液电阻），此点对应的电势为金属的自腐蚀电势 φ_{corr}，对应的电流为金属的腐蚀电流 I_{corr}。在腐蚀电流 I_{corr} 的作用下，微电池阳极不断溶解，导致腐蚀破坏。

阴极保护时，在外加阴极电流 I_1 的极化下，金属总电势由 φ_{corr} 变负到 φ_1，阴极总电流 $I_{C,1}$（$\varphi_1 Q$ 段）中，一部分电流是外加的，即 I_1（PQ 段），另一部分电流仍然是由金属阳极腐蚀提供的，即 $I_{A,1}$（$\varphi_1 P$ 段）。显然，这时金属微电池的阳极电流 $I_{A,1}$ 比原来的腐蚀电流 I_{corr} 减小了，即腐蚀速度降低了，金属得到了部分保护。差值（$I_{\text{corr}}-I_{A,1}$）表示外加阴极极化后金属上腐蚀微电池作用的减小值，即腐蚀电流的减小值，称为保护效应。

当外加阴极电流继续增大时，金属体系的电极电势变得更低。当金属的总电势达到微

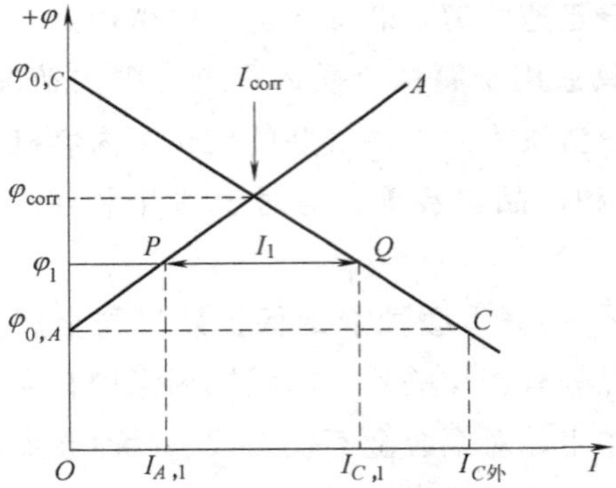

图 7-18　阴极保护原理

电池阳极的起始电势 $\varphi_{0,A}$ 时，金属上阳极电流为零，全部电流为外加阴极电流 $I_{C外}$（$\varphi_{0,A}C$ 段），这时，金属表面上只发生阴极还原反应，而金属溶解反应停止了，因此金属得到完全的保护，这时金属的电势称为最小保护电势。金属达到最小保护电势所需要的外加电流密度称为最小保护电流密度。

因此要使金属得到完全保护，必须把阴极极化到其腐蚀微电池阳极的平衡电势。这只是阴极保护的基本原理，实际情况要复杂得多，例如还要考虑时间因素的影响。以钢在海水中为例，原来海水中无铁离子，要使钢的混合电势降到阳极反应即铁溶解反应的平衡电势，就需要在钢表面阳极附近的海水中有相应的铁离子浓度，譬如 10^{-6} mol/L。这在阴极保护初期是很难做到的。实际上，为了达到满意的保护效果，选用的保护电势总要低于腐蚀微电池阳极平衡电势。

阴极保护可通过两种方法实现：一是牺牲阳极法，二是外加电流法。

a. 牺牲阳极法。牺牲阳极法是在被保护的金属上连接电极电势更低的金属或合金，作为牺牲阳极，靠它不断溶解所产生的电流对被保护的金属进行阴极极化，达到保护的目的。牺牲阳极法包括牺牲阳极材料的确定和设计安装两大部分。牺牲阳极材料必须能与被保护的金属构件之间形成足够大的电势差（一般在 0.25V 左右）。所以对牺牲阳极材料的主要要求是：有足够低的电极电势，且阳极极化率要小，电容量要大，即消耗单位质量金属所提供的电量要多，单位面积输出电流大；自腐蚀很小，电流效率高；长期使用时保持阳极活性，不易钝化，能维持稳定的电势和输出电流，阳极溶解均匀，腐蚀产物疏松易脱落、不黏附于阳极表面或形成高电阻硬壳；来源充分，制造工艺简单，无公害等。

常用的牺牲阳极材料有：Zn-0.6Al 0.1Cd，Al-2.5Zn 0.02In，Mg-6Al 3Zn 0.2Mn，高纯锌等，其中铝合金多用于海水中。

牺牲阳极保护系统的设计包括：保护面积的计算，保护参数的确定，牺牲阳极的形状、大小和数量、分布和安装以及阴极保护效果的评定等。

b. 外加电流法。外加电流法是将被保护金属接到直流电源的负极，通以阴极电流，使金属极化到保护电势范围内，达到防蚀的目的。

牺牲阳极法虽然不需要外加电源和专人管理，不会干扰邻近金属设施，而且电流分散能力好，施工方便，但需要消耗大量金属材料，自动调节电流的能力差，而且安装大量牺牲阳极会增加船体质量和阻力，或者影响海洋石油平台的稳定性和牵引特性。因此，20 世纪 50 年代后随着电子工业的发展，外加电流阴极保护技术得到很大发展。外加电流阴极保护系统具有体积及质量小、能自动调节电流和电压、运用范围广等优点。若采用可靠的不溶性阳极，则其使用寿命较长。外加电流法阴极保护系统主要由三部分组成：直流电源、辅助阳极和参比电极。直流电源通常用大功率的恒电位仪，可根据外界条件的变化，自动调节输出电流，使被保护体的电势始终控制在保护电势范围内。

外加电流法的辅助阳极是用来把电流输送到阴极（即被保护的金属）上的，这与牺牲阳极法所用的阳极材料截然不同。外加电流法的辅助阳极材料应具有导电性好、耐蚀性好、寿命长、排流量大（即一定电压下单位面积通过的电流大）、阳极极化小、有一定的机械强度、易于加工、来源方便等特点。常用的辅助阳极材料有钢、石墨、高硅铁、磁性氧化铁、铅银（2%）合金、镀铂的钛等。这些阳极板除钢外，都是耐蚀的，可供长期使用。钛上镀一层 2～5μm 铂作为阳极，使用工作电流密度为 1000～2000A/m^2，而铂的消耗率只有 4～10mg/(A·a)，一般可使用 5～10 年。

参比电极用来与恒电位仪配合使用，测量和控制保护电势，因此要求参比电极可逆性好，不易极化，在长期使用中能保持电势稳定、准确、灵敏，坚固耐用等。常用的参比电极有 Ag/AgCl 电极、Cu/$CuSO_4$ 电极、Zn 电极等。

外加电流保护系统的设计主要包括：选择保护参数，确定辅助阳极材料、数量、尺寸和安装位置，确定阳极材料和尺寸，计算供电电源的容量等。由于辅助阳极是绝缘地安装在被保护体上的，故阳极附近的电流密度很高，易引起“过保护”，使阳极周围的涂层遭到破坏。因此，必须在阳极附近一定范围内涂刷或安装特殊的阳极屏蔽层，它应具有与钢结合力高，绝缘性优良，耐碱、耐海水性良好的特点。对海船用的阳极屏蔽材料有玻璃钢阳极屏或涂氯化橡胶厚浆型涂层或环氧沥青聚酰胺涂层。

② 阳极保护。将被保护的金属装备与外加直流电源的正极相连，在腐蚀介质中使其阳极极化到稳定的钝化区，金属装备就能得到保护。这种方法称为阳极保护法。这种防护技术已成功地用于工业生产，以防止碱性纸浆对蒸煮锅的腐蚀。现在逐渐用到硫酸、磷酸、有机酸和液体肥料生产系统中，取得了很好的效果。阳极保护的基本原理如图 7-19 所示。对于具有钝化行为的金属装备，用外电源对它进行阳极极化，使其电势进入钝化区，腐蚀速度甚微，即得到阳极保护。为了判断给定腐蚀体系是否可采用阳极保护，首先要根据恒电势法测得的阳极曲线来分析。

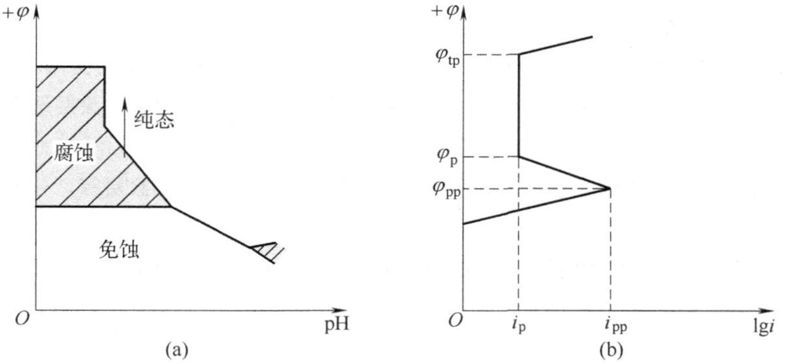

图 7-19 阳极保护原理

(4) 表面覆盖保护层

在材料表面形成保护性覆盖层，可避免材料与腐蚀介质直接接触，或者利用覆盖层对基体材料起电化学保护或缓蚀作用，达到防止金属腐蚀的目的。

保护性覆盖层的基本要求是：结构致密，完整无孔，不透过介质；与基体材料有良好的结合力，不易脱落；有高的硬度和耐磨性；在整个被保护表面上均匀分布。

① 涂层。表面使用涂层覆盖是最常见的保护基体材料的方式之一。根据不同涂层成

分和特性，可以分为有机涂层和无机涂层两大类。有机涂层可分为漆、塑料、橡胶等，无机涂层则包括硅酸盐、磷酸盐、锌基、铝基等材料。无机涂层的结构紧密，具有极佳的耐腐蚀和耐磨损性能，适合用于基体材料长时间暴露在恶劣的环境下使用。有机涂层适合在低腐蚀性环境下使用，一般使用寿命较短。

② 电镀。电镀是将材料经过电化学作用，在表面镀上一层金属或金属合金层来达到保护金属的效果。常见的电镀金属包括铬、镍、铬镍合金等。电镀得到的保护层密度大、均匀性好，具有好的耐腐蚀和耐磨损性能。但是电镀涂层只覆盖金属表面，对于金属表面存在的划痕、凸起等不均匀部分保护效果较差。

③ 化学镀。化学镀也是适用于金属表面防护，它是通过在金属表面进行还原反应，使得原液中金属离子还原成金属自身，并在金属表面上形成一层保护层。常见的化学镀方法包括电镀前化学镀、电镀后化学镀、直接化学镀等。化学镀得到的保护层颗粒密度较大，不如电镀得到的镀层均匀，但较电镀而言，化学镀成本更低，应用范围更广泛。

随着表面工程技术的不断发展，相继出现了多种表面保护覆盖层及制造方法。如高温熔烧、激光涂覆等工艺已开始用于内燃机燃烧室的表面防护。目前，已经可以依据工件的服役环境及承载条件，制备出适宜成分的表面防护层。然而，如何保证防护层与基体间有足够的结合力，往往是评定工艺方法成败的关键。如类金刚石碳膜（DLC）的化学稳定性极强，在绝大多数的腐蚀介质中都具有良好的耐蚀性，但多数制备工艺都难以获得良好的膜-基结合力。可见，随着表面改性工艺的不断完善，苛刻环境下涂层的性能保护方法将越来越完善。

思考题

1. 思考涂层力学性能的评估方法和标准，包括实验测试、数值模拟和预测模型等方法的优缺点和应用范围，以及未来的发展方向和挑战。

2. 分析温度对涂层力学性能的影响规律，包括高温和低温环境下涂层性能的变化，并讨论影响因素。

3. 探讨微观结构对涂层力学性能的影响，包括晶粒尺寸、相含量等因素对涂层硬度和刚度的影响规律，以及可能的优化策略。

4. 对比不同涂层材料的力学性能，例如金属涂层、陶瓷涂层和聚合物涂层等，分析它们的优缺点和适用范围。

5. 结合实际应用案例，讨论再制造功能涂层的力学性能优化策略，包括材料选择、结构设计、工艺优化等方面的思考和实践经验。

参考文献

[1] 王向东，邓爱民，朱为玄．材料力学［M］．北京：中国水利水电出版社，2020.

[2] 张涛然，晁晓洁，郭丽红，等．材料力学［M］．重庆：重庆大学出版社，2018.

[3] 刘鸣放，刘胜新．金属材料力学性能手册［M］．北京：机械工业出版社，2011.

[4] 杨班权，陈光南．涂层与薄膜力学［M］．北京：北京理工大学出版社，2020.

[5] 孙跃，胡津．金属腐蚀与控制［M］．哈尔滨：哈尔滨工业大学出版社，2003.

[6] 鞠鹏飞，张达威，吉利，等．苛刻环境下材料表面防护技术的研究进展［J］．中国表面工程，2019，32（4）：16.

8 再制造涂层的功能完整性

教学要求

再制造涂层的功能完整性聚焦于再制造过程中涂层功能的恢复与完善。本章将深入探讨再制造隐身涂层、再制造隔热涂层、再制造防冰涂层以及其他再制造涂层的关键技术和原理。通过对再制造涂层的原理性讨论，全面了解涂层在再制造过程中的行为和性能，掌握再制造过程中涂层功能完整性的维护方法和技术。本章也将提供相关的思考题，帮助学生深入理解再制造涂层技术的理论基础和实际应用。

基本要求

1. 理解电磁波基本理论，包括电磁场基本方程、边界条件以及电磁波的极化。
2. 掌握电磁波的吸收机制和损耗机制，包括吸收和损耗的影响因素。
3. 理解隔热涂层的热传导理论，包括热传导机制和隔热材料的选择。
4. 掌握热导率的计算方法以及热损耗形式，包括各种计算方法和热损耗的影响因素。
5. 理解再制造防冰涂层的润湿性理论和冰的形核与生长机制。
6. 掌握界面低冰黏附和防冰特性的影响因素，包括涂层的表面特性和涂层成分。

8.1 再制造隐身涂层

隐身涂层是一种特殊涂层，用于减弱或隐藏物体在雷达、红外线和其他传感器系统中的探测能力。这些涂层由复合材料、金属、聚合物等组成，旨在通过吸收、散射或反射传感器波长的能量，降低物体的反射信号，使其难以被探测或识别。主要应用于军事装备如战斗机、隐形轰炸机等，提高其在敌方雷达和红外线传感器中的隐蔽性和生存能力，同时也在民用领域如无人机等中得到应用。随着时间的推移，隐身涂层会受到磨损、损坏或老化，导致其性能下降，从而减弱隐身效果。因此，对隐身涂层进行再制造修复可以延长其使用寿命，恢复其隐身性能，从而确保装备的隐蔽性和作战效果。在军事领域尤为重要，因为隐身技术对于保护战斗机、隐形轰炸机等装备至关重要。同时，在民用领域，修复隐身涂层可以降低维护成本，延长装备的使用寿命，提高安全性和效率。

8.1.1 电磁波基本理论

电磁波理论是电磁学和通信工程的基础，广泛应用于无线通信、雷达、电子设备等领域。为了深入理解电磁波的行为及其应用，必须掌握其基本理论。电磁场基本方程描述了电磁波在空间中的传播和相互作用规律，电磁参数则涉及材料的介电常数、导电率和磁导率等特性，对电磁波传播的影响至关重要。金属背板理论研究了金属表面对电磁波反射和吸收的影响，而传输线理论则解析了电磁波在传输线中的传播特性和阻抗匹配。

8.1.1.1 电磁场基本方程

电磁场基本方程描述了电磁场在空间中的行为（其传播如图 8-1 所示），主要由麦克斯韦方程组成。这些方程可以用来描述电场和磁场之间的相互作用，以及它们如何随着时间和空间的变化而演变的。下面是麦克斯韦方程组微观表达式。

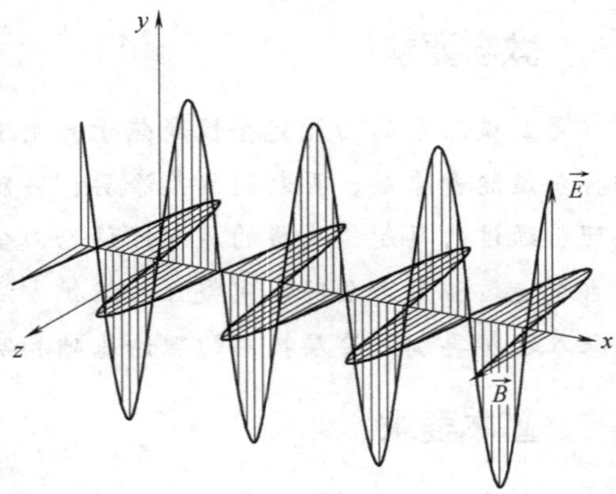

图 8-1 电磁波传播

(1) 高斯定律

$$\nabla \cdot E=\frac{\rho}{\varepsilon_0} \tag{8-1}$$

式中，E 为电场强度；ρ 为电荷密度；ε_0 为真空介电常数。

该方程表达了电场流出或流入某一区域的量等于该区域内的电荷量除以真空介电常数，描述了电场如何与电荷相互作用。当电荷存在时，电场线从正电荷流向负电荷，其密度与电荷量成正比，而密度与距离的平方成反比。

(2) 高斯磁定律

$$\nabla \cdot B=0 \tag{8-2}$$

式中，B 为磁感应强度。

高斯磁定律表达了磁场没有单极子，即磁场线没有起点或终点，它们总是形成闭合环路。这意味着没有磁荷，磁场的产生总是由电流（电荷的运动）引起的。磁场的线密度没有起点或终点，它们总是闭合的。

(3) 法拉第电磁感应定律

$$\nabla \times E=-\frac{\partial B}{\partial t} \tag{8-3}$$

该方程描述了磁场随时间变化时产生的感应电场，表明了变化的磁场会在周围产生电场。这个定律解释了许多电磁现象，如变压器、感应电动势等。

(4) 安培环路定理

$$\nabla \times B=\mu_0 J+\mu_0\varepsilon_0 \frac{\partial E}{\partial t} \tag{8-4}$$

式中，J 为电流密度；μ_0 为真空磁导率。

该定律描述了磁场如何与电流相互作用，表达了环绕电流的磁场线圈的闭合环路上的磁场总和等于该环路内的电流（包括自由电流和位移电流）的总和，揭示了电流与磁场之间的相互作用。

8.1.1.2 电磁参数

隐身涂层的电磁参数是设计和选择过程中至关重要的考虑因素，因为它们直接决定了涂层在电磁频谱中的行为。介电常数是材料对电场响应的度量，影响着电磁波在材料中的传播速度和反射特性。磁导率描述了材料对磁场的响应，尽管隐身涂层通常不是磁性的，但磁导率仍然会对电磁波的行为产生影响。另外，电导率则直接关系到涂层的导电性能，较低的电导率通常意味着更低的电磁波反射。损耗衡量了材料对电磁波能量的吸收损耗，而较低的损耗可以减少电磁波的反射和散射。此外，折射率描述了材料中电磁波传播的速度和方向变化，对于某些频段和角度需要适当调整以实现最佳的隐身效果。因此，通过调控这些电磁参数，可以实现隐身涂层对特定电磁波频段的最佳吸收和最小反射，从而提高涂层的隐身性能。

8.1.1.3 金属背板理论

隐身涂层中的金属背板是其中不可或缺的一部分。金属背板的设计和应用对于隐身涂层的性能和效果具有深远的影响。金属背板在隐身涂层中的主要作用之一是反射电磁波。金属背板具有较高的电导率和较低的损耗，这使得它能够有效地反射电磁波，减少信号的传播和探测。通过设计金属背板的形状和材料，可以实现对不同频率和波长的电磁波的最大反射效果，从而达到隐身效果的最佳化。

金属背板还充当着隐身涂层的支撑结构。在现实应用中，涂层需要稳定地附着在飞机、舰船或其他装备表面上，而金属背板则承担了这一重要功能。金属背板通常具有较高的强度和刚度，能够提供稳定的支撑，保护涂层免受外部环境的损害，同时保持其隐身性能的稳定性。金属背板还可以用于热管理。在一些应用场景中，隐身涂层需要在高温或低温环境中运行，而金属背板的良好导热性能可以传递和分散热量，保护涂层免受过热或过冷的影响。这对于确保隐身涂层的性能和可靠性至关重要。除了以上功能外，金属背板还可以提供对机械冲击和振动的抵抗能力，增强隐身涂层的耐久性和稳定性。同时，在一些情况下，金属背板还可以作为电磁波抑制材料的基材，进一步提高隐身效果。

8.1.1.4 传输线理论

传输线理论是电磁场理论的一个分支，主要用于分析和描述传输线上电信号的传输和传播特性，其等效电路如图 8-2。传输线通常是由两个平行导体构成，之间通过绝缘材料隔开，如电缆、微带线等。在通信、电力输送、雷达系统和微波电路等领域中，传输线理论具有广泛的应用。

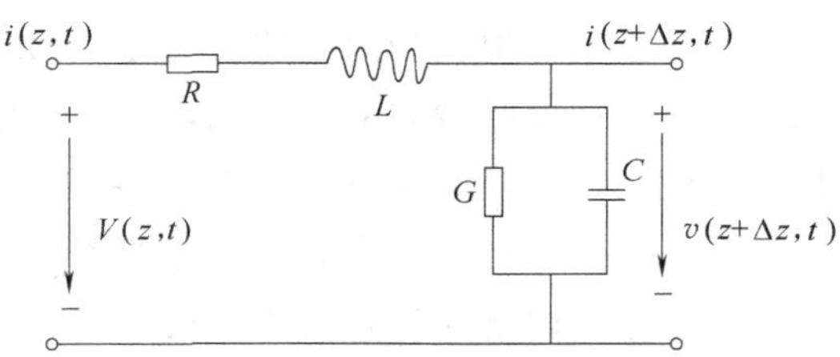

图 8-2 传输线理论等效电路

传输线理论的核心概念包括特性阻抗、

传输线参数、传播常数和匹配等。

① 特性阻抗：传输线的特性阻抗是指在传输线无限长或行波状态下，传输线上单位长度的电压与电流之比。它是传输线的一个重要参数，决定了传输线上电磁波的传播特性。

② 传输线参数：传输线的参数包括电感、电容、电阻和导纳等，它们描述了传输线的电学和磁学特性。这些参数可以通过传输线的几何形状、材料和工作频率等因素来确定。

③ 传播常数：传播常数描述了电磁波在传输线上的传播速度和衰减率。它由传输线的特性阻抗和传输线参数确定，可以分为相位常数和衰减常数。

④ 匹配：在传输线理论中，匹配是指传输线与其负载之间的阻抗匹配。通过调整传输线的特性阻抗或使用匹配网络，可以实现传输线与负载之间的最大功率传输，提高系统的效率。

传输线理论的应用涉及传输线的设计、分析和优化，以及电磁波在传输线上的传播和传输特性的研究。它在通信系统、电力系统、雷达系统、微波电路等领域都有重要的应用价值，为工程师和科学家提供了分析和解决实际问题的有力工具。

8.1.2 电磁波的吸收机制

深入了解隐身涂层的电磁波吸收机制对提高隐身技术至关重要。在再制造之前，涂层旨在减少目标物体对电磁波的反射和散射，以增强隐身效果。然而，在再制造之后，修复过程可能导致涂层材料或结构微观发生变化，影响吸波性能。通过研究再制造前后涂层的电磁波吸收机制差异，可以指导修复过程中的材料选择和工艺优化，为提高隐身性能提供技术支持。

8.1.2.1 阻抗匹配

电磁波吸收机制中的阻抗匹配是确保电磁波在传输或吸收过程中能够有效地转移能量的重要因素之一。阻抗匹配（如图 8-3 所示）的概念是确保电磁波传输线上的特性阻抗与其连接的负载之间的匹配，以最大程度地减少信号的反射、损耗和失真，从而提高材料的吸收效率和性能。在隐身涂层或其他吸波材料中，阻抗匹配的目标是使涂层的特性阻抗与周围介质（通常是空气）的阻抗相匹配，以减少电磁波的反射。当涂层的阻抗与周围介质的阻抗不匹配时，会导致部分电磁波被反射回去，从而减弱吸波效果。因此，调整涂层的材料和结构，使其特性阻抗与周围介质的阻抗相匹配，可以最大程度地提高电磁波的吸收效率。阻抗匹配的实现可以通过多种方式，包括选择合适的材料、调整涂层的厚度和形状，以及设计特殊的多层结构或微观结构等。例如，使用阻抗匹配层或介质层来调整涂层的阻抗，或者设计带有表面纳米结构的涂层，以增加电磁波在表面的吸收。电磁波吸收机制中的阻抗匹配是确保涂层或材料能够有

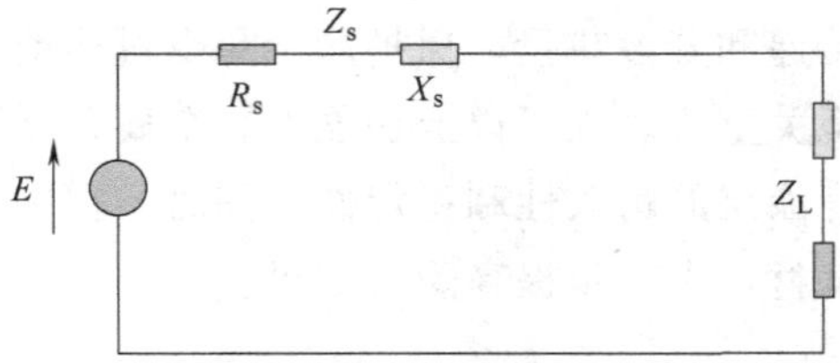

图 8-3 阻抗匹配原理

效吸收电磁波的重要因素。通过实现阻抗匹配，可以最大程度地减少信号的反射和损耗，从而提高隐身涂层或其他吸波材料的性能和效率。

8.1.2.2 衰减特性

衰减特性是指材料对电磁波能量的吸收程度，也可以称为材料的吸收率或损耗。衰减特性直接影响着材料在各种频率下的吸收效率，对于隐身涂层或其他吸波材料的性能至关重要。衰减特性与材料本身的导电性、磁性和介电性等相关。导电性较好的材料通常具有较高的电磁波吸收率，在高频率下表现出良好的吸收特性。磁性材料则在特定频率范围内表现出较好的吸收性能，因为它们可以吸收磁场的能量。介电性材料则主要通过极化现象吸收电磁波能量，通常在微波和射频频段表现出较好的吸收性能。全向天线的衰减模式如图 8-4。

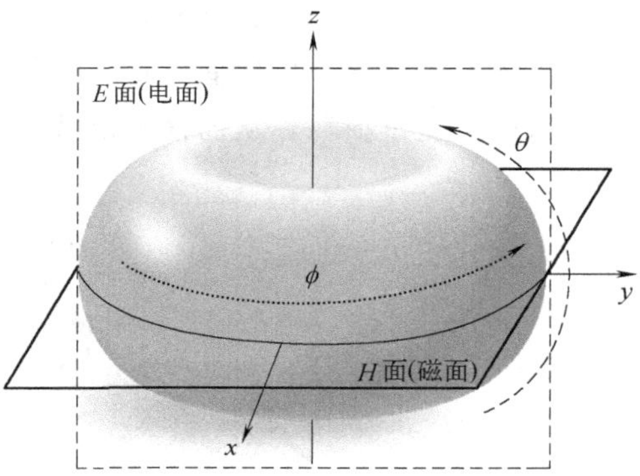

图 8-4 全向天线的衰减模式

材料的结构和形态也对衰减特性产生影响。例如，多层复合材料结构可以通过设计不同层的材料和厚度来实现在不同频率下的最佳吸收效果。表面的微观结构也可以通过增加电磁波与材料之间的相互作用表面积，从而增强吸收效果。衰减特性还与电磁波的频率和入射角度等因素相关。在不同频率下，材料对电磁波的吸收率会发生变化。入射角度的变化也会影响材料对电磁波的吸收效果，通常在斜入射角度下，材料的吸收率会降低。

8.1.2.3 干涉损耗

电磁波吸收机制中的干涉损耗是指在电磁波传播过程中，由于多径传播或反射等因素导致的能量损失现象。在传播路径上，电磁波会经历多条路径，其中的波形干涉会导致某些位置上的电磁场强度增强或衰减。当多条波径的相位差满足一定条件时，就会发生干涉现象，导致部分位置上电磁波的能量被相互抵消，从而造成能量损耗。干涉损耗在电磁波传输系统中具有重要影响。在无线通信系统中，由于电磁波经历多条路径的反射或折射，不同路径上的波会发生干涉，导致接收端信号的强度变化。这会影响通信信号的质量，造成传输中断或误码等问题，降低系统的可靠性和性能。在雷达系统中，干涉损耗也是一个关键因素。雷达系统需要准确测量目标的位置和速度等信息，而干涉现象会对雷达信号的准确性产生影响，导致目标探测的不确定性增加，降低雷达系统的探测能力和精度。

8.1.3 电磁波的损耗机制

电磁波损耗机制专注于涂层材料本身对电磁波能量的损耗过程，与电磁波吸收机制有所不同，后者更侧重于涂层如何吸收和转化电磁波能量。这种机制直接决定了涂层对电磁波的吸收能力，在再制造前后存在差异。通过深入研究和利用材料的电磁波损耗机制，可以设计出具有优异吸收性能的涂层，有助于减少或消除目标物体对电磁波的反射、散射和吸收，进而提高隐身效果。

8.1.3.1 介电损耗

介电损耗机制是电磁波在介电体中吸收能量并转化为其他形式的能量的过程。这种损耗机制在电磁学和材料科学中具有广泛的应用，尤其在微波、射频和光学领域中备受关注。

介电损耗的发生主要是由于介电体内部分子或晶格结构受到外电场的影响而发生的极化现象。如图 8-5，当电磁波通过介质时，电场的交变会导致介质中的分子或晶格在电场作用下偏离平衡位置，形成偶极矩。这种偶极矩随着电场的变化而不断改变，导致分子或晶格内部产生能量损耗，从而使电磁波的能量被转化为热能或其他形式的能量。

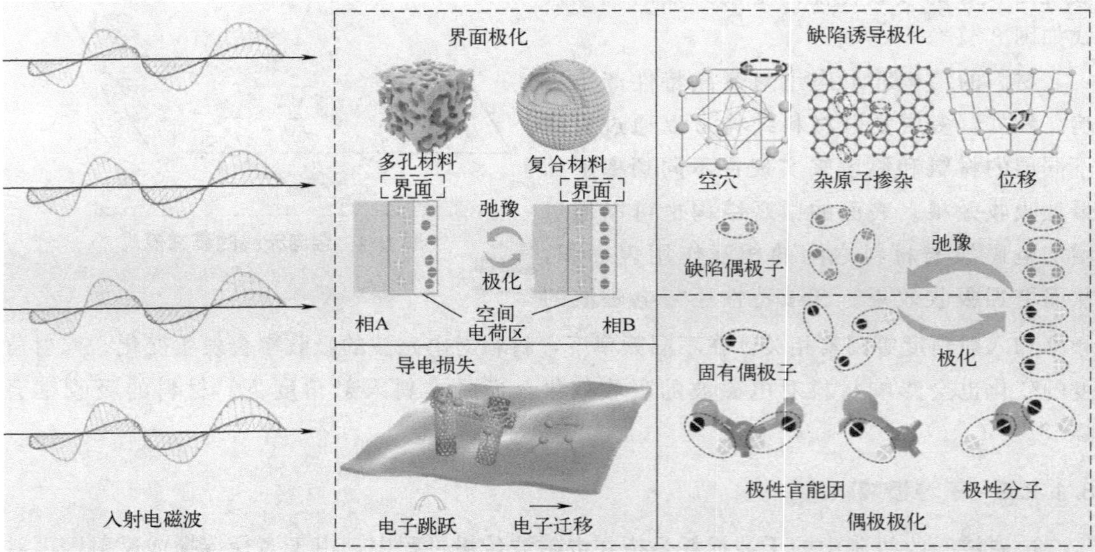

图 8-5 介电损耗机理

介电损耗的大小与介电体的性质密切相关。通常，介电常数较高的介质具有更高的介电损耗。此外，温度、频率和电场强度等因素也会影响介电损耗的大小。在高频率下，分子或晶格的极化运动频率随之增加，从而导致介电损耗增加。而在较低频率下，介电损耗通常较小。介电损耗在许多领域都具有重要意义。在微波通信系统中，介电损耗是电缆、天线和微波器件中的一个重要考虑因素。在光纤通信中，介质中的光子与介质分子发生相互作用而产生的能量损耗也是一个重要问题。

8.1.3.2 磁损耗

在交变电磁场下，铁磁性金属（Fe、Co 和 Ni）、合金（FeCo、CoNi 和 FeCoNi）和氧化物（Fe_3O_4、$CoFe_2O_4$ 和 $NiFe_2O_4$）经历磁化或再磁化过程，将一部分电磁波转化为热能，从而引起磁损耗行为。磁性材料表现出四种磁损耗模式，包括磁滞损耗、畴壁谐振、交换共振和涡流损耗。磁滞损耗是由不可逆的畴壁位移引起的，通常发生在相对较弱的磁场中。畴壁谐振存在于多畴磁性材料中，响应范围在低频千兆赫兹范围内。因此，磁滞损耗和畴壁谐振都不是微波波段磁损耗的主要形式。自然共振和交换共振在铁磁材料中很常见，代表了两种不同形式的铁磁共振。自然共振通常发生在相对较低的频率（2～10GHz）下，而交换共振发生在较高的频率（>10GHz）下。涡流损耗是指从磁场到电能的能量转换，其中电子沿着材料移动产生微电流以响应交变电磁场。一方面，感应微电流能够将电磁能耗散为热量，有利于电磁波的吸收。另一方面，过多的感应微电流会发出反向磁场，这将导致对入射电磁波的屏蔽作用，特别是在磁性金属和合金等高导电材料中。这种现象被称为趋肤效应，可以抑制涡流损耗。通过减小粒径、增加密度和降低电导率，可以降低电磁波的最大穿透深度，从而激活明显的磁损耗。

磁性材料在微波频率上的磁损耗主要取决于交换共振和涡流损耗，可以通过涡流损耗系数 C_0 与频率的关系，如下式所示：

$$C_0=2\pi\mu_0\mu'^2\sigma d^2 f/3=\mu''\mu'^{-2}f^{-1} \tag{8-5}$$

涡流损耗系数 C_0 与电导率 σ 和直径 d 密切相关，一般地，C_0 值随频率的增加表明涡流损耗的存在。对于磁性材料，微波波段的主要磁损耗是自然共振或交换共振。自然共振和交换共振的共振频率可以用以下公式计算：

$$f_r=\frac{\omega_0}{2\pi}=\frac{\gamma H_k}{2\pi} \tag{8-6}$$

$$f_{exc}=(Cu_{kn}^2/R^2M_s+H_0-aM_s+\gamma Ha)\gamma/(2\pi) \tag{8-7}$$

式中，f_r 和 f_{exc} 分别为自然共振频率和交换共振频率；M_s、H_k 和 H_0 分别为饱和磁化强度、等效磁场和磁晶各向异性场；C、u_{kn}、R、a 和 γ 分别为转换常数、球面贝塞尔函数的导数根、粒子半径、退磁因子和旋磁比。根据方程式（8-6）和式（8-7），自然共振与形状和磁晶各向异性有关，而交换共振取决于表面各向异性和粒子之间的交换能量。这些机制表明，自然/交换共振的行为会受到磁性材料的几何形貌、晶粒尺寸、晶体结构和晶界的影响。

各向异性磁场周围磁矩的共振运动被认为是高频下最关键的磁损耗机制。共振频率与复磁导率之间的关系由 Snoek 方程表示：

$$(\mu_i-1)f_r=\frac{1}{3\pi}\gamma M_s \tag{8-8}$$

根据这个方程，自然共振频率 f_r 与自旋磁化比 γ 和饱和磁化强度 M_s 有关。因为 γ 和 M_s 的材料是恒定的，复磁导率 μ_i 不可避免地会随着响应频率的增加而降低，从而达到 Snoek 极限。Snoek 极限限制了磁性材料在高频下的应用，因此具有较高饱和磁化强度的软磁材料可以提升 Snoek 极限。采用各向异性形状的设计也提供了超越 Snoek 极限的途径，从而拓宽了磁损耗的谐振频率范围。

8.1.3.3 电阻损耗

电阻损耗是指通过电导性材料中的电子运动导致的能量损耗过程。当电磁波作用于导电性涂层时，电磁场会驱动导电性材料中的自由电子产生电流，并在材料内部发生电子的碰撞和摩擦，导致电子运动时产生热能。这种热能的产生使电磁波的能量被有效地转化为热能，从而实现了电磁波的吸收。电阻损耗机制在隐身技术中具有重要作用。通过选择具有较高电导率的材料，可以增加电阻损耗并提高电磁波的吸收效率。此外，通过调控导电性涂层的厚度和结构，还可以优化电阻损耗的程度，从而实现对不同频率范围内的电磁波的吸收。电阻损耗机制与介电损耗和磁损耗机制相比，更侧重于材料中自由电子的运动产生的能量损耗过程，对于中低频段的电磁波具有较好的吸收效果，因此在隐身涂层设计中具有重要意义。

8.2 再制造隔热涂层

隔热涂层（图 8-6）再制造在工业和航空航天等领域具有重要意义。随着隔热涂层在高温环境中的长期使用，其性能会逐渐下降，甚至出现损坏和老化。因此，对隔热涂层进行再制造变得至关重要。通过再制造，可以有效延长隔热涂层的使用寿命，降低更换涂层所需的成本和时间。此外，再制造过程中的技术改进和质量控制可以提高涂层的性能稳定性和耐久性，从而确保航空航天装备在高温环境下的安全运行。

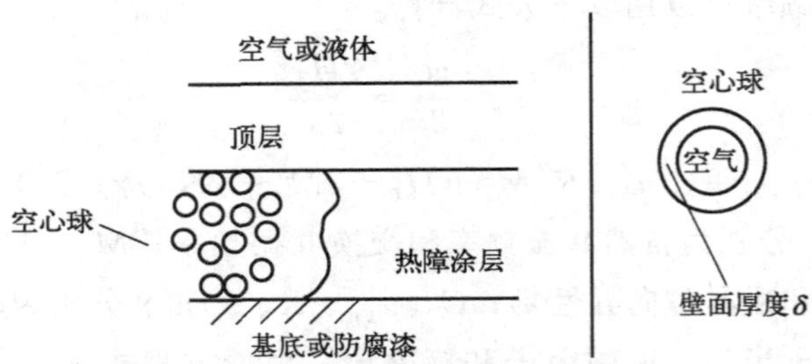

图 8-6 隔热涂层原理

8.2.1 热传导理论

热传导理论是热力学与材料科学的重要基础，涉及热能在不同介质中的传递机制，具有广泛的工程应用价值。在复合介质中，热传导表现出多相材料之间的相互作用及界面效应，影响导热性能的复杂性。各向异性介质的热传导特性因材料的方向依赖性而展现出更为复杂的热流分布，需通过相应的数学模型进行分析。非线性热传导研究在高温梯度和强热源条件下，热流与温度梯度之间呈非线性关系。相变热传导则关注材料在相变过程中的热能吸收与释放特性，对相变材料在热管理中的应用评估具有重要意义。

8.2.1.1 复合介质中的热传导

如图 8-7（书后另见彩图）所示，复合涂层材料作为复合介质热传导的典型案例。

关于复合涂层的导热机理主要为通路理论，同时也被称为宏观连接理论。该理论将复合涂层的导热过程等同于导电过程，认为复合涂层热导率的变化主要取决于材料内部是否形成了导热通路。比较有代表性的是早期的类比导电观点和 Agari 等提出并应用的“导热链”概念。此后又有很多学者针对填充型复合涂层的导热模型，提出不同的导热模型来描述并模拟其热传导过程，如 Maxwell 理论模型、Bruggeman 理论模型、Nielsen 理论模型

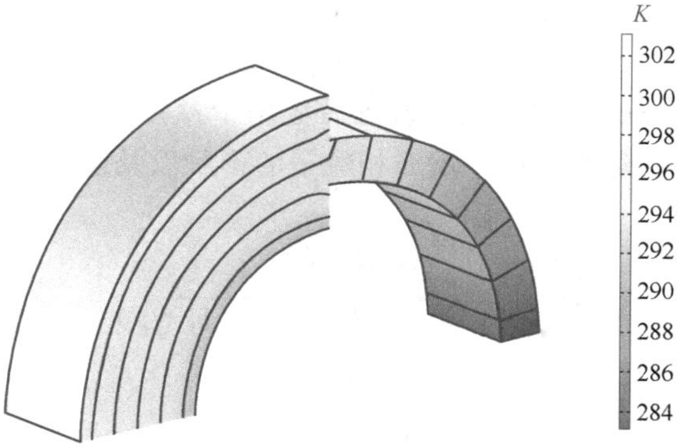

图 8-7　多层复合薄膜传热

和 Cheng-Vochen 理论模型。其中研究最早以及应用最广的是 Maxwell 理论模型，Maxwell 模型可以通过以下公式来描述：

$$\lambda_c=\lambda_m\times\frac{2v_f\left(\frac{\lambda_f}{\lambda_m}-1\right)+\left(\frac{\lambda_f}{\lambda_m}+2\right)}{v_f\left(1-\frac{\lambda_f}{\lambda_m}\right)+\left(\frac{\lambda_f}{\lambda_m}+2\right)} \tag{8-9}$$

式中，λ_c 为复合涂层的热导率；λ_f 为均匀分布的填充相的热导率；v_f 为球状填充相的体积分数；λ_m 是连续基体的热导率。

该导热模型假设的填充相是球形形状。但是，在实际情况中填充颗粒并非都是圆形，只有当填充颗粒的填充量较大时，才可以忽略其非球形填充颗粒的热阻，即便如此，也无法忽略填充相和基体之间的界面热阻。因此，当使用该理论模型进行计算时，预测的热导率往往大于实际测得的热导率。此后，Hasselman 等为填补该缺陷，对 Maxwell 理论模型进行了改进，使其能够包含填充相与基体之间的界面热阻。

$$\lambda_c=\lambda_m\times\frac{2\left(\frac{\lambda_f}{\lambda_m}-1-\frac{\lambda_f}{rG}\right)v_f+\frac{\lambda_f}{\lambda_m}+2+2\frac{\lambda_f}{rG}}{\left(1-\frac{\lambda_f}{\lambda_m}+\frac{\lambda_f}{rG}\right)v_f+\frac{\lambda_f}{\lambda_m}+2+2\frac{\lambda_f}{rG}} \tag{8-10}$$

式中，r 为球形填充相粒子的半径；G 为两相边界处的热导。

该理论模型考虑了界面热阻，但依然无法突破填充颗粒的球形形状，与实际的热导率相比依然存在偏差。于是，Hamilton 和 Crosser 在前人的基础上，对传热理论模型的计算方式进行了进一步的完善：

$$\lambda_c=\lambda_m\times\frac{\lambda_f+(n-1)\lambda_m+(n-1)v_f(\lambda_f-\lambda_m)}{\lambda_f+(n-1)\lambda_m-v_f(\lambda_f-\lambda_m)} \tag{8-11}$$

式中，n 为一个随填充相颗粒形状变化的因子，$n=1/\Psi$，Ψ 为填充相粒子的球形度，对于球形颗粒，$\Psi=1$。

除 Maxwell 模型外，1935 年，Bruggeman 针对异质性复合材料的热导率进行预测，提出了 Bruggeman 理论模型：

8

$$1-v_{\mathrm{f}}=\frac{\lambda_{\mathrm{f}}-\lambda_{\mathrm{c}}}{\lambda_{\mathrm{f}}-\lambda_{\mathrm{m}}}\left(\frac{\lambda_{\mathrm{m}}}{\lambda_{\mathrm{c}}}\right)^{1/3} \tag{8-12}$$

J. Wang 等将 Bruggeman 理论模型改进后应用于氮化铝/聚酰亚胺复合材料的热导率预测中，改进后的模型中综合考虑了填充相粒子的形状以及复合材料边界处的热阻。该模型可通过以下公式描述：

$$(1-v_{\mathrm{d}})^{n}=\left(\frac{\lambda_{\mathrm{m}}}{\lambda_{\mathrm{c}}}\right)\left[\frac{\lambda_{\mathrm{c}}-\lambda_{\mathrm{f}}(1-\beta)}{\lambda_{\mathrm{m}}-\lambda_{\mathrm{f}}(1-\beta)}\right]^{n} \tag{8-13}$$

$$\beta=R_{\mathrm{K}}/R$$

$$R_{\mathrm{K}}=R_{\mathrm{b}}\times\lambda_{\mathrm{m}}$$

式中，R 为填充相粒子的半径；R_{K} 为 Kapitsa 半径；R_{b} 为边界处的热阻；v_{d} 是球形粒子的体积分数。

8.2.1.2 各向异性介质中的热传导

各向异性介质中的热传导是热力学和材料科学领域中一个重要的研究课题。热传导性质随着空间方向的不同而变化，这与各向同性介质中热传导性质相同的现象不同，热传导行为受到材料内部结构的影响（如图 8-8 所示，书后另见彩图），晶体材料中的晶格结构是导致各向异性的重要因素之一。晶体的结晶结构决定了不同晶向上原子或分子之间的相互作用力，从而影响热的传导。此外，分子排列的非均匀性、材料中微观缺陷的分布以及应力状态等因素也导致热传导性质的各向异性。

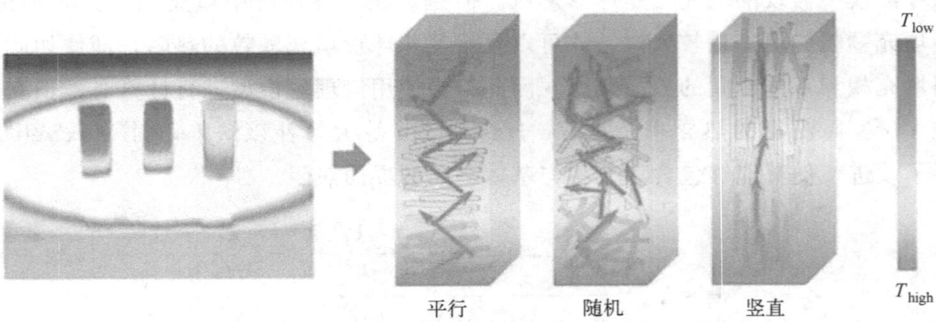

图 8-8 具有各向异性和高垂直热导率的高效热界面材料

为了描述各向异性介质中的热传导行为，通常使用热传导张量来表征材料在不同方向上的热传导系数。这个张量是一个多维数组，包含了材料在各个方向上的热传导性能。在二维情况下，热传导张量是一个 2×2 的矩阵，而在三维情况下则是一个 3×3 的矩阵。通过热传导张量，可以准确地描述材料中热传导的各向异性特征。

各向异性介质中热传导的物理机制涉及晶格振动、声子传播以及热激发等过程。在晶体材料中，晶格结构的不对称性导致了不同晶向上声子的传播速度和频率的差异，进而影响了热传导性能。此外，热激发也会引起热传导过程中的各向异性，例如在聚合物材料中，分子链的取向和排列方式会影响热的传导。

研究各向异性介质中的热传导通常涉及多种方法。可以利用热导率测量仪器来测量材料在不同方向上的热导率，并进一步分析其各向异性特征。通过计算模拟方法，如分子动力学模拟、有限元分析等，可以模拟材料中热传导的微观机制，并预测其各向异性性质。在工程和科学领域中，各向异性介质中的热传导具有重要的应用价值。例如，在热管理系统的设计中，需要考虑材料的各向异性特征，以确保系统的稳定性和效率。在材料科学领域，研究各向异性介质中的热传导可以帮助设计新型的热障材料、热导率调控材料等，从而满足不同领域对材料热传导性能的需求。

8.2.1.3 非线性热传导

非线性热传导是指在热传导过程中温度场和热流密度之间的关系不再是线性的，而是呈现非线性特性。这种非线性行为在许多实际问题中都有重要的应用。在传统的线性热传导中，热传导方程可以表示为：

$$\frac{\partial T}{\partial t}=\alpha\nabla^2 T \tag{8-14}$$

式中，T 为温度场；t 为时间；α 为热扩散系数；∇ 为拉普拉斯算子。然而，在某些情况下，热传导过程受到温度场本身的非线性影响，即 α 与温度 T 有关，导致热传导方程变为：

$$\frac{\partial T}{\partial t}=\nabla\cdot[\alpha(T)\nabla T] \tag{8-15}$$

非线性热传导的影响因素包括材料特性、温度梯度、外部条件、微观结构以及热辐射效应。材料的热导率随温度变化而变化，特别是在高温梯度条件下，这种非线性效应更加显著。外部环境的影响，如边界条件和热辐射，也会改变热传导行为。此外，材料的微观结构对其非线性热传导特性具有重要影响，在高温环境下，热辐射效应导致非线性热传导的显著变化。

8.2.1.4 相变热传导

再制造隔热涂层是一种在材料表面施加特殊涂层以改善其隔热性能的技术。这些涂层通常包含相变材料，这些材料在温度变化时会发生相变，并伴随着大量的相变潜热的吸收或释放，可以减少热传导，从而改善材料的隔热性能。

相变热传导理论涉及多个关键概念和公式，其中热传导方程是描述热传导过程的方程。在一维稳态情况下，热传导方程可以表示为：

$$\frac{\mathrm{d}}{\mathrm{d}x}\left[k(x)\frac{\mathrm{d}T}{\mathrm{d}x}\right]=0 \tag{8-16}$$

式中，$k(x)$ 为热导率；T 为热力学温度；x 为距离。

相变过程中的相变热传导模型考虑了相变材料的热容量、热传导系数以及相变潜热的影响。相变热传导模型可以写成：

$$\rho c\frac{\partial T}{\partial t}=\frac{\partial}{\partial x}\left(k\frac{\partial T}{\partial x}\right)+Q \tag{8-17}$$

式中，ρ 为材料密度；c 为材料比热容；Q 为相变潜热。

相变温度指的是材料发生相变的温度。这个温度通常在特定压力下是固定的，但会随外部条件（如压力）的变化而改变。

8

在相变热传导理论中，Stefan 问题是一个常见的问题，用于描述相变界面上的热传导问题。Stefan 条件可以表达为：

$$k\frac{\partial T}{\partial n}=\frac{\mathrm{d}Q}{\mathrm{d}t} \tag{8-18}$$

式中，$\frac{\partial T}{\partial n}$为相变界面上的温度梯度；$\frac{\mathrm{d}Q}{\mathrm{d}t}$为相变界面上的热通量。

再制造隔热涂层的相变热传导理论涉及基本的热传导方程、相变热传导模型、相变温度和 Stefan 问题。通过这些理论和模型，可以评估再制造隔热涂层在不同温度条件下的隔热性能，并为具体应用提供理论指导。

8.2.2 热导率计算

热导率计算是热传导理论中的关键环节，涉及对材料热传导性能的定量评估。不同的计算方法具有不同特点，适用于不同的应用场景。分离变量法通过将复杂的热传导方程分解为简单的形式，便于求解；Duhamel 定理则为非稳态热传导问题提供了一种有效的解决方案，能够处理时间依赖性的问题。格林函数法通过引入格林函数，简化边值问题的求解过程，适用于多种边界条件的热传导分析。积分变换法利用拉普拉斯变换或傅里叶变换，将偏微分方程转化为代数方程，以便于求解。

8.2.2.1 分离变量法

分离变量法是解决线性传热的经典方法，适用于一维或多维传热。这种方法基于将偏微分方程的解分解为几个单变量函数乘积的形式，然后通过分别求解这些函数所满足的常微分方程来得到原问题的解。

考虑一个二维稳态热传导问题，热导率为 k，温度分布是 $T(x,y)$，其控制方程是拉普拉斯方程：

$$\frac{\partial^2 T}{\partial x^2}+\partial\frac{\partial^2 T}{\partial y^2}=0 \tag{8-19}$$

利用分离变量法，假设温度分布可以写成两个函数的乘积形式：

$$T(x,y)=X(x)Y(y) \tag{8-20}$$

将这个形式代入控制方程，得到：

$$Y(y)\frac{\mathrm{d}^2 X}{\mathrm{d}x^2}+X(x)\frac{\mathrm{d}^2 Y}{\mathrm{d}y^2}=0 \tag{8-21}$$

然后将方程两边除以 $X(x)Y(y)$，得到：

$$\frac{1}{X}\times\frac{\mathrm{d}^2 X}{\mathrm{d}x^2}=-\frac{1}{Y}\times\frac{\mathrm{d}^2 Y}{\mathrm{d}y^2}=-\lambda \tag{8-22}$$

这里引入了常数 λ，现在有两个分离的常微分方程：

$$\frac{\mathrm{d}^2 X}{\mathrm{d}x^2}+\lambda X=0 \tag{8-23}$$

$$\frac{\mathrm{d}^2 Y}{\mathrm{d}y^2}-\lambda Y=0 \tag{8-24}$$

求解方程式（8-23）和式（8-24）得到 $X(x)$ 和 $Y(y)$，代入式（8-20）求得温度分布 $T(x)$。需要应用边界条件来确定常数 λ 和解的形式。这通常涉及温度或热流在材料边界处的已知值。

8.2.2.2 Duhamel 定理

Duhamel 定理是解决线性定常热传导问题的一种方法，它可以用来求解非齐次热传导方程的解。它基于格林函数的概念，适用于一些特定的情况。考虑一维热传导问题，其非齐次热传导方程可以写成如下形式：

$$\frac{\partial u}{\partial t}=k\frac{\partial^2 u}{\partial x^2}+f(x,t) \tag{8-25}$$

式中，$u(x, t)$ 为温度分布；k 为热传导系数；$f(x, t)$ 为源项（通常表示外部热源或边界条件的影响）。Duhamel 定理给出了非齐次方程的解与齐次方程的解之间的关系，通过它可以将问题转化为求解齐次方程以及某种初始条件下的问题。

首先求解对应的齐次方程，即忽略源项的方程：

$$\frac{\partial u_0}{\partial t}=k\frac{\partial^2 u_0}{\partial x^2} \tag{8-26}$$

确定一个初始条件 $u(x, 0)=g(x)$，其中 $g(x)$ 是初始温度分布。使用格林函数 $G(x, t; \xi, \tau)$ 表示齐次方程的解，它满足以下方程：

$$\frac{\partial G}{\partial t}=k\frac{\partial^2 G}{\partial x^2},G(x,0;\xi,\tau)=0 \tag{8-27}$$

非齐次方程的解可以表示为：

$$u(x,t)=\int_0^t 1\int_{-\infty}^{\infty}G(x,t-\tau;\xi,0)f(\xi,\tau)\mathrm{d}\xi\mathrm{d}\tau+u_0(x,t) \tag{8-28}$$

式中，等号右侧第一项为格林函数与源项的卷积；第二项为对应的齐次方程的解。需要注意的是，格林函数 $G(x, t; \xi, \tau)$ 的具体形式取决于问题的边界条件和几何形状，通常需要通过求解相应的边界值来获得。

8.2.2.3 格林函数法

格林函数法是一种用于求解偏微分方程的方法，特别适用于非齐次方程。在热传导问题中，可以利用格林函数法来解一维热传导方程。

一维热传导方程同式（8-25）。

格林函数 $G(x, t; \xi, \tau)$ 在 δ 源点以外，满足式（8-27），但其严格定为为满足带 δ 源的非齐次方程的解。

根据源项的性质，当 $t>\tau$ 时，格林函数满足：

$$\frac{\partial G}{\partial t}=k\frac{\partial^2 G}{\partial x^2}+\delta(x-\xi)\delta(t-\tau) \tag{8-29}$$

式中，$\delta(x)$ 为狄拉克 δ 函数。

使用格林函数法，非齐次方程的解可以表示为：

$$u(x,t)=\int_0^t 1\int_{-\infty}^{\infty}G(x,t-\tau;\xi,0)f(\xi,\tau)\mathrm{d}\xi\mathrm{d}\tau \tag{8-30}$$

式中，$G(x, t; \xi, 0)$ 为格林函数在时间 t 时的值。

要注意的是，格林函数的具体形式取决于问题的边界条件和几何形状。通常需要通过求解相应的边界值问题来获得格林函数。一旦得到了格林函数，就可以使用上述公式来求解非齐次热传导方程，进而获得温度分布 $u(x, t)$。

8.2.2.4 积分变换法

傅里叶变换在解决传热问题中的应用通常涉及稳态问题和周期性边界条件。这里将说明如何使用傅里叶变换求解稳态传热问题，以及如何处理周期性边界条件的情况。

考虑一维稳态传热问题的热传导方程：

$$\frac{\mathrm{d}^2 T}{\mathrm{d}x^2}+\frac{q}{k}=0 \tag{8-31}$$

式中，$T(x)$ 为温度分布；q 为单位体积的热源强度；k 为热导率。假设温度分布可以表示为：

$$T(x)=\sum_{n=-\infty}^{\infty} T_n \mathrm{e}^{ik_n x} \tag{8-32}$$

式中，k_n 为波数；T_n 为对应的傅里叶系数。

将这个表达式代入热传导方程，得到：

$$-k_n^2 T_n+\frac{q}{k}=0 \tag{8-33}$$

解得：

$$T_n=\frac{q}{k k_n^2} \tag{8-34}$$

因此，温度分布可以表示为：

$$T(x)=\frac{q}{k} \sum_{n=-\infty}^{\infty} \frac{1}{k_n^2} \mathrm{e}^{ik_n x} \tag{8-35}$$

对于特定的边界条件，可以根据傅里叶级数的性质求解系数 T_n，进而得到温度分布 $T(x)$。

在周期性边界条件下，可以使用正弦和余弦函数的傅里叶级数展开来解决问题。假设有长度为 L 的周期性边界条件，温度分布满足 $T(x)=T(x+L)$。

在这种情况下，可以将温度分布表示为正弦函数的级数：

$$T(x)=\sum_{n=1}^{\infty} T_n \sin\left(\frac{n\pi x}{L}\right) \tag{8-36}$$

使用傅里叶变换的性质，可以求解出每个系数 T_n。

8.2.2.5 拉普拉斯变换法

拉普拉斯变换法是一种有效的数学工具，常用于求解偏微分方程，包括传热问题。它可以将偏微分方程转化为代数方程，从而简化问题的求解过程。下面将介绍如何使用拉普拉斯变换法来求解一维热传导方程。

考虑一维热传导方程：

$$\frac{\partial T(x,t)}{\partial t}=k \frac{\partial^2 T(x,t)}{\partial x^2} \tag{8-37}$$

式中，$T(x, t)$ 为温度分布；k 为热传导系数。为了使用拉普拉斯变换，假设初始时刻的温度分布为 $T(x, 0)=f(x)$。

对于偏微分方程的每一项，应用拉普拉斯变换，将时间变量 t 转换为拉普拉斯变换域中的复变量 s，得到：

$$s\hat{T}(x,s)-T(x,0)=k\frac{\mathrm{d}^2\hat{T}(x,s)}{\mathrm{d}x^2} \tag{8-38}$$

式中，$\hat{T}(x, s)$ 为温度分布的拉普拉斯变换。

求解上述代数方程得到 $\hat{T}(x, s)$ 的表达式。对于给定的边界条件，应用拉普拉斯逆变换，将温度分布的拉普拉斯变换 $\hat{T}(x, s)$ 转换回到时域 $T(x, t)$。最终得到温度分布 $T(x, t)$ 的解析解。需要注意的是，实际求解过程中，通常会涉及边界条件和初始条件的处理，这些条件会对最终的解产生影响，需要在具体问题中进行考虑。此外，如果没有能够进行解析求解的边界条件和初始条件，需要使用数值方法来近似求解。

8.2.3 热损耗形式

深入了解隔热涂层再制造前后的热损耗形式对于提高隔热技术至关重要。隔热涂层旨在减少热能对目标物体的吸收和传导，以增强隔热效果。然而，再制造修复过程导致涂层材料或结构微观变化，从而影响热损耗性能。通过研究再制造前后涂层的热损耗形式差异，可以指导修复过程中的材料选择和工艺优化，为提高隔热性能提供技术支持。

8.2.3.1 传热损耗

传热损耗作为再制造隔热涂层的关键性能参数，代表热传导过程中涂层的能量损耗。在考虑再制造部件的传热特性时，传热损耗是一个必须详细研究和分析的因素，以确保再制造隔热涂层能够有效地减少热量传输并提高部件的热效率。传热损耗的形式主要取决于涂层材料的热性质、几何形状以及工作条件等因素。一般而言，传热损耗可以分为几个主要部分：导热损耗、对流换热损耗和辐射损耗。

导热损耗是由涂层材料的热导率引起的，它表示了热量在涂层内部传递的损失。隔热涂层的导热损耗取决于其材料的导热性能以及涂层的厚度。较高的导热性能和较薄的涂层通常会降低导热损耗。

对流换热损耗是由涂层表面与流体介质之间的热量交换引起的。当涂层表面暴露于流体介质时，对流换热损耗成为主要考虑因素。其大小取决于流体速度、温度差、涂层表面的形状和粗糙度等因素。

辐射损耗是由涂层表面的辐射发射和吸收引起的。辐射损耗与涂层表面的发射率、温度差以及周围环境的辐射热量密度等因素密切相关。

8.2.3.2 介质损耗

介质损耗是指在介质中传播的能量被转化为其他形式的能量，如热能或声能，从而导致能量的衰减和损失。在传热、声学和电磁学等领域，介质损耗是一个普遍存在的现象，其大小与介质的物理性质、频率、温度等因素密切相关。

（1）电磁波中的介质损耗

在电磁波传播中，介质损耗主要由介电损耗和磁性损耗组成。介电损耗是由介质分子在电场的作用下产生的摩擦损耗引起的，其大小与介质的介电常数和电导率密切相关。而磁性损耗则是由介质中的磁性材料在外加磁场下产生的能量损耗引起的。

（2）声波中的介质损耗

在声波传播中，介质损耗主要由声能转化为热能引起。这种损耗通常由介质内部分子或晶格的摩擦以及介质内部的能量散射引起。其大小与介质的声阻抗、声波频率以及介质的内部结构等因素密切相关。

（3）微波中的介质损耗

在微波传播中，介质损耗主要由介电损耗和磁性损耗组成，类似于电磁波中的情况。介电损耗是指由于介质分子在微波电场的作用下发生摩擦而产生的能量损耗，而磁性损耗则是指由于介质中的磁性材料在微波磁场的作用下产生的能量损耗。

8.2.3.3 散热系数

在再制造隔热涂层的热损耗形式中，散热系数起着关键作用，直接影响着涂层的散热性能和热损耗水平。散热系数是描述涂层表面传热速率的物理量，它表示单位面积内热量传递到周围介质的能力。较高的散热系数意味着涂层表面能够更有效地散发热量，从而降低温度梯度，加快热量传递速率。因此，散热系数的增加通常会导致热损耗的减少。热阻是热传导过程中阻碍热量传递的物理量，是热损耗的主要因素之一。热阻与散热系数之间存在倒数关系，即热阻与散热系数呈负相关。当散热系数增加时，热阻减小，从而导致热损耗的降低。

通过优化再制造隔热涂层的设计和结构，可以调整涂层的散热系数，从而实现热损耗的控制和降低。采用具有较高导热性能和良好散热性能的材料作为涂层的组分，或通过调整涂层的厚度和表面结构等参数来改善散热性能，可以有效地减少热损耗。此外，涂层的散热系数通常受到工作条件的影响，例如环境温度、流体介质的性质和流动速度等。在不同的工作条件下，涂层的散热性能和热损耗水平会发生变化。

8.2.3.4 热损耗边界

在再制造隔热涂层的热损耗中，明确热损耗边界的作用是非常重要的。热损耗边界定义了涂层与周围环境之间的界面，决定了热量的传递方式和效率。热损耗边界将涂层与周围介质（例如空气、液体或固体）分隔开来，限制了热量的传递路径。它决定了热量是从涂层向外散发，还是从周围介质向涂层传导。通过优化热损耗边界的设计，可以控制热量的传递路径，减少热传导损耗，提高热隔离效果；热损耗边界直接影响着热阻的大小和分布。热阻是描述热量在介质中传递的阻力，是热损耗的关键因素之一。通过合理设计热损耗边界，可以调节热阻的大小，减少热损耗，提高隔热效果。

在高温环境下，热损耗边界还可以影响热辐射的传播和散射。通过优化热损耗边界的表面特性和结构，可以控制热辐射的方向和强度，减少热损耗，提高隔热效果。通过增加表面的反射层或吸收层，可以调节热辐射的发射和吸收特性，降低热损耗。热损耗边界还可以限制热传导的范围和速率，避免热量在涂层内部过快地传播到周围介质，从而减少热损耗。通过增加热损耗边界的厚度或改变界面的材料，可以降低热传导的效率，提高隔热性能。

8.2.4 低热导率现象

再制造隔热涂层低热导率现象源于涂层材料选择和微观结构设计，采用具有低热导率的材料以及优化的多孔结构能有效地减缓热量在涂层内部的传导速率，从而提高涂层的隔热效果，其中低热导率现象分为如下几种情况进行讨论。

8.2.4.1 本征低热导率

再制造隔热涂层的本征低热导率性质是指该涂层本身具有较低的热导率。这种特性通常通过选用具有低热导率的材料制备涂层，例如气凝胶、陶瓷或高分子材料等。这些材料的热导率相对较低，因此涂层整体的热导率也较低。这种本征低热导率性质使得再制造隔热涂层能够有效地阻止热量的传导，从而提高再制造部件的隔热性能，降低热损耗。

8.2.4.2 界面低热导率

界面低热导率是指再制造隔热涂层与其接触的表面具有较低的热导率。这种现象通常由涂层与表面之间存在的接触阻抗、界面热阻或表面处理等因素引起。在界面低热导率的情况下，涂层能够有效地阻止热量从基底材料传导到环境中，从而提高再制造部件的隔热性能。通过控制界面的特性和涂层的适配性，可以进一步优化界面低热导率效应，提高涂层的隔热效果。

8.2.4.3 反常热导率现象

再制造隔热涂层的反常热导率现象通常指的是涂层材料在特定条件下表现出的非传统热传导行为。这种现象会在涂层的微观结构、材料选择或加工工艺上产生。其中，最常见的反常热导率现象之一是多孔结构导致的有效热导率降低。在多孔结构的隔热涂层中，当热量传导到材料内部时，由于存在大量微小孔隙或气体封闭空间，热量会在这些区域中发生反复的热辐射和热对流，从而导致热量传导速率下降。此外，多孔结构还导致声子散射的增加，进一步减缓了热量的传导速率。因此，即使涂层材料本身具有较高的热导率，但由于多孔结构的存在，整体上却表现出了较低的有效热导率，这就是再制造隔热涂层的反常热导率现象。通过合理设计涂层的多孔结构以及选择合适的材料，能进一步优化反常热导率现象，提高隔热涂层的隔热性能，从而在再制造领域中实现更有效的热管理和能量利用。

8.2.5 隔热特性影响因素

隔热特性受多种因素的影响，这些因素对材料的热管理效果至关重要。热传导特性的转变，如热导率和相变特性，可能在特定条件下显著影响隔热效果。材料的空腔结构与密度也是关键，适当的空腔设计能够有效降低热传导，密度则影响热容量和导热性能。此外，尺寸与厚度控制对优化隔热特性具有重要意义，合理的材料厚度可以增强热阻，提高隔热效果。

8.2.5.1 热传导特性转变

当涂层材料或结构发生变化时，例如由高热导率材料转变为低热导率材料，或通过调整涂层的孔隙结构和层次分布，可显著改变涂层的热传导路径，影响其隔热效果。此外，温度变化和加工工艺也会影响热传导特性，需要综合考虑以优化再制造隔热涂层的隔热性能。因此，在设计和制备涂层时，需综合考虑各种因素，以确保再制造隔热涂层能够有效地降低热传导，提高隔热效果。

8.2.5.2 空腔与密度

涂层中的空腔有效地阻碍热量的传导，减少热传导路径，从而提高隔热效果。这是因为空腔会减少固体材料之间的接触面积，降低热传导的效率，使得热量更多地停留在涂层内部而不被传导到外部环境。此外，密度的变化也会影响涂层的隔热性能。通常情况下，密度较低的涂层含有更多的空腔，因此具有更好的隔热性能。然而，过低的密度会导致涂层结构不够稳定，影响其耐久性和力学性能。因此，在设计再制造隔热涂层时，需要平衡空腔的存在和密度的调控，以实现最佳的隔热效果和材料性能。

8.2.5.3 尺寸与厚度控制

涂层的尺寸决定了其表面积与体积之比，从而直接影响热量交换的表面积，大尺寸涂层表面积大，散热能力强，但可能导致热量过度流失；而小尺寸涂层则限制热量的散发。涂层的厚度直接决定了其阻隔热传导的能力，一般而言，较厚的涂层能够提供更好的隔热效果，因为它们具有更大的热阻。然而，过厚的涂层会增加材料成本和重量，并且不利于实际应用中的热管理。因此，在再制造隔热涂层的设计中，需要综合考虑尺寸和厚度的因素，以平衡隔热效果、成本和实际应用需求。通过精确的尺寸和厚度控制，实现涂层的最佳隔热性能，提高再制造部件的热效率和性能。

8.3 再制造防冰涂层

防冰涂层再制造对航空器安全和运行效率至关重要。这些涂层扮演着防止冰的积聚、减少空气阻力、维护飞机表面结构完整性的重要角色。然而，随着时间的推移和使用频率的增加，涂层会逐渐磨损和失效，进而降低其防冰效果。因此，定期再制造防冰涂层至关重要，以确保其持续有效性。再制造可以修复磨损和损坏的部分，延长涂层的使用寿命，保障航空器的飞行安全性。

8.3.1 界面润湿性理论

当液体与固体相互接触时，液体便会沿着固体表面向外扩展，系统中原来的液-气界面和固-气界面将逐渐被新的固-液界面所取代，这一过程被称为润湿。润湿性会影响很多物理与化学过程（如黏合、吸附及润滑等），是固体表面的一种极为重要的特性之一。影响固体表面润湿性的因素主要有两个：一是表面张力（或表面自由能），二是表面微观结构。固体表面自由能越低，越难被润湿。高分子碳氢化合物中氢原子被一些低能原子取代，从而可以实现对表面自由能的调控。同时卤素中的氟取代氢原子可以有效地降低高聚物的表面自由能，而且取代的氢原子数越多，表面自由能越低，越难被润湿。

8.3.1.1 非润湿性与液滴行为

Wenzel 方程和 Cassie-Baxter 方程都很好地解释了疏水表面微观粗糙结构对提高非润湿性的作用，但两者的内在机理却截然不同。Wenzel 方程理论认为固体与液体之间以完全浸润形式接触，通过微观结构的设计，增大固-液实际接触面积，从几何上可以有效地增加表面的非润湿性，其表观接触角 θ^* 也能够达到 150°，而 Cassie-Baxter 方程理论则认为特殊的微观结构捕获了空气在液体下面，使固体与液体的接触形式属于复合接触，那么减少固-液实际接触面积（即降低固-液接触面积占表观接触面积的分数 f_1），则可以提高其表观接触角 θ^*。两模型下液滴对固体表面的接触方式的差异，导致固体表面液滴的运动特性完全不同。

接触角滞后（contact angle hysteresis，CAH）的大小则反映了液体在固体表面发生运动的难易程度，接触角滞后较小时，液滴容易脱离表面；反之，液滴则较难离开表面。接触角滞后 $\Delta\theta$ 的大小是指固体表面液滴的前进接触角（advancing contact angle）θ_A 与后退接触角（receding contact angle）θ_R 的差值。缓慢增加液滴体积，液滴与固体表面的三相接触线移动瞬间时，达到的最大表观接触角，被称为前进接触角 θ_A；反之，减小液滴的体积，则三相接触线移动的瞬间，即获得最小表观接触角，被称为后退接触角 θ_R。

Wenzel 润湿方程理论认为，表面液滴接触角尽管能达到 150°，但是难以滚动，具有很高的黏滞性，接触角滞后非常大；而 Cassie-Baxter 润湿方程理论认为，液滴不仅可以达到 150°的表观接触角，而且还可自由滚动，具有较小的接触角滞后。滚动角 α 作为另外一个表征疏水固体表面液滴滚动特性的参数，是指通过倾斜固体表面使液滴滚动，滚动瞬间倾斜的角度即为滚动角。滚动角与静态接触角、接触角滞后及液滴大小等多个因素相关。Wolfram 等提出一个描述关于液滴在固体表面上的滚动角方程：

$$\sin\alpha = \frac{rw}{mg} = k\,\frac{2\pi}{mg} \tag{8-39}$$

式中，α 为滚动角；w 为液滴直径；r 为液滴与固体表面接触圆形面积的半径；m 为液滴的质量；g 为重力加速度；k 为比例常数。

随后，Murase 等转换了这一方程，用来直接描述滚动角与表观接触角之间的关系：

$$r = R\sin\theta \tag{8-40}$$

$$\frac{3}{4}\pi R^3 \rho g = mg \tag{8-41}$$

$$R' = \left[\frac{1}{4}(2 - 3\cos\theta + \cos^3\theta)\right]^{\frac{1}{3}} R \tag{8-42}$$

式中，ρ 为液滴的密度；R'和 R 分别为质量为 m 的液滴在表面停留前后的半径。

将公式（8-40）～式（8-42）代入公式（8-41）可以得出如下关系：

$$k = \left[\frac{9m^2(2-\cos\theta+\cos^3\theta)}{\pi^2}\right]^{\frac{1}{3}} \times \frac{\sin\alpha(g\rho)^{\frac{1}{3}}}{6\sin\theta} \tag{8-43}$$

8

利用上述方程可计算出任何平坦表面上的比例常数 k，且证明与固体和液体之间相互作用的能量有关。计算 Wenzel 润湿模型和 Cassie-Baxter 润湿模型的转变能垒可知，Wenzel 润湿模型下液滴具有较高的滚动角，而 Cassie-Baxter 润湿模型下则可以轻易地滚动，具有较小的滚动角。必须指出，接触角滞后与滚动角有一定的关系，但相同接触角滞后下滚动角也有一定的差异，对于滚动特性的描述，直接表征滚动角更有意义，接触角滞后可以很好地反映固体表面液滴滑动或者黏滞的特性。

因此，研究两种润湿理论下表面液滴的运动特性对实现固体表面特殊功能化改性的目的具有重要的理论指导意义。液滴在接触超疏水表面后会经历铺展、收缩和回弹的过程。在重力的作用下液滴会铺展到最大直径，然后发生收缩现象，这个时候外界的空气压力和固体表面的黏滞阻力会影响液滴的运动，收缩到一定程度后，如果液滴变形产生的表面能大于黏滞力耗散的能量后，液滴会发生回弹现象。对于有特定结构的超疏水表面，撞击液滴在接触固体表面后，微观结构能够在液滴底部捕获一层空气层，这种空气能够抵消一部分处于液滴上部的空气压力，此外，超疏水表面低的黏滞阻力也是引起液滴回弹的一个重要因素。然而，当液滴的撞击速度过大时，液滴会浸入超疏水表面微观结构缝隙里，液滴由原本的 Cassie-Baxter 润湿模型转变为 Wenzel 润湿模型，这个时候空气层也就很少甚至不存在了。液滴浸入微结构缝隙的撞击速度与表面微观结构有关，对微米柱状表面液滴的临界撞击速度 v 进行了分析，发现：

$$v=\sqrt{\gamma H/(\rho S^{2})} \tag{8-44}$$

式中，γ 为液气表面张力；ρ 为液滴质量密度；H 和 S 分别为各微柱的高度和各微柱的间距。

对于超疏水表面，撞击液滴与表面的接触时间也是用来判断表面动态斥水性能的一个标准。在带有“十”字形结构的表面，固-液接触时间的极限值大约为 5.4ms，这意味着三级结构的构筑对于缩短固-液接触时间具有显著影响，这对于制备促进液滴快速脱离的表面具有重大指导意义。同时还发现液滴在以一定速度撞击带有亚毫米级柱子的超疏水表面，液滴在完全铺展开之后，不像传统液滴弹跳那样先收缩再回弹，而是由于浸入在微柱间隙中液体的毛细力导致液滴保持铺展状态弹起，如图 8-9 所示。

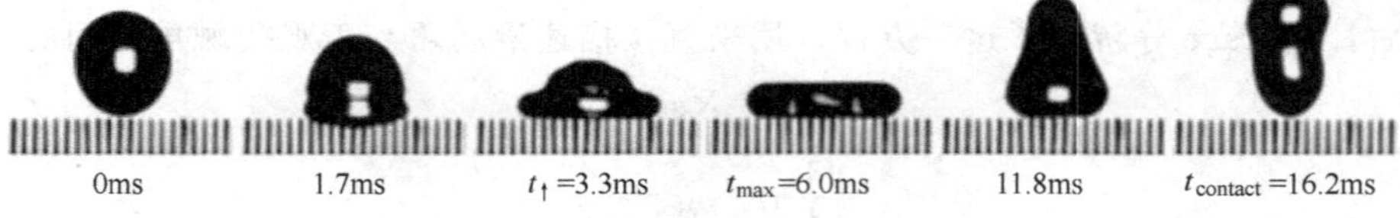

(a) 传统回弹

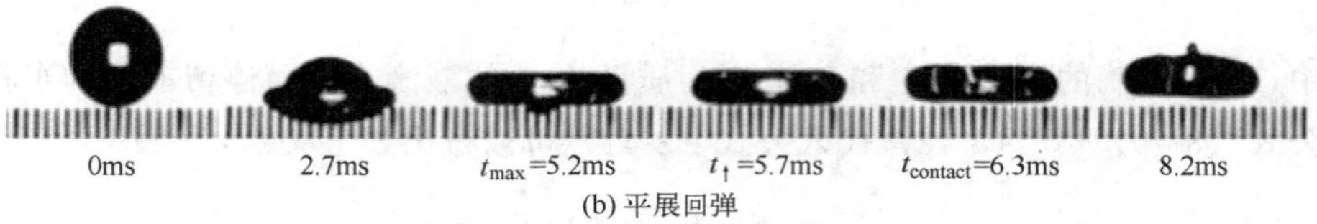

(b) 平展回弹

图 8-9 液体回弹过程

此外，超疏水表面由于低的黏滞阻力，在低温环境下，表面的液滴在冷凝过程中会发生自发弹跳的现象，即两个或者多个液滴相互合并，然后自发弹离原始位置。在 Cassie-Baxter 润湿模型下的冷凝液滴在超疏水表面上具有很高的机动性，由于冷凝液滴合并后会发生表面积的缩小，合并后的液滴在表面能的作用下自发运动。在冷凝液滴合并初期，会在液滴之间形成液桥，并逐渐长大至接近液滴尺寸，随后合并后的液滴开始收缩，直至呈现一个稳定的形态。针对冷凝液滴的弹跳特性，一种具有等腰直角三角形微观阵列结构的超疏水表面被设计出来，可以观察到微液滴的定向移动和长距离自跳跃现象，如图 8-10 所示。液滴在垂直低落后的收缩过程中，左半边的液滴接触角比右半边的接触角大，这是因为在这种结构表面，不同位置处的黏附力具有差异，这就导致了液滴在垂直低落的过程中，能向一定方向偏移。

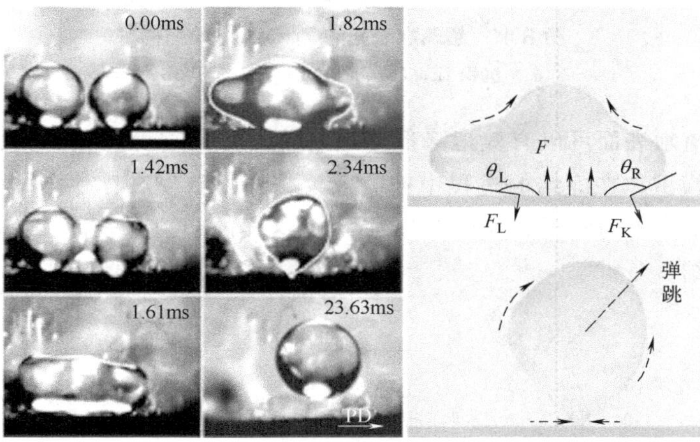

(a) (b)

图 8-10 冷凝水滴定向弹跳过程 (a) 及示意 (b)

8.3.1.2 非润湿性与防冰性能

防冰涂层材料的研发仍然是一项世界性技术难题，尽管目前还没有什么材料可以完全抵抗冰层的积聚，但是近年来科学家们对覆冰的积聚过程不断分析，仍然发现通过适当的材料表面功能改性技术可使基体材料表面实现非润湿性（即超疏水性），具有减少冰层附着的作用，尤其在－10℃左右延迟结冰的效果非常显著。根据上节润湿理论分析可知，获得超疏水表面的两个关键因素是较低的表面自由能及表面粗糙结构。这样的粗糙结构不仅能够有效地增加表面的超疏水性，特定的条件下也可产生一定的防冰性能。主要原因有如下三点：

① 具有微观粗糙结构的超疏水表面有利于截留空气在液滴下方，形成 Cassie-Baxter 润湿模型，同时也成了一个很好的热绝缘层阻止液滴结冰时的热量传递，以达到延迟结冰的目的。观察到在含有 ZnO 纳米棒结构的超疏水表面（见图 8-11）上的液滴在冰点以下仍然保持了较长时间的液态，显示出较好的延迟结冰效果，而且 ZnO 纳米棒的尺寸决定了液滴结冰的延迟时间，由此表明液滴的结冰延迟性能与纳米颗粒的尺寸密切相关。

② 超疏水表面的润湿性及冰层附着力与数值（$1+\cos\theta_R$）存在一定的关系，更精确地说，固体表面液滴的后退角 θ_R 超过 118.2°时，将导致冰层附着力显著降低。因此，带

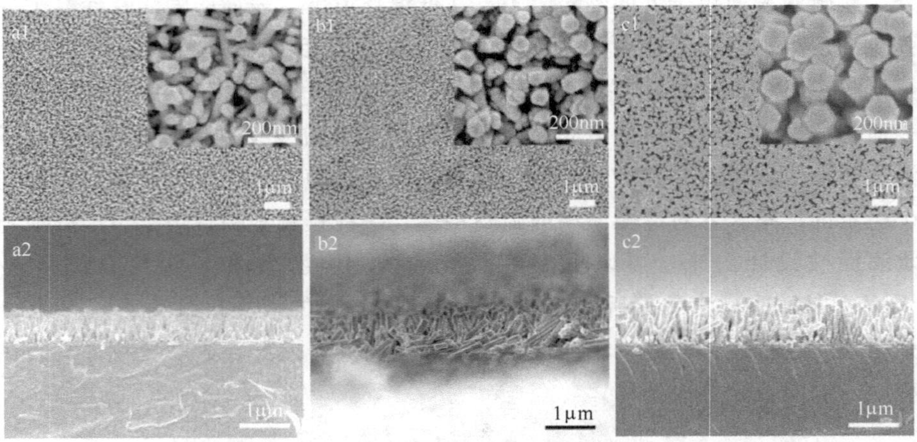

图 8-11 超疏水表面的 ZnO 纳米棒结构

(a) 沉积 1h；(b) 沉积 2h；(c) 沉积 3h

有微观结构的超疏水表面可以有效地降低冰层附着力，同时表面微观结构引起的 Cassie-Baxter 液滴润湿模型，在冻结的过程中被有效地保留，致使在冰层与固体表面之间存在空气层，引起冰层附着力降低，如图 8-12 所示。这样的超疏水表面被证明可有效抵抗冻雨与雾水等的凝结。

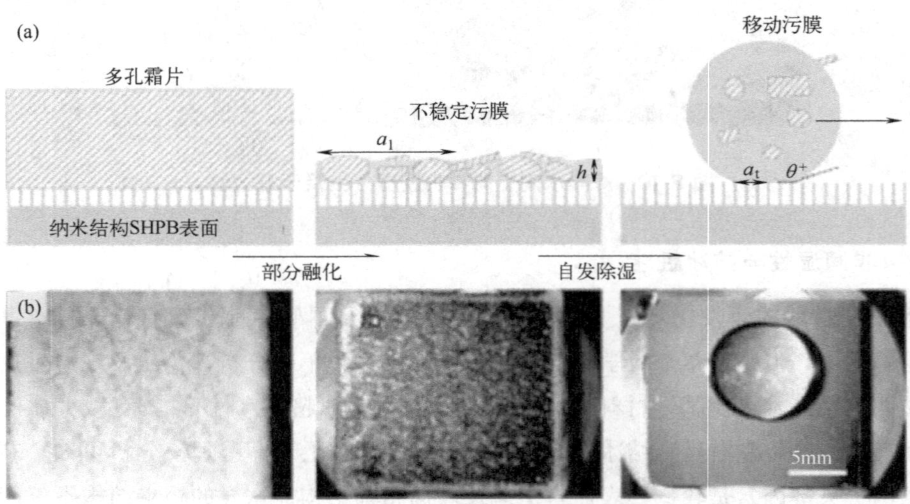

图 8-12 超疏水表面结冰/霜之后的附着模型

(a) 冰层附着模型；(b) 冰层实际附着

③ 处于 Cassie-Baxter 润湿模型下的超疏水表面，在液滴冻结后截留的空气被有效地保留，导致在气泡处存在高度的应力集中（充当微裂纹）（见图 8-13），将降低所需除冰的外力，且所需的外力与液滴润湿的后退接触角及空隙的大小相关。因此，在含有微型空隙（微裂纹）的超疏水表面，就需要较低的外力来去除表面的冰层。另外，研究者们仍然在探索减少超疏水表面冰层附着力的界面接触模型，以期望普遍适用于含有表面微结构及低表面自由能的超疏水表面。

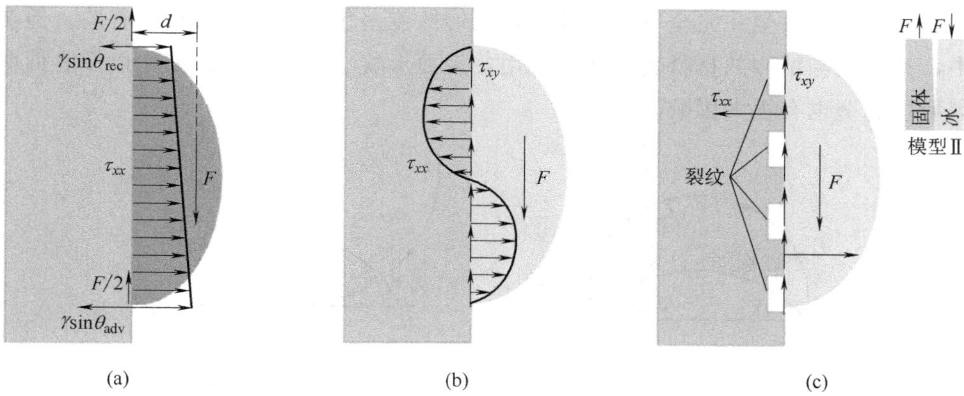

图 8-13　疏水表面冰层附着机制

(a) 水滴附着机制；(b) 冰层附着机制（无微空隙）；(c) 冰层附着机制（含有微空隙）

超疏水表面减小冰层附着机制及界面接触模型是一个复杂的物理与化学过程，虽然目前已取得一些进展，但还不能够完全准确地阐述超疏水表面冰层附着机制。至今，对超疏水表面是否会降低冰层附着力，仍然存在一定的争议。因此，超疏水表面的防冰性能研究仍然需要研究者在基础理论方面付出更多的努力，探索出更为合理的界面接触机制，为超疏水防冰表面的实际应用研究提供前沿的理论基础。

8.3.2　冰的形核与生长

冰的形核与生长是相变过程中的关键环节，涉及从液态水转变为固态冰的机制。形核过程通常分为均匀形核和非均匀形核。均匀形核发生在液体中，冰晶在适当的温度和过冷却状态下随机形成；非均匀形核则在杂质或容器壁等表面上进行，能降低能量障碍，促进冰晶的形成。一旦冰晶形成，其生长过程受到温度、压力和水分子运动的影响。在低温条件下，水分子逐渐聚集在冰晶表面，形成规则的晶格结构，导致冰晶体积的增加。生长速率与温度梯度和过冷却程度密切相关，通常在过冷却较大的情况下，生长速率更快。整个过程对环境条件高度敏感，影响最终冰的结构和性质。

8.3.2.1　非均匀冰形核

在实际条件下，液滴中难免含有少量杂质，液滴结冰过程也不免与固体表面接触，杂质或固体表面能够有效地降低液滴结冰成核能垒，优先诱导非均匀形核。如果固体表面的粗糙度低于临界晶核尺寸并且表面能极低，则液滴形核能垒非常高，几乎与均匀形核的能垒相当，非均匀形核难以发生，从而产生显著的结冰延迟效果。目前，临界冰核尺寸被认为是区分基于猪笼草效应的超润滑表面（SLIPS）和以荷叶效应为代表的具有纳米粗糙结构的超疏水表面（SHS）的重要参数。下面将基于经典形核理论对 SHS 详细讨论。

在固-液界面间的非均匀形核中，形核能垒的降低与几何参数 $f(\theta)$ 有关：

$$\Delta G_{\mathrm{het}}=\Delta G_{\mathrm{hom}}f(\theta) \tag{8-45}$$

其中，

$$f(\theta)=\frac{1}{4}(2+\cos\theta)(1-\cos\theta)^2\leqslant 1 \tag{8-46}$$

式中，ΔG_{het} 为非均匀形核的形核能垒；ΔG_{hom} 为均匀形核的形核能垒。

8

若非均匀形核发生在完全平坦的表面，则形核能垒仅与液滴接触角 θ 有关。但在实际情况中，具有粗糙结构的材料表面却不适用，表面形貌（凸面或是凹面）以及表面曲率对非均匀形核能垒也有很大影响。

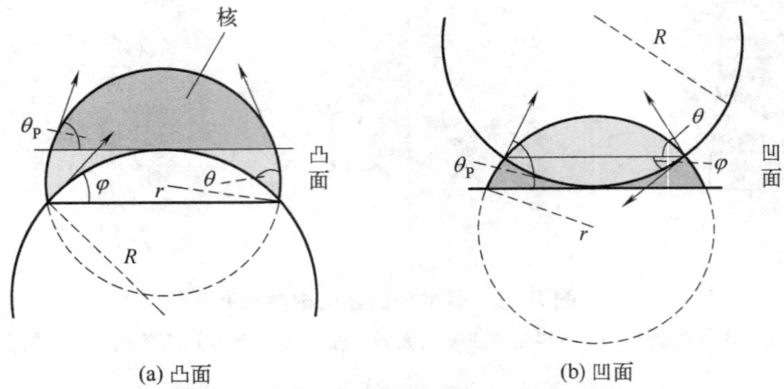

图 8-14　不同粗糙结构表面非均匀形核

假设晶核的临界尺寸与均匀形核中的相同，所以非均匀形核能垒 $\Delta G'$ 表示为：

$$\Delta G'=\Delta G g(R,\theta) \tag{8-47}$$

式中，相关符号几何意义如图 8-14 所示。

$$g(R,\theta)=\frac{1}{2}\left[1-\cos^3(\theta+\varphi)-\frac{3\cos\theta\sin^2(\theta+\varphi)}{1+\cos\theta}+\frac{(2-3\cos\theta+\cos^3\theta)\sin^2(\theta+\varphi)}{\sin^2\varphi}\right] \tag{8-48}$$

$$\varphi=\arccos\left(\frac{\frac{R}{r_c}-\cos\theta}{\sin\theta}\right) \tag{8-49}$$

式中，θ 为冰核与球形基体表面的接触角；φ 为球形基体与水平基体间所形成的夹角；r_c 为临界均匀形核半径。为了比较 θ 与球形基体半径 R 间的关系，式（8-48）又可以写成：

$$g(R,\theta)=\frac{1}{2}\left[1-\cos^3(\theta+\varphi)-3\left(\frac{R}{r_c}\right)^2\cos\theta(1-\cos\varphi)+\left(\frac{R}{r_c}\right)^3(2-3\cos\varphi+\cos^3\varphi)\right] \tag{8-50}$$

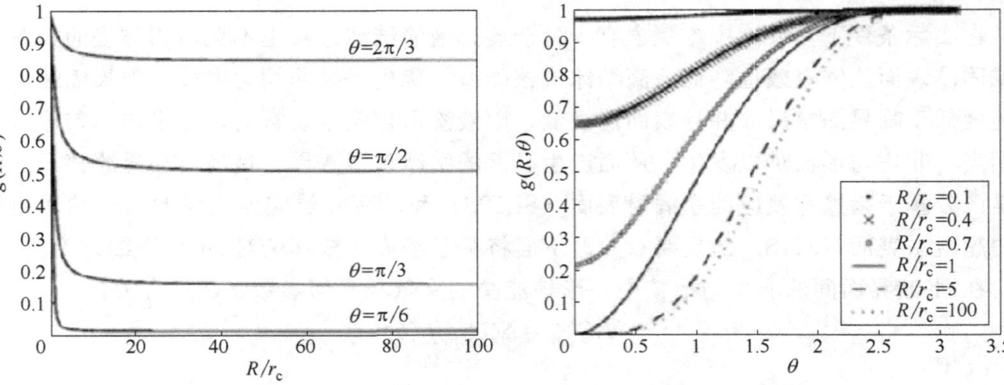

图 8-15　$g(R,\theta)$、R/r_c 和 θ 间的关系曲线

（b）中曲线自上而下与图注一一对应

所以，由公式（8-50）得到 $g(R, \theta)$、R/r_c 和 θ 间的关系曲线如图 8-15 所示。可以看出，$g(R, \theta)$ 在 0～1 之间变化，当 R/r_c 较小时，$g(R, \theta)$ 随 R/r_c 的增大而急剧减小［图 8-15（a）］。当 R/r_c 一定时，$g(R, \theta)$ 随 θ 的增大而增加［图 8-15（b）］。此外，只有当 $R/r_c \geqslant 1$ 时，θ 趋向于 0，$g(R, \theta)$ 趋向于 0；当 $R/r_c < 1$，$g(R, \theta) = 1 - 3\left(\frac{R}{r_c}\right)^2 + 2\left(\frac{R}{r_c}\right)^3$，$g(R, \theta)$ 随着 R/r_c 的降低而趋向于 1，意味着当表面粗糙结构尺寸比临界均匀形核尺寸小时，液滴趋向于均匀形核；当 $R/r_c \geqslant 5$ 时，$g(R, \theta)$ 曲线非常接近。所以，表面较小尺寸的粗糙结构和较大的固-液接触角 θ 有利于形成较高的形核能垒，进而导致较低的结冰温度和较长的结冰延迟时间。

8.3.2.2 均匀冰形核

水在理想条件下的结冰过程为均匀形核过程，在热力学条件驱使下，结冰形核发生在平均存在时间大于 2ns 氢键聚集的位置，聚集在一起的氢键快速发展成为初始晶胚，一方面体系的体积自由能降低，另一方面又增加了表面能，假设晶胚为球形，其半径为 r，所以体系总自由能的变化为：

$$\Delta G = \Delta G_V + \Delta G_S = \frac{4}{3}\pi r^3 \Delta g + 4\pi r^2 \sigma \tag{8-51}$$

式中，ΔG_V 为体系体积自由能差；ΔG_S 为体系表面能差；σ 为单位晶核的表面能；Δg 为液、固两相单位体积自由能差。ΔG 随 r 的变化关系如图 8-16 所示。

由图可见，ΔG 在半径为 r_c 处达到最大值。当晶胚较小，即 $r < r_c$ 时，其进一步长大将导致体系总自由能增加，因此，这种晶胚不能成为晶核，会重新熔化成水分子；只有达到临界尺寸的晶胚（$r > r_c$），进一步长大才会导致体系自由能减小，才能诱导结冰的迅速发生，晶核的临界半径 r_c 满足公式：

$$r_c = 2\gamma_{wi}/\Delta G \tag{8-52}$$

式中，γ_{wi} 为水-冰界面能（在 253K 温度下为 $23mJ/m^2$）；ΔG 为水变成冰的能垒。满足 Gibbs-Helmholts 公式：

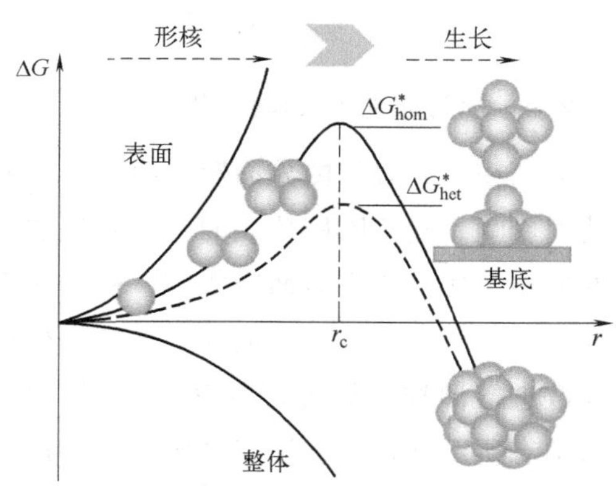

图 8-16 ΔG 随 r 的变化关系曲线

$$\Delta G = \Delta H (T_m - T)/T_m \tag{8-53}$$

式中，T_m 为液滴熔点（273.15K）。根据公式（8-52）和式（8-53）可以计算得出在 −20℃条件下，临界晶核半径 $r_c = 2.2nm$。临界形核半径尺寸随着过冷度的变化而发生变化，这种变化也可以通过分子模拟进行验证。

8.3.2.3 冰形核生长过程模拟与计算

如图 8-17 所示，水分子在氢键作用下快速被连接成许多小的环状结构，然后小的环状结构不断地断裂重组，此时系统保持在一个较为混乱的状态。然而，由于热力学条件影响，一些平均存在时间大于 2ns 的氢键会随机出现在系统中不同位置，随着时间的推移，一些包含氢键的有序结构自发形成［如图 8-17（b）所示］，这些有序结构就是初始晶胚。一旦初始晶胚达到临界形核尺寸 r_c，有序结构会迅速取代无序的水分子而进入一个稳定的状态，即形成冰［如图 8-17（c）～(e)］。由模拟结果可以看出液滴结冰过程的第一个阶段［图 8-17（a)］，占据了结冰过程中的大多数时间，一旦有序结构组成了冰核，其长大形成固态冰的速度非常快，这一点可以由吉布斯自由能图［图 8-17（f)］解释。

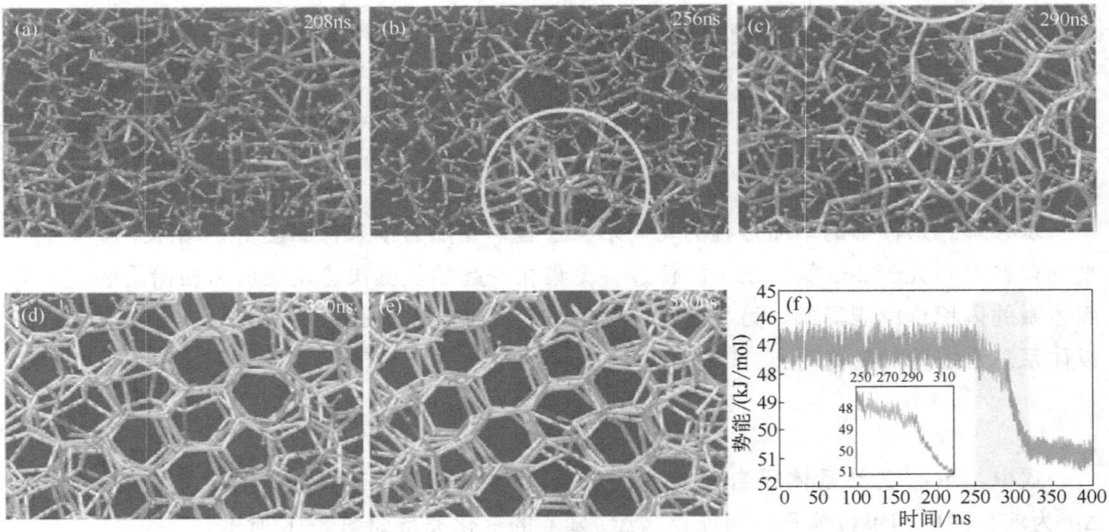

图 8-17 分子动力学模拟水结冰过程

8.3.2.4 冰形核生长抑制理论

液滴在基底表面的界面影响因子 $f(m, R')$ 主要受到基底尺寸形貌和界面自由能两者共同影响。然而除固体表面的形貌尺寸等因素外，表面结冰形核过程还会受到接触面性质的影响。通过研究表面吸附能、基底晶面以及基底晶格参数三者对水滴非均匀形核速率的综合影响，发现在特定晶面上结冰形核速率保持在较低水平，难以通过表面吸附能和晶格参数进行调控。另外还发现，不同的基底晶面导致界面水层（interfacial water layer）的结构有所不同；当这层特殊水分子的排列与任一冰晶面都不一致时，非均匀形核将被抑制，导致形核速率降低。另外，如图 8-18 所示，发现在不同过冷温度下，冰的形核率随楔形角度增大均呈非线性趋势；在特定夹角限域内，水分子不能以理想结构排列形核，通过晶格畸变和分子重排完成结晶，将显著降低结冰形核率。结冰过程是水分子在空间以特

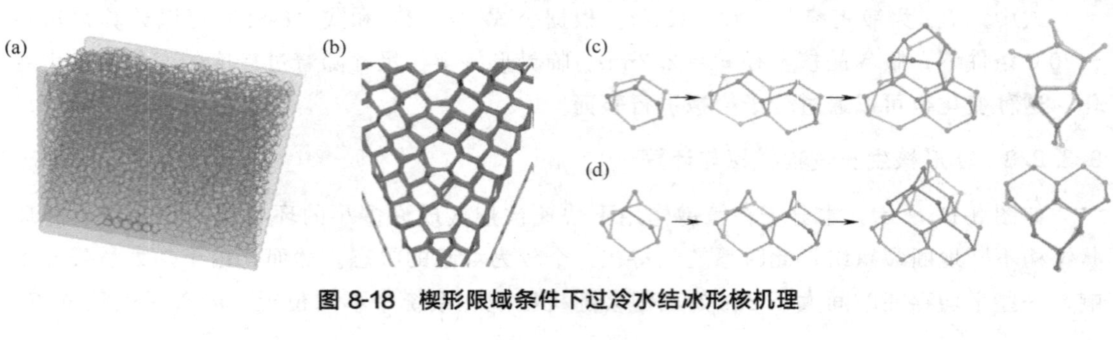

图 8-18 楔形限域条件下过冷水结冰形核机理

定规律排列，形成规则晶体结构的过程，冰内部水分子的具体晶体结构对于冰的形成过程至关重要，对结冰形核、冰晶核生长速率及形核能垒造成显著影响。

8.3.3 界面低冰黏附

界面低冰黏附是研究冰与材料表面相互作用的重要领域，对防冰技术和冰雪管理具有重要意义。冰黏附力的产生主要与水分子在冰晶与基材表面之间的相互作用有关，涉及物理和化学作用力的综合影响。这些作用力不仅取决于表面粗糙度和化学特性，还受到温度和环境条件的影响。此外，界面结构对冰黏附力的大小也起着关键作用。表面微观结构、润湿性以及相对光滑程度都会影响冰晶的生长与附着强度。理解这些机制有助于开发低冰黏附材料和表面处理技术，从而提高防冰性能和应用效率。接下来，将深入探讨冰黏附力的产生机制以及界面结构对其影响的具体表现。

8.3.3.1 冰黏附力的产生

冻结时冰与固体表面的黏附，既可以是分子间的范德华力，包括取向力、诱导力和色散力等，也可以是化学键合作用，包括离子键、共价键、金属键等，还可以是固-冰界面微观的机械缩合作用。冻结特性与材料的斥水性、表面粗糙度、温度等相关；此外，固-冰界面的微孔缺陷、界面的残余热应力和收缩应力等也会影响到黏附性能，通常理论计算值要远大于实际冻结强度。

飞机结冰形态有霜冰、明冰和混合冰的差异，即冰的形成状态不同时，其黏附性能也不尽相同。基于试验，固体表面与冰层界面之间是存在凝液体的（高黏度液体），如图 8-19（a）所示。所以，霜冰的固-冰界面容易形成这种流动的液体层，容易脱落。随着温度降低，凝液层固化，冰与表面牢固黏结。

Good 和 Girifalco 认为，若两个表面张力为 γ_1、γ_2 的表面相接触，其界面张力为 γ_{12}，将黏附功 W_a 定义为将两黏合表面分开所需要的功，如图 8-19（b）所示，即：

$$W_a = \gamma_1 + \gamma_2 - \gamma_{12} \tag{8-54}$$

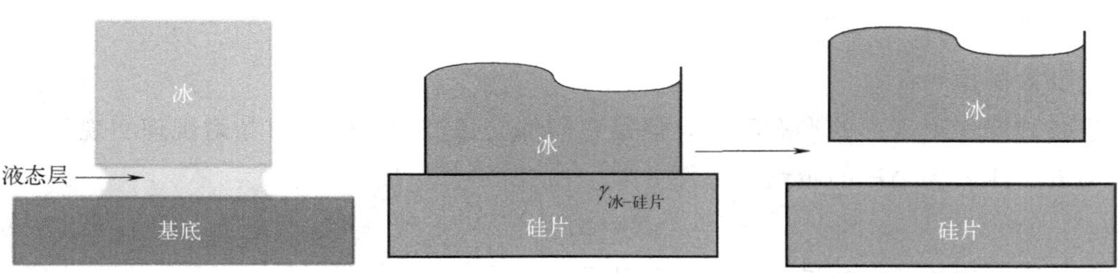

图 8-19 固-冰界面凝流层模型（a）和黏附功与界面张力关系（b）

对于理想状态下的两相接触界面，黏附界面分离时若不存在塑性形变的能耗，单位面积分离两表面上所需的临界力即理想冻结强度 σ_a，与黏附功有如下关系：

$$\sigma_a = \frac{16 W_a}{9\sqrt{3} Z_0} \tag{8-55}$$

式中，Z_0 为两相平衡时的距离。通常黏附界面主要包括固-固界面分子作用力（London 色散力、偶极与氢键作用产生的力）、化学键力以及机械力。虽然理论黏附强度很大，但是由于固-冰界面有工艺微孔，残余或收缩应力等会导致黏附强度损失，因此实际测试的黏附强度只是理论值的极小一部分。

8.3.3.2 界面结构与冰黏附

随着仿生黏附表面的发展，研究黏附表面的作用机理越来越受到人们的广泛关注。经典的表面黏附接触模型有 Kendall、Johnson-Kendall-Roberts（JKR）、吸附、毛细及 Stefan 黏附、摩擦等。

（1）Kendall 模型

这种模型用于描述生物黏附系统中动态黏附和分离过程中的剥离行为，如图 8-20（a）所示，在剥离带中，具有宽度 B 和厚度 t 的薄带以剥离角度 θ 从基底上剥离，给出 Kendall 方程：

$$F=\frac{B\gamma}{1-\sin\theta} \tag{8-56}$$

式中，剥离力 F 正比于单位宽度 B 和单位面积黏附能量 γ。剥离测试方法可以表征界面黏附接触性质。

（2）JKR 模型

当黏附表面的接触是微纳米级时，相应的黏合接触通常为球形接触，这种情况下，弹性球体和平面接触如图 8-20（b）所示，JKR 方程为：

$$F=-3\pi R\gamma \tag{8-57}$$

式中，R 为球体半径。从上式可以看出，黏附力 F 与 R 和 γ 成正比，当接触分裂成更细小的子接触点时，黏附力增强，JKR 相对应的接触分裂方程为：

$$F=-\frac{3}{4}\pi D^2\gamma\sqrt{N_A} \tag{8-58}$$

式中，D 和 N_A 分别为表观接触直径的尺寸参数和接触的面密度，黏附力 F 随着接触面积增加而增加。

（3）吸盘模型

尽管各种湿黏附表面的形态不同，但是它们都是通过相同的吸力黏附机理实现的，对于半径为 R、压差为 ΔP 的吸盘，如图 8-20（c）所示，可以得到公式：

$$F=\Delta PA \tag{8-59}$$

式中，接触面积 $A=\pi R^2$，吸盘黏附力与压差和接触面积成正比。

（4）毛细现象及 Stefan 黏附模型

当表面被薄层液体覆盖时，湿黏附通常归因于毛细现象和 Stefan 黏附，这是因为接触表面之间形成了液体桥，如图 8-20（d）所示，当发生分离时，相应的毛细作用力和 Stefan 黏附分别为：

$$F=-\pi R^2\gamma\frac{\cos\theta_1+\cos\theta_2}{h}-\pi R\gamma \tag{8-60}$$

$$F=-\frac{\mathrm{d}h}{\mathrm{d}t}\times\frac{3\pi\eta R^4}{2h^3} \tag{8-61}$$

式中，R 为液膜的半径；h 为液膜的高度，θ_1 和 θ_2 为接触角；γ 和 η 分别为液体的表面张力和黏度系数。毛细现象是由液体的接触半径决定的，而 Stefan 黏附力取决于分离速度。随着液膜高度 h 的增加，毛细作用和 Stefan 黏附力减小。

（5）摩擦模型

此外，表面上的微纳米结构在增加接触基底上的摩擦方面起着重要作用，如图 8-20（e）所示。研究人员设计了通过机械互锁作用的黏性微钩，并根据微钩间的力平衡导出相应理论，法向力和摩擦力分别为：

$$F_{\perp}=n\left(F_{\mathrm{b,t}}+\frac{1}{3}F_{\mathrm{ad}}+f_1+f_2\right) \tag{8-62}$$

$$F_{\parallel}=n\left[F_x\cos\left(\frac{\pi}{2}-\theta_{\mathrm{m}}\right)+F_y\cos\theta_{\mathrm{m}}\right] \tag{8-63}$$

式中，n 和 θ_{m} 分别为微钩的倾斜角和微钩数量；f_1 和 f_2 分别为微钩机械缩合的摩擦力；F_x 和 F_y 分别为沿着 x 和 y 方向的外力；$F_{\mathrm{b,t}}$ 和 F_{ad} 分别为顶端上的弯曲力和顶端基底之间的黏附力。表面黏附模型不仅可以探索黏附机制，也能促进黏附表面的设计。

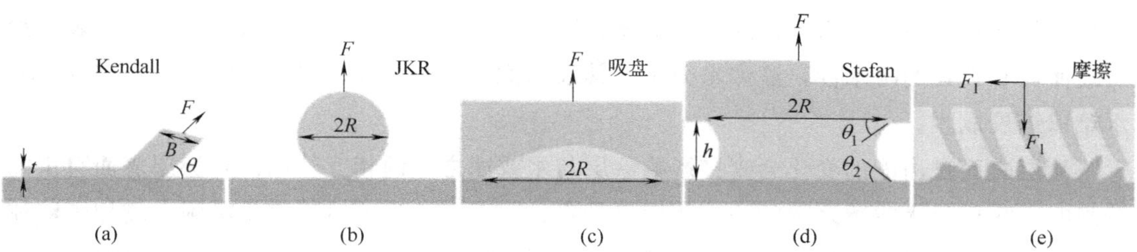

图 8-20　Kendall 模型（a）、Johnson-Kendall-Roberts（JKR）模型（b）、吸盘模型（c）、毛细及 Stefan 黏附模型（d）、摩擦模型（e）

8.3.3.3　其他因素

涂层界面低温黏附的影响因素是多方面的，它们相互交织、相互影响，决定了涂层与冰之间的黏附性能。首先，涂层表面的能量和粗糙度直接影响着黏附的强度。表面能量较低的涂层通常更难被冰黏附，而表面较光滑的涂层同样也能减弱黏附。其次，涂层材料的选择至关重要，因为不同材料对低温黏附的抵抗能力不同，有些材料在低温下具有更强的抗黏附性能。涂层的厚度也是一个重要因素，适当的厚度可以减少冰黏附的机会。此外，冰的特性也会影响黏附，例如冰的结晶结构、成分和厚度等因素。温度和湿度是另一个重要考虑因素，一般来说，低温和高湿度条件下，黏附更为严重。同时，涂层和基材之间存在的应力也影响黏附性能。最后，涂层表面的处理方式，如表面改性或涂层后处理，可以改善其与冰的黏附性能。

8.3.4 防冰特性影响因素

8.3.4.1 涂层表面形貌

表面粗糙度对防冰性能的影响十分显著。在微观尺度上，涂层表面的粗糙度直接影响着其实际接触面积，进而影响冰的附着情况。具有较大表面粗糙度的涂层往往具有更多的微观凹凸结构，这些凹凸为冰的结晶提供了更多的生长核心，使得冰更容易附着于表面。这种情况在低温条件下尤为突出，冰的结晶速率降低，导致更容易在凹凸处形成冰晶，增加了冰的附着力。因此，适度控制涂层的表面粗糙度有助于增强其防冰性能。

表面形貌还会影响涂层与冰之间的机械耦合效应，进而影响冰的剥离和清除。具有适度表面粗糙度的涂层可以增加与冰的机械锚定效应，使得冰的剥离更加困难，从而降低防冰性能。同时，涂层表面的形貌也会影响清除冰的效率，较为光滑的表面通常更容易清除冰层。在设计防冰涂层时，需要考虑到表面形貌对涂层与冰之间的机械相互作用，以进一步提高其防冰性能。

8.3.4.2 涂层表面自由能

涂层表面自由能的变化会直接影响涂层表面的亲水性或疏水性。当涂层表面自由能较高时，表明涂层表面具有较强的亲水性，液体水分子更容易在其表面铺展，形成较小的接触角，从而在表面形成水膜，降低其防冰特性。相反，当涂层表面自由能较低时，表明涂层表面具有较强的疏水性，液体水分子在其表面倾向于收缩成水珠，形成较大的接触角，水难以铺展成膜。

涂层表面自由能的变化会直接影响涂层与水或冰之间的相互作用。当涂层表面自由能较高时，涂层与水或冰之间的相互作用更为强，表面上的水或冰更容易黏附，增加了液体在表面的黏附力和冰的附着力，从而降低了涂层的防除冰特性。相反，当涂层表面自由能较低时，涂层与水或冰之间的相互作用较弱，表面上的水或冰不易黏附，极大地降低了液体在表面的黏附力和冰的附着力，从而增强了涂层的防除冰特性。

8.3.4.3 其他因素

涂层的化学成分直接影响其与水或冰的相互作用。一些具有亲水性的化学成分，如羧基、羟基等，有助于减少涂层与水之间的表面张力，从而降低冰的附着性。另一方面，疏水性的化学成分导致涂层表面形成水珠，使冰更难附着。涂层的晶体结构对其防冰性能也有影响。一些具有较大结晶度的涂层会提供相对光滑的表面，从而减少冰的附着。同时，晶体结构也影响涂层的力学性能，进而影响其与冰的相互作用。涂层与基材之间的界面结合强度对防冰性能至关重要。强的界面结合能够防止涂层剥离，确保涂层在冰冻环境下的稳定性，从而影响涂层的防冰效果。涂层的磨损抗性直接影响其在使用过程中的耐久性。耐磨损的涂层能够长时间保持其防冰性能，减少涂层表面因磨损而导致的性能下降，进而提高涂层的防冰效果。

8.4 其他再制造涂层

鉴于功能涂层种类繁多，无法完全罗列，本节以耐腐蚀耐磨涂层为例。对耐腐蚀耐磨涂层进行再制造可以有效地延长涂层和所保护物体的使用寿命。这种涂层通常用于保护工业设备、构件和结构免受磨损和腐蚀的影响，但随着时间的推移和使用频率的增加，这些涂层也会逐渐失效。通过掌握其腐蚀/磨损机理及影响因素，实现涂层再制造，可以修复其表面的磨损和腐蚀部分，恢复其原有的保护性能，从而延长设备的使用寿命。这对于提高工业设备和构件的可靠性、降低维护成本以及减少资源浪费都具有重要意义。

8.4.1 腐蚀防护原理

腐蚀防护原理旨在通过降低或阻止金属与腐蚀介质（如水、氧气、盐等）之间的电化学反应，延长材料的使用寿命。主要防护方法包括：①涂层保护，通过在金属表面施加防腐蚀涂料形成物理屏障，以隔绝腐蚀介质；②阴极保护，采用施加外部电流或使用牺牲阳极的方法，降低金属的电化学反应活性；③合金化，选用耐腐蚀合金或添加防腐元素，以提升材料的耐腐蚀性；④环境控制，通过调节环境条件（如降低湿度和温度）来减少对腐蚀介质的影响。

8.4.1.1 电化学腐蚀防护原理

电化学腐蚀会对再制造涂层的功能完整性造成极大危害。电化学腐蚀降低涂层与基材之间的黏附力，导致涂层的脱落或剥离现象。电化学腐蚀还会在涂层表面引发缺陷或微裂纹，这不仅会降低涂层的表面质量和美观度，还会进一步加速涂层的腐蚀速率，降低其抗腐蚀性能。在再制造涂层的工程设计和制备过程中，必须有效处理电化学腐蚀带来的不利影响，以确保涂层的稳定性和长期性能。电化学工作站实验装置如图 8-21。

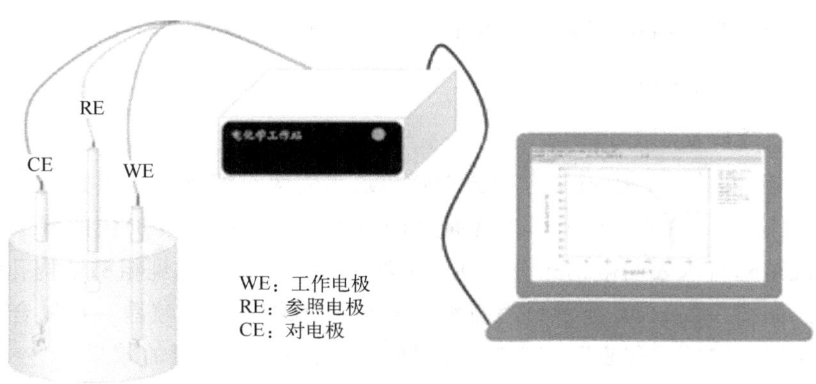

图 8-21 电化学工作站实验装置

电化学腐蚀防护原理基于电化学反应的控制和改变金属表面电极电位的方法来保护金属免受腐蚀。电化学腐蚀防护主要包括阴极保护和阳极保护两种方法。

(1) 阴极保护

如图 8-22 所示，阴极保护的基本原理是将待保护的金属表面设为电化学反应中的阴极，使其成为电子的接收者，从而阻止金属表面的氧化反应发生。具体来说，通过在金属表面施加外部电流或者添加阴极保护剂，使金属表面保持一定的负电位，进而防止金属离子向环境中释放电子，从而抑制金属的氧化反应。

在阴极保护中，外部电流源（如电池、整流器等）提供一定电流，使金属表面保持负电位。另一种方式是牺牲阳极的阴极保护剂，通过连接电化学活性更高的金属作为牺牲阳极，使其优先氧化消耗，从而保护被保护的金属。常用的牺牲阳极金属包括锌、铝、镁等。

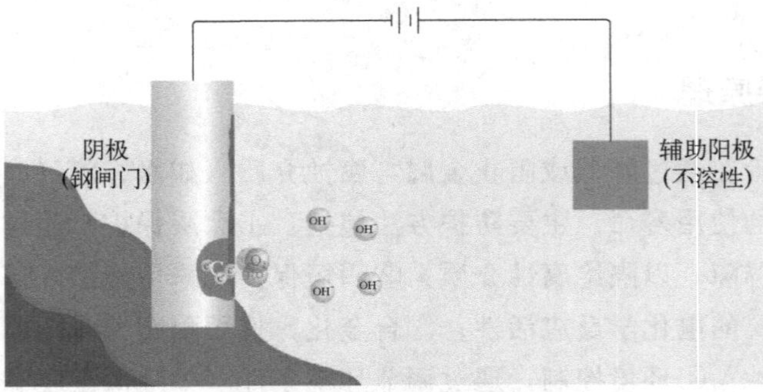

图 8-22 阴极保护案例

(2) 阳极保护

阳极保护是一种通过电化学方法使金属处于钝态，从而显著降低其腐蚀速率的防护技术。其原理是将待保护的金属设备与外部电源的正极相连，使其成为电解池的阳极，并通过辅助阴极构成回路。

在外部阳极电流的作用下，金属的电极电位升高至一个特定的区间（称为“钝化区”）。在此电位区间内，金属表面会迅速生成一层极薄、致密且化学性质稳定的钝化膜。这层膜将金属基体与腐蚀介质隔离，极大地抑制了金属的阳极溶解反应。该技术主要适用于在腐蚀性介质中具有活化-钝化特性的金属，如不锈钢、钛、镍基合金等。

8.4.1.2 化学腐蚀防护原理

(1) 空气层效应

Wenzel 方程和 Cassie-Baxter 方程分别就超疏水表面与液体的接触方式建立了润湿模型。Wenzel 理论可以解释基材表面出现腐蚀凹坑以后，腐蚀速度加快的现象。然而，该理论针对的仅是超疏水表面微结构被腐蚀液浸润的情况，未考虑到粗糙结构孔隙中“空气层”的作用。如图 8-23 (a) 所示，超疏水表面与液体之间的接触是一种复合接触，即在液体和超疏水界面之间“包裹”有空气，使得表面呈现光亮如镜的效果。“空气层”的存在减少了腐蚀性氯离子与涂层之间的接触面积，从而降低了氯离子向涂层中扩散的概率，从而保护了金属基体。此外，超疏水表面孔隙结构中“包裹”的空气会形成毛细管体系，在液-气界面，由于毛细作用，形成凸圆形界面，在毛细管压力 (P_c) 作用下，阻止离子渗入超疏水表面，如图 8-23 所示。

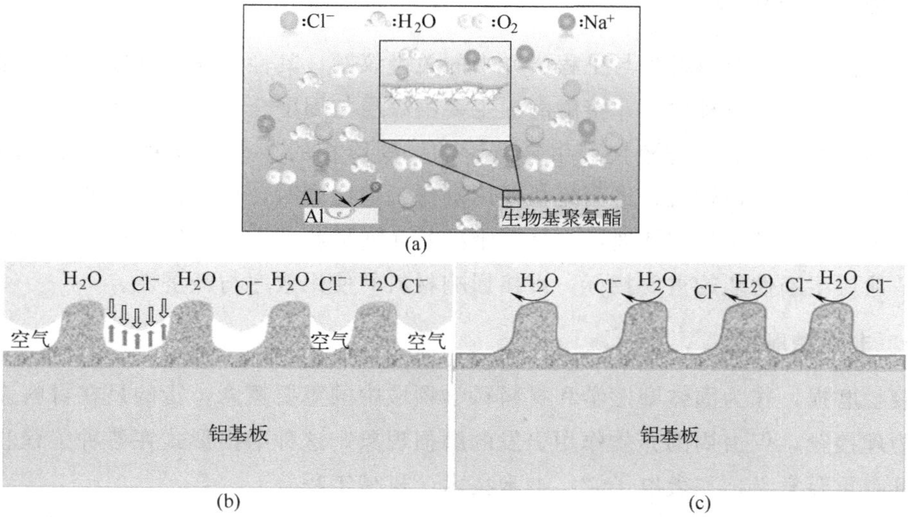

图 8-23 纯铝表面和超疏水涂层的防腐蚀机理模型（a）、超疏水表面的毛细效应（b）、腐蚀溶液完全浸润到涂层孔隙结构中（c）

（2） Wenzel 状态下涂层的阻断效应

随着金属基体服役深度的增加，超疏水涂层微/纳复合结构中的“空气层”不断被压缩，当压力超过毛细管压力或表面结构受损时，涂层表面的润湿状态由 Cassie-Baxter 润湿模型转变到 Wenzel 模型，此时涂层被腐蚀溶液完全浸润。超疏水涂层的表面张力较低，水分子与涂层之间的相互作用力较小。分散在水溶液中的氯离子无法突破低表面能物质的阻碍作用，因此在润湿条件下，超疏水涂层依然保护金属机体免受氯离子的侵蚀。

8.4.1.3 其他腐蚀防护原理

除了电化学腐蚀防护和化学腐蚀防护外，还有一些其他的腐蚀防护原理，这些原理基于不同的机制来减缓或阻止金属在特定环境中发生氧化反应，从而保护金属免受腐蚀侵蚀。

物理防护：物理防护的原理是通过物理手段将金属与腐蚀介质隔离开来，防止它们发生直接接触，从而减缓或防止腐蚀反应的进行。常见的物理防护方法包括使用防腐蚀屏障（如涂层、包覆物、隔离垫等）、设计合适的通风设备（如风扇、通风管道等）以及物理屏蔽等。

机械防护：机械防护的原理是通过改变金属表面的形状或结构来降低其对腐蚀介质的敏感性，从而减缓或防止腐蚀反应的发生。常见的机械防护方法包括设计合适的排水系统以减少金属表面的潮湿程度、改变金属表面的几何形状以降低腐蚀速率等。

热处理防护：热处理防护的原理是通过改变金属的晶体结构或提高金属的抗腐蚀性能来减缓或防止腐蚀反应的进行。常见的热处理方法包括热浸镀锌、热喷涂、整体热处理、焊接等，这些方法可以提高金属的耐腐蚀性能，从而延长其使用寿命。

8

8.4.2 涂层磨损行为

涂层磨损行为是材料科学与工程研究中的关键议题，其性能表现直接影响涂层的耐用性和可靠性。在磨损过程中，非接触磨损主要由涂层与周围介质之间的相互作用引起，这种相互作用对涂层表面的完整性产生显著影响。硬质相的存在则有助于增强涂层的耐磨性，通过提高其抗磨损能力，进而延长使用寿命。与此同时，低塑性变形的特性指示涂层在磨损过程中保持较小的塑性变形，从而维护其几何形状及功能特性。最后，低失重损耗作为评估涂层耐磨性能的重要指标，直接影响材料的使用效率与经济性。

8.4.2.1 非接触磨损

非接触磨损，作为固体摩擦学和材料科学领域中的重要概念，指的是在材料表面不涉及直接物理接触，仅由周围介质作用引发的磨损现象。这种磨损形式在各种工程和科学领域中都具有重要意义，如微电子学、纳米技术、机械工程等。

电学磨损是在两个表面之间施加电场时产生的一种磨损现象。在高电场下，表面会发生局部放电，导致电子或离子的移动，最终引起表面材料的损耗。这种机制在微电子学领域中尤为显著，例如半导体材料在电子器件中的应用中会受到电学磨损的影响。

化学磨损是由于在气体、液体或高温环境下，表面材料与其周围环境发生化学反应而导致的磨损。这些化学反应导致表面材料的溶解、腐蚀或化学变化，最终导致表面材料的损耗。化学磨损在许多环境中都普遍存在，如金属材料在酸性或碱性溶液中的腐蚀。

表面疲劳是由于材料表面受到频繁循环载荷作用而导致的磨损现象。这种磨损机制主要涉及表面微裂纹的形成和扩展，最终导致表面材料的剥落和损耗。表面疲劳通常在高应力工作部件上发生，例如机械零件、轴承和齿轮等。

热疲劳是由于材料表面受到高温环境作用而引起的磨损现象。在高温条件下，材料表面会发生热膨胀、热应力和热循环，导致表面材料的疲劳和损耗。这种磨损机制在高温工作环境下的材料和设备中尤为常见。

8.4.2.2 硬质相

对再制造涂层来说，引入硬质相是一种常用于提高金属表面硬度和耐磨性的技术，其磨损机理的研究对于材料科学与工程领域具有重要意义。在涂层与基体之间的相对运动中，磨损过程主要受到涂层材料的物理和化学性质的影响。在物理上，硬质涂层的高硬度可以有效抵抗外界磨损因素的侵蚀，从而延长涂层的使用寿命。同时，硬质相对再制造涂层的高弹性模量和优异的抗裂性质有助于减缓磨损过程中的裂纹扩展，提高涂层的耐久性。另一方面，化学性质则决定了涂层与基体之间的黏结强度和相互作用，进而影响着涂层在磨损环境中的稳定性和性能。

在涂层磨损过程中，最主要的机理包括磨粒磨损、接触疲劳和表面氧化等。磨粒磨损是由于外部颗粒或磨粒在涂层表面切削作用下造成的局部磨损，导致涂层表面颗粒的脱落和塑性变形。接触疲劳是由于涂层与摩擦介质之间的接触载荷和摩擦，引起涂层表面微裂纹和位错的形成与扩展，进而导致涂层疲劳失效和磨损加剧。表面氧化在高温和氧气环境下促使涂层表面发生氧化反应，生成氧化物或氧化膜，从而降低了涂层的硬度和耐磨性。涂层磨粒磨损机理如图 8-24。

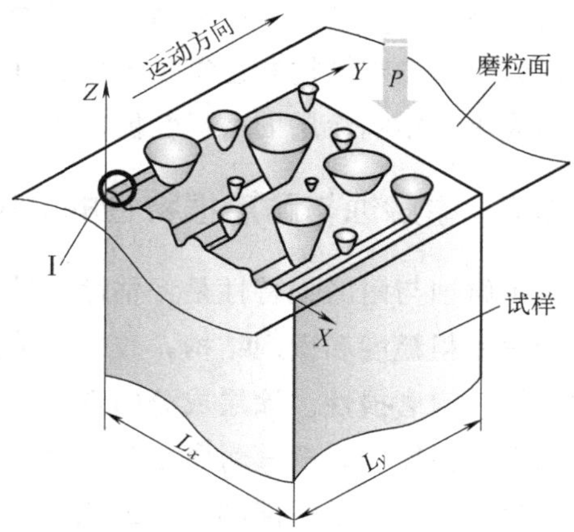

图 8-24 涂层磨粒磨损机理

8.4.2.3 低塑性变形

低塑性变形是再制造涂层磨损机理中的重要现象，其在材料表面接触和磨损过程中具有关键影响。再制造涂层的磨损机理受到多种因素的影响，其中低塑性变形是其重要组成部分之一。在材料表面的磨损过程中，由于外界载荷和摩擦力的作用，涂层与工作介质或其他物体之间发生相对运动，从而导致表面塑性变形。低塑性变形指的是在载荷作用下材料表面发生的微观塑性变形，其变形程度相对较小，不足以引起材料的明显形变或形貌改变。然而，尽管低塑性变形的变形量较小，却在再制造涂层的磨损机理中扮演着重要角色。

低塑性变形导致了涂层表面微观形貌的改变。当涂层表面受到外界载荷和摩擦力作用时，微观颗粒或晶粒之间发生相对位移，导致表面微观结构的畸变和变化。这种微观结构的变化导致表面粗糙度的增加，从而增加了表面摩擦和磨损的程度。低塑性变形也导致表面应力分布的改变。由于涂层表面受到载荷的作用，微观颗粒或晶粒之间会发生局部位移或应变，从而导致表面应力场的变化。这种应力分布的改变导致表面裂纹的形成和扩展，进而加剧涂层的磨损程度。低塑性变形还影响涂层与基体之间的黏结强度。当涂层表面发生塑性变形时，导致涂层与基体之间的接触面积增加或接触压力增加，从而增强了二者之间的黏结强度。如果涂层表面的塑性变形过大，会导致涂层与基体之间的黏结失效，从而降低涂层的耐磨性能。

8.4.2.4 低失重损耗

低失重损耗在再制造涂层的磨损机理中扮演着重要的角色，其机理涉及材料表面与周围环境的相互作用，以及涂层材料本身的特性。再制造涂层常用于提高金属表面的硬度和耐磨性，而低失重损耗是一种相对较小但持续发生的磨损形式，其磨损机理具有复杂性和多样性。

低失重损耗主要由两种与磨损相关的现象造成：表面疏松和表面腐蚀。表面疏松是指涂层表面在摩擦或磨损过程中，由于外部载荷作用下涂层表面颗粒的局部脱落或位移，导致表面微观结构的疏松和凹凸不平。这种疏松结构会增加表面的粗糙度，从而增加表面与外界介质之间的接触面积，导致摩擦和磨损的加剧。表面腐蚀是由于外界环境中的化学物质或气体对涂层表面的侵蚀作用，导致表面化学成分的改变和化学反应的发生。这种化学腐蚀会削弱涂层表面的结合力和力学性能，从而加速涂层的磨损过程。

低失重损耗还受到涂层材料本身的特性和结构影响。例如，涂层材料的硬度、黏结强度、晶粒尺寸和相含量等因素都影响涂层的耐磨性能和低失重损耗程度。一般来说，硬度

8

较高、晶粒尺寸较小、晶粒结合紧密的涂层具有较好的耐磨性能和抗低失重损耗能力。此外，涂层的微观结构和组织也会影响其在磨损过程中的表现，例如晶界强化效应和析出相的形成等都影响涂层的磨损性能。

8.4.3 耐腐蚀与耐磨损特性的影响因素

耐腐蚀与耐磨损特性是评估涂层性能的关键指标，受到多种因素的影响。涂层形貌，包括表面粗糙度和微观结构，直接影响其与腐蚀介质及磨损介质的接触情况，进而影响耐腐蚀性和耐磨损性。涂层成分的选择也至关重要，不同化学成分显著改变涂层的化学稳定性和力学性能，影响其耐腐蚀与耐磨损特性。此外，涂层的组织结构，如晶粒大小和相分布，决定了其力学性能和抗腐蚀能力。涂层的力学性能，包括硬度、韧性和抗拉强度等，直接关系到其在实际应用中的耐磨损表现。

8.4.3.1 涂层形貌

再制造涂层表面形貌对其耐腐蚀和耐磨损特性具有重要影响。涂层表面形貌的微观结构和表面粗糙度直接影响涂层与外界环境或工作介质之间的相互作用，从而影响了涂层的耐腐蚀和耐磨损性能。涂层的表面形貌直接影响了其耐腐蚀性能。表面粗糙度是影响涂层耐腐蚀性能的重要因素之一。具有较高粗糙度的涂层表面，其与外界环境接触面积相对较大，易受到腐蚀介质的侵蚀。此外，涂层表面的微观结构也会影响其对腐蚀介质的抵抗能力。例如，表面颗粒的分布密度、形状和排列方式等因素都会影响涂层表面的缺陷和孔隙结构，从而影响腐蚀介质对涂层的侵蚀程度。

涂层的表面形貌也对其耐磨损性能产生重要影响。表面粗糙度和微观结构直接影响了涂层与摩擦介质之间的接触和相互作用。较大的表面粗糙度会增加摩擦介质与涂层表面的接触面积，从而增加摩擦力和磨损程度。此外，表面形貌还会影响涂层的摩擦特性和表面损伤模式。例如，表面颗粒的分布和形态会影响摩擦介质在涂层表面的滑动和切削行为，从而影响涂层的磨损速率和损伤形态。

图 8-25 为火焰喷涂涂层和不同热处理状态的涂层进行摩擦磨损试验后的表面磨损形貌。对于原始喷涂态涂层而言，磨损形貌中可见塑性相 Co，发生塑性变形，包裹着 WC 颗粒，而呈现出亮白色团聚状特征，这主要是由涂层与耐磨材料发生黏着和机械磨损所致；当对喷涂涂层进行 500℃热处理后，磨损形貌中只有少量亮白色聚集物存在，这是因为在对涂层进行热处理时涂层内部残余应力得到释放，此时的磨损主要为黏着磨损和磨粒磨损；当热处理温度为 900℃时，亮白色聚集物消失，此时的涂层中由于出现了 Co_6W_6C 和 Co_3W_3C 相，原硬质相（WC）含量有所减小，弥散强化效果增强，在摩擦磨损试验过程中颗粒脱落明显减少，涂层的耐磨性能得到提高；继续增加热处理温度至 1100℃，涂层中的硬质相 WC 会有部分溶解，此外晶粒明显粗化和长大，此时的耐磨性能反而降低。

8.4.3.2 涂层成分

涂层成分对再制造涂层的耐腐蚀和耐磨损特性同样具有显著的影响。涂层的成分包括主要成分以及添加的合金元素、添加剂等，这些成分的选择和含量将直接影响涂层的化学

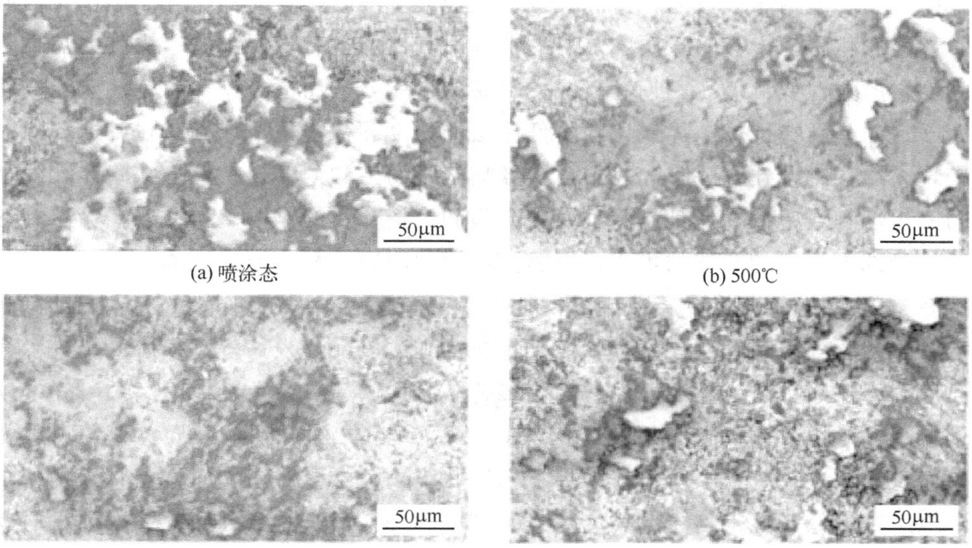

(a) 喷涂态 (b) 500℃ (c) 700℃ (d) 1100℃

图 8-25 喷涂涂层的磨损形貌

性质、力学性能和耐磨性能。涂层的主要成分是影响其耐腐蚀和耐磨损特性的关键因素之一。例如，采用具有高耐腐蚀性的材料作为涂层的主要成分，如不锈钢、镍基合金等，可以有效提高涂层的耐腐蚀性能。同时，主要成分的选择还会影响涂层的力学性能和化学稳定性，进而影响其耐磨损性能。例如，硬质合金、氧化物陶瓷等材料作为涂层的主要成分，常常具有优异的硬度和耐磨性能，适用于提高涂层的耐磨损特性。

添加合金元素和添加剂对涂层的性能也有重要影响。添加合金元素可以改善涂层的力学性能、耐腐蚀性能和耐磨性能，例如添加钼、铬等元素可以提高涂层的耐腐蚀性能；添加碳化钨、碳化钛等硬质颗粒可以提高涂层的硬度和耐磨性能。添加剂则可以改善涂层的加工性能、涂覆性能和耐磨损性能，例如添加流平剂、分散剂等可以改善涂层的表面质量和涂层的耐磨损性能。涂层成分的选择需要综合考虑涂层所应用的工作环境、工作条件和要求。不同的工作环境和工作条件对涂层的耐腐蚀性能和耐磨损性能提出了不同的要求，因此需要根据实际情况选择合适的涂层成分。例如，在强酸、强碱等腐蚀性环境下工作的设备，需要选择具有良好耐腐蚀性能的涂层成分；在高温、高压等恶劣工作条件下工作的设备，需要选择具有优异耐磨损性能的涂层成分。

8.4.3.3 涂层组织结构

涂层的组织结构主要包括晶粒尺寸、相含量、晶界特征以及存在的缺陷和孔隙等因素。晶粒尺寸是影响涂层性能的重要因素之一。晶粒尺寸较小的涂层通常具有更高的硬度和强度，因为小晶粒能够有效阻碍位错的运动，从而提高材料的抗变形能力。这种高强度的涂层能够更好地抵抗外界载荷和摩擦力的作用，从而提高其耐磨损特性。另外，小晶粒尺寸还能够减少晶界的裂纹扩展，提高涂层的抗疲劳性能，从而延长其使用寿命。

涂层中不同相的含量和类型也会显著影响其性能。例如，添加硬质颗粒、碳化物等相能够增加涂层的硬度和耐磨性能，提高其抗磨损能力。同时，适当添加稳定相、固溶体等相可以改善涂层的耐腐蚀性能，提高其抗氧化能力。不同相之间的相互作用也会影响涂层的力学性能和化学稳定性。涂层中晶界的特征对其性能也有重要影响。优良的晶界结构能够提高涂层的塑性变形能力和韧性，减缓裂纹的扩展，从而提高其抗疲劳性能和抗冲击性能。而不良的晶界特征或晶界氧化会降低涂层的强度和稳定性，加剧其在腐蚀和磨损环境中的表现。涂层中存在的缺陷和孔隙也会影响其耐腐蚀和耐磨损特性。缺陷和孔隙会降低涂层的密封性和致密性，使其易受到腐蚀介质和磨损介质的侵蚀。因此，在涂层制备过程中需要尽量减少缺陷和孔隙的生成，以提高涂层的耐腐蚀和耐磨损性能。

图 8-26 是织构化合金涂层在 700℃进行高温摩擦磨损时的摩擦系数。从图中可以看出，点状织构化和线状织构化合金涂层经短暂饱和阶段就进入稳定磨损阶段。进入稳定磨损阶段后，摩擦系数波动较小，而线性搭接合金涂层的摩擦系数随摩擦磨损时间的延长呈现出先减小、后增大、再减小的变化趋势，在摩擦磨损测试前 50min，摩擦系数波动较大，始终没有进入稳定磨损阶段。另外，与线状织构化合金涂层相比，点状织构化合金涂层的摩擦系数较低，其平均摩擦系数仅有 0.27，而线状织构化合金涂层的摩擦系数较高，其平均摩擦系数为 0.35。这是因为在点状织构化涂层中，合金化涂层占处理面的面积比例较低，在摩擦面上存在较多的球状石墨。众所周知，石墨具有密排六方的片层状结构，质地较软，具有较好的润滑性能，致使点状织构化合金涂层的摩擦系数较低。对于线性搭接合金涂层而言，由于在合金涂层中存在较多的裂纹，会增加摩擦磨损表面的粗糙度；同时，在摩擦磨损过程中，裂纹处与完整的合金涂层之间也存在较大的组织性能差异，最终会增加磨球波动，导致合金涂层表面的摩擦系数出现较大波动。

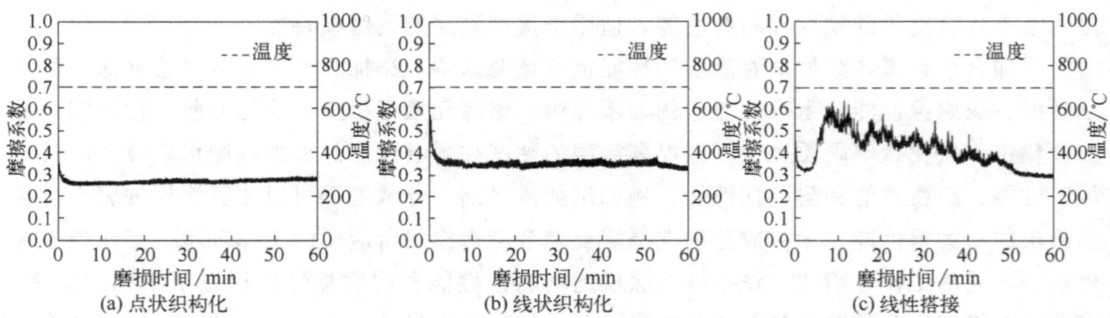

图 8-26 织构化合金涂层的摩擦系数-磨损时间关系

8.4.3.4 涂层力学性能

涂层的力学性能主要包括硬度、弹性模量、抗拉强度、抗压强度、韧性等指标，这些性能直接影响涂层在实际工作条件下的表现。涂层的硬度是其耐磨损性能的重要指标之一。较高的硬度意味着涂层具有更高的抗划伤和抗磨损能力，能够更好地抵抗外界摩擦力和载荷的作用，从而延长涂层的使用寿命。通常情况下，硬质涂层具有较高的硬度，如金刚石涂层、氮化物涂层等，因而在高磨损环境下具有较好的耐磨损性能。涂层的弹性模量和抗拉强度影响了其耐疲劳性能和抗拉伸性能。较高的弹性模量和抗拉强度意味着涂层具有更高的刚度和强度，能够更好地抵抗外界载荷的作用，减缓涂层的塑性变形和疲劳裂纹的扩展，从而提高涂层的耐疲劳性能和抗拉伸性能。

涂层的韧性也是其力学性能的重要指标之一。较好的韧性意味着涂层具有更好的抗裂纹扩展能力和塑性变形能力，能够更好地吸收外界冲击和应变能量，从而提高涂层在恶劣环境下的耐久性能和可靠性。涂层的力学性能还受到制备工艺、成分配比、结构设计等因素的影响。合理的制备工艺和成分配比可以有效提高涂层的力学性能，如采用优化的沉积工艺、合理的合金添加和控制晶粒尺寸等手段可以提高涂层的硬度和强度。同时，优化的结构设计和界面处理也可以提高涂层的结合力和稳定性，从而提高其耐腐蚀和耐磨损性能。

思考题

1. 针对电磁波的吸收机制和损耗机制，你认为在设计隐身涂层时应该考虑哪些因素？

2. 隔热涂层在航空航天领域的应用十分重要，你能列举一些隔热涂层的常见材料及其特性吗？

3. 在防冰涂层中，界面润湿性对防冰效果有何影响？如何设计涂层以提高其防冰性能？

4. 涂层的磨损行为受到多种因素的影响，你认为哪些因素最为关键？如何改进涂层以提高其耐磨损性能？

5. 耐腐蚀与耐磨损特性是涂层材料选择中的重要考量因素，你认为在实际应用中应该如何平衡这两方面的性能？

参考文献

[1] 胡传炘．隐身涂层技术［M］．北京：化学工业出版社，2004.

[2] 胡传炘．特种功能涂层［M］．北京：北京工业大学出版社，2009.

[3] 李东光．150种保温隔热涂料配方与制作［M］．北京：化学工业出版社，2013.

[4] 曾晖，刘海峰．界面科学：超润湿/疏水材料［M］．北京：科学出版社，2023.

[5] 叶育伟，陈颢，章杨荣．金属氮化物基硬质涂层耐磨防腐技术［M］．北京：冶金工业出版社，2021.

9

功能涂层无损检测

教学要求

本章旨在使学生学习功能涂层无损检测的基本概念和原理，掌握功能涂层无损检测的理论和实践技能。课程将涵盖常用的检测方法，如超声波、磁粉、涡流和红外热成像等，并强调设备与工具的选择与使用。通过实验操作，掌握样品准备、参数设置、数据采集和分析等技能，培养实践能力。同时关注无损检测实践应用与综合评价的重要性，全面提升学生的专业能力和研究素质。

基本要求

1. 了解功能涂层无损检测的定义、分类及其在工业和科学领域的应用。

2. 详细介绍常见的无损检测技术，如超声检测、射线检测、磁粉检测、涡流检测、红外热成像检测等，并解释它们在功能涂层检测中的适用性和局限性。

3. 根据无损检测结果评估涂层的性能，包括涂层的完整性、厚度、均匀性、缺陷类型等，了解涂层性能评估的标准和规范。

4. 培养学生的实践能力和问题解决能力，使其能够在实际工作中应用所学知识。

9.1 超声波无损检测

通过超声波与试件相互作用，就反射、透射和散射的波进行研究，对试件进行宏观缺陷检测、几何特性测量、组织结构和力学性能变化的检测和表征，并进而对其特定应用性进行评价的技术。主要是基于超声波在试件中的传播特性。声源产生超声波，采用一定的方式使超声波进入试件；超声波在试件中传播并与试件材料以及其中的缺陷相互作用，使其传播方向或特征被改变；改变后的超声波通过检测设备被接收，并可对其进行处理和分析；根据接收的超声波的特征，评估试件本身及其内部是否存在缺陷及缺陷的特性。

9.1.1 超声波的传播与反射

9.1.1.1 超声波波形

超声波是一种机械波，具有高频率的机械振动。频率通常超过人类听觉范围的上限。

超声波在介质中传播时，能够产生反射、折射和衍射等现象。在超声波无损检测中，利用超声波的特性，通过将超声波引入被测物体中并接收其回波，来检测被测物体内部的缺陷、异物、结构以及材料性质的变化。该技术非常适用于金属、塑料、陶瓷等材料的检测，可以在不破坏被测物体的情况下提供详尽的内部信息。超声波波形是指超声波在介质中传播时，其振幅、频率、相位等参数随时间变化的图形（图 9-1）。

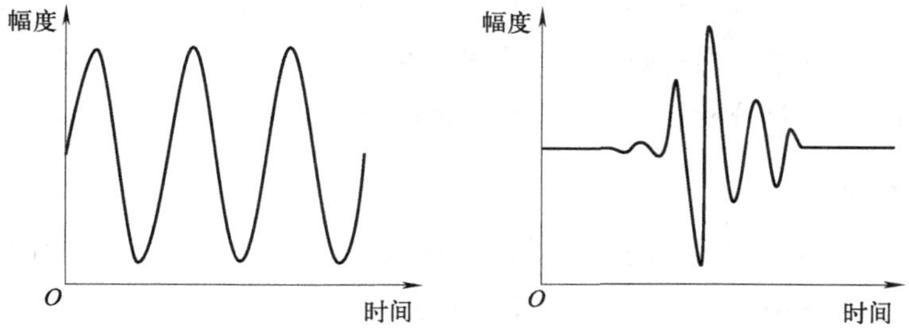

图 9-1 超声波波形

（1）基本波形

① 连续波：指振幅、频率和相位均保持不变的波形。在一定时间内持续地发射，不会出现明显的间断或间隔，在无损检测中，连续波通常用于材料的基础性能测试，如厚度测量。

② 调制波：调制波是通过改变连续波的某些参数（如振幅或频率）来产生的。调制波可分为三种主要类型：调幅（AM）、调频（FM）和调相（PM）。调制波常用于更复杂的无损检测应用，如材料内部缺陷的识别和评估。

（2）脉冲波形

① 矩形脉冲：矩形脉冲是一种具有固定振幅和持续时间的波形。其特点是在脉冲持续时间内振幅保持不变，然后迅速降为零。它的形状类似于一个矩形，矩形脉冲常用于超声波测距和反射系数测量。

② 正弦脉冲：正弦脉冲是一种振幅按正弦规律变化的波形。其特点是波形平滑，能量分布均匀，在时间上呈现为周期性的正弦振荡，并且振荡的幅度在某个时间段内从初始值增加到峰值，然后再次回到原始振幅。正弦脉冲在某些无损检测应用中，如材料微观结构分析，具有一定的优势。

（3）复杂波形

① 回波信号：在超声波无损检测中，发射器会发送超声波信号，超声波在材料中传播遇到缺陷或界面时反射回来的波形呈回波信号。回波信号的振幅、时间延迟等信息可用于评估缺陷的大小、位置和性质。

② 多模式波形：多模式波形是指在同一个检测过程中，超声波在材料中传播产生的多种不同模式的波形。常见的多模式波呈混合波形、调制波形、多频率波形等。这些波形通常包含丰富的材料信息，有助于更全面地评估材料的性能。

（4）超声波的特征参数

① 振幅：指波形振动时，从波的平衡位置（或零点）到波峰（或波谷）的距离，也

可以理解为波形的最大偏离量。在超声波中，振幅是指超声波在介质中传播时的最大位移或最大压力变化。在无损检测中，振幅通常与缺陷的大小和反射系数有关。

② 频率：超声波波形在单位时间内完成周期性变化的次数。通常以赫兹（Hz）为单位，超声波的频率通常远高于可听范围，常见的超声波频率范围从几十千赫兹到几百兆赫兹不等。频率越高，超声波的分辨率越强，穿透力越弱。

③ 相位：波形在一个周期内相对于某一参考点的偏移量或位置。超声波相位描述了波形振动的时间特性，即波形在时间轴上的位置。在超声成像中，不同组织或结构反射的超声波具有不同的相位，通过分析相位信息可以帮助确定目标物体的位置、形状和组织结构。

9.1.1.2 传播机制

超声波传播机制是声波传播理论中的一个重要部分，描述了超声波如何在不同介质中传播以及传播过程中的物理现象。超声波的发射主要依赖于压电效应。当给压电晶体（如石英晶体）施加电压时，晶体会产生机械振荡，从而发出高频声波，即超声波。利用这一机制通过电子设备控制可以产生超声波。超声波可以在固体、液体和气体中传播。然而，超声波在气体中的衰减较大，因此在实际应用中，超声波的传播通常更适用于固体和液体介质。在同一介质中，超声波的传播速度是确定的，通常与频率和波长无关。但是超声波在不同介质中的传播速度会有所不同。例如，在气体中超声波的声速约为344m/s，而在液体中声速则在900～1900m/s之间。在固体中由于弹性和密度等因素的影响，超声波的传播速度通常更高。

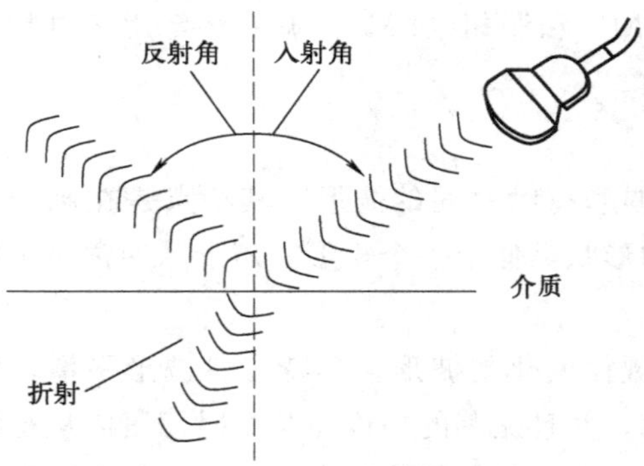

图 9-2 超声波传播机制

如图 9-2 所示，超声波传播具有波的基本性质，因此会出现折射、衍射和干涉等现象。这些现象对于超声波的传播路径、能量分布以及检测精度都有重要影响。例如，在超声波检测中，利用波的折射原理可以改变超声波的传播方向，从而实现对材料中不同深度的检测。超声波在介质中传播时，随着传播距离的增加，能量会逐渐衰减。能量的衰减主要由于超声波的扩散、散射和吸收等因素，这会限制超声波的传播距离和检测深度。

9.1.1.3 界面反射

当超声波遇到不同的介质界面时会发生反射现象，反射遵循几何光学的反射定律，即反射角等于入射角，这是超声波界面反射的基本规律，与光在两种不同介质交界面上的反射现象类似。根据界面的尺寸和超声波的波长，反射可以分为镜面反射和漫反射。镜面反射发生在界面尺寸远大于超声波波长的情况下，此时反射声束的方向性较好。而漫反射则发生在界面尺寸与超声波波长相当或更小的情况下，此时反射声束的方向较为散乱。

反射系数是描述超声波在界面上反射强度的物理量，取决于两种介质的声阻抗差异。当声阻抗差异较大时，反射系数较大，意味着超声波在界面上的反射较强。反之，声阻抗差异较小时，反射系数较小，反射较弱。界面的形状也会影响超声波的反射。例如，平面界面和曲面界面会产生不同的反射效果。在实际应用中，需要根据具体的检测需求来选择合适的界面形状。在界面反射过程中，部分超声波能量会被转化为其他形式的能量（如热），导致超声波能量的损失，这种能量损失会影响超声波的传播距离和检测效果。

9.1.1.4 界面折射

超声波在传播过程中，当从一种介质进入另一种具有不同声速的介质时，会发生折射现象。这与光线从一种介质进入另一种介质时发生折射的原理相似。超声波在界面上的折射遵循斯涅尔定律，即入射波、折射波与界面法线之间的角度关系满足一定的比例关系。如图 9-3 所示，入射线、法线、折射线在同一平面内，入射线与折射线分居法线两侧。入射角的正弦值跟折射角的正弦值之比等于波在第一种介质中的速度与波在第二种介质中的速度之比：

$$\frac{\sin i}{\sin r}=\frac{v_1}{v_2} \tag{9-1}$$

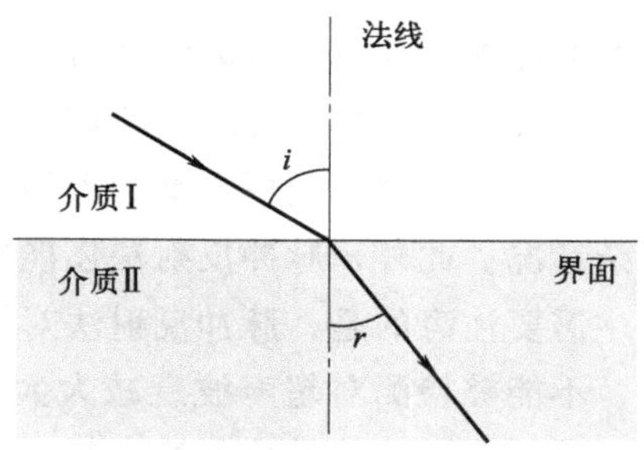

图 9-3 界面折射

式中，$\sin i$ 为入射角正弦值；$\sin r$ 为折射角正弦值；v_1、v_2 分别为波在两种介质中的速度。该定律描述了超声波在不同介质之间传播时速度和方向的变化规律。折射现象的发生是因为不同介质中的声速不同。当超声波从声速较快的介质进入声速较慢的介质时，折射角会偏向于界面法线的方向；反之，当超声波从声速较慢的介质进入声速较快的介质时，折射角会偏离界面法线的方向。

在折射过程中，超声波的能量会按照一定比例分配到折射波和反射波中。具体的能量分配取决于两种介质的声阻抗差异和入射角的大小。一般来说，当入射角较小时，折射波的能量较大；而当入射角较大时，反射波的能量较大。折射现象会导致超声波的传播方向发生改变。这种方向变化在实际应用中具有重要意义，例如在超声波检测中，通过合理利用折射现象，改变超声波的传播路径，实现对材料中不同深度的检测。超声波界面折射受到多种因素的影响，包括两种介质的声速、声阻抗、入射角以及界面形状等。

9.1.2 超声波无损检测分类

9.1.2.1 脉冲反射法

超声波无损检测技术中的脉冲反射法是一种常用的检测方法。如图 9-4 所示，脉冲反射法是利用超声波在被检测材料内部传播时，遇到声阻抗不同的界面（如缺陷、底面等）会发生反射的原理来进行检测的。在脉冲反射法中，通常使用一个探头兼作发射和接收器件。探头会发射脉冲信号，当该信号遇到被检测材料内部的界面时，会发生反射，反射回来的信号被探头接收

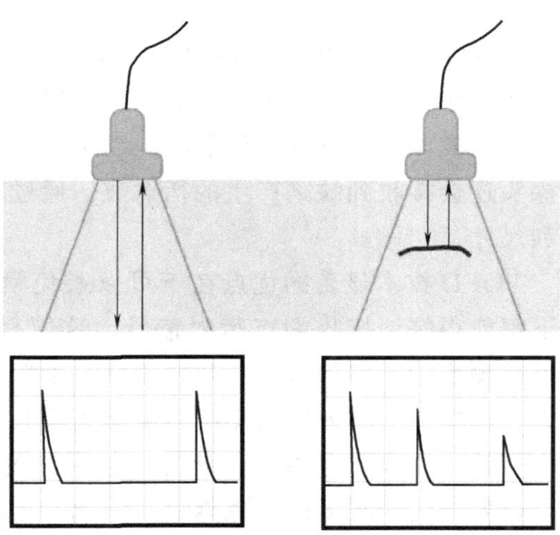

图 9-4 脉冲检测法

并显示在探伤仪的荧光屏上。通过观察和分析这些反射信号，可以判断被检测材料内部是否存在缺陷，缺陷的大小、位置以及性质等信息也可以得到。具体来说，当超声波遇到缺陷时，会产生缺陷反射波，反射波与底面反射波的时间差和波幅高度可用来判断缺陷的深度和大小。同时，根据反射波的波形和相位变化，还可以推断出缺陷的性质和类型。

脉冲反射法的优点在于其操作简便、灵敏度高、适用范围广，能够实现对被检测材料内部缺陷的快速、准确检测。脉冲反射法能够准确地检测出被测工件中很小的缺陷，只要反射声压大于原始声压的1%，就能够被检测出来。而且，缺陷的定位精度高，探测面到缺陷的深度能够以声波的传播时间的形式在探伤仪器显示屏时间轴中显示出来。这种高精度的定位能力使得脉冲反射法成为一种非常有效的无损检测方法。其次，脉冲反射法的适用范围广，通过不同耦合剂、探头及波形的组合，可实现不同方法的检测，从而适应各种复杂情况。此外，脉冲反射法还能确定缺陷的当量大小，提供关于缺陷的详细信息。

需要注意的是，脉冲反射法对缺陷的方向有一定的要求，容易漏检，且因声波往返传播，不能够检测对超声波衰减太大的材料。这些局限性在使用脉冲反射法时需要特别注意。总的来说，脉冲反射法在超声波无损检测中具有很高的精度和分辨率，能够准确地检测出被测工件中的小缺陷，并提供关于缺陷的详细信息。

9.1.2.2 衍射时差法

超声波无损检测技术中的衍射时差法（time of flight diffraction，TOFD）是一种依靠从待检试件内部结构（主要是指缺陷）的“端角”和“端点”处得到的衍射能量来检测缺陷的方法。该方法用于缺陷的检测、定量和定位，特别适用于焊缝和铸件等材料的检测。

TOFD 技术基于衍射现象，即当超声波遇到障碍物或小孔后，通过散射继续传播。根据惠更斯原理，介质中波面上的各点，都可以看作发射子波的波源，其后任意时刻，这些子波在波前进方向的包络面就是新的波面。如图 9-5 所示，在 TOFD 技术中，发射探头产生非聚焦纵波束，以一定角度入射到被检工件中。部分直通波束沿近表面传播，被接收探头接收，而另一部分波束经底面反射后也被探头接收。当工件中存在缺陷时，缺陷部位的“端角”和“端点”会产生衍射波，这些衍射波被接收探头接收，从而可以判断缺陷的存在和尺寸。

在 TOFD 方法中，通常使用可发射出宽声束、宽频带的纵波斜探头，探头相对于待测区两侧布置，采用一发一收的模式。检测时，探头对称分布于待测区，首先接收到的信号是直通波，然后是底面反射波。当工件中存在缺陷时，在直通波和底面反射波之间，接收探头还会接收到缺陷产生的衍射波。通过对这些信号的分析和处理，可以确定缺陷的位置和尺寸。

TOFD 技术显著的优点在于可以避免镜面反射信号掩盖衍射波信号，从而在任何情况下都能很好地接收端点衍射信号。这使得 TOFD 技术能够更准确地检测和定位缺陷；能够检测各种类型的缺陷，包括裂纹、未熔合、未焊透等；检测结果稳定可靠，不受材料种类、晶粒大小和方向的影响；能够实现高精度的缺陷定位和定量；以及检测效率高，可以覆盖较大的检测范围等。此外，衍射波的幅度也提供了有关缺陷尺寸的信息。缺陷越大，衍射的信号幅度通常也越大。因此，通过测量衍射波的幅度，可以对缺陷的大小进行估计。

9.1.2.3 穿透法

穿透法基于超声波在物质中传播和反射的特性来获取材料内部结构的信息。如图 9-6，在穿透法中，通常使用两个探头，分别置于被检测工件的相对两面，一个探头用于发射超声波，另一个用于接收。根据使用的发射波的不同，穿透法可以分为连续波穿透法和脉冲波穿透法。

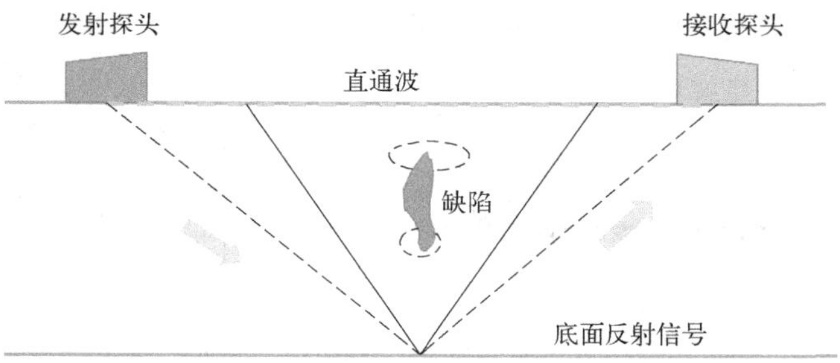

图 9-5 衍射时差法

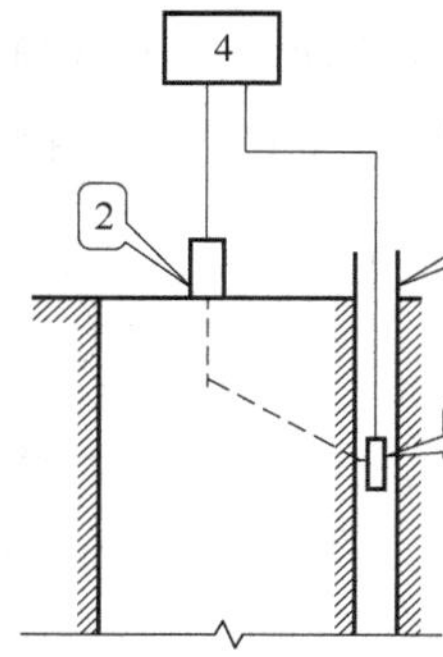

图 9-6 超声波穿透法

1—声测管；2—发射换能器；
3—接收换能器；4—声波检测仪

在连续波穿透法中，当工件内部没有缺陷时，接收到的能量较大，电流表指示值也相应较大。而当工件内部存在缺陷时，部分声波能量会被缺陷反射或散射，导致接收到的能量减小，电流表指示值降低。如果缺陷较大，可能导致声波能量全部被反射或散射，从而使得电流表指示值降至最低。这种方法也被称为“声影法”探伤。脉冲波穿透法则是在探测过程中，通过荧光屏显示接收到的声波信号。当工件内无缺陷时，接收到的能量大，荧光屏上显示的接收波幅度高。而当工件内部存在缺陷时，部分声波能量被缺陷反射或散射，导致接收到的能量减小，荧光屏上显示的接收波幅度降低。如果缺陷较大，可能导致声波全部被反射或散射，从而使得荧光屏上无接收波出现。穿透法的主要优点在于可用于检测材料内部的大面积缺陷，如裂纹、夹杂等。此外，由于穿透法不需要在被检测材料表面施加耦合剂，因此它适用于各种表面状况的材料。然而，穿透法的缺点是它对于材料内部的小缺陷检测能力有限，因为小缺陷对声波的影响较小，难以被检测到。

穿透法对缺陷的检测分辨率相对较低。这是由于穿透法主要依赖于超声波在工件内部传播时的能量衰减和信号变化来检测缺陷，而非直接观察缺陷的反射或散射信号。当超声波在工件内部传播时，遇到缺陷会发生反射、散射或吸收，导致接收到的信号强度发生变化。这种变化往往受到多种因素的影响，如缺陷的大小、形状、取向以及材料的声学特性等。因此，穿透法通常只能判断缺陷的有无和大致位置，对于缺陷的具体尺寸、形状和性质等信息，分辨率相对较低。穿透法还受到超声波波长和工件厚度的限制。超声波的波长越长，其分辨率越低。而工件厚度过大时，超声波在传播过程中会受到多次反射和散射，导致信号衰减严重，进一步降低穿透法对缺陷的分辨率。为了提高穿透法的分辨率，可使用高频超声波、优化探头设计等措施。此外，还可以结合其他无损检测方法，如 X 射线检测、磁粉检测等，以获取更准确的缺陷信息。

9.1.2.4 共振法

超声波无损检测技术中的共振法，也称为超声波共振法或超声共振检测法，是一个利用被测物体对超声波的共振现象进行频率分析，从而检测其内部缺陷或物理特性的方法。超声波共振法的基本原理是：当超声波的频率与被测物体的固有频率相接近时，被测物体会发生共振现象，即振幅达到最大值。通过测量共振频率和对应的振幅，可以获得被测物体的固有特性，如固有频率、固有振动模态等。这些固有特性与被测物体的结构、材料、尺寸等因素密切相关，因此可以用于推断其内部是否存在缺陷或损伤。

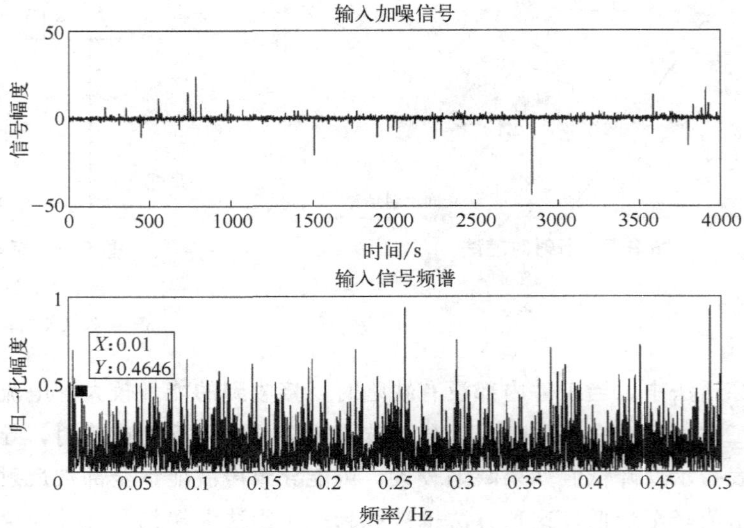

图 9-7 超声共振检测信号

如图 9-7 所示，在共振法中，通常使用频率可调的连续波超声波来激励被测物体，并观察其振幅变化。当发现振幅达到最大值时，对应的超声波频率即为被测物体的共振频率。通过分析共振频率的变化，可以判断被测物体内部是否存在缺陷或损伤。例如，当被测物体内部存在缺陷时，其共振频率可能会发生变化，共振峰的形状和宽度可能也会发生变化。

共振法具有较高的灵敏度和精度，可以检测到较小的缺陷和损伤。然而，它也有限制性条件，如被测物体的厚度必须为检测声波半波长的整数倍，且需要使用频率可调的连续波超声波。此外，共振法对于表面粗糙度、温度、湿度等环境因素也较为敏感，因此需要在进行检测时进行严格控制。超声波共振检测法的精度和灵敏度取决于多个因素，包括超声波的频率、振幅、传播路径以及被测物体的物理特性。该方法能够精确测量共振频率的变化，从而对物体内部的微小缺陷或损伤进行高灵敏度的检测。由于共振现象具有明显的放大效应，因此共振法具有较高的灵敏度，能够检测到较小的缺陷。影响超声波共振检测法精度的因素包括环境因素（如温度、湿度、噪声等）、被测物体的表面粗糙度、内部结构的复杂性以及缺陷的类型和尺寸。这些因素可能导致共振频率的测量误差，从而影响检测结果的准确性。为了提高超声波共振检测法的精度，可保持恒定的环境温度和湿度，降低背景噪声，优化被测物体的表面处理，以及选择合适的超声波频率和振幅。此外，还可以通过软件算法对信号进行预处理和滤波，以提高共振频率的测量精度。

超声波共振检测法在实际应用中具有广泛的应用场景。在航空航天领域，可用于检测飞机和航天器的结构完整性；在汽车工业中，可用于检测汽车零部件的质量和安全性；在医疗领域，可用于诊断人体内部的病变情况。随着科技的进步，超声波共振检测法也在不断发展和改进。未来的技术发展趋势包括提高共振频率的测量精度、开发更高效的信号处理算法、实现多模态共振检测以及探索新型超声波换能器等。

9.1.3 超声波无损检测设备与技术

9.1.3.1 超声波传感器

超声波传感器是一种能够发射和接收超声波信号的装置，利用超声波的特性来实现对物体内部或外部特性的检测、测量和识别。在超声波无损检测设备与技术中，超声波传感器扮演着至关重要的角色。超声波传感器的工作原理基于压电效应。当传感器受到外部机械力作用时，其内部的压电材料会产生电荷，这些电荷可以被转换为电信号，从而实现声电转换。相反地，当在传感器的压电材料上施加电信号时，会产生机械振动，从而发射超声波。根据工作原理和应用场景的不同，超声波传感器可以分为多种类型，如压电式、磁致伸缩式和电容式等。其中，压电式超声波传感器因其结构简单、性能稳定而被广泛应用于超声波无损检测中。图 9-8 所示的是用作超声波传感器的电子元器件的工作原理。

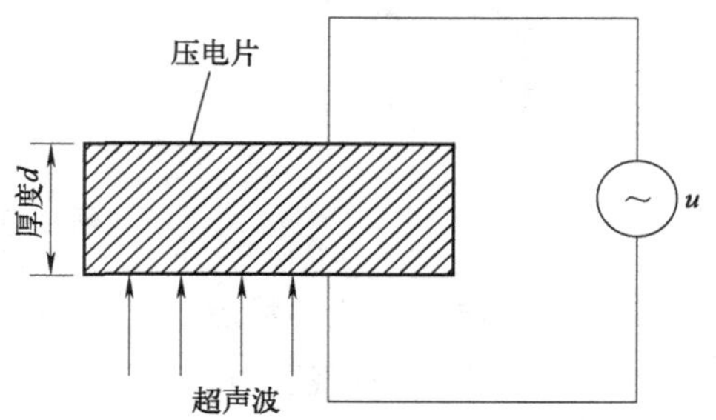

图 9-8 超声波传感器工作原理

在超声波无损检测中，超声波传感器主要用于发射和接收超声波信号。当超声波遇到被测物体的内部缺陷或界面时，会发生反射、折射或散射等现象，这些现象会导致超声波信号的幅度、频率和相位等参数发生变化。通过测量和分析这些参数的变化，可以推断出被测物体的内部结构和缺陷情况。超声波传感器具有穿透能力强、分辨率高、无辐射损害和成本相对较低等特点。这些特点使得超声波传感器成为超声波无损检测中的重要组成部分，并在多个领域有着广泛应用。

超声波传感器在无损检测中的精度和分辨率主要受到多种因素的影响，这些因素包括传感器的工作频率、声波的传播环境以及探头的尺寸等。首先，超声波传感器的工作频率对其测距精度有显著影响。频率越高，探头能接收到的反射信号就越多，检测精度越高。常规超声波传感器的工作频率为 40kHz，这在许多工业应用中已经足够。对于需求更高精度的应用，采用频率高达 200kHz、400kHz 甚至更高的传感器。其次，声波的传播速度会受到环境因素的影响，如温度、湿度等。特别是温度，每变化 1℃，声波速度会相应地变化 0.6m/s 左右。因此，在实际测量过程中，需要对环境因素进行校正和补偿，以提高测距精度。此外，超声波传感器的探头尺寸也会影响其测距精度。探头尺寸越小，测量到目标物体的反射信号强度越大，获得的测距精度越高。

超声波传感器在无损检测中的精度和分辨率可以达到相当高的水平。然而，具体的精度和分辨率还取决于具体的传感器型号、工作环境以及被测物体的特性。因此，在选择和使用超声波传感器时，需要充分考虑这些因素，并根据实际需要进行合理的选择和配置。随着科技的不断进步，超声波传感器将会在更多领域发挥重要作用，推动超声波无损检测技术的进一步发展和应用。

9.1.3.2 超声波探伤仪

超声波探伤仪是一种利用超声波技术进行无损检测的便携式工业仪器。如图 9-9 所示，它主要依赖于超声波的反射原理来检测、定位、评价和诊断材料或工件内部的各种缺陷。超声波探伤仪的工作原理基于超声波在被测材料中的传播特性。当超声波遇到材料内部的缺陷（如裂纹、褶皱、气孔、砂眼、夹杂物等）时，会发生反射、散射或模式转换。反射回来的超声波信号被探伤仪接收并处理，从而生成缺陷的位置、大小和类型等信息。

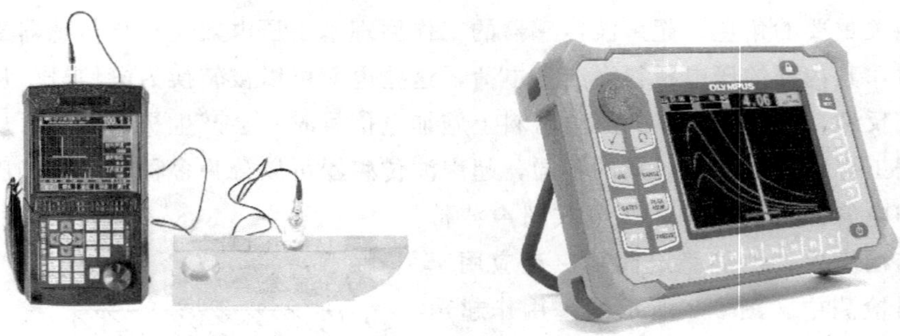

图 9-9 超声波探伤仪

（1）超声波探伤仪的特点

超声波探伤仪被广泛应用于工业领域以检测材料内部的缺陷和结构特征。其特点之一是高灵敏度，能够探测到微小的缺陷，如裂纹、气孔和夹杂等，甚至能够检测出毫米以下的缺陷。高灵敏度使得超声波探伤技术在材料质量控制和产品安全检测中发挥着重要作用。除了灵敏度外，超声波探伤仪还具有较强的定量化能力。通过分析超声波的回波信号，精确测量缺陷的大小、形状、位置以及深度等关键参数，提供客观的检测结果，有助于评估材料的可用性和性能。

适应性也是超声波探伤仪的显著特点之一。超声波探伤仪可以适用于多种材料，包括但不限于金属、塑料、陶瓷等，因此在航空航天、汽车制造、电力设备、管道输送等行业中被广泛使用。并且，超声波探伤仪的探头频率、角度和位置可以根据不同的材料和检测要求进行调整，具有较强的灵活性和适应性。此外，超声波探伤仪具有实时监测和显示的能力，能够快速、准确地获取检测结果，并且操作简便，不需要复杂的设备和专业知识。经过合适的校准和操作，超声波探伤仪的检测结果具有较高的可靠性，可为生产和安全提供重要的参考依据，有助于提高产品质量和生产效率。

（2）应用领域

在金属制造和加工行业中，超声波探伤仪广泛用于检测焊接接头、铸件、锻件等制造过程中可能存在的内部缺陷，如裂纹、气孔、夹杂等，以确保制造品质和安全性。在航空航天领域，超声波探伤仪被应用于飞机、航天器及其零部件的结构健康监测，以及对结构中可能存在的裂纹、疲劳损伤等缺陷进行检测和评估，以确保航空器的安全运行。在汽车制造领域，超声波探伤仪可用于检测发动机零部件、车轮、车架等关键部件的内部缺陷和疲劳裂纹，以提高汽车的安全性和可靠性。

此外，超声波探伤仪还在核能、铁路和桥梁建设以及建筑材料等领域得到广泛应用。在核能行业，超声波探伤仪用于检测核反应堆压力容器、管道等关键设备的裂纹和缺陷，以确保核设施的安全运行。在铁路和桥梁建设中，超声波探伤仪可以用于检测轨道、桥梁结构等的内部缺陷和腐蚀情况，以确保交通设施的安全性和可靠性。在建筑材料领域，超声波探伤仪可用于检测混凝土结构、钢筋、石材等材料的质量和内部缺陷，以确保建筑物的结构安全。

9.1.3.3 超声波检测试块

超声波检测试块，也称为超声波试块或超声试块，是一种专门设计用于校验和测试超声波检测设备的工具。主要作用是模拟实际工件中可能出现的缺陷，以便评估超声波检测设备的性能和精度。超声波检测试块是超声波无损检测设备与技术中的重要组成部分。通过模拟实际工件中的缺陷，为校验和测试超声波检测设备提供了便利。通过使用试块，确保超声波检测设备的准确性和可靠性，提高检测效率和产品质量。

如图 9-10 所示，超声波检测试块通常由已知材料和已知缺陷制成。这些缺陷由人工制造（如刻槽、圆孔、平底孔等），也可以是自然产生。试块的材料和缺陷类型与实际检测的工件相似，以确保测试结果的可靠性和准确性。试块上的缺陷通常按照一定的规则排列，以便进行不同方向和深度的检测。例如，试块上可能包含多个不同深度、不同方向的缺陷，以模拟实际工件中可能出现的各种缺陷情况。

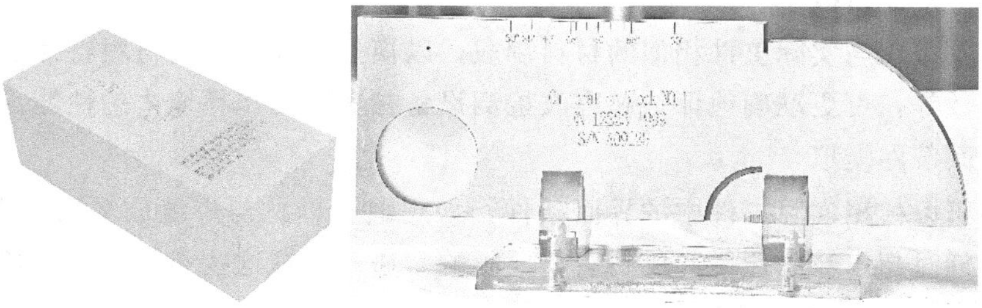

图 9-10 超声波检测试块

在设备校准方面，使用试块可以校验超声波检测设备的性能，如探头的灵敏度、分辨率、指向性等。通过试块上的不同缺陷，对探头进行性能测试，评估探头的检测能力、探测深度、信噪比等指标。利用试块，验证所选用的检测方法是否适用于实际工件，并确定最佳检测参数。检测试块也可用于超声波检测人员的培训，熟悉设备操作、缺陷识别等技能。超声波检测试块设计和使用旨在模拟实际工件中可能出现的各种缺陷情况，从而校验和测试超声波检测设备的性能。主要包括缺陷类型、缺陷尺寸、缺陷位置、材料特性、界面条件、探头接触、检测参数和信号处理等方面的模拟。

（1）缺陷类型模拟

试块通过人工制造的方式，模拟实际工件中常见的缺陷类型，如裂纹、夹杂、气孔、未熔合等。这些缺陷类型在试块上的模拟，有助于验证超声波检测设备对各种缺陷类型的检测能力。

（2）缺陷尺寸模拟

试块上的缺陷按照实际工件中可能出现的尺寸范围进行模拟，包括缺陷的深度、宽度和长度等。通过不同尺寸的缺陷模拟，评估超声波检测设备对不同尺寸缺陷的探测精度和分辨率。

（3）缺陷位置模拟

试块上缺陷的位置也是模拟实际工件的重要方面，通过在试块的不同位置设置缺陷，模拟缺陷在工件中的不同方向、不同角度和不同深度的情况（图 9-11）。这有助于验证超声波检测设备在不同位置和条件下的检测性能。

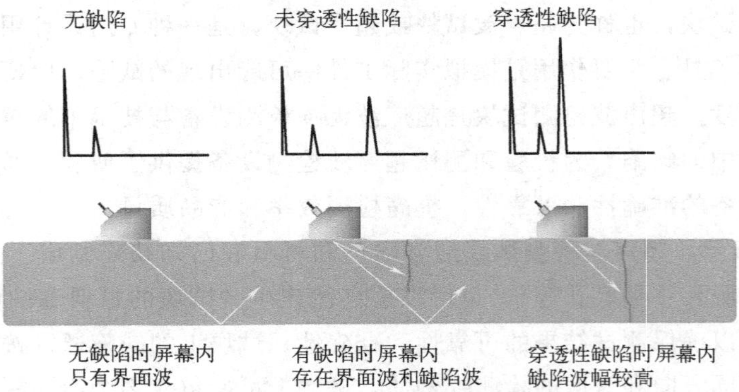

图 9-11 超声波检测试块缺陷位置模拟

（4）材料特性模拟

试块通常采用与实际工件相似的材料制成，以模拟实际工件的材料特性，如声速、衰减、反射系数等，可更准确地评估超声波检测设备在实际工作环境中的性能。

（5）界面条件模拟

试块还可以模拟实际工件中的界面条件，如焊缝、母材与焊缝的界面、多层结构等。这些界面条件对超声波的传播和反射有重要影响，通过模拟这些条件，评估超声波检测设备在实际界面条件下的检测效果。

（6）探头接触模拟

试块的设计可用于模拟实际检测中探头的接触情况，如探头与工件的耦合状态、探头与工件表面的接触压力等。有助于评估超声波检测设备在实际探头接触条件下的检测稳定性和重复性。

（7）检测参数模拟

模拟实际检测中的参数设置，如超声波频率、脉冲宽度、重复频率等。通过调整这些参数，评估不同参数设置对超声波检测设备性能的影响，从而优化检测参数，提高检测效率和准确性。

（8）信号处理模拟

模拟信号处理的过程，如信号放大、滤波、阈值设定等。通过模拟这些信号处理过程，评估信号处理算法对超声波检测信号的影响，从而优化信号处理算法，提高缺陷识别的准确性和可靠性。

9.1.3.4 超声波耦合剂

超声波耦合剂，也被称为干粉耦合剂（稀释后使用）、探伤耦合剂等，是在超声波探伤或测厚过程中，涂抹在被测工件表面的一层透声介质。其主要作用是确保超声波能够有效地从探头传播到被测工件中，并保证探测面上有足够的声强透射率，以达到精确检测的目的。

（1）耦合剂的基本功能

探头与被测工件表面之间往往存在微小的空气层，会阻碍超声波的传播。耦合剂的主要作用就是填充这一空气层，使超声波能够顺畅地从探头传播到工件中。耦合剂的存在确保超声波在被测工件中有更高的声强透射率，从而提高检测的准确性和可靠性。对于使用直接接触法进行检测的情况，耦合剂还可以起到润滑的作用，减小探头与工件之间的摩擦，从而延长探头的使用寿命。

（2）耦合剂的选择与使用

与一些通常用作“耦合剂”的材料（如高温润滑脂、凡士林、机油、发胶等）不同，超声检测专用的耦合剂是经过严格测试的，确保对工件材料是安全的。这是因为，无损检测的一个基本要求是在测试前后，材料不会发生任何损害或变化。耦合剂的流动性和黏度也是选择的重要因素。低黏度的耦合剂通常可以更好地帮助换能器在光滑或机加工表面上轻松移动，从而提高检测的效率和准确性。

（3）耦合剂的应用领域

超声波耦合剂广泛应用于各种需要高精度超声波检测的领域，如航空、航天、石油化工、电力、医疗等行业。在这些领域，耦合剂的存在为超声波的无损检测提供了强有力的支持，帮助确保工件的质量和安全。超声波耦合剂在超声波无损检测设备与技术中起着至关重要的作用。它不仅能够确保超声波有效地从探头传播到被测工件中，还能够提高检测的准确性和可靠性，延长探头的使用寿命，并为各种行业的高质量检测提供坚实的基础。

9.2 射线无损检测

作为五大常规无损检测方法之一的射线检测，在工业上有着非常广泛的应用。X 射线与自然光并没有本质的区别，都是电磁波，只是 X 射线的光量子的能量远大于可见光。它能够穿透可见光不能穿透的物体，而且在穿透物体的同时将和物质发生复杂的物理和化学作用，可以使原子发生电离，使某些物质发出荧光，还可以使某些物质产生光化学反应。如果工件局部区域存在缺陷，它将改变物体对射线的衰减，引起透射线强度的变化，这样，采用特定的检测方法（比如利用胶片感光）来检测透射线强度，就可以判断工件中是否存在缺陷以及缺陷的位置、大小。

9.2.1 射线成像检测

9.2.1.1 射线成像原理

射线成像原理在无损检测技术中，特别是射线检测中，是一个核心的概念。射线成像主要依赖于射线（如 X 射线和 γ 射线）与被检测物体内部物质之间的相互作用。射线具有很高的穿透能力，能够穿透物体的表面深入内部。当射线穿透物体时，会与物质发生多种相互作用，如吸收和散射。这些相互作用导致射线强度的衰减，衰减的程度取决于物质的衰减系数和射线在物质中穿透的厚度。

如果被检测物体（如工件）内部存在缺陷或异物，这些区域的物质组成和结构与周围正常区域不同，因此它们对射线的吸收和散射特性也会有所不同。例如，在焊缝中，如果存在气孔缺陷，气孔内部的空气对射线的衰减系数远低于周围材料的衰减系数。因此，当射线穿透工件时，缺陷或异物所在区域的射线强度会与周围正常区域产生差异。这种差异会在射线检测设备上形成图像，从而显示出物体内部的缺陷或异物。如图 9-12 所示，为了记录这些射线透射的影像，通常会在射线源和被检测物体之间放置感光材料（如胶片或数字探测器）。射线穿透物体后，会在感光材料上形成潜影，然后通过适当的处理（如显影和定影）将潜影转化为可见的图像。对于数字探测器，射线会直接转换为电信号，然后通过计算机处理生成图像。

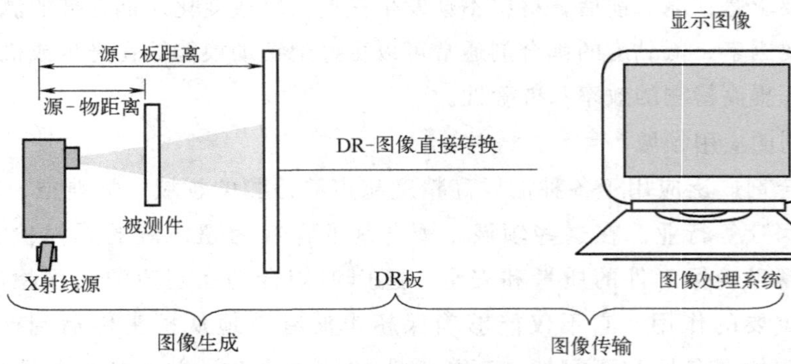

图 9-12 射线检测成像原理

射线成像原理在无损检测中的精度和分辨率受到多种因素的影响，这些因素包括射线源的强度、探测器的灵敏度、设备的放大倍数、管电压、管电流、曝光时间等。射线源的强度直接决定了射线的穿透能力。强度越高，射线能够穿透物体内部的结构越深，从而越能提高检测的精度和分辨率。然而，过高的强度可能导致图像失真，因此需要在保证检测效果的前提下选择合适的射线源强度。探测器是捕捉穿透物体后射线影像的关键部件。灵敏度越高的探测器能够捕捉到的信号越多，图像的清晰度和分辨率也就越高。因此，选择高灵敏度的探测器对于提高射线成像的精度和分辨率至关重要。放大倍数决定了成像系统中物体细节的放大程度。较高的放大倍数可以增加图像的细节信息，从而提高分辨率。过高的放大倍数则会导致图像失真或噪声增加，因此需要在合适的范围内选择放大倍数。管电压和管电流也是射线源的重要参数，它们共同决定了射线的穿透能力和对比度。较高的管电压和管电流提供更强的射线穿透力，但也导致图像噪声增加。因此，需要根据被检测物体的材料和厚度等因素，选择合适的管电压和管电流。曝光时间决定了射线与物体相互作用的时间长度。较长的曝光时间增加射线穿透物体的机会，从而提高图像的对比度和分辨率。然而，过长的曝光时间也会导致图像模糊或失真，因此需要在保证图像质量的前提下选择合适的曝光时间。

为了提高射线成像在无损检测中的精度和分辨率，需要综合考虑射线源的强度、探测器的灵敏度、设备的放大倍数、管电压、管电流和曝光时间等因素，并进行合理的选择和调整。综上所述，射线成像原理主要是通过射线穿透物体并与物质发生相互作用，利用缺陷或异物与周围正常区域对射线衰减系数的不同，从而在感光材料或数字探测器上形成图像，显示出物体内部的缺陷或异物。这种技术广泛应用于工业领域的无损检测中，为产品质量和安全提供了重要的保障。

9.2.1.2 射线成像特点

射线成像可以获得被检测物体内部的直观图像，使得缺陷和异物的位置和形状直接被观察到。射线成像技术对缺陷的定性非常准确，可准确地判断缺陷的类型和性质。除了定性准确外，射线成像还可对缺陷的尺寸进行较为准确的定量测量，如长度和宽度等。射线检测的结果可以直接记录，并长期保存，便于后续的分析和比对。射线成像对体积型缺陷（如气孔、夹渣等）的检出率非常高，对于保证产品质量和安全具有重要意义。

虽然射线成像具有很多优点，但也存在一些局限性。例如，对于面积型缺陷（如未焊透、未熔合等），如果照相角度不适当，则会漏检。同时，射线成像对于较厚的工件检测效果较差，因为需要高能量的射线设备，而且随着厚度的增加，其检验灵敏度也会下降。此外，射线成像技术需要用到专业的射线设备和感光材料，因此其检测成本相对较高。此外，射线成像涉及放射性物质的使用，对操作人员的健康和安全存在一定的潜在危害。因此，在使用射线成像技术进行无损检测时，需要采取必要的辐射防护措施，确保操作人员的安全。

9.2.2 计算机射线成像检测

9.2.2.1 计算机射线成像原理

无损检测技术中的计算机射线成像原理，与数码相机的原理有一定的相似性。利用X射线或其他电磁辐射（如γ射线）穿透被检测物体，射线在穿透过程中，根据物质的密度和厚度等因素产生衰减。穿透物体后的射线会投射到成像板上。成像板类似于数码相机的CCD或CMOS，记录射线的强度分布。成像板上的每个像素点都会记录到相应位置的射线强度信息。成像板上的射线强度信息通过激光扫描仪进行读取，并经过模/数转换，将模拟信号转换为数字信号。然后这些数字信号会进入计算机图像处理系统进行处理（见图 9-13）。

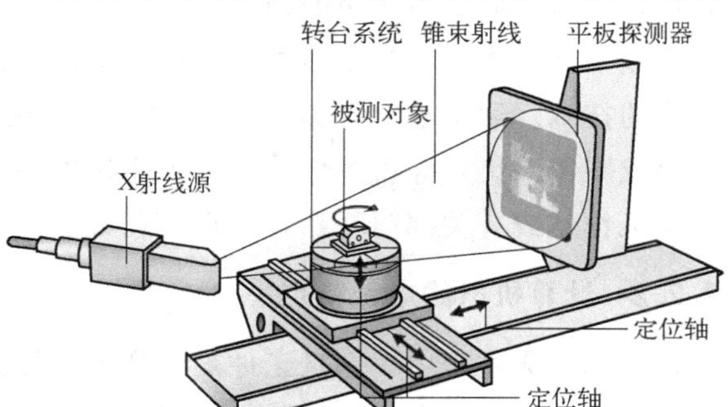

图 9-13 计算机射线成像

在计算机图像处理系统中，通过

一系列算法对数字信号进行处理，如降噪、灰阶对比度调整、影像放大、数字减影等，以改善影像的细节和清晰度。最后，生成清晰的影像，并在荧光屏或其他显示设备上显示出来。数字射线检测技术是在计算机和射线管发展的基础上建立起来的可获得数字化图像的射线检测技术。它是计算机和X射线发生器的桥梁，通过数字射线技术，使得X射线检测更快更简便。

获得数字射线检测图像是数字射线检测技术的基本特征，目前可分成两个部分：间接数字化成像、直接数字化成像。此处，后数字化射线检测技术也是射线检测数字化的重要补充形式。间接数字化射线检测技术是指图像的数字化过程需要作为单独技术环节完成的射线检测技术。现在工业中X射线检测设备主要是采用图像增强器来完成的。它是将X射线透过工件后的信息记录在成像板上，经扫描装置读取，再由计算机生成数字化图像的技术。整个系统由成像板、激光扫描读出器、数字图像处理和储存系统组成。

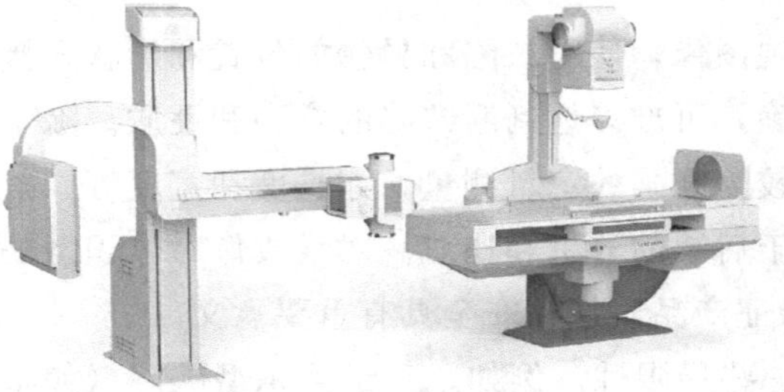

图 9-14 直接数字化射线检测系统

直接数字化射线检测系统主要是指采用分立X射线探测器完成的射线检测技术。如图9-14所示，它包括平板探测器、线阵成像器等。这些成像器在X射线检测设备中完成图像数字化过程。平板探测器与胶片的处理过程不同，在每次检测期间，不必更换胶片，仅仅需要几秒钟的数据采集，就可以在计算机上观察到图像，检测速度和效率大大高于胶片成像技术。成像质量优于图像增强器，不仅成像区均匀，没有边缘几何变形，而且空间分辨率和灵敏度要高得多，其图像质量已接近或达到胶片照相水平。平板探测器是目前市面上X射线检测设备使用较多的成像组件。适用场景广泛，可用于离线设备，也可用于在线设备，在线使用过程中采用间歇式的检测方式也可以很好地对接企业产线，提高检测效率。线阵成像是X射线检测设备发出的X射线穿过被检工件，被线阵成像器接收，然后将X射线直接转换成数字信号，最后传送到图像采集控制器和计算机中。每次扫描线阵成像器所生成的图像仅仅是很窄的一条线，为了获得完整的图像，必须使被检工件做匀速运动，同时反复进行扫描。所以，线阵成像器适用于匀速运动中的物体，比如安检机，它是一种流水线式检测。计算机将多次扫描获得的线性图像进行组合，最后在显示器上显示出完整的图像。

后数字化射线检测技术是通过采用图像数字化扫描装置将射线照相底片图像转换为数字图像的技术。运用数字射线检测技术，可以建立射线检测技术工作站。在检测工作现场，完成图像采集，并将图像传输到工作站中心。在工作站中心完成检测后期工作，并可与其他工作站或有关部门联系，实现信息交换等。

9.2.2.2 计算机射线成像特点

在实际检测过程中，一旦工件被送到检测位置，可以立即获得透视图像，这使得检测速度非常快，工作效率比传统的射线照相技术高出很多。该技术不使用胶片，不需要处理胶片的化学药品，检测结果可以转换为数字化图像，并使用光盘等存储器进行存储。这使得图像的存储、调用和传输比传统的底片更加方便。

尽管计算机射线成像具有许多优点，但其图像质量，特别是空间分辨率和清晰度，通常低于胶片射线照相。图像增强器体积较大，使得检测系统应用的灵活性和适用性可能不如传统的射线照相装置。此外，设备的初始投资可能较大。虽然比胶片照相速度快，但不能直接获得图像，必须将成像板放入读取器中才能得到图像。与传统的 X 射线成像相比，数字化 X 射线形成的数字化图像所需的 X 射线剂量较少。这意味着它能用较低的 X 线剂量得到高清晰的图像，同时也降低了患者受 X 射线辐射的危害。

9.2.3 计算机层析成像检测

9.2.3.1 计算机层析成像检测原理

无损检测技术中的计算机层析成像检测，通常指计算机断层扫描（computed tomography，CT）。其检测原理基于射线投影的思想，并通过计算机进行图像重建，是由低维投影数据重建高维目标的一项技术，最早由 Cormack 于 1963 年提出，在医学上起到了划时代的作用。但由于计算机水平和探测器技术水平的限制，直到 20 世纪 90 年代，层析投影成像理论才开始应用于成像光谱技术。

CT 检测是通过射线探测获取目标图像的三维信息（x，y，λ），它将经探测系统视场光阑的目标看成是一个具有二维空间信息（x，y）和一维光谱信息（λ）的数据立方体，先利用成像系统记录数据立方体在不同方向上的投影图像，再利用 CT 重建算法重建出三维数据立方体。CT 图像重建算法的理论基础是 Radon 变换和中心切片定理（central slice theorem，又称 Fourier 切片定理）。Radon 变换是一种直线积分的投影变换，设二维目标的分布函数为 $f(x, y)$，则 Radon 变换的函数值为 $f(x, y)$ 在投影线上的直线积分，记为 $P_\alpha(\rho)$

$$P_\alpha(\rho)=\int f(x,y)\mathrm{d}l \tag{9-2}$$

式中，投影角 α 为投影线与 y 轴的夹角；ρ 为投影变换的坐标。根据这一理论，计算机层析成像检测一般分为如下几个过程。

① 射线源与物体交互：利用具有一定能量的射线源（如 X 射线或 γ 射线）对物体进行断层扫描。射线在穿过物体的过程中，会因物质的吸收和散射而发生衰减；

② 探测器获取投影数据：在物体的周围或对面设置探测器，用于接收穿过物体后的射线。这些探测器可以测量射线的强度或衰减程度，从而得到物体在不同角度下的射线投影数据；

③ 计算机图像重建：将探测器获取的投影数据输入计算机，并利用特定的图像重建算法进行处理。这些算法通常基于射线投影定理，通过迭代计算或解析方法，从多个角度的投影数据中重建出物体的三维结构；

④ 图像显示与后处理：经过重建算法处理后的图像可以在显示设备上显示，如计算机屏幕或医学影像设备。同时，还可以对图像进行进一步的后处理，如增强、滤波、窗宽窗位调整等，以提高图像的质量和可视化效果。

不同的材料有不同的 X 射线衰减系数，使得射线成像成为可能。在 CT 图像中，X 射线衰减系数表征为不同的CT灰度值（或伪彩色）。传统的X射线照相是对三维物体从一个方向进行X射线透射，射线投影反映的是射线路径上累积的相应信息。相反，在CT扫描过程中是以不同投影角度获取多个X射线投影；实际的切片或体征数据是从这些射线投影中重建出来的。与X射线照相相比，CT扫描的本质优势在于保存了完整的体积信息。CT图像（二维CT切片或三维CT体数据）定量表征样品中各位置的体元（体素）的X射线线衰减系数，该X射线线衰减系数为其对应位置有限体积内的平均值。

线衰减系数表征了在扫描过程中X射线在物体中传播路径单位长度上的衰减程度。X射线的衰减是X射线与物质多种效应相互作用的结果，其中康普顿散射和光电吸收在X射线CT中起主要作用。线衰减系数取决于材料的原子序数，并与相应的材料密度成正比；同时，线衰减系数还取决于X射线束的能量。

9.2.3.2 计算机层析成像特点

CT扫描提供了极高的图像分辨率，使得研究人员能够清晰地看到物体内部的细微结构，这对于缺陷的精确检测非常有帮助。CT扫描是一种非侵入性的检查方法，不需要切开或破坏被检查物体就可以获得内部的断层图像。这使得它成为工程检测领域常用的检测手段。CT扫描可以在短时间内获取被检查物体的多个断层图像，这些图像可以从不同角度、不同层面展示物体的内部结构，提供更全面的检测信息。此外，CT扫描的适用范围非常广泛，通过调整扫描参数和图像处理算法，CT扫描还可以适应不同缺陷的检测需求。

CT是一种间接的检测和测量方法，CT成像的一个潜在劣势是数据中可能出现伪像。伪像限制了从图像中定量提取信息的能力，因此，与其他检测技术一样，使用者应主动识别并减少常见伪像带来的影响。与其他成像系统一样，CT系统不能再现被扫描物体的完全精确图像，这是因为CT图像很大程度上受到成像系统空间分辨率、统计噪声和伪像等因素的影响，除非有先验信息，否则CT灰度值不能明确地用于识别未知材料，因为对于某一位置测量得到的实验数值可对应于一个广泛的材料范围。

9.2.4 中子成像

9.2.4.1 中子照相检测原理

中子照相检测的原理是利用中子束穿过物体时在强度上的衰减变化来对被测物体进行透视成像。当中子束入射到物体上时，会与物体内的原子核发生相互作用，如散射、吸收等，导致中子束强度衰减。这种衰减程度与物体内部材料的空间分布、密度、各种缺陷等综合信息有关。中子在物质中主要通过与原子核的作用来实现穿透和与物质相互作用。当中子进入材料后，会与材料中的原子核发生弹性散射或非弹性散射以及吸收等作用。

中子成像系统主要由中子源、准直器、探测器等组成，如图9-15所示。中子源发出的中子经过准直器准直后入射到被检测物体上，中子与物体原子核发生俘获和散射等核反应导致发生衰减，衰减后的中子空间分布被像探测器接收形成被检物体的透射投影图像。中子射线衰减规律符合经典的Lambert-Beer定律：

$$I=I_0^{-\varepsilon x} \tag{9-3}$$

式中，I为透射中子束强度，个/(cm^2·s)；I_0为入射中子束强度，个/(cm^2·s)；ε

为中子衰减系数，cm^{-1}；x 为沿着中子束方向样品的厚度，cm。

中子吸收截面（crosssection）描述了中子与物质相互作用的强度。如图 9-16 所示，吸收截面通常用符号 σ 表示，单位为 barn（$1barn=10^{-24}cm^2$）。中子的吸收截面与中子的能量有关。中子照相检测中，还可以利用物质对中子的衍射现象来获取有关物质内部结构的信息。衍射是中子与晶体中的原子相互作用而产生的。根据布拉格衍射定律，衍射角 θ 与晶格常数 d 及入射波长 λ 有关。

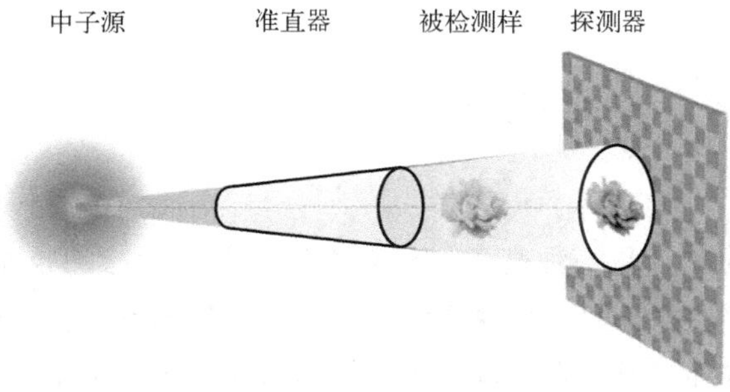

图 9-15　中子成像系统

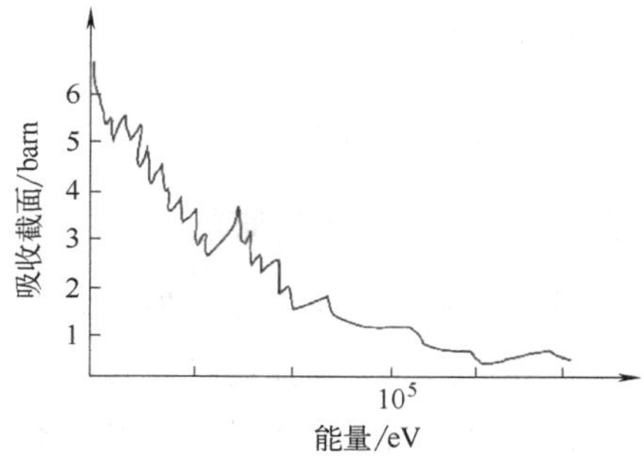

图 9-16　中子吸收截面曲线

与 X 射线不同，中子仅与原子核相互作用，如图 9-17 所示。因此，热中子的衰减模式与 X 射线不同。X 射线的衰减随着原子序数的增加而不断增加，而热中子的衰减与原子序数之间没有显著的相关性。与 X 射线摄影术相比，此功能为中子射线照相术提供了许多有用的应用。例如，热中子在 H、C 等元素中的高衰减将使它们被遮蔽，而高原子质量的材料（例如铁和铅）则容易被中子穿透。在 X 射线检查的情况下，H、C 等轻元素可以被穿透，而铅等重金属则会被遮盖。因此，中子射线照相术被广泛用于诸如在重金属屏蔽层内检查的情况。此外，中子衰减的差异可用于识别相邻元素之间具有相似 X 射线衰减的特定元素。此功能还可用于识别同位素。

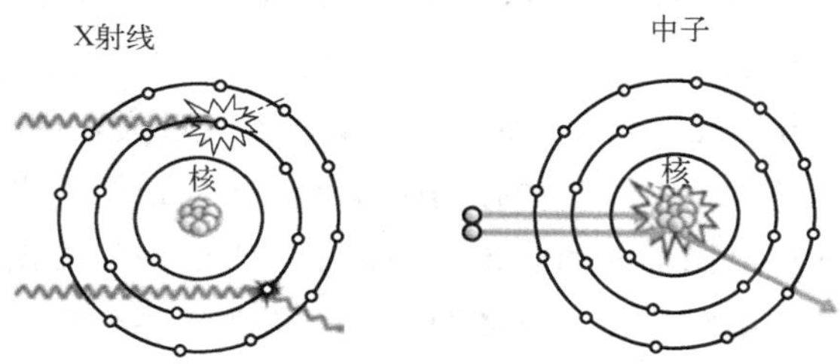

图 9-17　X 射线和中子与物质相互作用

9.2.4.2　中子照相检测特点

中子对物质的穿透能力较强，能够穿透较厚的物体，实现对其内部结构的检测，包括金属、陶瓷、聚合物等，甚至是较厚的样品。因此，中子照相检测可以对材料的整体结构进行全面的检测，不受样品厚度的限制。与 X 射线不同，中子与物质的相互作用与元素的原子序数相关，对轻元素更为敏感。这使得中子照相检测在检测轻元素如氢、锂等的含量和分布方面具有优势，对于生物材料、聚合物以及含氢材料的研究和分析尤为重要。中子是中性粒子，不带电荷，也不具有自旋，因此在与物质相互作用时不受库仑力或磁场的影响。这使得中子照相检测能够直接观察到样品内部的真实结构，不受表面电荷或磁场的影响。中子具有波长与原子尺度相近的特点，因此对于晶体结构的分析更为敏感。中子照相检测可以通过衍射技术，直接观察到晶体的结构信息，包括晶格参数、晶面取向等，为材料的结晶性质提供了重要信息。

中子照相检测通常使用反应堆或大型加速器作为中子源，产生高能中子束。中子束穿透物体后，被探测器接收并转换为电信号，经过放大、数字化处理后形成图像。由于中子照相具有独特的优势，因此在航空航天、核工业、材料科学等领域得到了广泛应用。然而，中子照相检测也存在一些挑战和限制。例如，中子源的获取和维护成本较高，设备体积庞大，难以实现工业现场检测。此外，中子照相的图像质量和分辨率也受到一些因素的影响，如中子束的稳定性、探测器的性能等。因此，在实际应用中，需要根据具体需求和条件选择合适的中子照相技术。

9.2.5 热红外检测

9.2.5.1 热红外检测原理

热红外检测，也称为红外热成像无损检测，是一种基于红外辐射原理的无损检测技术。其基本原理是，当物体的温度与环境温度存在差异时，会在物体内部产生热量的流动。红外热成像无损检测通过测量物体表面发出的红外辐射，来获取物体内部的温度分布和热量流动情况，从而实现对物体内部结构和缺陷的检测。热红外检测基于热传导理论和红外辐射原理。一切温度高于绝对零度的物体都会发出红外辐射，其辐射强度与物体的温度、表面发射率以及波长有关。当物体内部存在缺陷时，如裂纹、孔洞或夹杂物等，这些缺陷会影响热量的传导路径，导致热量在缺陷处堆积或散失，进而改变物体表面的温度分布。

高于绝对零度的任何物体都会不停地向外界发射电磁波，红外热成像无损检测技术是建立在电磁辐射和热传导理论基础上的一门无损探伤技术。根据物体辐射的特点可以将物体分为绝对黑体和灰体两类，被检测物体辐射都属于灰体辐射。灰体辐射总辐射强度等于同一温度黑体的总辐射强度乘以灰体的发射系数，即灰体辐射满足斯特藩-玻尔兹曼定律。

$$W=\varepsilon\sigma T^4 \tag{9-4}$$

式中，ε 为灰体发射系数；σ 为斯特藩-玻尔兹曼常数；W 为物体辐射强度；T 为物体热力学温度。红外热成像无损检测技术正是利用这个公式，通过红外热成像仪接收来自物体的辐射，从而测定物体表面的温度场分布，然后根据温度场的异常分布情况来识别物体内是否存在缺陷。因此，物体具有不同的温度和发射系数，红外热成像仪接收来自物体的辐射，便可测定物体表面的温度场分布。

热量从物体内温度较高的部位传递到温度较低的部位，或从温度较高的物体传递到与之接触的另一个温度较低的物体，此热传递过程称为热传导。物体内部产生导热的起因在于物体各部分之间具有温度差，所以只要确定物体内部温度场，根据傅里叶定律就能确定物体内的热流。

$$q(r,t)=-\lambda\ \nabla T(r,t) \tag{9-5}$$

式中，$q(r,\ t)$ 为单位面积上在温度降低方向上单位时间的热流量；λ 为被测物体热导率；$T(r,\ t)$ 为被测物体内空间、时间温度分布。上式揭示了热流量与温度之间的关系，对于稳态场和非稳态场都适用。在给定温度梯度的条件下，热流的大小正比于物体的热导率。因此，在热传导分析中，物体的热导率是一个很重要的参数，它直接影响物体内热流的大小。各种工程材料的热导率悬殊，最大的是纯金属，最小的是气体和蒸汽，非结晶绝缘体和无机液体的热导率介于两者之间。

如图 9-18 所示，红外热成像仪通过接收物体发出的红外辐射，将其转换为电信号，进而在显示设备上以图像的形式展示物体表面的温度分布。这些图像可以直观地反映出物体内部结构和缺陷的分布情况。例如，当物体内部存在隔热性缺陷时，缺陷处会出现温度高的局部热区；而当物体内部存在导热性缺陷时，缺陷处会出现温度较低的局部冷区。为了提高检测灵敏度，有时需要对被检测物体施加外部热源（如激光、热风等），以产生热激励。当物体受到热激励时，其内部结构和缺陷会对热量产生不同的响应，从而在红外热成像图上产生明显的温差或热流动痕迹。通过分析热响应信息，可以进一步推断出物体内部的结构和缺陷情况。

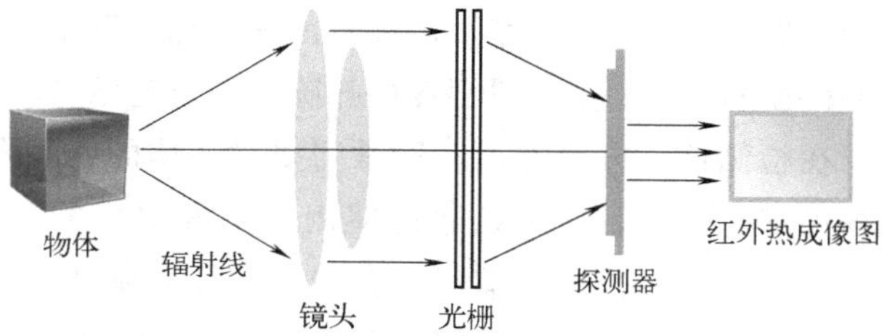

图 9-18 红外热成像原理

9.2.5.2 热红外无损检测的特点

热红外无损检测是红外热成像视觉检测的一种形式，适用于所有金属和非金属材料的检测，包括飞机纤维增强复合材料结构和表面涂层内部脱落或腐蚀的在役检测等。与传统的损伤检测方法相比，热红外无损检测速度非常快，每次检测通常只需数十秒钟，从而大大提高了检测效率。检测面积可以根据硬件和被检测对象进行调节，这意味着该技术可在更大的范围内进行无损检测。热红外无损检测是一种非接触性的检测方法，这意味着可以在不直接接触被检测物体的情况下进行，从而避免了物理损伤和污染。红外热成像无损检测技术能够以图像的形式直观地展示物体表面的温度场分布，而且图像可以直接存储和传输，便于后续的分析和处理。该技术不仅可以进行定性分析，还可以进行定量测量和特征识别，从而更准确地确定物体内部的结构和缺陷情况。这些特点主要得益于红外热成像理论以及电磁辐射和热传导理论的应用。当物体内部存在缺陷时，会在有缺陷区和无缺陷区形成温差，这个温差与物体材料的热物理性质、缺陷的尺寸、距表面的距离及其热物理性质都有关。红外热成像仪通过接收来自物体的辐射，可以测定物体表面的温度场分布，进而根据温度场的异常分布情况来识别物体内是否存在缺陷。

由于红外检测具有非接触性、可视化、实时性强等特点，因此在航空航天、电力、建筑等领域得到了广泛应用。同时，随着红外成像技术的发展和图像处理算法的不断完善，热红外检测在无损检测领域的应用前景也将更加广阔。同时，随着技术的不断发展，红外热成像无损检测技术的灵敏度和分辨率也将不断提高，进一步推动其在无损检测领域的应用。

9.2.5.3 热红外检测误差与修正

热红外检测误差与修正是一个重要的环节，因为它直接关系到检测结果的准确性和可靠性。误差可能来源于多个方面，包括但不限于被测物体的表面特性、环境条件、仪器性能以及数据处理方法。不同的材料表面发射率不同，而发射率直接影响到红外辐射的测量。如果被测物体的表面发射率未知或变化，那么测量的温度值就可能存在误差。环境温度、风速、湿度等都会影响红外辐射的传播和物体的热平衡状态，从而影响测量结果。红外热成像仪的性能，如灵敏度、分辨率、测温范围等，都会直接影响测量结果的准确性。数据处理过程中可能存在的误差，如背景温度的扣除、辐射定标等，都可能引入新的误差。

在检测修正方法方面，通常需要对物体的表面发射率进行估计或测量，并在数据处理过程中进行修正。这可以通过使用已知发射率的参考物体或采用多波长测量等方法来实现。在可能的情况下，应尽量在稳定的环境条件下进行测量，如使用风屏、控制室内湿度等。此外，也可以通过数据处理方法来消除环境条件的影响，如使用温度-辐射校准函数等。定期对红外热成像仪进行校准和维护，确保其性能稳定可靠。此外，还可以采用多仪器比对、交叉验证等方法来评估仪器的性能。在数据处理过程中，应采用适当的算法和参数设置，以减少误差和提高准确性。例如，对于背景温度的扣除和辐射定标，应选择合适的方法和参数。

热红外检测误差与修正是一个复杂的过程，需要综合考虑多个方面的因素。在实际应用中，应根据具体的测量要求和条件，采取合适的方法和技术手段来降低误差，提高测量的准确性和可靠性。此外，随着红外热成像技术的不断发展，相信未来会有更多更先进的误差修正方法和技术手段出现，进一步提高热红外检测的准确性和可靠性。

9.2.6 射线无损检测应用

9.2.6.1 射线成像检测应用

（1）X 射线成像检测涂层均匀性

X 射线成像技术可以用来检测功能涂层在表面上的均匀性。通过投射 X 射线束，可以观察到涂层的密度分布情况，从而评估涂层的均匀性。如果涂层的密度分布不均匀，可能会导致功能涂层在使用过程中出现性能不稳定的问题。

（2）X 射线光电子能谱分析涂层成分

X 射线光电子能谱（XPS）技术可以用来分析涂层的成分。通过检测 X 射线与涂层表面相互作用时发生的光电子发射，可以确定涂层中元素的种类和含量，有助于评估涂层的配方是否符合要求，以及涂层与基材之间的界面反应情况。

9.2.6.2 计算机射线成像检测应用

透射电子显微镜可以用来观察功能涂层的微观结构，包括涂层中颗粒的分布、晶粒的形态以及涂层与基材之间的界面结合情况等，有助于评估涂层的结构性能和稳定性。

9.2.6.3 计算机层析成像检测应用

（1）CT 扫描检测涂层与基材之间的黏附情况

计算机断层扫描（CT）技术可以提供关于涂层与基材之间黏附情况的详细信息。通过 CT 扫描，可以观察到涂层与基材之间的界面情况，例如是否存在气泡、裂纹或者未黏附的区域，对于评估涂层的质量和性能至关重要。

（2）涂层缺陷检测

功能性涂层在制造过程中可能出现各种缺陷，如气泡、裂纹、夹杂等。CT 技术可以帮助检测涂层内部的缺陷，以及涂层与基材之间的界面缺陷。例如，在电子设备制造业中，CT 扫描可以用于检测电路板表面的涂层缺陷，以确保产品的性能和可靠性。

9.2.6.4 中子成像检测应用

(1) 功能涂层内部结构分析

涂层通常包含多层结构或复杂的组分，中子成像可以帮助分析涂层内部的结构和组分分布。例如，可以通过中子成像确定涂层中金属、陶瓷或聚合物等组分的分布情况，以及可能存在的孔隙或缺陷。

(2) 涂层与基材的界面分析

中子成像技术还可以用于分析涂层与基材之间的界面情况。界面处的材料性质往往对涂层的性能和寿命有重要影响。通过中子成像，可以观察界面处的结合情况、是否有界面反应产物生成等，从而评估涂层的附着力和稳定性。

9.2.6.5 热红外检测应用

(1) 涂层老化与失效分析

涂层在使用过程中可能会受到环境因素的影响而发生老化或失效。通过红外热成像技术，可以检测涂层表面的温度变化和分布情况，从而评估涂层的老化程度和失效模式，对于预测涂层的寿命和采取相应的维护措施具有重要意义。

(2) 涂层材料热性能分析

不同材料的热性能存在差异，这可以通过红外热成像技术进行检测和分析。例如，通过测量涂层在不同温度下的热传导系数、热膨胀系数等参数，可以了解涂层的热稳定性和耐热性能，对于评估涂层在高温环境下的使用性能具有重要意义。

9.3 电磁波无损检测

电磁波无损检测技术基于电磁波在介质中的传播、反射、折射、透射、散射等物理现象。当电磁波与被检测物体相互作用时，其传播特性将发生变化，这些变化与物体的内部结构和性质密切相关。通过测量和分析电磁波的变化情况，可以获得被检测物体的内部结构、缺陷位置、大小及性质等信息。

9.3.1 电磁波与涂层的相互作用

9.3.1.1 电磁波接触与反射

在电磁波无损检测技术中，电磁波与涂层之间的相互作用是一个复杂而关键的过程。这种相互作用主要涉及电磁波的反射、吸收和散射等机制。为了详细解释这一过程，我们首先需要了解电磁波的基本特性及其与物质相互作用的基本原理。

电磁波如光波、无线电波、微波等，是由变化的电场和磁场相互作用而产生的。当电磁波遇到物质时，如涂层，其传播方向、强度和相位都可能发生变化。这种变化取决于物质的电导率、介电常数、磁导率以及涂层的厚度、结构等因素。在电磁波与涂层的相互作用中，反射机制是一个重要方面。当电磁波到达涂层表面时，部分电磁波会被反射回去，部分则会进入涂层内部。反射的程度取决于涂层的反射率，而反射率又受到涂层表面结构、材料特性和电磁波波长、频率等因素的影响。例如，某些涂层材料具有低反射率，可以反射大部分高频电磁波，从而实现隐形效果。

除了反射外，吸收机制也在电磁波与涂层的相互作用中起着重要作用。涂层材料可以吸收部分电磁波并将其转化为热能。吸收的程度取决于涂层的材料特性，如导电性能、介电常数和磁导率等。一些特殊的材料，如超导材料和纳米材料，具有高吸收率，可以在某些频段内吸收大量电磁波。另外，当电磁波透过涂层时，还会发生散射现象。由于涂层中存在不均匀分布的颗粒，电磁波在传播过程中会受到散射、界面反射和颗粒透射等效应的影响。这些效应会导致电磁波在混合媒质中传播时其相位发生不同程度的改变。当空气-涂层界面和涂层-金属基底界面的反射电磁波存在相位差时，可能会发生干涉现象。在相位差达到一定的数值时，就会发生共振吸收现象。

对于纳米晶体涂层，其性质与体相材料有很大不同，具有大量的表面缺陷。当电磁波与纳米晶体相互作用时，会产生强烈的散射现象。散射的结果使电磁波的传播方向发生改变，频率也会有微小的改变，这导致共振吸收现象变得更加复杂。总结来说，电磁波与涂层之间的相互作用涉及反射、吸收和散射等多种机制。这些机制共同决定了电磁波在涂层中的传播特性和与涂层的相互作用方式。在电磁波无损检测中，了解这些相互作用机制对于准确检测涂层的质量和厚度等关键参数至关重要。

9.3.1.2　电磁波穿透

在电磁波无损检测技术中，电磁波的穿透能力是一个核心特性。穿透能力与电磁波的波长、能量、物质的性质以及电磁波传播的路径密切相关。首先，我们考虑电磁波的波长。当电磁波的波长远大于物质的尺寸或分子间距时，它与物质分子或结构之间的相互作用会相对较少。这种情况下，电磁波能够较为容易地穿透物质，因为物质中的分子或结构不足以有效地阻挡或吸收电磁波的能量。其次，电磁波的能量也决定了其穿透能力。高能量的电磁波具有更强的穿透力，因为它们有足够的能力克服物质分子或结构之间的相互作用力。低能量的电磁波则更容易被物质吸收或散射，从而限制其穿透深度。

物质的性质对电磁波的穿透性也有重要影响。不同物质对电磁波的吸收、反射和散射特性各不相同。例如，金属等导电性强的物质对电磁波具有较强的反射能力，因此电磁波在金属表面很难穿透。相反，一些非金属或绝缘材料对电磁波的吸收能力较弱，允许电磁波更深地穿透。最后，电磁波传播的路径也会影响其穿透能力。如果电磁波在传播过程中遇到了多层不同性质的材料，每一层材料都可能对电磁波产生反射、吸收或散射作用。这些相互作用会导致电磁波能量逐渐衰减，从而限制其穿透深度。

在电磁波无损检测中，穿透能力是一个关键参数。例如，在透射式无损检测中，通过测量电磁波在材料中的传播速度和衰减程度，可以评估材料的内部缺陷和损伤情况。穿透能力越强，电磁波能够深入材料内部检测到的信息就越多，从而提高了检测的准确性和可靠性。总结来说，电磁波的穿透能力取决于其波长、能量、物质的性质以及传播路径。了解这些影响因素对于设计和优化电磁波无损检测技术至关重要。通过调整电磁波的频率、选择合适的检测材料和优化检测路径，可以提高电磁波的穿透能力，从而提高无损检测的准确性和可靠性。

9.3.2 电磁波无损检测分类

9.3.2.1 涡流检测

涡流检测是一种利用电磁感应原理来进行无损检测的方法。在涡流检测中，高频电磁场被用来在导电材料（如金属）中产生涡流。这些涡流的变化可以反映材料的物理和化学性质，从而用于评估材料的质量、检测缺陷或损伤。涡流检测的基本原理是当一个交变磁场靠近导电材料时，会在材料表面和近表面层产生涡流。这些涡流的方向和大小与磁场的变化密切相关。如果材料中有缺陷或损伤，涡流的形态和分布会受到影响，从而导致涡流阻抗的变化（见图 9-19）。当高频电磁场（通常由检测线圈产生）接近金属材料时，会在材料表面和近表面层内产生涡流。这些涡流与原始磁场相互作用，形成一种电磁场。当金属材料中存在缺陷（如裂纹、夹杂、腐蚀等）时，这些缺陷会改变涡流的分布和流动模式。缺陷可能导致涡流局部集中或分散，从而影响涡流的整体形态和强度。检测线圈用于产生磁场并检测涡流的变化。

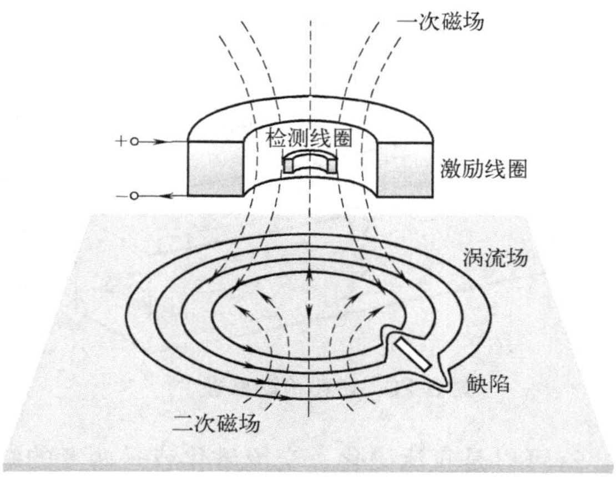

图 9-19 涡流检测原理

当涡流因缺陷而发生变化时，线圈会感受到这种变化并产生相应的信号。这些信号可以通过涡流检测仪器进行测量和分析。涡流检测仪器会接收并处理检测线圈的信号。通过比较正常材料和缺陷材料的涡流响应，可以确定缺陷的存在和位置。此外，通过分析信号的幅度、相位等参数，还可以推断出缺陷的类型和大小。涡流检测仪器通常配备有显示设备，可以将检测结果以图像形式显示出来。操作人员可以根据图像判断缺陷的位置和严重程度，并制定相应的修复措施。

涡流与材料性质密切相关，涡流的强度、分布和衰减速度都与材料的电导率、磁导率和厚度有关。如果材料的电导率或磁导率发生变化（例如由于缺陷或损伤），涡流的这些特性也会随之改变。在涡流检测中，通常使用线圈或传感器来产生和检测磁场及涡流。当线圈靠近待检测材料时，它会在材料中激发出涡流。这些涡流会产生一个反向磁场，这个反向磁场可以被线圈检测到。通过测量这个反向磁场的变化，就可以推断出材料的性质或缺陷的存在。涡流检测的优点是速度快、灵敏度高，适用于大规模生产线的在线检测。然而，它也有一些局限性，比如对深层缺陷的检测能力有限，由于涡流具有趋肤效应，因此涡流检测只能检测表面和近表面的缺陷，而且对非导电材料的检测效果不理想。在实际应用方面，涡流检测广泛应用于金属材料的无损检测，如钢管、钢板、棒材、线材等的质量检测。此外，它还被用于少数石墨、碳纤维复合材料等非金属导电材料的检测。

9.3.2.2 磁粉检测

磁粉检测（简称 MT），也被称为磁性粒子检测，是一种广泛使用的无损检测技术，特别适用于铁磁材料。其原理是基于铁磁材料在磁场作用下表现出的磁特性。当铁磁材料中存在缺陷或材质不均匀时，这些区域会干扰磁场的正常分布，形成所谓的“漏磁场”。磁粉检测正是利用这一现象来揭示这些潜在的缺陷。

铁磁性材料工件被磁化后，存在不连续，使工件表面和近表面的磁力线发生局部畸变而产生漏磁场，吸附施加在工件表面的磁粉，在合适的光照下形成目视可见的磁痕（图 9-20），从而显示出不连续性的位置、大小、形状和严重程度，又称磁粉检验或磁粉探伤，属于无损检测五大常规方法之一。磁粉检测的核心原理是磁感应。当对铁磁材料进行磁化时，材料内部的磁感应线会重新排列。如果材料中存在缺陷，如裂纹、夹杂物或材料的不连续性，磁感应线会在这些区域发生畸变，形成所谓的“漏磁场”。这些漏磁场会从材料表面逸出，形成一个可以被检测到的磁场信号。

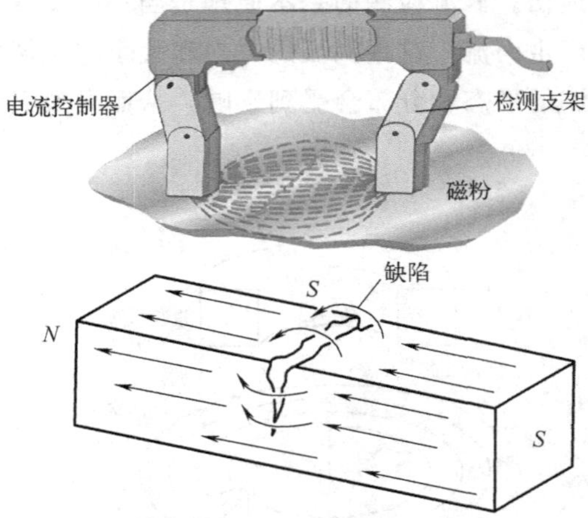

图 9-20 磁粉检测原理

磁粉检测首先需要对铁磁材料进行磁化，这通常通过应用一个强大的磁场来完成。这可以是直流磁化、交流磁化或是两者的结合。在磁化之后，会在材料表面施加一层薄薄的磁粉。这些磁粉可以是干粉或悬浮在液体中的湿粉。磁粉会在漏磁场的作用下被吸引到缺陷处，形成可见的磁痕。这些磁痕就是缺陷的视觉指示，它们的位置和形状可以揭示缺陷的类型和严重程度。观察并记录磁痕的位置和形状，对缺陷进行定性和定量分析。在某些情况下，可能需要对检测后的材料进行退磁处理，以避免材料在后续使用过程中出现磁化问题。

磁粉检测的优点是直观、简便、成本低廉，能够检测铁磁材料表面的近表面缺陷。但不足之处是对于非铁磁材料或非表面缺陷，磁粉检测不适用。此外，对于小型的或深埋的缺陷，可能难以检测到。磁粉检测广泛应用于各种领域，包括但不限于航空航天、兵器、船舶、火车、汽车、石油、化工、锅炉压力容器、压力管道等。在这些领域中，磁粉检测对于确保设备的安全性和可靠性至关重要。

9.3.3 电磁波无损检测应用

在飞机制造过程中，这项技术可以用来检测飞机结构中的裂纹、腐蚀、疲劳损伤等。例如，涡流探头可以通过表面扫描来检测飞机材料表面的小裂纹和腐蚀点。这将有助于及早发现结构中可能存在的潜在问题，避免事故的发生。在飞机维修中，涡流检测技术也被广泛应用。例如，当飞机在维修厂进行大修时，涡流探头可以用来检测飞机结构中的隐蔽裂纹或疲劳损伤，以确保修复后的结构没有潜在的缺陷。这对于保障飞机的安全性和可靠性至关重要。此外，电磁波无损检测技术还可用于检测飞机材料中的金属疲劳。通过在材料表面放置涡流探头，检测材料中可能存在的疲劳裂纹，可以及早发现材料的损伤状况，并采取相应的修复措施，从而延长飞机的使用寿命。

在石油和天然气行业中，电磁波无损检测技术被广泛应用于管道和储罐的检测，石油和天然气管道是运输能源的关键设施。电磁波无损检测技术可用于检测管道壁厚度的减薄、腐蚀、裂纹等问题。例如，利用电磁感应原理，可以在管道表面放置传感器来检测管道壁的磁场变化。磁场的变化与管道壁的损伤程度相关，从而可以确定是否存在腐蚀或裂纹等问题。此外，石油和天然气储罐常常面临腐蚀、金属疲劳和焊缝问题。电磁波无损检测技术可用于检测储罐壁的腐蚀、裂纹及其他损伤。例如，通过使用涡流检测技术，可以在储罐壁表面扫描涡流探头，检测出壁厚变化、焊接缺陷和腐蚀点。

金属材料在生产和使用过程中可能出现裂纹，这对材料的强度和可靠性造成潜在威胁。电磁波无损检测技术可以用来检测金属材料中的裂纹，无须破坏样品。通过在材料表面放置涡流探头或磁通探头，可以检测到金属内部的裂纹。金属材料在制造过程中，很容易产生夹杂物，如气孔、渣球等。这些夹杂物会削弱材料的强度和可靠性。电磁波无损检测技术可以用来检测和定位金属材料中的夹杂物。例如，通过使用涡流检测技术，可以检测材料表面的电阻变化，从而查明是否存在夹杂物。

思考题

1. 请详细解释功能涂层无损检测的基本原理，并说明其在工业领域中的实际应用场景。举例说明不同类型的功能涂层在汽车制造、航空航天或核能石化等行业中的检测需求。

2. 功能涂层无损检测技术与传统的破坏性检测方法相比有何优势和局限性？请列举具体的例子进行比较，并讨论在不同情况下选择适当的检测方法的考量因素。

3. 功能涂层无损检测中常用的检测方法包括超声波检测、磁粉检测、涡流检测等，请详细描述每种方法的原理、适用范围及其优缺点。

4. 功能涂层无损检测中常见的缺陷类型包括气孔、裂纹、涂层结合不良等，请详细描述每种缺陷类型的形成机制及其对材料性能的影响。此外，在检测过程中如何有效地区分这些缺陷，并提出相应的检测策略？

5. 功能涂层无损检测在实际应用中可能会面临哪些挑战？例如，复杂结构件的检测、高温或高压环境下的检测等，请分别讨论这些挑战并提出相应的解决方案。

参考文献

[1] 夏绪辉，王蕾，张泽琳. 冶金设备绿色再制造技术及应用［M］. 北京：机械工业出版社，2022.

[2] 国家电网有限公司设备管理部. X射线数字成像检测技术及应用［M］. 北京：中国水利水电出版社，2021.

[3] 汪滨，臧德记，孙林，等. 电磁法探测技术在涉水防灾领域中的应用［M］. 北京：中国水利水电出版社，2020.

[4] 傅小明，杨在志，孙虎. 材料制备技术与分析方法［M］. 南京：南京大学出版社，2020.

[5] 闫晓玲. 激光熔覆再制造零件的超声检测［M］. 北京：机械工业出版社，2017.

[6] 黄松岭，孙燕华，康宜华，等. 现代漏磁无损检测［M］. 北京：机械工业出版社，2016.

[7] 王海斗，朱丽娜，邢志国. 表面残余应力检测技术［M］. 北京：机械工业出版社，2013.

10

功能涂层再制造典型案例

教学要求

本章旨在深入探讨功能涂层再制造的实践案例，通过介绍分析部分典型装备零部件表面隐身涂层、隔热涂层、防冰涂层与耐磨耐蚀涂层的再制造典型案例，展示功能涂层再制造技术在解决工程问题中的应用潜力，介绍其在提高零部件利用率、降低维护成本和延长设备寿命方面的重要作用，帮助学生深入理解功能涂层再制造的原理、工艺和应用。

基本要求

1. 了解不同功能涂层再制造技术的应用背景。
2. 掌握部分功能涂层再制造的实践案例。
3. 引导学生思考现有功能涂层再制造技术在不同应用环境中的局限性。

10.1　隐身涂层再制造典型案例

以隐身涂层为代表的特种功能涂层具有耗材属性。在装备服役过程中，隐身涂层长时间经受高温、高速气流的冲刷，强烈的机械振动和快速升降温的热冲击，会出现多种形式的损伤，如脱落、开裂、分层、吸波性能下降等，如图 10-1 所示。例如在沿海地带，隐身涂层易受潮湿盐雾环境腐蚀，在沙漠地区则由于风沙、高温等会加速隐身涂层的龟裂、起泡甚至脱落。此外，装备在进行高速、大机动飞行时，强烈的气流冲击也会影响到隐身

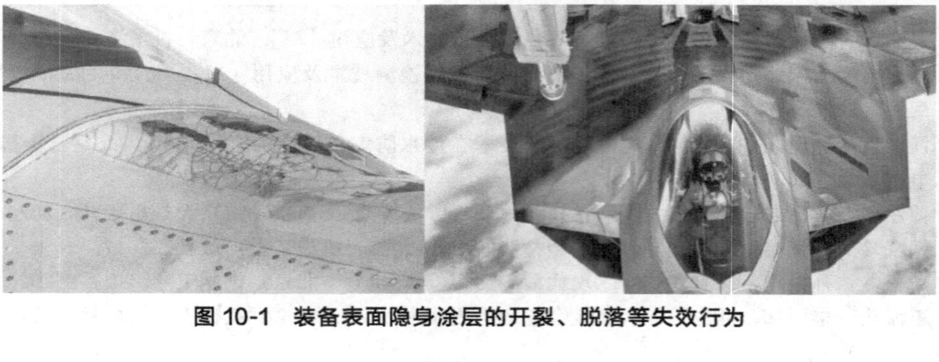

图 10-1　装备表面隐身涂层的开裂、脱落等失效行为

涂层与基体间的结合力。因此，为了保障装备服役过程中的隐身性能，需要定期对隐身涂层开展功能完整性恢复工作。

10.1.1 隐身战机

(1) 世界第一架隐身战斗机——F-117“夜鹰”

F-117“夜鹰”（F-117 Nighthawk）是美国空军的一款隐身战斗攻击机，也是世界上第一款完全以隐身需求而设计的飞机，借助其特殊的外部结构和雷达吸收涂层，该飞机对雷达几乎是隐形的，如图 10-2 所示。

图 10-2 具有不同涂装外表的 F-117

F-117 优异的隐身性能，主要依靠其奇特的外形来实现。传统的飞机是由各种连续的曲面构成的，这样可以保证气流的连贯性。但 F-117 外部蒙皮全部是平面拼起来的，完全没有任何曲面，也没有任何直角。基于此种设计，当雷达电磁波照射到机体上后，不会产生沿原路径返回的反射波。除了镜面反射，还存在电磁波的漫反射，所以隐身飞机除了外形设计，表面还有吸波涂层去尽可能减少雷达波的散射，因此 F-117 率先在飞机上实现了隐身涂层的应用。由于保密，目前这种涂层的具体成分尚不明确，公开信息显示，F-117 隐身涂层是在特殊调制的有机高分子材料中加入了大量的吸波导电颗粒，形成一种具有吸收电磁波特性的材料，最终实现了雷达波的有效吸收。

F-117 隐身涂层的再制造工艺流程十分复杂。因为涂装材料含有剧毒，在进行拆解时，都要先将隐身涂层进行清洗去除，然后喷涂一层其他有机涂层，如图 10-3 所示。大部分飞机表面涂层去除都选用喷砂去除，但因为 F-117 采用了特殊的复合材料蒙皮，去除表面隐身涂层过程中需要额外小心。因此，区别于普通的喷砂去除，F-117 隐身涂层清洗去除工艺中使用了一种碳酸氢钠晶体作为去除介质。

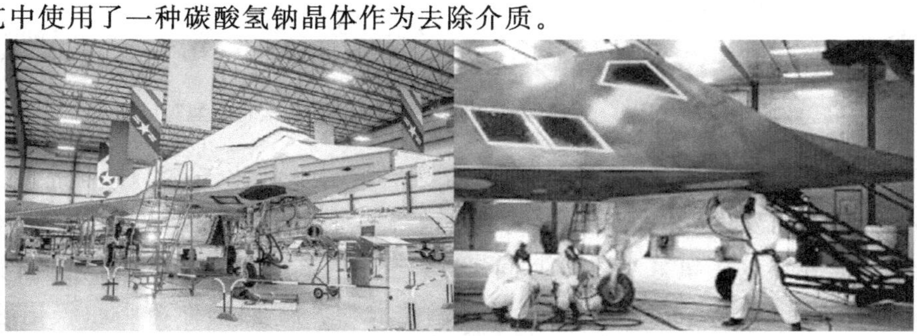

图 10-3 正在重新涂装的 F-117

虽然这种方法利于减小蒙皮表面的损伤，但是这给操作人员造成了极大的困扰。在涂层清洗去除过程中，为了防止细小颗粒的吸入，操作人员必须穿上厚重的防化服，并且要确保防化服没有任何的破损。由于隐身涂层为多层结构，故需要操作人员进行精细化除漆，从机体上将隐身涂层一层一层剥离。隐身涂层的清洗去除过程中还需要不断清理地面，将已经被粉碎的涂层碎片冲刷干净。由于进气道内壁也涂有隐身涂料，故操作人员需要钻进去进行清洗，中间需要反复进行数次才能保证内壁清洗干净，并且由于需要钻进进气道，故防化服有被扯破的风险。整个去除过程充满着各种危险，因此，F-117也被冠以“Toxic Death”的称号，如图10-4所示。

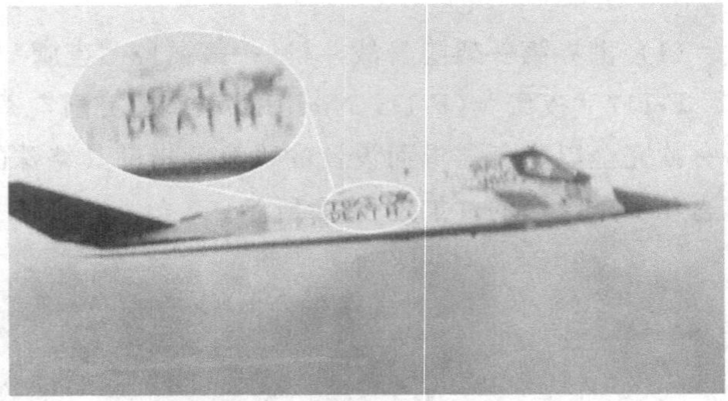

图 10-4 F-117 重新涂装前表面的“Toxic Death”字样

F-117 隐身涂层的性能恢复工作主要靠使用 RAM（辐射吸收材料）毡。将液态 RAM 涂层材料喷涂在极细的金属网上，凝固后就成了轻薄可弯曲的薄片，依照机身裁切出合适的形状，然后粘贴到蒙皮表面，最终完成隐身涂层再制造，实现战机的隐身性能恢复。

（2）隐身战略轰炸机——B-2“幽灵”

B-2“幽灵”（Northrop Grumman B-2 Spirit）是一款隐身战略轰炸机，其长度只有 21.0m，但其翼展长度达到了 52.4m，翼面积高达 $478m^2$，相比之下，F-117 的翼面积只有 $73m^2$。但是，在实际的隐身性能测试结果中，体型更大的 B-2 拥有更好的隐身性能，F-117 的正面雷达截面积（RCS）为 $0.001m^2$，相比之下，B-2 则降了一个数量级，仅为 $0.0001m^2$，如图 10-5 所示。

图 10-5 B-2“幽灵”轰炸机雷达反射面积与其他机型对比

除了外形设计上的改进之外，B-2 在隐身涂层材料上相比于 F-117 也进行了多种改进。在 B-2 轰炸机研发过程中，首次尝试了一种新型雷达吸收涂层，在保持 B-2 优异的隐身特性的同时，还可以大幅减少维护时间。B-2 使用的新材料被称为交替高频材料（alternate high-frequency materials），由某种羧基铁酸盐、碳-热塑性树脂和碳化硅-碳复合材料组成。这种新型涂层材料可以像油漆一样喷涂，其涂覆工艺不需要特定的工作环境，也不需要复杂的封闭机库即可完成。

此外，在机体的其他区域，通过复合材料吸波结构结合碳材料、导电银填隙以及分区域喷涂不同厚度涂层等多种方法，最终实现了B-2优秀的隐身性能。但是这也大大增加了B-2轰炸机隐身涂层再制造时间成本与经费开支。B-2隐形轰炸机的大修必须每七年进行一次，如图10-6所示，通常需要一年的时间，平均成本为6000万美元。

图10-6 大修中的B-2轰炸机

由于蒙皮表面采用了特殊涂层，当需要进行大修时，操作人员不能使用传统方法将其清洗去除，需要用一种粉末状的环保材料将隐身涂层刮除。根据隐身涂层再涂覆的工艺要求，去除后的表面需要保证具有极低的粗糙度，因此去除过程中还需要仔细检查机身蒙皮表面是否有任何需要修补的刻痕或凹痕。

目前，B-2轰炸机隐身涂层的涂覆工作采用机器人喷涂系统开展，如图10-7所示。由于B-2的尺寸巨大，该机器人喷涂系统是目前世界上最大的机器人喷涂系统之一。采用机器人喷涂系统不仅可降低工时、节省人力，更主要的是可提高精度。该系统所包含的4个机器人可提供机身不同区域所需的特定厚度的涂层。在机器人喷涂上第一层涂层后，操作人员手工将表面抛光至所需的厚度，厚度不能超过千分之一英寸（约25.4μm），任何变化都会降低蒙皮吸收雷达波的能力。

图10-7 正在开展机器人自动喷涂工作的B-2轰炸机

10.1.2 隐身舰船

(1) 世界上第一艘实装隐身舰船——维斯比级护卫舰

维斯比级护卫舰（Visby-class corvett）是瑞典考库姆公司继斯德哥尔摩级后所开发

的新型护卫舰。该舰的吨位仅有巡逻舰的级别，但由于它使用了大量隐身科技，并配置了一定量的反舰导弹与鱼雷，加上有预留舰载直升机的设计，战力提升而被定义为护卫舰，其外形结构如图 10-8 所示。

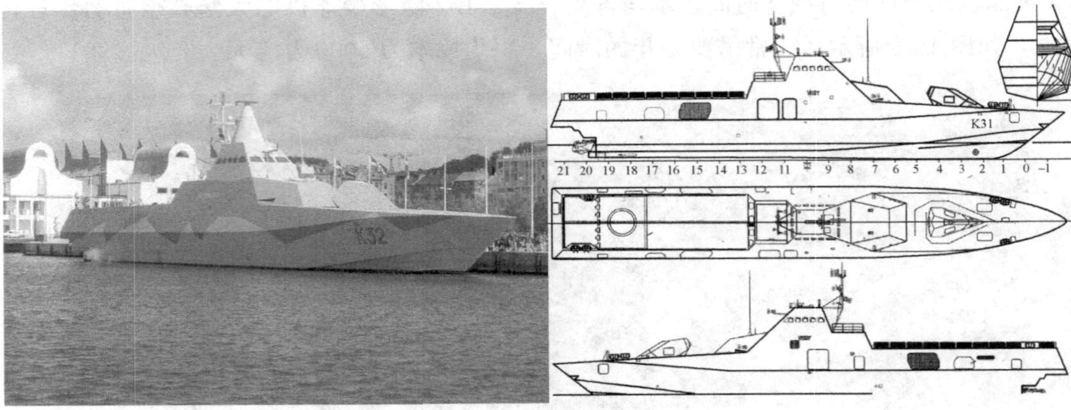

图 10-8　维斯比级护卫舰

维斯比级优异的隐身能力不仅体现在躲避雷达检测方面，而且还表现在红外热信号隔绝等细节上，能够在复杂的环境下有效隐藏舰体。从规格参数上看，维斯比级隐身护卫舰长宽分别为 73m 和 10.4m，拥有 600 多吨的最大排水量。在设计上运用了模块化结构，并采用了更高强度的碳纤维复合材料，以此确保了隐身性。此外为进一步加强隐身性能，该舰还喷涂了红外散射涂料，设计了专用的防震吸声底座。由于维斯比级外形十分简洁，在甲板等区域几乎不再安装设备，而是将武器系统和电子操控等系统置于舰体内部。对于舰船而言，发动机后腔体及其内部件和边缘等产生的雷达散射信号，后腔体及其热端部件和尾喷流等产生的红外辐射信号占整个尾部方向特征信号的 95%，因此通常会采用外形设计叠加多重隐身涂层的方式实现目标特征的隐藏。

(2) 集多种新技术于一体——朱姆沃尔特级驱逐舰

朱姆沃尔特级驱逐舰（Zumwalt class destroyer）是美国海军新一代多用途对地打击宙斯盾舰，全长为 182.8m、舰宽为 24.1m，满员编制为 140 人，最大航速为 30 节，满载排水量达到 14500t，是目前排水量最大的现役驱逐舰，其设计如图 10-9 所示。

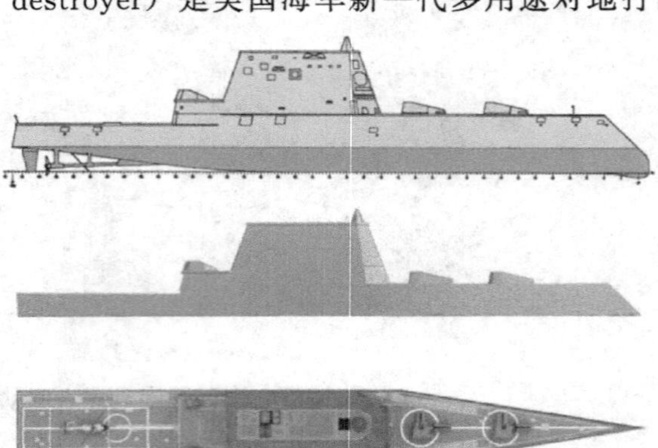

图 10-9　朱姆沃尔特级驱逐舰设计

朱姆沃尔特级驱逐舰采用了智能蒙皮和整体式舰桥的设计，实现了全舰高度隐身。其雷达反射截面积仅相当于一艘普通渔船。这样的隐身能力使得这个庞然大物很容易被对手当作其他小型舰艇，甚至隐匿在各种杂波之中。该舰的隐身技术特点包括：①应用了集成桅杆、整合式舰岛、穿浪逆船舷舰体；②动力系统将装置于减振浮筏上，以降低被潜艇声呐发现的概率，并且将动力系统的废气先以海水以及空气冷却，由整合式舰岛顶部的排气口排出，从上方才能观测到排烟口，减少了敌方的红外线观测方位；③采用综合射频、隐形整合式全电推进系统等先进技术，进一步降低了舰艇的噪声和红外信号水平，使该舰拥有和核潜艇一样的隐身功效。据称由于舰体低阻力的穿浪特性，加上种种先进的降噪减振措施，朱姆沃尔特级驱逐舰能将水面航行时的噪声值降至约 110dB，其在海面上进行作战任务时被发现的概率只有不到 5%。

但是诸多前卫新科技的使用也让“科幻战舰”的造价一路狂飙，第一艘朱姆沃尔特号造价高达 38 亿美元，约等于一艘中型航母的造价。美国海军原定计划建造 32 艘朱姆沃尔特级驱逐舰，但新的实验性科技成本过高，建造数量缩减为 24 艘后，又再缩减至 7 艘。之后为了腾出预算继续建造新的阿利·伯克级驱逐舰，最终只建造了 3 艘朱姆沃尔特级新舰，分别排定为 DDG-1000、DDG-1001 与 DDG-1002，如图 10-10 所示，平摊研发费用后每艘成本高达 40 亿美元。

图 10-10 现存三艘朱姆沃尔特级驱逐舰

10.1.3 其他隐身装备

（1）PL-01 主战坦克

PL-01 主战坦克（PL-01 prototype light tank），是波兰防御控股公司与英国 BAE 系统公司联合研制的全世界第一款隐形坦克（图 10-11）。PL-01 原型车重量在 35 吨左右，由三名车组成员驾驶，士兵在车内可观察外面的情况，而敌方的红外制导武器无法探测到“隐形坦克”的红外信号。其隐身的关键在于车身上的两个部分：一是暗藏在车体各部的红外摄像头，二是覆盖在坦克外壳上的适应性装甲（adaptive armor），可以实现表面温度的自由调节。

图 10-11 PL-01 主战坦克

10

从外表上看，这种 PL-01 主战坦克的车体外形非常奇特，呈飞碟状，覆盖在坦克外壳上的六边形瓦片装甲类似“瓷砖”（如图 10-12 所示），整个车辆的投影面比现役常规坦克小 20%～30%。这种坦克具备吸收雷达波的功能，即使是空中的战机或无人机，也难以发现配备了自适应装甲的坦克。除此之外，坦克的外部表面还喷涂了特殊的功能涂层，这些涂层可以减少雷达波的反射，使其更难以被探测到。通过从红外线到雷达波段的多种传感器频谱隐身设计，结合多种材料和涂层技术，最终实现了 PL-01 在不同频段上的信号反射和热特征。

图 10-12 PL-01 的模块化装甲

基于此种模块化设计，PL-01 损坏的附加装甲模块可以在现场轻松更换，一旦有其他高级装甲可投入装备，也可以对表面的模块进行更新。对于装甲表面的隐身涂层，针对不同损伤形式，可分别开展补丁修复、局部修复和表面涂覆三种修复形式，完成修复后，需要进行严格的检验和测试，以确保修复后的涂层具有与原始涂层相似的隐身性能。包括使用雷达和红外传感器进行测试，以评估修复后的涂层对电磁波的反射和吸收情况。

（2）KF 山猫步兵战车

KF 山猫步兵战车（德语：Ketten Fahrzeug）是德国莱茵金属公司研制的一款步兵战车，分为 KF31 和 KF41 两型（如图 10-13 所示），山猫步兵战车于 2016 年 6 月 14 日在欧洲防务展首度公开亮相。防御方面，山猫步兵战车仰仗的就是自己的隐身性能。

图 10-13 KF31 和 KF41

山猫步兵战车车身没有多余的凸起结构，同时表面大面积的防红外涂层降低了被红外探测的风险，从而使其具有不俗的隐身性能。山猫步兵战车的主动防御系统在车体和炮塔采用了焊接装甲钢，且车体内部设有防剥落衬层，防护能力接近主战坦克标准。此外，山猫步兵战车可发射多光谱烟幕弹，也能干扰对手红外探测和激光锁定。此外，基于模块化设计，可根据任务需求选择不同的模块化套件，执行巡逻、侦察、救护等任务。

KF 系列战车虽位列德国出口名录，但近年在世界军贸市场表现平平。该车购置成本高昂，且对现代供应链体系依赖度高，在短期内无法替代各国正在服役的步兵战车。

(3) RQ-170“哨兵”无人侦察机

RQ-170“哨兵”无人侦察机（RQ-170 sentinel）是由洛克希德·马丁公司研制的一款用于对特定目标进行侦察和监视的隐形无人机，也被称作“坎大哈野兽”（图 10-14）。RQ-170 采用无尾飞翼的气动设计，搭载一台涡扇发动机作为动力，它的外形酷似纳粹德国曾研制的 Ho-229 战斗机和美军现役的 B-2“幽灵”战略轰炸机缩小版。据估计，RQ-170 的翼展在 20m 左右。代号中的“RQ”意味着 RQ-170 是一种不携带武器的无人机，是世界上第一种被证实采用隐身设计的无人机。

RQ-170 具有蝙蝠形机翼、混合机身、尖锐的机头和三轮起落架，其机身前部下方安装有一个光电摄像头，用于捕捉战场上的实时图像或拍摄视频，RQ-170 90%的机身由复合材料制成，极大降低了整体重量。通过定向卫星通信天线，RQ-170 可以与地面控制站进行通信，地面控制站可选择手动操控或任其自主行动，也可以通过视线卫星通信数据链向无人机发送指令，对其进行跟踪、控制和监视。

(4) AGM-158 联合空面导弹

AGM-158 联合空面导弹（joint air-to-surface stand off missile，JASSM）是美国研发的一种低可探测性战区外空对面巡航导弹，是一种大型的半隐身空对面导弹，整体重量超过 1t（图 10-15）。

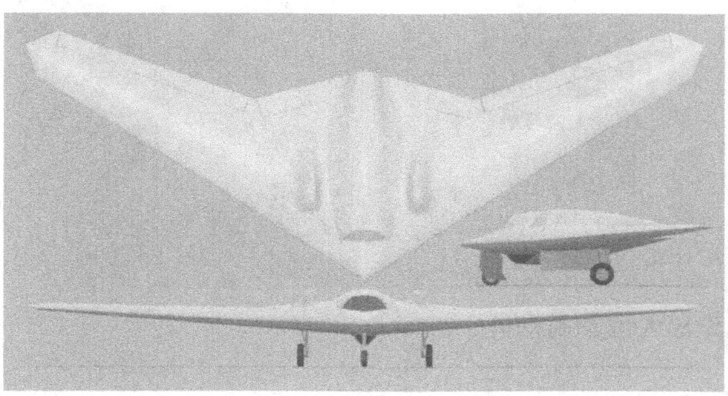

图 10-14 RQ-170 设计视觉

图 10-15 飞行中的 AGM-158 联合空面导弹

AGM-158 弹长 4.26m，弹宽 0.55m，翼展 2.7m，弹重 1023kg，最大射程 320km，采用涡轮喷气发动机，可使用爆破、杀伤弹和穿甲弹等多种类型的战斗部，采用惯性制导加 GPS 中制导与红外成像末制导，并可进行攻击效果评定。该导弹加装了抗干扰模块，能在对 GPS 干扰的环境下使用，并大量采用隐身技术，具有昼夜全天候作战能力，主要装备 B-52、B-1B、B-2、F-16、F-22 等作战飞机。

AGM-158 制导系统的开发始于 2001 年 1 月，全系统装备的原型弹于 2001 年 12 月开始组装。然而在 2002 年测试的两枚全功能原型弹测试失败，因此计划延期 3 个月。由于整体制造工艺的不完善，至 2007 年 5 月美军已接收了 600 枚导弹，但并未实际投入使用。

且因 AGM-158 较低的合格率，原本预定在 2005 年开始采购的美国海军，将采购计划延迟至 2007 年，并最终取消了采购计划。

10.2 隔热涂层再制造典型案例

隔热涂层由高温耐受性材料构成，用于减少热量传导，保护设备免受高温和热辐射的影响。然而，由于长期使用、自然风化或意外损坏，隔热涂层可能会出现磨损、裂纹或脱落的情况，从而降低其性能和保护效果。再制造后的隔热涂层可以有效地减少热量传导，节省能源成本，并确保设备在高温环境下的长期可靠运行。通过隔热涂层再制造技术，可以延长设备的使用寿命，提高其性能和安全性。

10.2.1 航天器隔热

(1) 大型圆筒形工件表面烧蚀隔热涂层

航天器在飞行过程中会遇到严重的气动热问题，在真空环境中的航天器不同区域表面温度会在－200～100℃波动。烧蚀隔热涂层作为一种特种功能性涂层，可以阻隔热传导，改变表面的热物理特性，防止内部仪器仪表因工作温度过高或过低而发生故障，是保障航天器在飞行过程中不因气动过热导致灾难性故障的主要措施。因此，烧蚀隔热涂层被广泛用于飞行器表面的防热保护。航天器大型圆筒构件如图 10-16。

图 10-16 航天器大型圆筒构件

作为航天工程中关键的保护措施，航天器隔热涂层的再制造技术一直备受关注，现有的航天器隔热涂层的再制造方法包括人工再制造和自动再制造两种。这两种技术在隔热涂层喷涂工艺中的优缺点不尽相同，在航天器研发中扮演着不可或缺的角色。

人工喷涂是传统隔热涂层的主要喷涂方式，操作灵活、方便，适用于不同环境、形状、大小的产品，所需要的设备也较为简单，喷涂过程中的能源消耗低。手工喷涂隔热涂层的主要流程为：保护产品不喷涂位置→配制烧蚀隔热涂料→喷涂烧蚀隔热涂层→干燥→喷涂烧蚀隔热涂层→干燥→测量厚度。当喷涂至一定厚度并干燥后，测量涂层的厚度作为下一遍喷涂厚度的参考依据，要使涂层厚度尽量均匀。烧蚀隔热涂层须多次喷涂并干燥，以达到相应的厚度要求。

自动喷涂借助机械设备从根本上改变了传统手工喷涂的作业方式，目前已应用于很多领域。大型圆筒形工件，由于工件体积较大，难以固定放置喷涂，因此自动喷涂通常采用如下方案来实施喷涂：将工件竖直放置于移动架车上，然后将移动架车推至回转装置并进行固定；自动喷涂机带动喷枪沿工件长度方向进行往复喷涂，同时回转装置带动架车和工件进行旋转。航天器大型圆筒构件自动再制造如图 10-17。

图 10-17 航天器大型圆筒构件自动再制造

(2) 辐射式隔热涂层

辐射式隔热涂层是一种应用在航天器表面的特殊材料，旨在降低航天器在极端热环境下的温度，保护航天器内部结构和设备不受高温影响，如图 10-18 所示。当航天器暴露在高温环境中时，其表面会吸收大量的太阳辐射和地面反射的热量。这些吸收的热量会通过辐射方式传导到航天器内部，升高内部温度，可能对设备和结构造成损害。而辐射式隔热涂层的材料具有良好的热反射性能，能够将大部分吸收的热量以辐射的形式重新发射到宇宙空间，从而减少热量传导到航天器内部，保持其表面温度在安全范围内。

图 10-18 航天器辐射式隔热涂层

辐射式隔热涂层通常由多层复合材料组成。其中，最常见的是铝箔和石墨复合材料。铝箔具有优异的热反射性能，能够将大部分太阳辐射和地面反射的热量反射回宇宙空间。而石墨具有良好的导热性能，有助于将热量快速传导到涂层表面，进而通过辐射方式发散出去。此外，还有一些陶瓷颗粒、聚合物等材料被用于增强涂层的耐热性和耐久性。

辐射式隔热涂层的再制造工艺包括修复和替换原有涂层，以确保航天器的隔热性能和安全性。在进行再制造之前，首先需要对原有隔热涂层进行检测和评估，包括检查涂层的附着性、破损程度、退化情况等；随后修补破损部位、补充缺失的涂层材料，并确保修复后的涂层与周围的涂层具有良好的结合，最后通过严格的检验和测试，确保再制造后的隔热涂层符合预期的性能要求，以保证航天器的安全运行。

10.2.2 建筑设施隔热

建筑设施隔热涂层通过低热导率和高热阻特性来实现隔热保温。外墙隔热涂层主要分两大类：一类是厚质的外墙隔热系统，基于降低热传递的阻隔原理，所使用的材料如胶粉聚苯颗粒隔热、无机玻化微珠隔热等，效果明显；另一类是薄层涂层，通过减少太阳光的吸收从而减少外界太阳能的侵入，最终达到隔热的目的。

(1) 建筑领域隔热涂层分类

① 阻隔性隔热保温涂层。阻隔性隔热保温涂层通过低热导率和高热阻特性来实现隔热保温。应用最广泛的阻隔性隔热保温涂料是复合硅酸盐隔热保温涂料。这类涂料是20世纪80年代末发展起来的，并发展出了其他不同的隔热涂层种类，如复合硅酸镁铝隔热涂层、稀土保温涂层、涂覆型复合硅酸盐隔热涂层等。它是由无机和有机黏结剂、隔热骨料（如海泡石、蛭石、珍珠岩粉等）和引气剂等制成的保温涂料。虽然热导率较低，成本也低，但干燥周期长，抗冲击能力弱。

② 反射隔热涂层。反射隔热涂层是在铝基反射隔热涂料的基础上发展而来的，通过选择合适的原料和配方等制成高反射率涂层，反射太阳光来达到隔热的目的。薄层反射隔热涂料是这类涂料的代表。它由基料、热反射填料和助剂等组成。薄层隔热反射涂料的热反射率高，一般在80%以上，隔热作用明显。但因涂膜厚度比较薄，总热阻有限，保温效果不明显，可与其他保温材料配合使用。集高效、薄层、隔热保温、装饰、防水、防火、防腐、绝缘于一体的新型太空节能反射隔热保温涂料，能有效抑制太阳和红外线的辐射热和传导热，隔热抑制效率可达90%左右。

(2) 建筑领域隔热涂层再制造工艺

隔热涂层再制造前的验收过程至关重要，直接关系到建筑物的隔热效果和耐久性。在施工前，必须确保技术参数和材料质量达标。施工前必须清理检查墙面质量是否符合喷涂再制造要求，空鼓、开裂、油污、粉尘等污染物需要完全清除，否则会影响涂层与基体之间的附着力。此外，喷涂表面需要保持充分干燥以保证喷涂效果。

再制造之前，根据不同的设计要求、再制造工艺和再制造环境选用反射隔热涂层材料，由厂家调配好黏度及颜色后，送至再制造现场，以确保质量和外观一致。再制造作业环境和条件应满足相关标准要求。建筑领域隔热涂层再制造环境温度要求为5～35℃，空气湿度要求小于85%。

具体再制造主要包括以下工序：再制造前处理→刮柔性耐水腻子层，进行局部平整度调整→整体平整度控制与表面处理→喷涂底涂→第一道面涂→第二道面涂。基层为重质或轻质围护结构时，反射隔热涂料饰面层的柔性耐水腻子、底涂和面涂应在材料质量检查合格后方可进行再制造。

再制造完成后，反射隔热涂层工程质量应按照现行国家标准《建筑工程施工质量验收统一标准》(GB 50300)、《建筑装饰装修工程质量验收标准》(GB 50210)、《建筑节能工程施工质量验收标准》(GB 50411)、《外墙外保温工程技术标准》(JGJ 144) 开展验收工作，确保再制造涂层满足隔热需求。

10.2.3 汽车装配隔热

随着汽车行业的迅速发展，人们对汽车舒适性和能效性的需求也日益增加。而隔热涂层作为汽车的重要组成部分，扮演着关键的角色。它不仅可以有效降低车内温度，提升乘坐舒适度，还能够减少空调系统的负荷，提高燃油效率。在现代汽车设计中，隔热涂层已经成为不可或缺的一部分。随着汽车使用时间的延长和环境条件的变化，隔热涂层可能会受到损坏或退化，影响其隔热效果和外观美观性。

汽车隔热涂层又叫太阳膜、窗膜，由多层结构组成，贴在汽车挡风玻璃内侧，起到隔热、隔紫外线、降低反光、防爆、增加车内私密性等作用。其多层结构如图 10-19 所示。汽车隔热涂层必须要过滤掉 99.9%的紫外光，过滤掉大部分红外光的热量，过滤少部分可见光的热量，进而达到隔热的目的。随着材料技术的不断发展，汽车隔热涂层主要包括染色涂层、金属涂层和纳米陶瓷涂层三种。

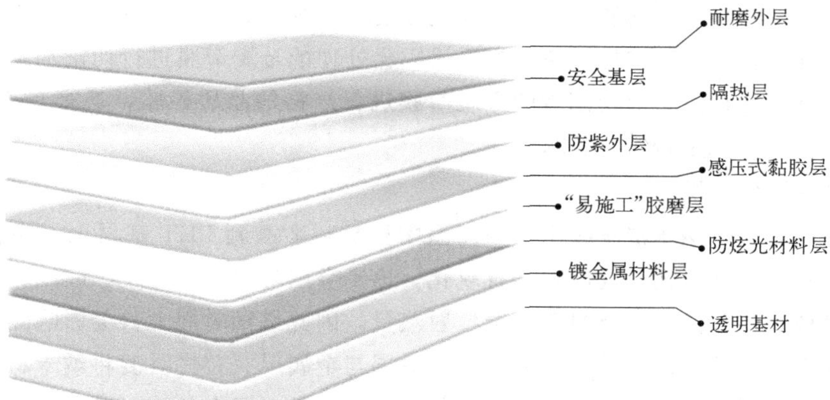

图 10-19 汽车隔热涂层的多层结构

(1) 染色涂层

汽车染色涂层能有效阻挡外界视线，提供车内私密空间，保护车内隐私。此外，染色涂层能够过滤掉大部分紫外光，降低车内紫外光的辐射，减少人体皮肤暴晒，保护驾驶员和乘客的健康。汽车染色涂层具有一定的隔热功能，能够有效减少车内温度的上升，提升驾乘舒适度，减轻空调负荷，节能环保。

汽车染色涂层的主要原材料包括聚酯或聚丙烯、染料、黏合剂、增塑剂等。其中，聚酯涂层或聚丙烯涂层作为基材，保证染色涂层具有良好的柔韧性和耐候性，增塑剂的使用可以进一步改善涂层的力学特性。添加的染料使得涂层可以实现特定光线的透射与反射；通过调配不同染料的混合比例，可以实现对不同波长光线的选择性过滤；在涂层表面加入黏合剂，增加染料与基材间的结合强度，从而实现染色的固定。

再制造之前，需要将原料按照一定比例进行配料，将配料后的原料通过挤出机挤出成型，形成平整的涂层，对挤出的涂层进行拉伸处理，增加涂层的强度和柔韧性。之后在涂层表面均匀涂覆染料，经过染色加工后，使涂层呈现出所需的颜色和透光性，将染色后的涂层进行干燥固化处理，使染料充分固定在涂层基体表面，确保色彩持久性，最后在涂层表面涂覆一层保护性涂层，增加薄膜的耐磨性和耐候性。

（2）金属涂层

早期的金属涂层是采用铁、铝等低价值金属，通过真空镀膜技术开展早期再制造工艺，虽然能起到一定隔热效果，但是透光率达不到要求，无法应用到汽车挡风玻璃。后来研究人员采用镍、银、钛、金等金属粒子，通过“磁控溅射技术”喷溅到 PET 基材上就制成了多层金属涂层。磁控溅射技术生产出来的汽车金属膜具有高透光、高隔热、低反光等诸多优点，即便是长时间曝晒，它依然具有持续隔热的性能。金属涂层缺点是价格贵，易氧化，对信号有轻微影响。

汽车金属涂层的再制造过程包含多种制备工艺。首先，通过真空蒸发、溅射等工艺将金属材料蒸发或溅射到聚酯膜或聚丙烯膜表面，形成金属薄膜层。这一步需要控制薄膜的厚度和均匀性，以确保产品的质量和性能。随后将胶水均匀涂布在金属薄膜表面，使其与基材紧密黏合，在金属薄膜表面涂覆一层涂料，增加金属膜的耐磨性和抗刮性，提高产品的使用寿命，将涂覆后的薄膜进行干燥固化处理，使胶水和涂料充分固化，确保金属膜与基材之间的黏合强度和稳定性。将经过干燥固化处理的金属薄膜进行切割加工，按照要求的尺寸和形状进行裁剪，对切割后的金属薄膜进行严格的品质检验，检查其表面平整度、色泽、透光性等性能是否符合要求。

（3）纳米陶瓷涂层

陶瓷涂层是通过纳米混溶技术将耐高温陶瓷材料喷溅到 PET 基材上，陶瓷膜隔热性能、透光性较为优秀，比金属膜更能抗氧化，也不会阻隔信号（ETC、GPS、手机信号）。但是纳米陶瓷涂层只能吸收热量而不会反射热量，因此暴晒时间太长会影响隔热性能。

纳米陶瓷涂层的再制造技术不同于染色涂层与金属膜。首先需要将纳米材料、陶瓷材料和基体材料按照一定比例混合，形成均匀的涂料，并对混合的涂料进行分散处理，采用超声波或机械搅拌等方法，确保纳米颗粒陶瓷颗粒均匀分散在基体材料中，避免颗粒团聚。随后采用喷涂、刷涂或浸涂等方法将制备好的涂料涂覆在汽车表面，确保涂层均匀覆盖整个汽车表面，将涂覆在汽车表面的涂层进行干燥固化处理，通常采用自然干燥或热处理的方式，使涂层形成坚固的陶瓷保护层。最后对干燥固化后的涂层进行抛光研磨处理，以确保表面光滑平整，提升涂层的透光性和美观度。此外可进行表面涂层处理，如添加硬度增强剂、耐污剂等，增强涂层的耐磨性和防污性能。

10.3 防冰涂层再制造典型案例

超疏水材料的再制造是师法自然、向自然界学习的典型案例。该材料具有防水、防冰、自清洁等独特的功能，如图 10-20 所示，在日常生活、工业生产以及军事装备等领域有着众多潜在的应用前景。

在防冰领域，超疏水材料同样具备极高的应用价值。航空飞行器在高空飞行时，机翼、尾翼、风挡、发动机进气口等部位极易出现结冰的情况，严重时会扰乱飞行器表面的

图 10-20 超疏水材料表面

气动外形，对飞行安全造成极大隐患。目前大部分情况下都依靠人力处理飞机表面覆冰问题，效率低下。将具备超疏水性能的涂层喷涂至航空飞行器表面，液滴在接触机身表面后将迅速弹开，从而大幅提升了飞行器表面的防冰性能。此外，大型舰船、风电机组、轨道交通等装备或部件在服役过程中，可能受到低温、高速水冲击，引发机翼、风电叶片或者高铁车头表面结冰，影响装备气动外形而降低运行效率甚至导致严重事故。而超疏水涂层在防冰应用上具有能耗低、应用方便等优点，利用水在超疏水涂层表面不易黏附的特点可有效进行防冰。因此，针对防冰涂层再制造的研究与应用具有重要的意义。

10.3.1 航空领域防冰

(1) 无人机表面防冰涂层

无人机近年来在世界各国都掀起了广泛的研究热潮。随着应用的需要和技术的进步，目前已经有大量的无人机在军事领域广泛应用，譬如“全球鹰”“捕食者”“苍鹭”等先进无人机，如图 10-21 所示。这类无人机多用于高技术局部战争中的情报侦察和监视任务，飞行高度一般为 7～20km，速度为 150～635km/h。由于无人机起飞和巡航时的速度较低，其在穿越云层时，机翼、垂尾前缘等部位的迎风面会因过冷水滴撞击、积聚而结冰，破坏无人机的空气动力学外形，导致其飞行性能和气动性能下降甚至出现失速的危险；积聚在飞机表面或进气道唇口的冰层或冰块由于气动力的吹拂还有可能脱落，撞击到机身表面或被发动机吸入，造成重大事故。因此，针对无人机防冰技术的研究对其飞行安全具有重要意义。

图 10-21 “全球鹰”和“捕食者”无人机

目前无人机的主动防冰主要分为机械除冰、液体防冰和热力防冰，这些技术都会增加结构、控制系统、能源载荷的重量。考虑到附加设备的增加会带来成本的上升并占用飞机紧张的能量支出，国外已采用在易结冰部位喷涂超疏水涂层的方式来实现被动防冰。这种策略相对前述几种主动防冰方法具有成本低、耗能小、实现难度低等特点，是一种很经济的飞机表面防冰辅助手段，如图 10-22 所示。

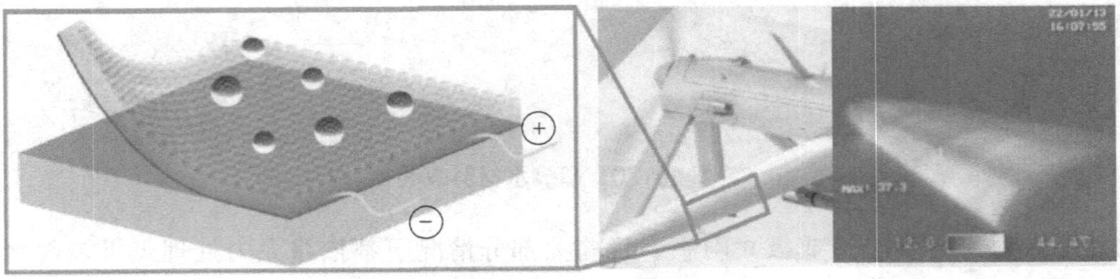

图 10-22 无人机表面电热除冰薄膜

此外，针对无人机表面的防冰涂层通常需要着重考虑以下几个方面的要求。第一，轻量化方面的需求，无人机通常需要保持良好的机动性和飞行性能，因此防冰涂层需要轻量化，不增加过多的额外重量。第二，耐用性方面的需求，无人机需要在各种环境条件下服役，包括高温、低温、高湿度等，因此防冰涂层需要具有良好的耐用性，能够长时间地保持有效。第三，耐化学性方面的需求，无人机可能接触到各种化学物质，如燃料、润滑油等，防冰涂层需要具有一定的耐化学性，不受这些物质的影响。第四，疏水性方面的需求，防冰涂层通常应具有良好的疏水性，使得水和冰难以在表面附着，从而减少结冰的可能性。第五，耐磨性方面的需求，由于无人机可能在飞行过程中受到风吹雨打或碰撞，防冰涂层需要具有一定的耐磨性，能够抵御外部环境的影响。

① 超声波涂层：通常应用于无人机的表面，特别是在机翼和螺旋桨等关键部位，通过超声波技术产生振动，从而防止冰的形成和积聚，确保飞行性能和安全。

② 红外线吸收涂层：通常应用于无人机的外壳和机身表面，可以吸收太阳辐射的能量，提高表面温度，防止冰的形成，确保飞行性能和稳定性。

③ 磁性涂层：通常应用于无人机的传感器和通信设备等关键部件，通过磁场产生的效应，阻止冰的形成和附着，确保系统的正常运行。

④ 光学涂层：通常应用于无人机的光学传感器和摄像头等设备上，通过调节表面的光学性质，减少表面吸收的太阳辐射能量，降低表面温度，防止冰的形成。

(2) 战机表面防冰涂层

战机表面防冰是确保其在低温、高湿度以及降雨或降雪等恶劣天气条件下能够保持飞行性能和安全的重要方面之一。美军 F-22 猛禽战机是美国最先进的重型隐身战机，如图 10-23 所示，具备优异的作战性能，然而在 2010 年，F-22 在阿拉斯加进行高寒训练时却发生了坠毁事故，该事件导致美军全面停飞 F-22，并对其进行全面的检修与升级，可见，战机结冰问题对于战机的飞行安全造成了严重影响。

在战斗机飞行中，防冰是确保飞行性能、任务执行能力和飞行安全的重中之重。与民航飞机不同，战斗机在高速、高机动以及复杂作战环境中飞行，结冰会显著改变其气动外

图 10-23 F-22 猛禽战机

形，导致升力下降、阻力增加，严重影响其操控性和机动能力，如图 10-24 所示。在执行高空拦截、低空突防和高速突击等任务时，结冰可能导致武器系统和传感器失效，影响任务的成功执行。此外，结冰会增加机体重量和结构负荷，可能导致结构损伤或失效，尤其在高 G 机动中更为明显。现代战斗机装备的先进电子设备和传感器对结冰极为敏感，结冰会影响雷达、红外传感器和光电系统的正常工作，削弱探测和攻击能力，并可能干扰飞行控制系统和数据链路。结冰还会导致空速管和迎角传感器等关键飞行仪表失效，增加飞行员的操作风险。在极端情况下，结冰可能造成发动机进气道堵塞，导致推力损失或发动机故障，严重危及飞行安全。因此，战斗机必须采用先进的防冰技术，包括电加热系统、发动机引气加热系统、超疏水涂层和机械除冰装置，确保在各种极端环境下都能保持最佳状态。有效的防冰措施对于战斗机在复杂和高风险任务中的成功执行具有决定性作用，必须得到高度重视和全面保障。

图 10-24 战机表面结冰

战斗机表面防冰涂层通过减少冰的附着，保持飞机的气动外形和飞行性能，确保高机动性和操控性；该涂层还能够提高传感器和武器系统的可靠性，确保其在各种极端环境下的正常工作。目前，常见的战斗机表面防冰涂层有以下几种。

① 超疏水涂层：这类涂层通常由含氟聚合物或纳米材料制成，具有极低的表面能，使水分难以停留在表面，其主要优点是无需额外的能量输入，能够被动防止结冰。

② 电加热涂层：该涂层内嵌有细小的电热元件，可以通过电流加热涂层表面，保持其温度高于冰点，防止结冰。这种涂层可以通过控制系统在需要时主动加热，非常适用于极端寒冷的环境。其优点是可以精准控制加热区域和加热强度，但也需要额外的能源供应。

③ 相变材料涂层：该涂层利用材料在特定温度下吸收或释放大量热量的特性，保持表面温度稳定，防止结冰。此类涂层可以被动调节温度，减少能源消耗，但材料成本较高。

④ 防冰液涂层：该涂层能够吸收并保持防冰液（如丙二醇）在表面形成一层液膜，防止冰的积累。这种涂层通常具有亲水性，能够持续保持防冰液，并在结冰条件下发挥作用，其主要优势是简单有效，且防冰液可以定期补充。

⑤ 化学活性涂层：该涂层通过与冰或水分子发生化学反应，改变它们的结构，使其难以形成坚固的冰晶。例如，某些涂层可以分解水分子或改变其结晶过程，从而阻止冰的形成。这种涂层可以有效防止冰的积聚，但需要定期维护和更换。

⑥ 柔性复合涂层：该涂层由多层材料组合而成，具有一定的弹性，在机械振动或外力作用下剥离或碎裂表面的冰层。此类涂层可随飞机表面的形变和振动而变化，提供持久的防冰效果，其能够有效应对复杂的结冰情况，通常被应用于结冰风险高的区域。

⑦ 纳米颗粒涂层：该涂层利用纳米技术在微观层面改变表面的物理和化学性质，增加了表面的粗糙度和疏水性从而抑制冰的形成和附着，使水分无法在表面停留和结冰。这种涂层具有高效的防冰性能，机械耐久性能强，但制造成本相对较高。

10.3.2 民航飞机防冰

1982 年 1 月 13 日，波音 737-200 飞机（如图 10-25 所示）坠入距离白宫仅两英里（1 英里＝1.609 千米）的波托马克河的第十四街大桥，这次空难导致机组人员和大部分乘客遇难，而事故的起因是机翼结冰导致的飞机气动外形紊乱。由此可见，民航飞机的表面除冰工作具有极高的重要性。

图 10-25 波音 737-200 飞机

在民航飞行中，防冰是确保飞行安全和飞机性能的关键环节。结冰现象在飞行中较为常见，特别是在通过云层或遇到降水时，飞机表面温度低于零度，水分就会在飞机表面结冰。结冰会改变机翼、尾翼等关键部位的气动外形，导致升力下降和阻力增加，影响飞机的操控性能和飞行稳定性。在极端情况下，结冰可能导致飞机失速，增加飞行事故的风险。此外，结冰还会对发动机进气口和内部组件造成严重影响，阻塞进气口，减少空气流量，降低推力输出，并可能损坏发动机叶片，增加故障风险。结冰还会干扰外部传感器和仪表的准确性，如空速管和迎角传感器，这些仪表提供的数据对飞行控制至关重要，结冰会导致数据错误，干扰飞行员的判断和自动驾驶系统的操作，增加操作风险。为了防止结冰对飞机的危害，民航飞机通常配备了一系列防冰和除冰系统，包括电加热系统、发动机引气加热系统、防冰液喷洒系统和机械除冰装置。这些防冰措施确保飞机在各种气象条件下都能安全飞行。有效的防冰不仅保障飞行安全，还提高了航班运营效率，减少延误和取消，提升乘客的舒适度。因此，防冰在民航飞行中具有重大意义，必须得到高度重视和广泛应用。根据上述要求，目前有以下几类防冰涂层用于应对民航飞机表面结冰问题。

① 热敏涂层：该涂层可以根据环境温度的变化释放热量，从而防止冰的形成和积聚。热敏涂层通常应用于飞机的机翼、尾翼等部位，确保飞行性能和安全。

② 自加热涂层：这种涂层在需要时可以自动释放热量，以防止冰的形成和积聚。自加热涂层通常应用于飞机的关键部件，如进气口、传感器等，确保飞机系统的正常运行。

③ 多功能涂层：一些涂层可能具有多种功能，既可以防止冰的形成，又可以起到保护表面的作用。这种涂层通常能够适应不同的飞行环境和气候条件，确保飞机在各种情况下的安全运行。

④ 仿生涂层：仿生涂层是受自然界启发而设计的涂层，具有特殊的表面结构和特性，可以减少水和冰的附着。这种涂层通常应用于飞机的外壳和机翼表面，提高飞机的气动性能和燃油效率，如图 10-26 所示。

10.3.3 能源领域防冰

能源领域的防冰需求主要涉及电力设备、风力发电设备、太阳能设备以及油气生产设备等。美国阿尔塔风能中心作为世界领先的大型风电场，如图 10-27 所示，其装机运营容量高达 1548MW，为应对高寒恶劣的服役环境，机组表面被蒙覆上防冰涂层，以防风电机组因结冰而产生故障。

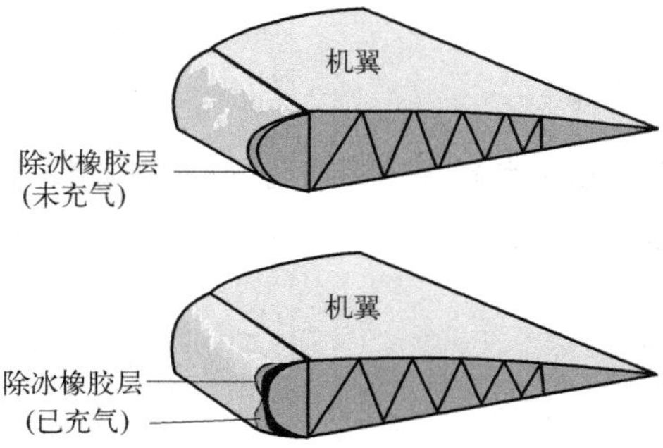

图 10-26 气动橡胶除冰套的工作原理

图 10-27 美国阿尔塔风能中心

在能源领域，防冰是确保设施安全运行和能源供应稳定的重要工作，风力发电机、输电线路和天然气管道等关键基础设施在寒冷气候条件下容易受结冰影响，如图 10-28 所示。风力发电机叶片上的结冰会显著降低发电效率，并可能导致结构性损伤，影响其发电能力和设备寿命；输电线路一旦结冰就会增加电缆重量，导致电缆下垂甚至断裂，严重威胁电网的稳定性和安全性；天然气管道和其他能源运输设施的结冰可能堵塞管道，降低输送效率，增加维护成本，并在极端情况下导致管道破裂和能源供应中断。有效的防冰措施，如加热系统、防冰涂层和实时监测技术，不仅能够确保能源设施在恶劣天气条件下的安全运行，还能提高能源供应的可靠性和持续性。防冰在能源领域具有重大意义，必须得到高度重视和广泛应用，以确保能源基础设施的高效、稳定和安全运行。为确保在恶劣天气条件下能够有效地应对能源设备表面结冰问题，研究人员提出了防冰涂层技术方案，以下是一些常见的能源领域防冰涂层及其特点。

① 导热涂层：该涂层通常应用于输电线路或者电力设备表面，能够快速地将表面加热，防止冰的形成，以确保设备的正常运行。

② 橡胶涂层：橡胶涂层具有良好的柔韧性和耐磨性，通常应用于一些特殊要求的设备［液态天然气（LNG）储罐等］表面，其能够在表面形成一层保护膜，防止冰的附着和积聚。

③ 聚合物涂层：该涂层具有良好的耐候性和抗腐蚀性，能够有效保护设备表面，减少结冰的可能性，常用于海上风力发电机叶片和输电线路等设备表面。

④ 光学涂层：该涂层可以调节表面的光学性质，增加表面吸收太阳辐射的能量，提升表面温度，防止冰的形成，常应用于太阳能设备的光伏板表面。

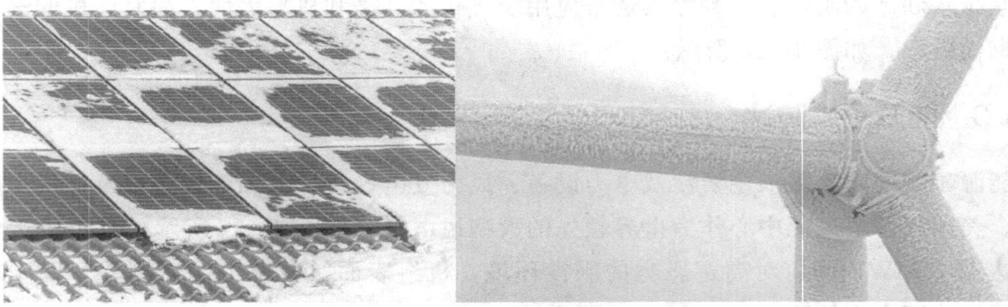

图 10-28 新能源设备表面结冰

10.3.4 交通运输防冰

2024 年初，我国出现大范围雨雪灾害天气，河南、湖北和湖南等多省份的交通拥堵，高铁晚点、停运等，造成了极大的经济损失，扰乱了交通运输的运行秩序，如图 10-29 所示。

图 10-29 雨雪灾害对交通运输造成严重影响

在交通运输领域，防冰工作至关重要。道路和铁路的结冰会导致车辆和列车的失控和事故，严重威胁人们的生命安全和交通秩序，如图 10-30 所示。航空交通中，飞机表面结冰会影响机翼气动性能，增加起降风险，可能导致航班延误和取消，影响航空公司的运营效率和服务质量。此外，港口和航道的结冰会阻碍货物运输和船舶进出港口，影响国际贸易和港口经济的发展。因此，交通运输领域必须采取有效的防冰措施，如道路除冰剂、铁路除冰设备、飞机防冰液和港口除冰船等，以确保交通系统的安全、高效运行，维护社会经济的稳定发展。

图 10-30 道路结冰与车辆结冰

① 桥梁防冰涂层：该涂层是一种应用于桥梁表面的防冰涂层，通常具有耐候性和抗冰的特性，适用于各种桥梁结构和环境，能够减少桥梁结冰和积雪，提高桥梁的通行安全性。

② 行人通道涂层：该涂层不仅具备优良的防冰性能，还需要具有良好的抗滑性能和耐磨性，通常应用于人行道和过街通道等行人密集区域，确保行人的安全通行。

③ 火车车厢防冰涂层：该涂层通常具有保温和超疏水的特性，能够减少车厢表面结冰和积雪，可以在恶劣天气条件下保持车厢内部的舒适温度，提高乘客的乘坐舒适性和安全性。

④ 航空跑道和停机坪涂层：该涂层除具备优良的防冰性能外，通常还需要具有良好的防滑性能和耐磨性，以应对高强度的飞机运行，确保飞机的安全起降和停放。

⑤ 交通信号设备涂层：该涂层具有良好的超疏水性能和耐久性，能够长期附着在基体表面并保持功能，通常应用于信号灯、路牌等表面，以防止结冰和积雪影响信号的清晰度和可见性，确保交通信号设备的正常运行。

10.4 耐磨与耐蚀涂层再制造典型案例

耐磨与耐蚀涂层再制造是指对已经使用过的耐磨与耐蚀涂层进行修复、更新或改进，以延长其使用寿命、恢复其性能和功能，从而实现资源再利用和节约成本的目的。在工业生产和制造领域，耐磨与耐蚀涂层再制造具有重要的意义和应用价值。随着经济的不断发展和工业化进程的加速推进，各种工业设备的使用频率和服役强度不断增加，对设备性能和寿命的要求也越来越高。工业生产过程中，机械设备、化工设备等常常需要承受高速运动、高温高压、化学腐蚀等各种恶劣条件的影响，容易发生磨损和腐蚀。为延长设备的使用寿命、提高设备的可靠性和性能，对耐磨与耐蚀涂层的需求日益增加。

随着科技的不断进步和应用领域的不断拓展，对材料性能的要求也在不断提高。例如，航空航天、汽车、能源等高新技术领域对于材料性能的要求更加严格，需要具有优异耐磨与耐蚀性能的材料和涂层来满足复杂的工作条件和环境要求。新兴产业的快速发展也对涂层技术提出了更高的要求，需要开发出更加高性能、多功能的耐磨与耐蚀涂层来满足不同领域的需求。随着人们对环境保护意识的不断提高和资源利用效率的不断增加，对于设备的维护和保养成本也日益受到关注。采用耐磨与耐蚀涂层可以延长设备的使用寿命，减少设备更换和维修的频率，从而降低生产成本，实现资源的节约和环境的保护。特别是在化工、矿业等行业，由于生产过程中常涉及酸碱等腐蚀性液体，因此对设备耐蚀性的要求尤为突出。

随着材料科学和工艺技术的不断发展，涂层材料的种类和性能也在不断更新换代。新型的陶瓷涂层、金属涂层、聚合物涂层等具有更高的硬度、更好的耐磨性和耐蚀性，能够满足不同领域对涂层性能的需求，推动了耐磨与耐蚀涂层应用的发展。同时，新型涂层技术的不断涌现，如等离子喷涂、激光熔覆（如图 10-31 所示）、磁控溅射等，也为耐磨与耐蚀涂层的研发和应用提供了新的途径和可能性。

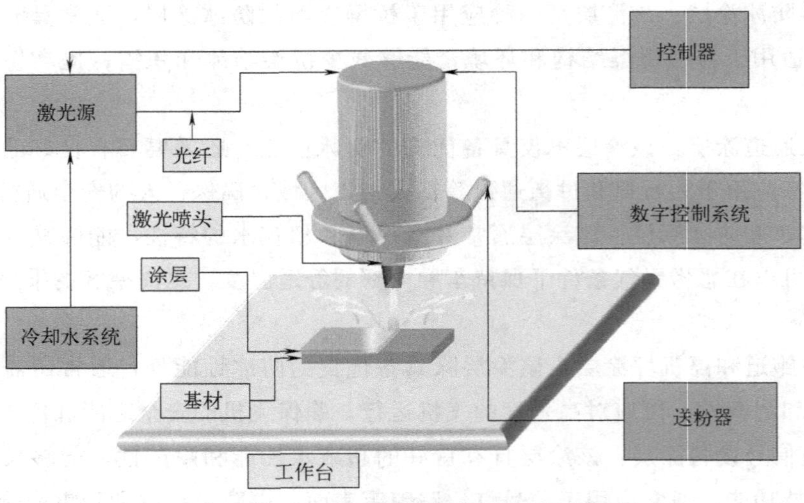

图 10-31　激光熔覆再制造耐磨与耐蚀涂层

10. 4. 1　航空航天领域

耐磨和耐蚀涂层在航空航天领域具备极高的应用价值。飞行器经常在高速、高温等恶劣环境下服役，其机体关键部件经常受到摩擦、冲击和腐蚀等因素的影响，如图 10-32 所示。耐磨涂层能够显著提高机体表面和发动机部件的抗磨损能力，延长其使用寿命，减少维护频率和成本；耐蚀涂层能够有效防止机体和部件在高湿度、盐雾、酸性或碱性环境中被腐蚀，确保其结构完整性和功能可靠性。因此，耐磨和耐蚀涂层在航空航天领域具有重要的应用价值，不仅保障了飞行器的长寿命和高可靠性，还显著降低了运营和维护成本，确保任务的成功执行。涂层技术作为一种有效的表面保护手段，被广泛应用于航空航天领域，随着航空航天产业的不断发展，对于耐磨与耐蚀涂层的需求将会越来越大。目前，航

图 10-32　航空器表面的磨损与腐蚀

空航天领域的耐磨与耐蚀涂层主要包括以下几种。

① 铬合金涂层：该涂层具有优异的硬度和耐磨损性能，能够显著提高零部件的耐磨性和抗腐蚀能力，常用于飞机发动机零部件、起落架以及其他关键部件的表面。

② 镍基涂层：该涂层具备优异的抗腐蚀和抗氧化性能，能够在极端条件下保护基材不受腐蚀和磨损，广泛应用于飞机发动机和高温环境中的部件，确保部件的可靠性和长寿命。

③ 钛合金涂层：该涂层具有质量轻、强度高、耐腐蚀性能强等特性使其在高应力和腐蚀性环境中表现出色，常用于增强航空航天器的结构部件和紧固件。

④ 碳化物涂层：碳化物涂层（如 WC 和 Cr_3C_2 涂层）因其具备极高的硬度和优异的耐磨性能，能够在高磨损和高温环境下提供出色的保护，常用于飞机发动机和其他关键部件。

⑤ 聚合物涂层：该涂层具有低摩擦因数和良好的耐化学腐蚀性能，有助于减少磨损和腐蚀，常用于密封件和滑动部件，提高其工作效率和寿命。

10.4.2　模具制造

在模具制造领域，耐磨和耐蚀涂层的应用至关重要。模具在生产过程中经常承受高压、高温和重复摩擦等极端条件，容易发生磨损和腐蚀，如图 10-33 所示，导致模具寿命缩短和产品质量下降。耐磨涂层能够显著提高模具表面的硬度和抗磨损性能，延长模具的使用寿命，减少停机时间和维护频率，提高生产效率并降低生产成本。耐蚀涂层则能够有效防止模具在潮湿、酸性或碱性环境中的腐蚀，保持模具的尺寸精度和表面光洁度，保证产品质量的一致性。通过应用先进涂层技术，能够显著提升模具的性能和可靠性，满足各种复杂和苛刻的生产要求。因此，耐磨和耐蚀涂层在模具制造领域具有重要的应用价值，不仅保障了模具的长寿命和高精度，还显著降低了维护和更换成本，确保了生产过程的连续性和产品的高质量。

① 塑料注塑模具涂层：塑料注塑模具在生产过程中接触到高温、高压和化学腐蚀的塑料材料，容易受到磨损和腐蚀。因此，对塑料注塑模具表面进行耐磨与耐蚀涂层处理是常见的做法。例如，采用钛氮化物、钴基合金涂层或者钨钛碳化物涂层等，可以有效提高模具的耐磨和耐蚀性能，延长模具的使用寿命。

② 压铸模具涂层：压铸模具在生产过程中易受高温和高压的影响而产生磨损和腐蚀。通常采用在模具表面喷涂耐磨与耐蚀涂层的方式提高压铸模具的耐用性。例如，采用热喷涂技术喷涂金属涂层，如镍基合金、钨钛碳化物等，可以有效增加模具的表面硬度和耐磨性。

③ 冲压模具涂层：冲压模具因在生产过程中接触高速运动的金属材料，易出现磨损和腐蚀现象，在冲压模具表面喷涂耐磨与耐蚀涂层可有效延长冲压模具的使用寿命。例如，采用化学气相沉积（CVD）或物理气相沉积（PVD）技术喷涂 TiAlN 涂层、Al_2O_3 涂层等，可以有效提高模具的表面硬度和耐磨性。

④ 塑料模具涂层：塑胶模具在生产过程中易在塑料材料的高温和高压作用下磨损和腐蚀，因此，在塑胶模具表面喷涂耐磨与耐蚀涂层，提高其耐用性。例如，采用聚四氟乙烯（PTFE）涂层、钨钛碳化物涂层等，可以有效降低模具与塑料材料的摩擦系数，延长模具的使用寿命。

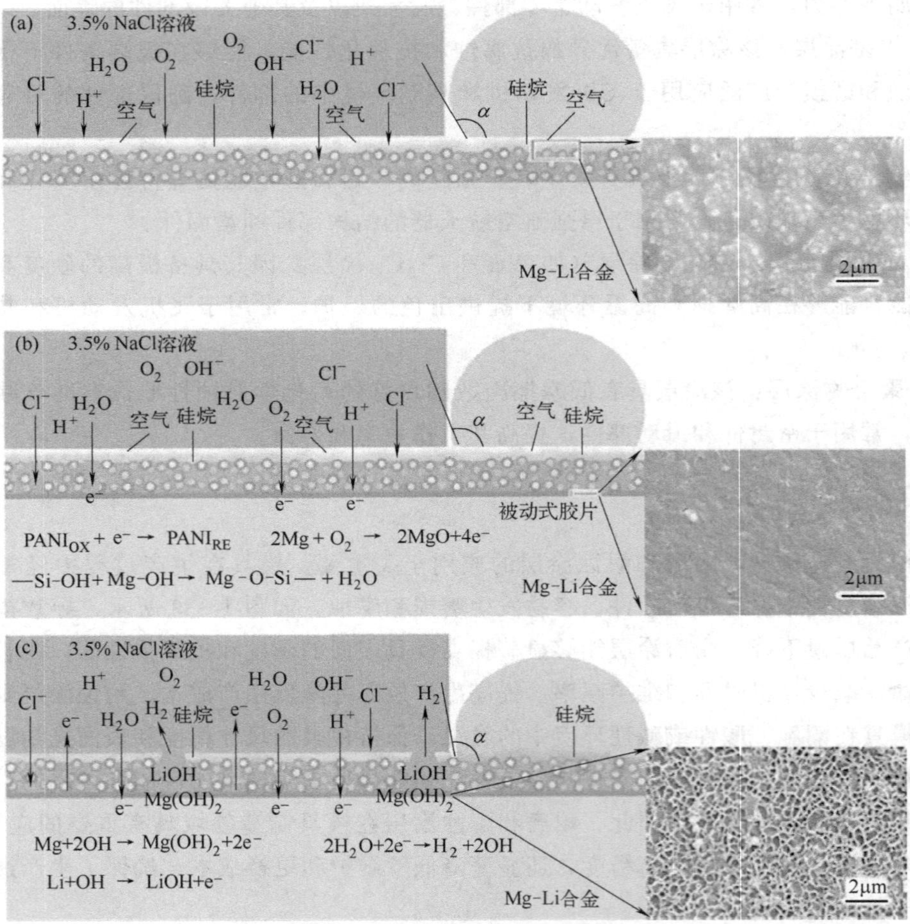

图 10-33　模具表面耐蚀涂层防腐蚀机理

10. 4. 3　工程机械设备

在工程机械设备领域，耐磨和耐蚀涂层的应用具有重要意义。工程机械设备常常在恶劣环境中运行，如矿山、建筑工地和海洋平台，这些环境中存在大量的磨损和腐蚀因素，可能导致设备的快速损坏和性能下降，如图 10-34 所示。耐磨涂层能够显著提高设备表面的硬度和抗磨损能力，延长关键部件的使用寿命，减少频繁更换和维修的需求，从而提高设备的工作效率和经济性。耐蚀涂层则可以有效防止设备在潮湿、酸性或碱性等腐蚀性环境中的腐蚀，保护设备的结构完整性和功能稳定性，确保其长期可靠运行。通过应用这些先进的涂层技术，工程机械设备能够在各种苛刻环境下保持高性能和高可靠性。随着工程机械设备制造技术的不断发展和市场需求的不断增加，耐磨与耐蚀涂层在工程机械设备领域的应用前景将会更加广阔，为工程机械设备制造业的发展提供更多的技术支持和保障。目前，针对工程机械设备有以下几类耐磨与耐蚀涂层。

图 10-34 工程机械设备的磨损与腐蚀

① 硼化物涂层：该涂层具有极高的硬度和耐磨性能，常用于高磨损环境中的机械部件，如钻井设备和重型机械的摩擦表面，此外，其耐高温特性也使其适用于高温工作条件。

② 铝钛氮（AlTiN）涂层：该涂层结合了铝、钛和氮的优点，具有极高的硬度和耐高温性能，广泛应用于高负荷和高速运转的切削工具和机械部件，适用于各类苛刻工况。

③ 氮化硼（BN）涂层：该涂层具有优异的耐高温和耐腐蚀性能，常用于高温熔融金属处理设备和耐火材料。此外，该涂层的表面摩擦系数较低，能够有效降低工程机械表面磨损强度。

④ 锆合金涂层：锆合金具备优异的耐腐蚀性能，在腐蚀性材料处理领域拥有广泛的应用前景，该涂层充分利用了锆合金良好的耐腐蚀性能而常用于化学加工设备和海洋工程机械设备。

⑤ 钴基合金涂层：该涂层因其优异的耐磨损、抗腐蚀和耐高温性能，适用于长期在高载荷、高温和腐蚀性工况下服役的部件，如燃气涡轮机叶片和高温阀门。

10.4.4 石油运输开采

石油运输开采领域的工作环境常常十分恶劣，例如在海上平台、石油管道、油井等地，设备常常需要承受高温、高压、高腐蚀性介质等极端条件的影响。这些恶劣条件容易导致设备表面发生磨损和腐蚀，降低设备的使用寿命和工作效率。因此，在石油运输开采领域，耐磨与耐蚀涂层也发挥着不可替代的作用。耐磨与耐蚀涂层可以提高设备的可靠性和安全性，在石油运输开采过程中，设备的可靠性和安全性是至关重要的，一旦设备发生故障或事故，不仅会造成生产损失，还可能引发环境污染和安全事故。因此，采用耐磨与耐蚀涂层可以有效保护设备表面免受磨损和腐蚀的影响，提高设备的可靠性和安全性。耐磨与耐蚀涂层可提高生产效率和降低维护成本，设备的磨损和腐蚀会导致设备的性能下降，需要经常进行维护和更换，增加生产成本，降低生产效率。采用耐磨与耐蚀涂层可以减少设备的磨损程度，延长设备的使用寿命，降低维护成本，提高生产效率。此外，耐磨与耐蚀涂层可以推动新材料和新工艺的应用。随着材料科学和工艺技术的不断进步，新型的耐磨与耐蚀涂层材料和工艺不断涌现。例如，采用陶瓷、金属、复合材料等新型材料制备涂层，采用等离子喷涂、激光熔覆等新工艺技术，可以提高涂层的硬度、耐磨性和耐蚀性，增强其在石油运输开采设备上的应用性能。

① 镍磷（Ni-P）涂层：该涂层通过电镀工艺制备，具备自润滑和高硬度的特点，在摩擦磨损条件下表现优异，常用于复杂形状的部件，如阀门和泵轴。

② 锌铝复合涂层：该涂层具备良好的耐腐蚀性能，且能够在潮湿和腐蚀性环境中长期保持，适用于长期在露天环境中服役的设备，如储油罐和输油管道。

③ 碳化铬（CrC）涂层：该涂层因其卓越的耐磨和耐蚀性能，使其在严苛工况下依然表现优异的防护性能，常用于高温和高压环境中的设备，如阀门和密封件。

④ 碳氮化钛（TiCN）涂层：该涂层具有硬度和耐磨性远高于氮化钛涂层，能够显著增强石油运输设备的耐磨损性能，适用于钻头和高磨损部件。

思考题

1. 随着科技的不断进步，隐身技术也在不断演进，未来可能会出现新型的隐身涂层。你认为在隐身涂层再制造领域，存在哪些创新的机会和挑战？

2. 隔热涂层的再制造涉及航空航天、能源、建筑等多个领域，如何促进不同领域的合作与交流，共同推动隔热涂层再制造技术的发展？

3. 防冰涂层通常采用复杂的化学成分和微观结构，如何选择合适的材料进行再制造，以及如何确保其性能与原始涂层相匹配？

4. 耐磨与耐蚀涂层的性能直接关系到设备的使用寿命和性能稳定性，因此再制造的涂层必须经过严格的性能评估和质量控制。如何对再制造的耐磨与耐蚀涂层进行性能评估和质量控制？

参考文献

［1］ 夏绪辉，王蕾，张泽琳. 冶金设备绿色再制造技术及应用［M］. 北京：机械工业出版社，2022.
［2］ 姚巨坤，朱胜，杜文博，等. 绿色再制造关键技术及应用［M］. 北京：机械工业出版社，2021.
［3］ 徐格宁，程莹茂，朱昌彪，等. 工程机械绿色设计与制造技术［M］. 北京：机械工业出版社，2021.
［4］ 吴燕明，陈小明，赵坚. 表面工程与再制造技术［M］. 北京：中国水利水电出版社，2016.
［5］ 曹俊. 再制造业产业化发展研究［M］. 武汉：武汉大学出版社，2016.
［6］ 朱胜，姚巨坤. 再制造技术与工艺［M］. 北京：机械工业出版社，2010.